石油石化职业技能培训教程

免费提供网络学习增值服务
手机登录方式见封底

采 气 工

（下册）

中国石油天然气集团有限公司人事部 编

石油工業出版社

内容提要

本书是由中国石油天然气集团有限公司人事部统一组织编写的《石油石化职业技能培训教程》中的一本。本书包括采气工中级工、高级工、技师、高级技师操作技能及相关知识，并配套了相应等级的理论知识练习题，以便于员工对知识点的理解和掌握。

本书既可用于职业技能鉴定前培训，也可用于员工岗位技术培训和自学提高。

图书在版编目(CIP)数据

采气工.下册/中国石油天然气集团有限公司人事部编.—北京:石油工业出版社,2019.8

石油石化职业技能培训教程

ISBN 978-7-5183-3375-2

Ⅰ.①采… Ⅱ.①中… Ⅲ.①天然气开采-技术培训-教材 Ⅳ.①TE37

中国版本图书馆CIP数据核字(2019)第085323号

出版发行:石油工业出版社

(北京市朝阳区安定门外安华里2区1号楼 100011)

网 址:www.petropub.com

编辑部:(010)64256770

图书营销中心:(010)64523633

经 销:全国新华书店

印 刷:北京晨旭印刷厂

2019年8月第1版 2023年1月第5次印刷

787×1092毫米 开本:1/16 印张:24

字数:570千字

定价:75.00元

(如出现印装质量问题,我社图书营销中心负责调换)

《石油石化职业技能培训教程》

编 委 会

《采气工》编审组

主　　编：陈晓梅　张凤琼

副 主 编：黄　全　万　戈

编写人员（按姓氏笔画排序）：

王川洪　王旭勃　史玉林　沈　群　张　剑

陈小明　李　庆　李　强　汪　涛　宋殷俊

余　洋　杨贤辉　钟朝富　姜婷婷　夏仲华

唐　明

参审人员（按姓氏笔画排序）：

王春禄　吕玉海　朱建雄　陈琳琳　张洪涛

陈　兵　吴有明　罗立然　罗　建　黎承永

PREFACE 前言

随着企业产业升级、装备技术更新改造步伐不断加快，对从业人员的素质和技能提出了新的更高要求。为适应经济发展方式转变和“四新”技术变化要求，提高石油石化企业员工队伍素质，满足职工鉴定、培训、学习需要，中国石油天然气集团有限公司人事部根据《中华人民共和国职业分类大典（2015年版）》对工种目录的调整情况，修订了石油石化职业技能等级标准。在新标准的指导下，组织对“十五”“十一五”“十二五”期间编写的职业技能鉴定试题库和职业技能培训教程进行了全面修订，并新开发了炼油、化工专业部分工种的试题库和教程。

教程的开发修订坚持以职业活动为导向，以职业技能提升为核心，以统一规范、充实完善为原则，注重内容的先进性与通用性。教程编写紧扣职业技能等级标准和鉴定要素细目表，采取理实一体化编写模式，基础知识统一编写，操作技能及相关知识按等级编写，内容范围与鉴定试题库基本保持一致。特别需要说明的是，本套教程在相应内容处标注了理论知识鉴定点的代码和名称，同时配套了相应等级的理论知识练习题，以便于员工对知识点的理解和掌握，加强了学习的针对性。**此外，为了提高学习效率，检验学习成果，本套教程为员工免费提供学习增值服务，员工通过手机登录注册后即可进行移动练习。**本套教程既可用于职业技能鉴定前培训，也可用于员工岗位技术培训和自学提高。

本书分上、下两册，上册为基础知识、初级工操作技能及相关知识，下册为中级工操作技能及相关知识、高级工操作技能及相关知识、技师操作技能及相关知识、高级技师操作技能及相关知识。

本工种教程由西南油气田公司任主编单位，参与审核的单位有长庆油田公司、青海油田公司、新疆油田公司等，在此表示衷心感谢。

由于编者水平有限，书中错误、疏漏之处请广大读者提出宝贵意见。

编者

2019年2月

CONTENTS 目录

第一部分 中级工操作技能及相关知识

第二部分　高级工操作技能及相关知识

第三部分　技师操作技能及相关知识

第四部分　高级技师操作技能及相关知识

理论知识练习题

附　录

第一部分

中级工操作技能及相关知识

模块一　操作维护设备

项目一　相关知识

一、管件阀件实物与视图表达

(一)截止阀

截止阀不同方向投影的单线表达方式(由前向后),如图 1-1-1 所示。

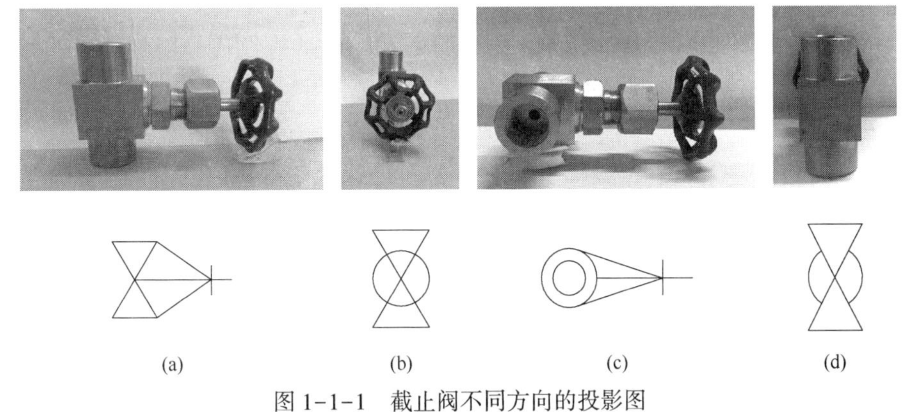

图 1-1-1　截止阀不同方向的投影图

(二)弯头

弯头不同方向投影的单线表达方式(由前向后),如图 1-1-2 所示。

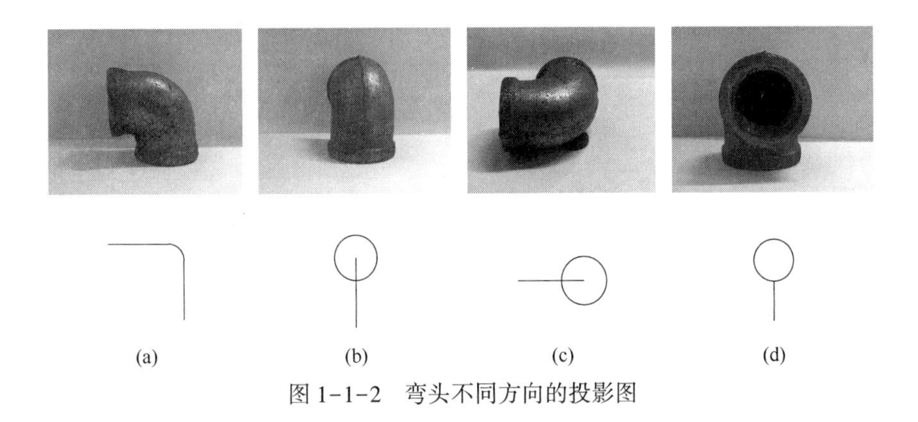

图 1-1-2　弯头不同方向的投影图

(三)三通

三通不同方向投影的单线表达方式(由前向后),如图 1-1-3 所示。

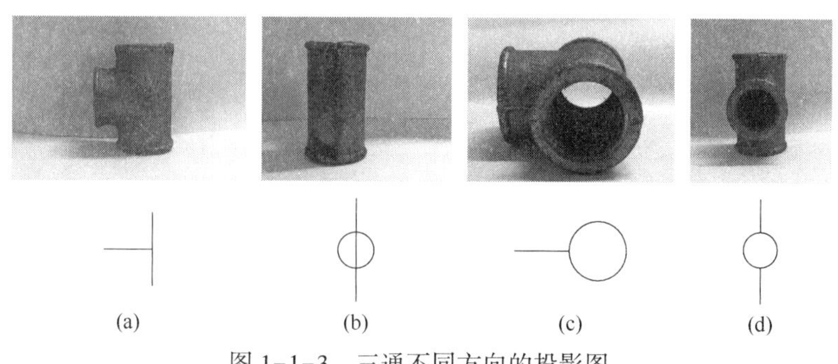

(a) (b) (c) (d)

图 1-1-3 三通不同方向的投影图

二、螺纹及套丝

（一）常见螺纹

1. 普通螺纹

（1）普通螺纹的牙型符号用“M”表示。粗牙普通螺纹的螺纹代号用牙型符号 M 和公称直径表示，例如：M16；细牙普通螺纹代号用牙型符号 M 和“公称直径×螺距”表示。例如：M20×1.5。

（2）普通螺纹本身不具有密封性，当需要密封时，是靠具有普通螺纹的工件自身的密封端面借助密封件达到密封作用，如垫片、O 形橡胶圈等，如图 1-1-4 所示。

2. 管螺纹

（1）管螺纹主要用来进行管道的连接，使其内外螺纹的配合紧密，有直管和锥管两种。

（2）ZG 是 55°密封圆锥管螺纹，其锥度为 1∶16；管螺纹的标注只标注牙型符号、尺寸代号和旋向，其中右旋螺纹不标注，如 ZG1/2in。

（3）管螺纹密封依靠生料带、麻丝等辅助密封。在缠绕生料带或麻丝时，应当顺螺纹进扣方向缠绕，即右旋螺纹为顺时针，左旋螺纹为逆时针，如图 1-1-5 所示。

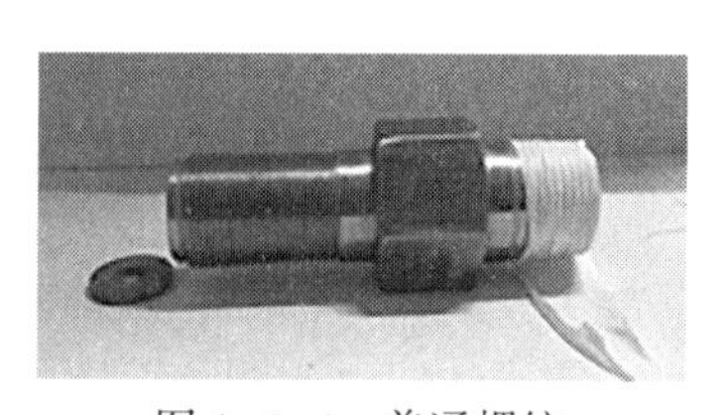

图 1-1-4 普通螺纹

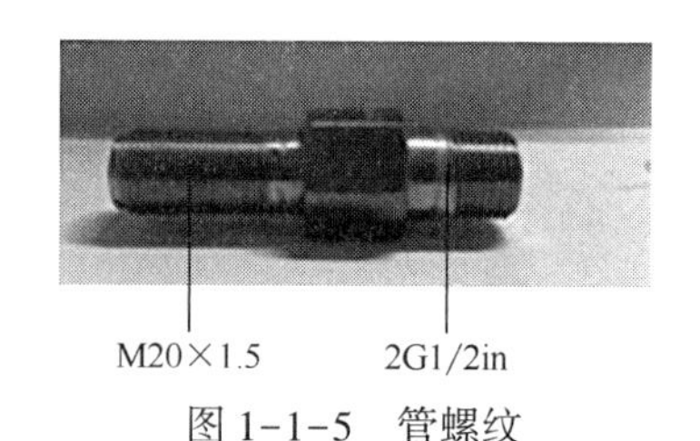

图 1-1-5 管螺纹

（二）常见套丝机

1. 组成及部件（包括电动机、减速箱及润滑系统）

常见套丝机的结构如图 1-1-6 所示。

2. 板牙

（1）每套板牙 4 只，编号为 1、2、3、4，不属于同一套板牙，即使相同编号也不能互换。

（2）根据管件的大小选择规格型号合适的板牙。

（3）安装时必须对应铰板上的编号对号装入，如图 1-1-7 所示。

图 1-1-6　常见套丝机结构

1—管子扶正器;2—电源线;3—管子夹持器;4—割刀;5—板牙;6—管子铰板;7—调节及锁紧把;8—倒角器;9—铰板锁定销;10—螺纹长度调节器;11—推进器;12—支架;13—启停开关

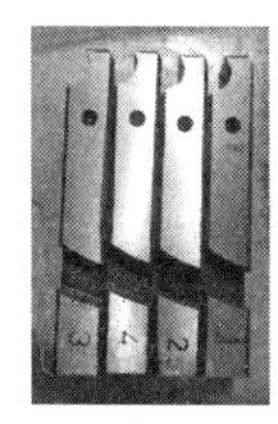

图 1-1-7　板牙

3. 套丝机操作

(1)选定合适的板牙,正确安装。

(2)根据管子大小,调整铰板刻度。

(3)固定管子。

(4)按尺寸要求切割管子。

(5)放下铰板并锁紧。

(6)启动电动机,旋转推进器,套扣。

(7)套扣完成后停机。

(8)清理螺纹铁屑,验扣。

(9)清洁并恢复套丝机至工作前状态。

三、阀套式排污阀(KTP41Y—10DN50)

(一)代号解释

阀套式排污阀[(K)TP41Y-PN10 DN50]:

K——抗硫;

T——阀套式;

P——排污阀;

4——法兰连接;

图 1-1-8　阀套式排污阀

1——结构形式为直通；

Y——阀门硬密封面为硬质合金；

PN10——公称压力 10MPa；

DN50——公称通径 50mm。

阀套式排污阀(图 1-1-8)具有节流、截止功能,常用于油气田排污装置。

(二)结构

阀套式排污阀结构如图 1-1-9 所示。

阀芯底端内孔锥面与阀座凸台锥面组成一道硬密封副,硬密封面堆焊有 stellite 合金。阀芯底端嵌入聚四氟乙烯与阀座凸台端面组成一道软密封副。阀套上开有节流窗口和排污窗口。在阀门内部设了阀座喷嘴、节流轴和套垫窗口,排污时对流经阀门的介质起到节流缓压作用。节流轴、套垫、节流孔表面堆焊有 stellite 合金,耐冲蚀、耐磨损。

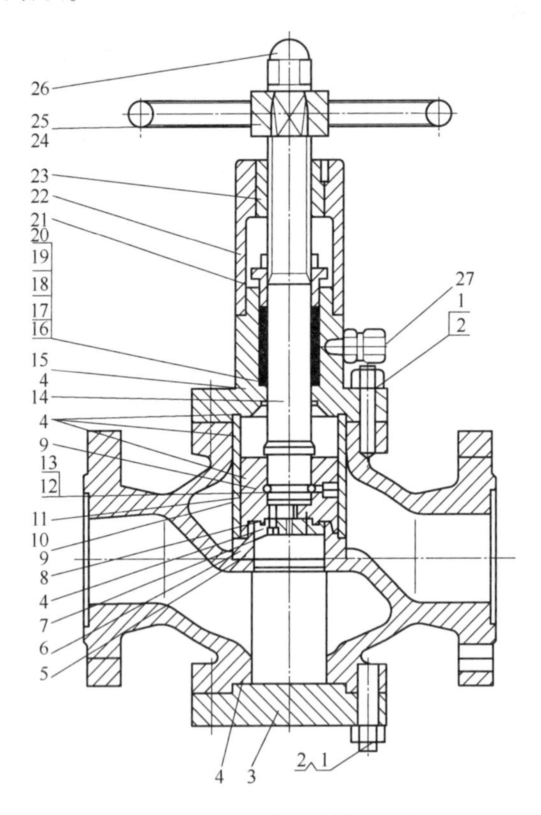

图 1-1-9　阀套式排污阀结构

1—双头螺柱;2—螺母;3—底盖;4—O 形圈;5—阀体;6—排污套;7—滤网;8—阀座;9—内六角圆柱头螺钉;10—压板;11—密封圈;12—芯套;13—阀瓣;14—钢球;15—阀杆;16—阀盖;17—下填料垫;18—中填料;19—中填料;20—上填料垫;21—隔环;22—填料压盖;23—支架;24—阀杆螺母 25—手轮;26—螺母;27—注脂阀

阀芯设有两道 O 形圈，且在两道 O 形圈间设有贮渣槽，阀芯在阀套内上下移动实现自动除渣，阀芯外圆及阀套内壁随时保证清洁。阀芯软密封副凹进阀芯内腔一段距离，便于改变介质流向产生涡流时阀芯密封面清扫功能的实现。

连接阀芯软密封副的套垫与阀座通道配合时，为改变介质与阀座出口的流向，以利阀座端面的自清扫，套垫台阶配合间隙与套垫斜角形成的介质径向力实现了阀座自清扫功能。

阀芯为柱塞形结构，其中开设有平衡孔，使阀芯在阀套内壁上下移动中受力平衡，开启轻便。

阀门开启时，节流轴和喷嘴、套垫与阀座内腔配合处有配合空行程，以保证阀芯密封面离开阀座一段空间距离后，节流处才能实现节流排放。

（三）工作原理

1. 关闭状态

嵌在阀芯内腔的聚四氟乙烯端面紧压在阀座端面形成一道软密封；阀芯硬密封副内腔锥面压在阀座凸台锥面上形成第二道硬质密封。在软密封弹性变形的同时，硬软双质密封保证气、液介质“零泄漏”。

2. 节流排污状态

阀芯硬软双质密封副离开阀座一段行程后，即阀芯密封面与阀座密封面有一定空间距离时，阀门缓慢开启，管道中的介质、杂质一同经过节流轴、套垫窗口、阀套窗口节流后，由阀套排污窗口排污。嵌在阀芯内腔的软密封面利用进口介质流道方向与介质流道出口方向改变产生的涡流，实现自清扫，使软密封面不黏附杂质。

3. 排放关闭状态

管道中介质排放后阀门关闭，节流轴和阀座喷嘴配合运行一段距离后，管道中的介质只有小于配合间隙的杂质才能流到阀座密封面处，此时套垫斜角处才开始进入阀座通道，使流阻系数进一步增加，介质流速加快，套垫台阶斜角利用改变介质流动方向产生的介质径向力，实现阀座密封面的吹扫。阀芯密封副接近阀座时，通过配合间隙阻止过来的微粒杂质流，在阀芯凹面内涡流旋转力和阀座介质径向力的吹扫作用下，阀门密封副完全清扫干净，保证了阀门排污后的密封性能。

（四）性能特点

阀芯、阀座采用硬软双质密封副，能满足在高压气体介质工作条件下的“零泄漏”。

阀芯密封副与阀座密封副都利用介质压力、在开启排放和关闭时实现自清扫功能，满足排污的工况要求。

阀门内部设计有阀座喷嘴、节流轴、阀套窗口和套垫窗口。排污时对流经阀门的介质起到多级节流缓压作用，利于管道排污装置的安全运行和现场操作控制。

阀芯设有两道 O 形圈，且在两道 O 形圈间设有贮渣槽，使阀芯在阀套内腔上下移动实现自动除渣。

阀芯开设平衡孔使启闭扭矩小，开启轻便灵活。

阀门设有缓压空行程，使阀芯离开阀座足够空间距离时，才开始实现节流、排污，既满足特殊工况的使用，又能改善密封面排污工作条件，延长阀门使用寿命。

阀杆填料函装有注脂嘴，保证阀杆处不泄漏和延长阀杆使用寿命。

该阀下部设有排污孔，必要时可以打开下盖清理阀内污物。

阀套上开有节流窗口，遮蔽窗口的多少形成流量的变化，节流面与密封面完全分开，避开了介质的直接冲刷，延长了使用寿命。

（五）安装注意事项

安装时阀体上的介质流动方向标识应与管道介质流动方向一致。

安装过程中注意保护阀体端法兰密封面，防止损伤、划伤。

四、FISHER（费希尔）627R 调压器

（一）结构组成

FISHER（费希尔）627R 的结构如图 1-1-10 所示。

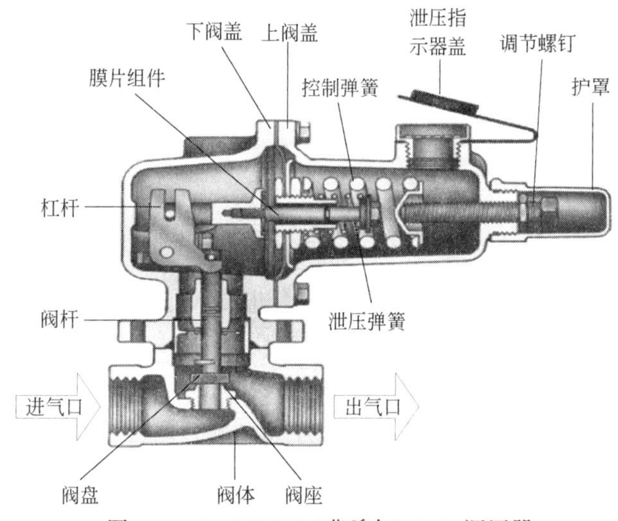

图 1-1-10　FISHER（费希尔）627R 调压器

（二）工作原理

调节前，下游管线的压力作用在膜片上，使膜片右移，与之相连的膜片组件带动杠杆使阀杆向下移动，使阀盘紧贴在阀座上，无介质流过。顺时针旋转调节螺钉，压紧调节弹簧，弹簧力克服膜片张力，使膜片组件向左移动，带动杠杆向左转动，杠杆带动阀杆、阀盘向上移动，喷嘴与阀盘的间隙增大，介质流量增加。当下游压力增高时，介质压力作用在膜片上，使阀座逐渐接近喷嘴，间隙减小，介质流量减少，达到调节下游压力的作用。

当下游压力值超过泄压弹簧的设定值时，气体压力作用在膜片组件上，使膜片克服泄压弹簧和控制弹簧的阻力向左运动，使保护装置打开，天然气泄放到调压器上阀盖腔内，顶开泄压指示器盖子，泄放到大气中，起到保护膜片不受损坏的作用。

（三）常见故障

FISHER（费希尔）627R 调压器常见故障及排除方法如表 1-1-1 所示。

表 1-1-1 FISHER(费希尔)627R 调压器常见故障及排除方法

故障现象	原因分析	排除方法
阀后压力不断上涨	阀座与阀瓣之间卡有异物	清除异物,如阀座与阀瓣已被卡伤则需进行更换,在调压器前端安装过滤器并定期进行清洗和排污
	阀座松动	分解阀门,拧紧阀座
防尘罩处漏气	密封胶膜超过使用期限发生自然破裂	分解阀门,更换密封胶膜
	阀座与阀瓣之间卡有异物或被卡伤,导致高压气体进入连接腔体使密封胶膜发生破裂	分解阀门,清除异物或更换损伤部件,更换胶膜
		在调压器前端安装过滤器,定期进行清洗和排污
	旁通阀门内漏导致高压气体直接进入调压阀后端冲破密封胶膜	分解阀门,更换密封胶膜,更换旁通阀门
	密封胶膜与联接拉杆压膜盘之间的连接螺钉松动	分解阀门,拧紧密封胶膜与联接拉杆压膜盘之间的连接螺钉
流量达不到要求	阀座口径过小	更换大口径阀座
	实际进气压力与铭牌上的参数不符	根据实际进气压力和流量要求重新计算阀座口径并进行更换
安全阀排气	阀后压力高于安全阀起跳压力	松开安全阀防松螺母,顺时针方向缓慢调整安全阀调整塞,提高安全阀的起跳压力
	调压器方向安装错误	顺时针方向旋转调节螺钉,降低调压器的出口压力

五、井口安全截断系统

井口安全截断系统相关知识详见上册第一部基础知识部分。本文以中寰井口安全控制系统为例。

(一)系统构成

(1)井口截断系统:平板闸阀、气动执行器、手轮机构(带阀位反馈)。

(2)空口控制盘(控制柜):气液混合控制控制盘(SSV 气动控制,SCSSV 液动控制)。

(3)氮气供气撬装:氮气瓶、氮气汇管、调压分离。

(4)RTU 控制系统:CPU 控制器、IO 模块、信号安全隔离模块、浪涌保护器、HMI 界面。

(5)供电系统:多晶硅太阳能板、阀控胶体铅酸蓄电池、智能型充放电控制器。

(二)系统功能

(1)天然气井口参数和状态远传:各级压力、温度、甲烷浓度、H_2S 浓度、阀位状态远传。

(2)就地手动开/关井口地面安全阀。

(3)井口高低压自动切断:导阀感应和 RTU 控制两重保障。

(4)远程 ESD 紧急关井。

(5)火灾自动保护关井:温度超过 124℃启动。

(三)井口安全系统基本术语

安全阀(SSV):Surface Safety Valve;

井口截断阀(SDV):Shutdown Valve;
高导阀(PSH):Pressure Safety High,High Pilot;
低导阀(PHL):Pressure Safety Low,Low Pilot;
主控中继阀:Master Relay;
气动执行器:Pneumatic Actuator;
液动执行器:Hydraulic Actuator。

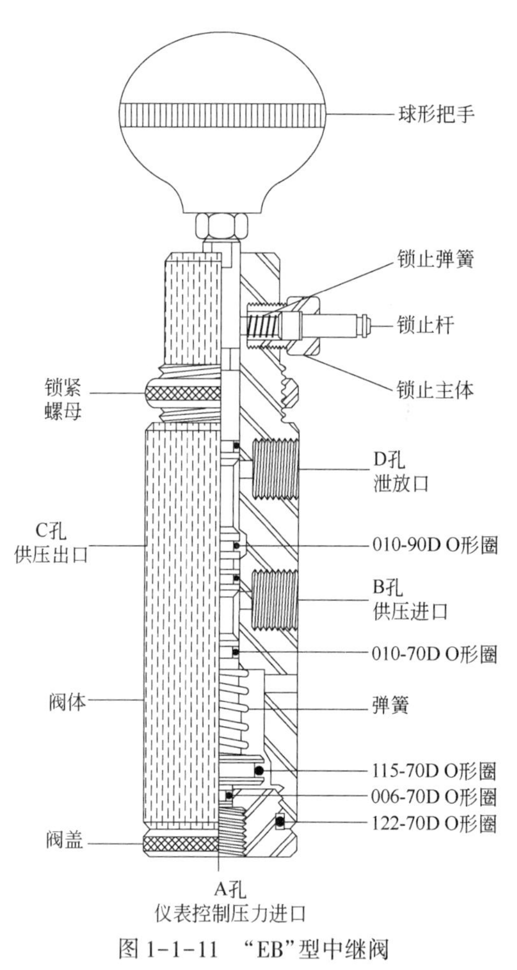

图 1-1-11 “EB”型中继阀

(四)主要部件工作原理

1.“EB”型中继阀

“EB”型是一款手动设置的具有导向作用的常开式三通中继阀,带有球形把手(指示器),并且具有手动锁止功能,如图 1-1-11 所示。它通常被安装在执行器或控制盘附近,接受来自感受装置等安全系统组件的压力(A 孔)。在正常操作中,球形把手(指示器)通常被拉出,感应控制压力(A 孔)进入中继阀使之处于开启状态;供压进口的压力(B 孔)通过供压出口(C 孔)进入执行器或系统。感应装置开始运行,A 孔(控制)失压,弹簧压缩使中继阀处于关闭位置;当供压出口的压力(C 孔)由泄放口(D 孔)排出时,供压进口(B 孔)呈关闭状态,从而关闭执行器或系统。若要压力进口(B 孔)在感应控制压力(A 孔)恢复前开启执行器或系统,就要使用锁止组件。球形把手(指示器)通常被拉出使锁止杆锁死。压力从进口(B 孔)穿过出口(C 孔)进入到执行器或系统。当感应设备压力恢复,锁止杆自动回位,中继阀恢复正常运行状态。

2. 高低压力传感器

高低压力传感器(三通导阀)为具有自动功能的常关或常开的压力传感装置,如图 1-1-12 所示。控制气路选择适当的入口后,传感器可以探测出压力高于(PSH)或低于(PSL)任何设定的值。在选择了合适的活塞和弹簧搭配后,通过调节装配螺栓可以将感应压力设定在 0.5~10000psi 范围内。它通常安装在过程管线、过程流量计或控制盘上。传感器接收来自感应元件的感应压力(D 孔),感应元件监测并提供来自安全系统的压力(A 孔或 B 孔),当压力非正常时它将关闭。在正常操作中,感应压力(D 孔)将保持比设定高或低的状态。这将使控制气路压力(A 孔或 B 孔)通过控制气路出口(C 孔)进入执行器或系统。当感应压力(D 孔)高于或低于设定压力,传感器将阻止控制气路压力(A 孔或 B 孔)的供给,并通过控制气路出口(C 孔)将压力从(B 孔或

A 孔)排放出,从而关闭执行器或系统。当感应压力(D 孔)恢复到正常操作界限,传感器将自动重新设置。

(五)井口安全系统的开启流程

1. 启动前检查

1)控制柜状态

(1)电源是否接入。

(2)旁通阀处于关闭状态。

(3)控制面板数据是否正常显示。

(4)井下安全阀是否打开(安装有井下安全阀的气井)。

2)执行气源检查

(1)检查执行气源压力。

(2)打开气源并通过调压阀设定压力在规定值。

(3)检查控制系统压力、执行回路压力。

3)采气井口流程检查

气井生产流程处于正常关井状态。

2. 开启井口安全系统

拉出主控中继阀手柄按入锁定销,此时井口截断阀逐渐打开,当控制压力达到规定值时,锁定销自动退出且中继阀手柄不退回,系统处于开启状态。

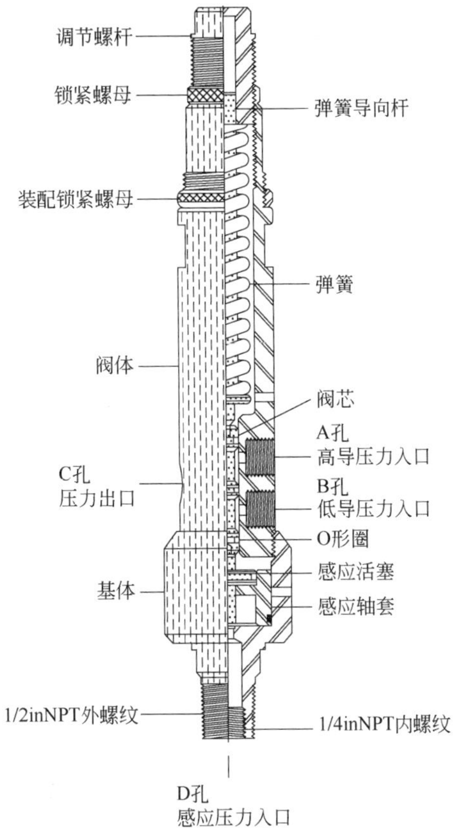

图 1-1-12　高低压力传感器

(六)井口安全系统的关闭流程

1. 正常情况下的关闭流程

气井关井后若需关闭井口安全系统,现场拍压主控中继阀手柄,关闭井口安全系统。启用远程控制系统的井口安全系统,也可通过中控室远程关闭。

2. 异常情况下的关闭流程

1)异常情况下的手动关闭

当遇紧急情况需立即关井时,可在现场紧急拍压主控中继阀手柄即可。安装有井下安全阀的系统,应拍压控制井下安全阀的手柄,地面截断阀立即关闭,井下安全阀将延时 50~60s 关闭。

2)异常情况下的自动关闭

(1)当出现高导阀超压时,低导阀欠压时,井口安全系统将自动关闭。

(2)当井场出现火灾致易熔塞熔化时,井口安全系统将自动关闭。安装有井下安全阀的系统,井下安全阀将延时 50~60s 关闭。

(七)井口安全截断系统常见故障

井口安全截断系统常见故障及处理见表 1-1-2。

表 1-1-2　井口安全截断系统常见故障及处理

序号	故障现象	故障原因	处理措施
1	氮气瓶压力过低	氮气瓶未及时更换	更换氮气瓶
2	执行气压力不在技术要求范围内	调试不到位	调节执行气调压阀开度
3	控制气压力不在技术要求范围内	调试不到位	调节控制气调压阀开度
4	井口截断阀压力低自动关闭	执行气压力低	调整执行气压力到规定范围内
5	井口截断阀自动控制无效	旁通阀不在正常位置；井口截断阀处于手动打开状态；中继阀锁止杆卡住中继阀	旁通阀调整到正常位置；完全恢复到自动状态；检查并确认锁止杆自动落下
6	导阀泄漏	密封失效或密封件老化	吹扫堵漏或更换密封件
7	快速泄放阀漏气	杂质卡阻或密封件老化	清理杂质或更换密封件
8	电磁阀排放口漏气或不动作	阀芯卡阻	清理阀芯处杂质
9	导压管接头泄漏	振动或其他原因造成接头松动	紧固接头
10	井口截断阀关阀动作缓慢	闸板卡阻	维护保养

六、三甘醇质量分数测定

脱水装置运行过程中，三甘醇质量分数以及贫、富甘醇的质量分数差是监测脱水装置运行情况和分析脱水装置运行效果的关键依据。三甘醇质量分数可以用阿贝折射仪进行测定。

（一）阿贝折射仪主要结构

阿贝折射仪主要结构组成如图 1-1-13 所示。

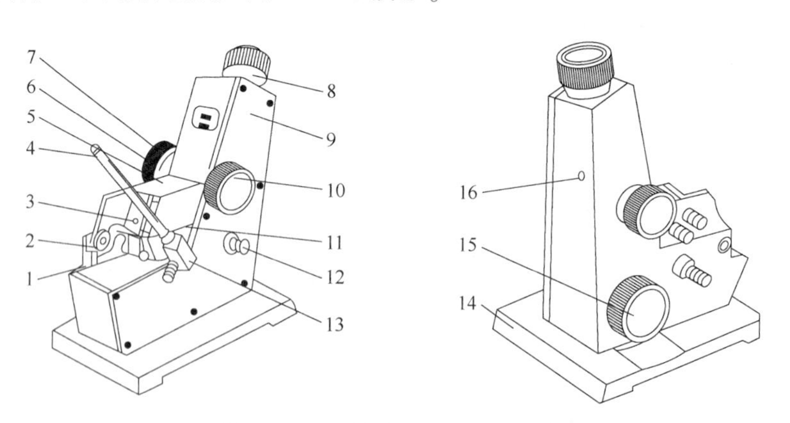

图 1-1-13　阿贝折射仪主要结构

1—反射镜；2—转轴；3—遮光板；4—温度计；5—进光棱镜座；6—色散调节手轮；7—色散刻度值圈；8—目镜；9—盖板；10—锁紧手轮；11—折射棱镜座；12—照明刻度盘镜；13—温度计座；14—底座；15—刻度调节手轮；16—调节螺钉

（二）阿贝折射仪的使用

1. 校验

拉开进光棱镜，在折射棱镜面加 1～2 滴溴代萘，将标准样块贴在抛光面上，调节手轮，使折射率读数与标准样块数值一致，观察内明暗分界线是否在十字线中间，若有偏差用螺丝刀微量旋转小孔内的调节螺丝，使分界线位移至十字线中心。

2. 折射率测定

（1）用擦镜纸擦干净阿贝折射仪折射棱镜表面，用干燥玻璃棒蘸取 1～2 滴三甘醇溶液滴加在折射棱镜表面，并将进光棱镜盖上。

（2）将锁紧手轮锁紧，使液层均匀，充满视场，无气泡。

（3）打开遮光板，合上反射镜，调节目镜视度，使十字线成像清晰，旋转刻度调节手轮并在目镜视场中找到明暗分界线的位置，再旋转色散调节手轮使分界线不带任何彩色。

（4）旋转刻度调节手轮，使分界线位于十字线中心，目镜视场下方显示的示值即为三甘醇的折射率。

（三）计算公式

1. 折射率校正值 $ND_{校}$

$$ND_{校}=ND_{测}+(t-16)\times0.0004$$

式中　$ND_{测}$——测量折射率值；

t——测量时温度值，℃。

2. 三甘醇质量分数 C（%）

$$C=817.5\times ND_{校}-1090.7$$

七、用着色长度检测管法测定硫化氢含量

用手动活塞泵或波纹管式泵抽吸天然气样品，使其在控制的流速下填充有特别制备的化学物质的检测管，样品中的硫化氢与检测管内的化学物质反应后产生颜色变化或者着色。当样品的体积一定时，检测管的着色长度与样品中硫化氢的含量成正比。通过检测管的标定刻度相比较，将产生的着色长度转变为硫化氢含量。

（一）着色长度检测管和标定刻度

着色长度检测管为两端可断开的密封玻璃管。管内的试剂层，通常为涂有活性化学物质的硅胶，试剂层与含有硫化氢的气体样品接触时能产生明显的颜色变化。所有已知的干扰物质均应在检测管说明书中列出。标定刻度宜直接标在检测管上，若检测管提供分开的标定刻度，应具有将其转换为硫化氢含量的其他标识。标定刻度应将硫化氢浓度与着色长度相关联。检测管的温度使用范围为 0～40℃，气体样品宜维持在此温度范围内，如图 1-1-14 所示。

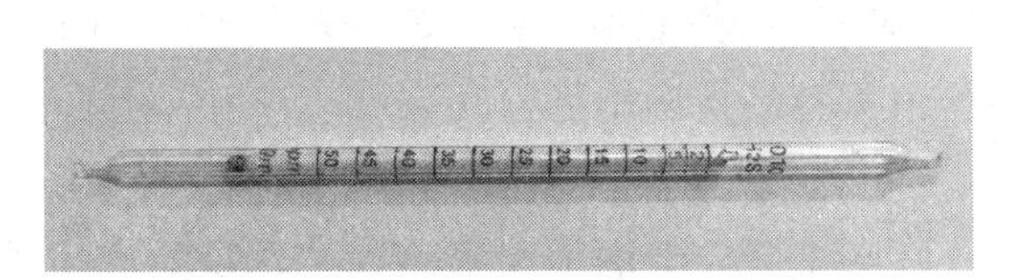

图 1-1-14　着色长度检测管

（二）检测管泵

手动活塞泵或波纹管式泵。每冲程应能够抽取 100ml 的样品通过检测管，体积偏差为 ±5ml。每次检测前，必须对泵进行泄漏检查。

（三）检测与读数

根据预计的硫化氢浓度选择最佳范围的检测管。如果着色长度超过标定刻度一半以上，则可提高测定读数的准确度。样品中硫化氢浓度较低时，对于给定的检测管，可采用多冲程抽样使着色长度达到较低的刻度范围，具体操作可参考厂商说明书。

取下检测管，通过检测管的标定刻度或对照表立即读取硫化氢的浓度。读取着色的最大值。如果有“沟槽”现象（着色长度不均匀），读取着色长度的最大值和最小值，取其平均值。

（四）检测管处置

尽管检测管中化学物质的量很少，检测管还是不宜随意处置。一般可以将检测管打开在水中浸泡后再处置，浸泡后的水在处理前应进行 pH 中和。

八、间歇生产井气举

（一）气举工艺

气举就是利用外界高压气源，通过油管或套管输往气井井下，当井底压力大于气井液柱压力和摩阻后，将井下积液排出地面使气井实现连续排液的一种排水采气工艺。

气举工艺主要针对的是：靠自身能量不能正常带水采气的气井；井筒及井底积液严重的气水同产井；气井水淹后复产；试修后返排措施液的作业井等。

气举排水采气不受井斜、井深和硫化氢含量限制及气液比影响，能直接利用气井中产出的天然气，也可以通过外接高压天然气，或者中、低压天然气经过增压后向井内注入，实施高压气举，还可通过氮气（液氮）注入井内，达到助排的目的。气举排水工艺适应能力强，排量范围大，同样一套气举装置能适应不同开采阶段产量的变化和举升高度的变化，单井增产效果显著。

气举能达到的最大排空深度是由高压气源（增压机组、液氮量、氮气）的工作压力决定的。超过高压气源的最大排空深度，可采用气举阀分段气举。

（二）间隙气举

气井气举分为连续气举与间歇气举。

间歇气举就是在地面周期性地向井筒注入高压气体，将井筒内液体举升到地面的一种气举方式。适用井底流动压力低、产液指数小的井。

采用间歇气举可以降低注气量，提高举升效率。地面一般需要配套使用间歇气举控制器（周期-时间控制器）。间歇气举井口装置比较复杂，当间歇气举启动次数过多时，注气管网压力不容易控制平稳。

（三）适应条件

气举工艺应考虑的因素除气井本身的产气量、产水量及压力情况外，还需考虑气井的完井方式、井身完好程度、井深、产层堵塞等情况。油管有穿孔、断落、产层有堵、井深大于3500m、裸眼完井、下有封隔器气井不适合气举方式排液，井斜对气举影响不大。

外接气源一般应是与需气举气井相同气源或氮气，不能使用空气作为气举气源，非含硫气井不能用含硫气源气举。

九、天然气集输场站的故障分析判断及流程切换

(一)集输场站故障分析

1. 集输场站基本知识

把从气井采出的含有液(固)体杂质的高压天然气,变成适合矿场输送的合格天然气的各种设备组合,称为采气(工艺)流程,把安装这些设备组合的场站称为天然气采(集、输、配)气站。它分别具备采气、集气、输气、配气等功能。只有一口气井的生产工艺流程场站,称为单井采气站;集中管理多口气井生产的工艺流程场站,称为集气站;接收单井、集气站或干线来气,进行转输或给用户供气的工艺流程场站,称为输配气站。

天然气集输场站工艺流程,主要由 4 大系统组成。

(1)气流系统,其特点是连续、封闭的。主要设备设施有井口装置,保温、分离、计量设备,脱水(脱烃、脱硫)设备,以及各种阀门、管道及其附属件等。

(2)排污系统,其特点是不连续、封闭或不封闭,排放出来的介质可见、可存。主要设备设施有疏水阀、排污阀、储油罐、污水罐、污水池、排污管道等。

(3)放空系统,其特点是不连续、不封闭,直接或燃烧后融入大气。主要设备设施有安全阀、放空阀、火炬及点火系统、阻火器等。

(4)数据采集监控系统,生产数据如压力、流量、液位等的采集。主要设备设施有压力变送器、差压变送器、温度变送器、气体检测报警仪、实时影音传输系统、微机系统以及电缆等。

2. 集输场站故障分类

天然气集输场站故障,就是天然气在地面管流过程中,流经这些组合在一起的各种设备时,出现了超压、外漏、窜气等异常情况。主要表现形式为堵塞、泄漏以及设备故障等。

1)堵塞

场站工艺流程发生堵塞,会使堵塞点下游压力、流量降低,堵塞点上游压力持续升高,流量下降,严重的会导致安全阀超压泄放、设备超压,甚至引起破裂爆炸等设备设施损毁事故。从各节点压力、流量等生产数据的异常变化,可分析判断出场站工艺流程中的堵塞部位,以及集气支线和输气干线的堵塞情况。

2)泄漏

集输场站发生泄漏现象包括设备设施连接处外漏,设备设施本身穿孔、破裂外漏,高压系统向低压系统窜漏,阀门内漏等。场站工艺流程发生微漏时,从生产数据(压力、流量等)的变化上很难发现泄漏部位,只能通过人员现场巡视(看、听、验漏)、气体检测报警仪等手段进行查找。当场站工艺流程发生较大外漏时,可直接通过看、听等手段发现泄漏部位,也能根据压力、流量等生产数据的异常变化,来分析判断站内设备设施和站外管道的外漏情况。在泄漏点的下游,压力会异常降低,流量减小,甚至出现倒输现象;在泄漏点的上游,压力也会出现下降,但流量会增加。当高低压系统窜漏时,可通过比较高压系统的压力流量变化和低压系统的压力流量变化,来分析判断窜漏情况。

3）设备故障

集输场站各种设备具有不同的作用，如分离器具有把气体和液（固）体杂质分离的作用；水套炉具有提高气流温度的作用；计量装置具有测量天然气流量的作用等。当某个设备功能失效，则会在生产数据上反映出来。如变送器损坏，则终端显示出来的数据就不真实，出现异常变化，但此时生产本身是正常的；若调压阀失效，则会导致下游压力不稳定，出现超压或欠压，影响天然气正常生产；水套炉火焰熄灭，则会导致气流温度降低，可能形成水合物引起堵塞等。

3. 集输场站故障分析方法

集输场站故障分析方法主要是采用对比法，即正常生产数据与异常生产数据的对比，找出其差异性，再分析这种差异性产生的原因，最后判断故障出现的部位。

首先，应掌握集输场站生产的静态资料。

熟悉场站集输工艺流程中设备的组合方式、逻辑关系和相对位置；对各种设备做到懂结构、原理、用途、性能，会使用、会维护保养、会排除故障；了解场站工艺设备各区域的设计压力等级；知晓生产数据采集位置；掌握进出站管道规格及长度；清楚场站上游气源情况和下游输供气情况等。

其次，应熟悉集输场站生产的动态资料。

正常生产时各节点的实际工作压力；气流走向；进出站的天然气气质情况以及流量分配和压力调节；气井生产的工作制度；用户用气的峰谷变化等。

最后，能区分生产数据的正常变化和异常变化。

通过对集输场站静态资料、动态资料的了解，掌握生产规律，清楚变化趋势，区分异常变化，分析判断出对应的故障，采取相应的处置措施。

（二）集输场站流程切换

当集输场站发生故障影响正常生产时，主要采取切换集输场站工艺流程来进行处置。流程切换时，通常遵循“先导通，后切断”“先切断，后放空”“先关上游，后关下游”的原则。具体的流程切换，要根据现场工艺流程和具体生产情况来决定，最大限度维持生产和用户用气，严禁出现超压和扩大故障影响程度的现象发生。

项目二　管件组装

一、准备工作

（一）设备

具备管件组装操作条件的设备。

（二）材料、工具

材料：截止阀、压力表、压力表配合接头、弯头、等径三通、异径三通、大小头、活接头、镀锌管、石笔、生料带、垫片。

工具：活动扳手、管钳、卷尺、毛刷、油盆、清洁工具。

二、操作规程

序号	工序	操作步骤
1	准备工作	识读安装图
		选择工具、用具、管件配件
2	根据图纸要求进行主管路连接	管螺纹缠绕生料带
		逐件连接,逐件紧固管配件,紧固时应使用背钳
		测量连接件长度
3	完善管路	选择合适的连接件
		组装连接件
		连接活接头
		安装支管路
		安装压力表
4	导通流程并验漏	关放空、启表、导通流程、验漏
5	清理现场	工具、设备、场地清洁

三、技术要求及注意事项

(1)严禁带压进行管路调整和紧固。

(2)安装时应逐件安装紧固。

(3)紧固时应使用背钳,防止退扣和损伤螺纹、管件。

(4)按图示安装方向安装,横平竖直,调整应使用工具。

(5)先完成主管路安装,再安装支管路。

(6)导通流程应遵循流程切换一般原则。

四、参考图样

管件组装参考图样如图 1-1-15 所示。

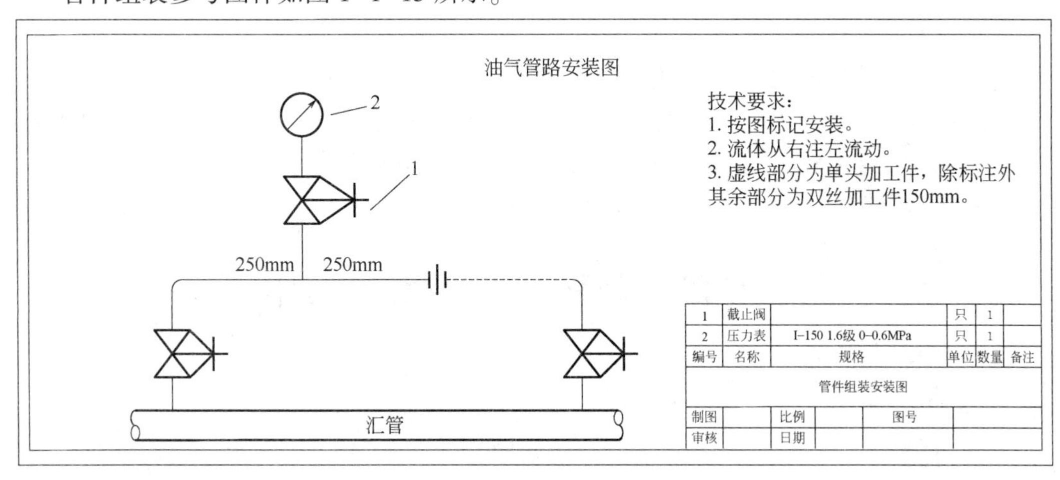

图 1-1-15　油气管路安装图

项目三　三甘醇质量分数测定

一、准备工作

（一）设备

符合要求的阿贝折射仪。

（二）材料、工具

材料：擦镜纸。

工具：平口螺丝刀、计算器、毛刷、比色管（具塞）、玻璃棒、试管架、清洁工具。

二、操作规程

序号	工序	操作步骤
1	准备工作	准备工具、用具
		准备材料
2	三甘醇取样	用干燥的比色管取10ml的三甘醇溶液
		封闭比色管
3	测定样品折射率	擦拭折射棱镜表面
		取三甘醇溶液滴加在折射棱镜表面
		盖上光棱镜，并锁紧
		打开遮光板，合上反射镜
		调节目镜视度，旋转手轮读取三甘醇的折射率
4	计算三甘醇质量分数	录取相关数据并计算三甘醇质量分数
5	资料记录	填写相关记录
6	清理现场	工具、设备、场地清洁

三、技术要求及注意事项

（1）阿贝折射仪应校检合格。

（2）操作中使用的比色管、玻璃棒、擦镜纸等器具应是干燥的。

（3）取样后的贫甘醇应冷却到室温，富甘醇静置到气泡消除后才能进行质量分数测定。

（4）对测量结果有疑问，可反复测量几次进行比对，确认测量结果的正确性。

（5）严禁损伤折阿贝折射仪射棱镜。

项目四　间歇生产井气举操作

一、准备工作

（一）设备

具备操作条件的气井及气举生产工艺流程、高压气源。

(二)材料、工具

材料:验漏液。

工具:活动扳手,管钳。

二、操作规程

序号	工序	操作步骤
1	准备工作	工具、用具、材料准备
		检查设备、设施及流程
2	流程倒换	关闭被举井计量装置
		开气源气计量装置
		打开被举气井套管阀门
3	气举操作	打开气源控制阀(或启动增压机组)
		打开井口节流控制阀
4	排液并计量	对分离器排液
		开被举井计量装置
		观察井口套压、油压变化,随压力变化调节节流控制阀
5	记录	做好相关记录

三、技术要求及注意事项

(1)措施实施前应测试井底压力,确定气举气压力。

(2)气举过程中应根据井口油套压变化及时调整注入气量。

(3)气井恢复自喷生产后应逐步减少注气量至停止注气。

(4)油管应下入产层中部,无穿孔、断落。

(5)气举气压力不能大于被举升气井设备、设施及管线所允许的最高工作压力。

项目五　启停水套加热炉

一、准备工作

(一)设备

具备操作条件的 SL 型水套加热炉。

(二)材料、工具

材料:棉纱、磷酸三钠、经过处理的清水。

工具:活动扳手、平口螺丝刀、水桶、点火工具。

二、操作规程

（一）启用水套加热炉

序号	工序	操作步骤
1	准备工作	选择工具、用具
2	启动前检查	检查设备是否完好
		检查附件是否完好
3	炉膛配风系统排空	全开炉膛配风系统，对炉膛配风系统进行排空
4	关水套炉排污阀	关闭水套炉排污阀
5	加水	对水套炉加水至要求水位
6	调节燃气压力	调节燃料气系统压力
7	点火	点火，逐渐开大燃气控制阀
		调节配风系统，确保燃烧充分
8	投产后保温	投入生产后，应根据工况调节火焰大小，使炉温达到生产要求
9	记录	做好相关记录

（二）停用水套加热炉

停用水套炉有3种情况：

（1）临时停用（一周内）；（2）停用一段时间（一个月内）；（3）长期停用（超过一个月）。

1. 临时停用

序号	工序	操作步骤
1	关小炉头燃气阀	关小燃气阀，留小火温炉
2	排污	开排污阀，短时大排量快速排污数次
3	加水	对水套炉补充至规定水位
4	记录	做好相关记录

2. 停用一段时间

序号	工序	操作步骤
1	关小炉头燃气阀	关小燃气阀，留小火温炉
2	排污	开排污阀，短时大排量快速排污数次
3	排水	水套炉排水约1/2
4	加水	加水至2/3高度以上
5	煮炉	将2~3kg磷酸三钠溶解后加入炉内
		大火煮炉约24h，关闭炉火
6	排水	全开排污阀，排尽炉水
7	加水	加满清水等待下次使用
8	记录	做好相关记录

3. 长期停用

序号	工序	操作步骤
1	关小炉头燃气阀	关小燃气阀，留小火温炉
2	排污	开排污阀，短时大排量快速排污数次
3	排水	水套炉排水约 1/2
4	加水	加水至 2/3 高度以上
5	煮炉	将 2~3kg 磷酸三钠溶解后加入炉内
		大火煮炉约 24h，留小火
6	排水	全开排污阀，排尽炉水
7	加水	再次向炉内加水至 2/3 高度
8	煮炉	用磷酸三钠约 3kg，溶解后加入炉内
		加大火焰煮炉约 36h，留小火烘炉
9	排水	全开排污阀，排尽炉水
10	烘炉	烘干水套炉后关闭炉火
11	记录	做好相关记录

三、技术要求及注意事项

（1）先点火，后开气。

（2）二次点火炉膛排空时间不少于 5min。

（3）点火操作时不得正对炉门。

（4）加水时应达到筒体 2/3 以上。

（5）水套炉使用过程中不应频繁或突然升温降温。

项目六　用着色长度检测管法测定硫化氢含量

一、准备工作

（一）设备

符合操作要求的工艺流程。

（二）材料、工具

材料：检测管、聚四氟垫片。

工具：活动扳手、不锈钢镊子、护目镜、玻璃注射器、橡胶短接、倒齿管、计算器、验漏液、清洁工具。

二、操作规程

序号	工序	操作步骤
1	准备工作	选择工具、用具
2	检查注射器气密性	检查并判定注射器是否合格
3	硫化氢含量测定	吹扫取样口
		清洗注射器
		使用镊子掰断检测管两端封口
		按检测管标示方向连接橡胶管
		测定并读数
4	记录	完善相关记录
5	清理现场	工具、设备、场地清洁

三、技术要求及注意事项

（1）采样体积为 100ml，当进样量在 50ml 时发现着色长度已超过检测管满量程的 1/2 时可停止进样，此时刻度指示结果乘以 2 即为测量结果。

（2）同样的检测管，当 100ml 样气全部通入后，检测管着色长度小于最低量程时，为得到准确结果，可加大取样体积，重复操作，加大的体积应是 100ml 的整倍数，直至可以读取刻度，此时刻度指示结果除以 100ml 的倍数即为测量结果。

（3）取样体积不得小于 50ml，也不得大于 500ml，否则会产生较大误差。

（4）在使用注射器进样 50ml 时，由于活塞的推进压缩了筒内气体，应静止一段时间，等筒内外压力平衡后再取读数，如果读数未超量程的 1/2，再推进。

（5）检查注射器气密性时，垂直状态下将注射器推杆调到 100ml，湿润食指堵住注射器出口端，微力将推杆推至 90ml 刻度，松开推杆，观察推杆位置并读数，如果误差超过 100±3%，则判定注射器漏气。

（6）保持注射器在垂直状态下标定样气。

（7）清洗注射器时，让注射器进气 30~50ml，再排净气体，重复 3 次。

项目七　清洗及保养磁浮子液位计

一、准备工作

（一）设备

具备操作条件的磁浮子液位计。

（二）材料、工具

材料：清洗液、盆子、密封垫、水源、软管、生料带、润滑油、验漏液、棉纱。

工具：活动扳手、铜丝刷、磁铁、清洁工具。

二、操作规程

序号	工序	操作步骤
1	准备工作	准备工具、用具
2	流程倒换	关闭液位计上控制阀、下控制阀
		液位计排污、放空
3	拆卸	拆卸液位计底部法兰(或螺纹封头)取出浮子
		拆卸顶部堵头,检查上控制阀、下控制阀连通状况
4	清洗检查	清洗、检查浮子、磁翻板
		清洗浮筒内壁,磁翻板显示归零
5	安装	安装浮子、底部法兰(或螺纹封头)、顶部堵头
6	验漏	关闭排污阀,开液位计上部控制阀试压、验漏
		打开液位计下部控制阀
7	记录	做好相关记录
8	清理现场	工具、设备、场地清洁

三、技术要求及注意事项

(1)排污、放空时应反复操作确保液位计彻底泄压。

(2)拆卸底部法兰(或螺纹封头)时应确认液位计内无余气。

(3)安装浮子时应注意安装方向。

项目八　清洗检查高级阀式孔板节流装置(含孔板检查)

一、准备工作

(一)设备

具备操作条件的高级阀式孔板节流装置。

(二)材料、工具

材料:洗件油、棉纱、润滑脂、密封剂、验漏液、密封圈、密封垫片、毛巾、工具垫。

工具:油盆、活动扳手、铜丝刷、毛刷、专用内六角扳手、平口螺丝刀、刀口尺、塞尺、放大镜、计算器、钝角(0.02mm)游标卡尺、清洁工具。

二、操作规程

序号	工序	操作步骤
1	准备工作	选择工具、用具
		选择量具
2	停用计量	按要求停用计量

续表

序号	工序	操作步骤
3	检查	检查顶丝
		检查放空阀
4	提升孔板	打开平衡阀
		打开滑阀
		提升孔板
		关闭滑阀
		关闭平衡阀
		打开放空阀
		拧松顶丝，取出顶板、压板、密封垫片
		提出孔板导板，检查孔板安装方向
5	注脂和排污	对高孔阀进行注脂
		下阀腔排污
6	清洗、检查和润滑	依次清洗孔板、导板、压板、顶板顶丝及密封垫片和密封圈
		对各部件进行检查
		对导板、压板、顶板顶丝（密封垫）进行润滑
7	孔板检查	对孔板进行外观检查、孔径测量、变形检查、尖锐度检查
8	装入孔板	将孔板通过密封圈固定在导板上并放入上阀腔
9	安装孔板	装入密封垫片、压板、顶板，拧紧顶丝
		关闭放空阀
		打开平衡阀
		打开滑阀
		将孔板摇入下阀腔
		关闭滑阀、平衡阀
10	验漏	对活动和安装部件进行验漏
11	打开放空阀	打开放空阀
12	注脂	加注密封剂
13	关闭放空阀	关闭放空阀
14	恢复计量	恢复正常计量
15	记录	做好相关记录
16	清理现场	工具、设备、场地清洁

三、技术要求及注意事项

（1）摇柄未使用时严禁悬挂在齿轮轴上。

（2）上阀腔打开状态下，严禁操作滑阀与平衡阀。

（3）清洗检查孔板时，避免划伤手指。

（4）操作过程中严禁正对上阀腔槽口。

（5）放入孔板时，注意孔板方向，不得装反。

项目九 拆装维护和保养阀套式排污阀(KTP41Y-10DN50)

一、准备工作

(一)设备

具备操作条件的阀套式排污阀。

(二)材料、工具

材料:密封圈、密封垫、清洗液、棉纱、润滑脂、密封剂、验漏液。

工具:活动扳手、螺丝刀、铜棒、油盆、毛刷、铜丝刷、清洁工具。

二、操作规程

序号	工序	操作步骤
1	准备工作	选择工具、用具、材料
2	流程倒换	切断气源
		泄压
3	拆卸	拆卸阀盖连接螺栓
		取出阀芯总成、阀套、滤网、密封圈等部件
		拆卸阀芯总成,取出软密封垫和阀芯
4	清洗、检查和润滑	依次清洗、检查、润滑各部件:阀芯、阀套、阀座、上阀盖、下阀盖、滤网、螺栓、密封圈
5	组装	依次组装各部件
6	注脂	对阀门阀杆部位进行注脂
7	验漏	关闭排污阀,缓开排污阀前端控制阀,试压验漏
8	记录	做好相关记录
9	清理现场	工具、设备、场地清洁

三、技术要求及注意事项

(1)拆松阀盖螺栓后打开阀腔前,应确认阀腔内无余压。

(2)有平衡孔的阀芯,安装时应保证平衡孔畅通。

(3)操作过程中应防止设备打开后污水溢出造成环境污染。

(4)维修阀门后端有控制阀的,在泄压为零后应关闭后端控制阀。

(5)维修阀门后端无控制阀的,应停止同管线排污操作,防止污水回流。

项目十　拆装维护和保养差压油密封弹性闸阀(以DN50阀门为例)

一、准备工作

(一)设备

具备操作条件的差压油密封闸阀。

(二)材料、工具

材料:密封垫、清洗液、棉纱、润滑脂、密封剂、验漏液、砂纸。

工具:活动扳手、内六角扳手、专用扳手、螺丝刀、注油枪、铜棒、剪刀、油盆、毛刷、铜丝刷、清洁工具。

二、操作规程

序号	工序	操作步骤
1	准备工作	选择工具、用具、材料
2	流程倒换	切断气源
		半开阀门后,开放空阀泄压
3	拆卸上阀盖	拆卸阀盖连接螺栓
		取下阀盖
		取出闸板、密封垫
4	清洗、检查及润滑	清洗闸板、阀座、阀杆、T形槽、T形挂头、螺栓、阀盖垫子
		检查闸板、阀座、阀杆、T形槽、T形挂头、螺栓、阀盖垫子
		润滑闸板、阀座、阀杆、T形槽、T形挂头、螺栓、阀盖垫子
		检查密封剂注入通道是否畅通
5	组装	按顺序组装各部件:挂上闸板,装上阀盖,对角紧固阀盖连接螺栓
6	拆卸传动机构	拆卸传动机构各部件
7	清洗、检查、润滑传动机构	清洗、检查、润滑传动机构各部件
8	组装传动机构	组装传动机构各部件
9	注脂	传动机构加注润滑脂
		加注阀杆密封剂(7602)
		全关阀门后对阀座进行注脂
10	验漏	关放空阀
		开上游阀,验内漏
		开闸阀,验外漏
11	恢复流程	恢复流程到维护前状态
12	记录	做好相关记录
13	清理现场	工具、设备、场地清洁

三、技术要求及注意事项

(1)拆松阀盖螺栓后打开阀腔前,应确认阀腔内无余压。
(2)加注 7602 密封剂前,应卸松盘根压盖。
(3)加注润滑脂及阀杆密封剂时,应上下活动阀杆。
(4)注入闸板密封剂 7903 时,应关闭闸阀。
(5)操作过程中防止闸板脱落损伤密封面。

项目十一　维护保养 FISHER(费希尔)627R 调压器

一、准备工作

(一)设备
具备操作条件的 FISHER(费希尔)627R 调压器。

(二)材料、工具
材料:清洗液、油盆、皮膜、润滑油、验漏液、棉纱。
工具:活动扳手、平口螺丝刀、内六角扳手、毛刷、清洁工具。

二、操作规程

序号	工序	操作步骤
1	准备工作	选择工具、用具、材料
2	流程倒换	切换备用流程供气
		放空泄压
3	拆卸调压阀	分离弹簧腔体与连接腔体,取出弹簧、膜片等
		分离主阀体与连接腔体
		拆卸安全阀锁紧螺母、调节螺杆,拆下安全阀
4	清洗、检查、润滑	清洁、检查调压器部件:调节螺钉、控制弹簧、导杆固定器、上位弹簧座、下位弹簧座、阀膜、膜片组件
		润滑相关部件
		拆卸、分解底部安全泄放装置,检查泄放通道、弹簧,清洁润滑后装配还原
5	组装	依次组装各部件
6	验漏	关闭放空阀,缓开下游闸阀,验漏试压
7	调压	调节压力至给定压力,恢复正常流程
8	记录	做好相关记录
9	清理现场	工具、设备、场地清洁

三、技术要求及注意事项

(1)操作应平稳缓慢。

(2)关闭调压器时,应将调节螺杆完全松开。

(3)橡胶件严禁沾油。

(4)严禁带压拆卸、整改。

项目十二　启用井口安全截断系统

一、准备工作

(一)设备

具备操作条件的井口安全控制系统。

(二)材料、工具

材料:验漏液。

工具:活动扳手、清洁工具。

二、操作规程

序号	工序	操作步骤
1	准备工作	选择工具、用具
2	启动前检查	检查执行气源、连接管路、控制气压力、电源、工艺流程
3	开启井口安全截断系统	操作中继阀开启井口安全截断系统
		检查确认锁定销已退出才松开中继阀
		确认阀位指示器处于开启状态
4	开启后的检查	检查各系统压力
		对各个接头、气缸、易熔塞验漏
		悬挂指示牌
5	记录	做好相关记录
6	清理现场	工具、设备、场地清洁

三、技术要求及注意事项

(1)井口安全截断阀开启后应保证手动杆完全升起,避免自动切断功能失效。

(2)管路有泄漏及时处理,避免安全截断阀关闭。

(3)失电关闭型井安系统在停电前,应采取措施防止井安系统关闭。

(4)井口安全系统开启后应检查中继阀是否退回。

(5)控制柜管路旁通阀应处于正常位置,避免紧急情况下不能远程关井。

项目十三　防止天然气水合物生成与解堵

一、准备工作

(一)设备

具备操作条件的工艺设备。

(二)材料、工具

计算器、数据表。

二、操作规程

序号	工序	操作步骤
1	数据收集、分析、判断异常	根据给定条件进行数据整理
		分析判断是否存在形成水合物的条件
2	排查堵塞位置	根据给定条件判断堵塞位置
3	提出解决措施	根据给定条件提出解除堵塞措施
		识别处理过程中的风险并提出控制措施
5	制定预防措施	根据现有条件制定预防措施

三、技术要求及注意事项

(1)操作阀门时应缓慢,并观察压力变化。
(2)禁止堵塞部位上下游大压差降压解堵。
(3)使用电伴热带解堵时,绝缘层应完好。

项目十四　天然气集输场站的故障分析判断及流程切换

一、准备工作

(一)设备

具备操作条件的集输场站工艺设备(或流程图)。

(二)材料、工具

材料:静态资料、生产动态资料。
工具:计算器、记录笔。

二、操作规程

序号	工序	操作步骤
1	识别流程	根据流程图和数据表梳理场站流程
2	数据收集、分析、判断异常	根据给定条件进行数据整理并分析判断
3	故障分析	根据给定条件分析故障原因
		进行异常描述
4	提出解决措施	根据给定条件提出流程倒换措施
		识别处理过程中的风险并提出控制措施

三、技术要求及注意事项

(1)生产故障分析判断,应有现象描述、原因分析、故障结论、处理措施。

(2)流程切换时遵循“先开后关”的原则,严禁超压。

(3)处置措施得当,符合生产实际,具有可操作性。

模块二　整理分析生产资料

项目一　相关知识

一、绘制气井井身结构示意图

井身结构图是气井井下结构剖面示意图，是一个由大变小的台阶形状。当钻头由地面钻进一定深度后需下入一层套管固定井壁，每下入一层套管后更换一个更小尺寸的钻头往下钻进，形成了台阶形状。

井身结构图应包括图名、开钻日期、完钻日期、井口海拔、补心海拔、地层层序、钻头程序、套管程序、水泥返高、完井方式等内容。

（一）绘制方法

根据纸幅大小和方向按绘图要求绘制边框，然后按步骤绘制图形：

（1）图纸顶端，居中，写"××气田××气井井身结构图"。

（2）提行左侧，写"开钻日期""完钻日期"数据及单位；提行右侧，写"地面海拔""补心海拔"的数据及单位。

（3）提行画一条横线为基准线，在直线上部左侧依次写"$\frac{\text{套管程序}}{\text{钻头程序}}$""地层层序"，右侧依次写上"射孔井段""油管"。

（4）绘制所用各种不同规格的钻头和钻至井深。

（5）标注下入井内各层套管规格尺寸及深度；各层套管间的水泥返高的高度。

（6）标注井下衬管、尾管位置、结构、规格大小及长度。

（7）标注下入井内的油管管串及油管鞋结构及对应井深，也可在井身结构图合适位置用文字表示油管结构。

（8）标注完井方式和完井井深及层位名称。

（9）在对应的深度位置绘制人工井底。

（10）对应基准线上各个项目在两侧标注出"钻头程序""套管程序""地层""井深""显示""射孔井段""油管程序"及下入深度等数据，并用符号表示出油气显示。

（11）标注其他情况（包括有无落鱼及落鱼的深度、长度等）。

（二）参考图样

参考图如图1-2-1所示。

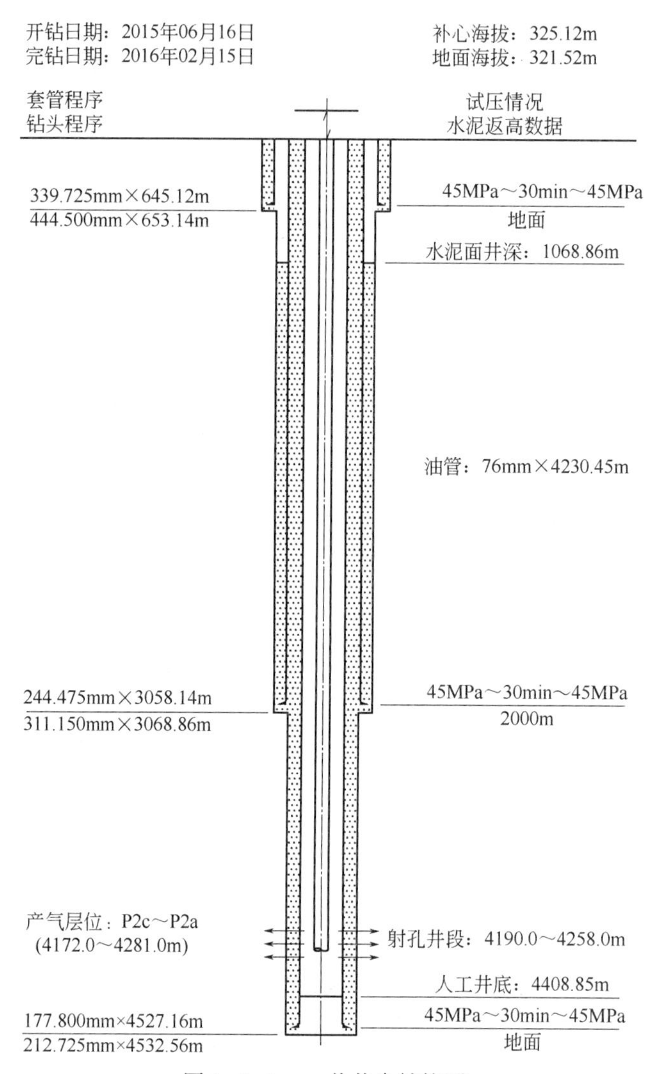

图 1-2-1　××井井身结构图

二、孔板计量装置偏差过大常见原因及处理

孔板计量装置偏差过大常见原因及处理措施见表 1-2-1。

表 1-2-1　孔板计量装置偏差过大常见原因及处理

序号	原因分析	处理措施
1	平衡阀未关严或内漏	关严或更换平衡阀
2	静压变送器、差压变送器的零位偏差	调整变送器零位
3	静压变送器、差压变送器故障	校检、维修变送器
4	上游导压管、下游导压管堵塞或漏气	吹扫、堵漏
5	上游导压管、下游导压管接反	整改上游导压管、下游导压管

续表

序号	原因分析	处理措施
6	现场温度仪表故障	更换温度仪表
7	仪表信号传输线路故障	检查、维修
8	孔板装反或孔板直角入口有刺坏、缺口，孔板变形	重装孔板或更换新孔板
9	计量系统参数录入错误	录入正确参数
10	计量程序出错	修复程序
11	超仪表量程	调整计量工艺或仪表参数

三、采气曲线的应用

通过采气曲线分析，可分析判断地面计量异常、管线及井口堵塞、油管穿孔或断落、气井出水影响、井筒及井底堵塞、井壁垮塌等常见气井异常，见表 1-2-2。

表 1-2-2　气井常见异常现象及处理措施

序号	曲线示意图	异常现象	异常判断①	处理措施②
1	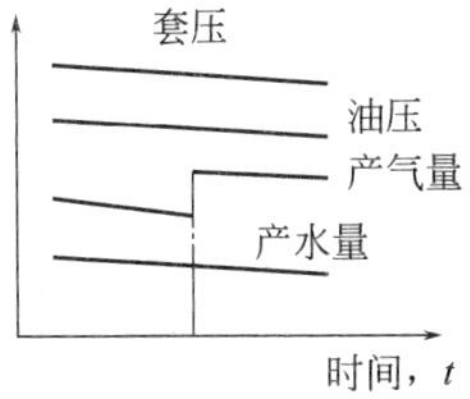 套压 油压 产气量 产水量 时间，t	产气量突变（上升或下降），井口压力，产水量正常变化；或者产气量无变化，压力、产水量都变化	计量系统发生异常	1. 导压管验漏、排污、吹扫 2. 清洗、检查孔板 3. 变送器校检、更换
2	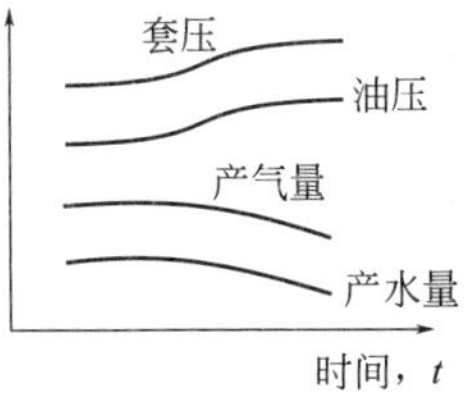 套压 油压 产气量 产水量 时间，t	井口套压及油压上升、产气量及产水量均下降	井口节流控制阀堵塞	1. 活动节流阀 2. 热水浇淋解除水合物堵塞 3. 调节合理压差 4. 关井拆卸清洗
			输气管线堵塞： 1. 出站阀前端堵塞，出站压力下降 2. 出站阀后端堵塞，出站压力上升	1. 根据场站内堵塞具体部位采取相应措施（如活动阀门、拆卸清洗等） 2. 管线放空、吹扫 3. 清管作业等解堵措施
3	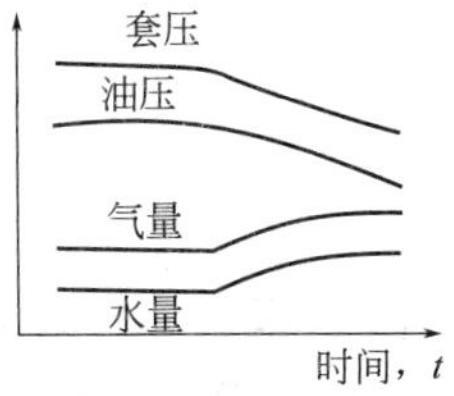 套压 油压 气量 水量 时间，t	某时刻或时段井口套压、油压突降，气量、产水量上升	1. 用户加大用气量 2. 井口节流控制阀刺坏 3. 计量后泄漏	1. 与用户联系 2. 关小或更换井口节流控制阀 3. 关井，截断气源，检修
4	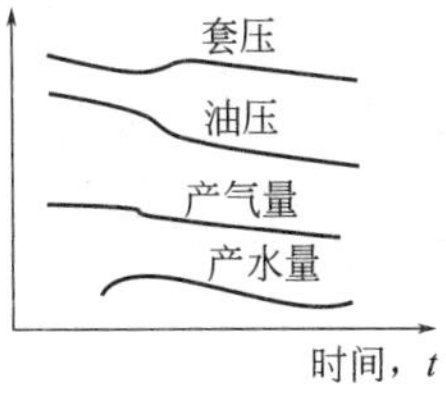 套压 油压 产气量 产水量 时间，t	产水量上升，油压下降，随之产水量减少，套压上升，井口压差增大，产气量减少	油管积液	1. 调节合理气量带液 2. 放空降压 3. 加注起泡剂 4. 间隙生产 5. 实施气举、增压、抽汲等

续表

序号	曲线示意图	异常现象	异常判断[①]	处理措施[②]
5	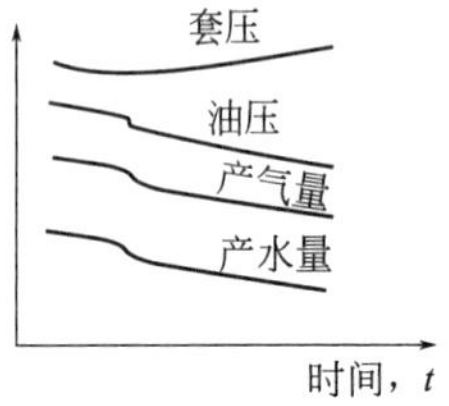 套压 油压 产气量 产水量 时间，t	油压下降、套压上升，产气量及产水量下降	油管堵塞	1. 增大气量带出堵塞物 2. 关井恢复压力后大气量带出 3. 关井注水冲刷油管壁后开井 4. 解堵剂解堵、清蜡等
6	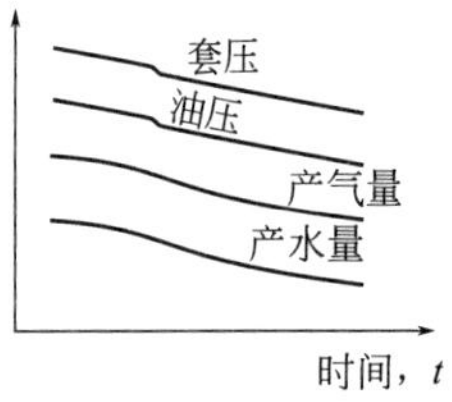 套压 油压 产气量 产水量 时间，t	生产套压和油压均下降、产气量和产水量随压力下降而下降	井底产层堵塞	1. 放空降压带出堵塞物 2. 关井加注解堵剂解堵 3. 洗井、酸化等措施解堵
7	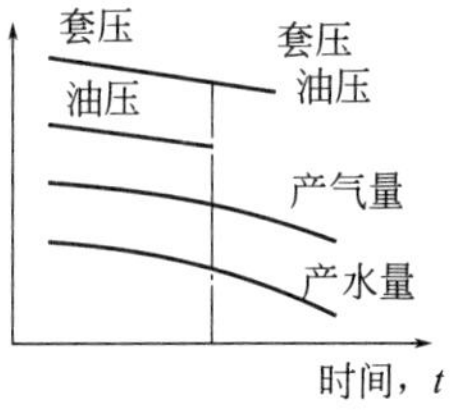 套压 油压 套压 油压 产气量 产水量 时间，t	某时刻油压上升至与套压持平	油管高位穿孔或断落	1. 密切观察、维持生产 2. 更换油管 3. 侧钻
8	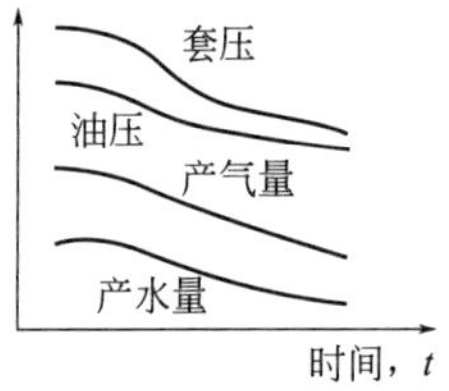 套压 油压 产气量 产水量 时间，t	井口压力、产气量及产水量同时大幅下降，套压和油压值很快接近或持平	产层垮塌	1. 洗井、酸化 2. 下尾管 3. 侧钻

项目二　绘制零件平面图

一、准备工作

材料：工艺流程图一张，空白绘图纸一张。

工具：绘图工具。

二、操作规程

序号	工序	操作步骤
1	阅原件图	分析图中已知线段，连接线段，以及所给定的连接条件
2	绘图	根据各组成部分的尺寸关系确定作图基准、定位线，根据国家机械制图相关标准，依原件图按比例绘制
3	标注	根据标准要求对图件进行标注
4	完善	完善图幅

三、技术要求及注意事项

(1)按国家机械制图相关标准绘制。

(2)保留作图痕迹。

(3)布局合理,图面整洁,比例恰当。

四、参考图样

根据原图绘制零件平面图:成品如图1-2-2所示。

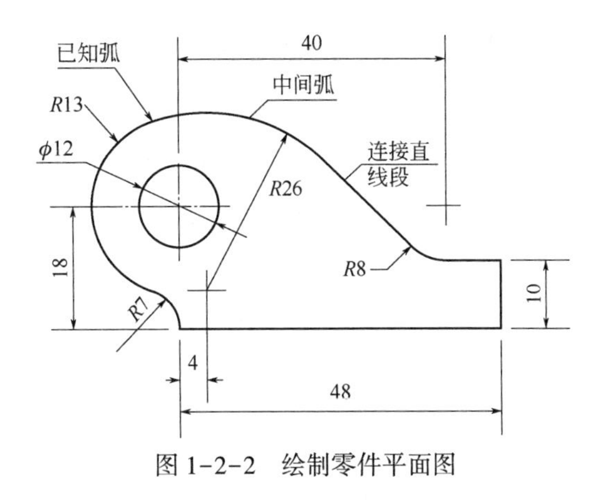

图1-2-2　绘制零件平面图

项目三　绘制气井井身结构示意图

一、准备工作

材料:数据表。

工具:绘图工具。

二、操作规程

序号	工序	操作步骤
1	绘制边框	按要求绘制边框
2	绘井身结构图	确定绘制比例和图幅布局
		绘制中心线和地平线确定绘制基准
		绘制油管串
		绘制钻头程序和人工井底
		绘制套管程序
3	标注	标注下入井内各层套管规格尺寸及深度;各层套管间的水泥返高的高度
		标注井下衬管、尾管位置、结构、规格大小及长度
		标注下入井内的油管管串及油管鞋结构及对应井深
		标注完井方式和完井井深及层位名称
		对应基准线上各个项目在两侧标注出“钻头程序”“套管程序”“地层”“井深”“显示”“射孔井段”“油管程序”及下入深度等数据,并用符号表示出油气显示
		标注其他情况
4	完善图幅	标注图名
		完善其他信息

三、技术要求及注意事项

(1) A0、A1、A2、A3 纸采用横式，A4、A5 纸采用竖式。

(2) 油套管、井眼(水泥塞外壁)用剖视图绘制。

(3) 标注井身结构图的各种数据，以真实数据为依据，用横线准确标注于结构图两侧。并与图形整体比例一致。

(4) 基准线、各层套管和油管用粗实线，辅助线用细实线表示，同类图线的宽度一致。

(5) 产层符号用地质惯用符号表示。

(6) 所有井深数据都是地面到井下距离。

(7) 固井水泥用密点，水泥返高数据是指固井时套管与井壁之间水泥环上升的高度。固井水泥未返至地面的绘至图上对应深度。

(8) 指示线不能画到图形里面，也不能画箭头。

项目四　绘制单井站采气工艺流程图

一、准备工作

材料：绘图资料，空白绘图纸。

工具：绘图工具。

二、操作规程

序号	工序	操作步骤
1	绘制边框和标题栏	按要求绘制边框和标题栏
2	绘制主要设备	绘制：井口装置、一级角式节流阀、保温装置、分离器、计量装置等主要设备
3	绘制主管线和阀门	绘制主管线及相关阀门
4	绘制辅助设备和阀门	绘制放空、排污、加注装置等辅助设备及管线、阀门
5	标注	根据标准要求对设备、阀门进行标注
6	完善	填书写绘图说明
		绘制填写主要设备明细表

三、技术要求及注意事项

(1) 按 SY/T 0003—2012《石油天然气工程制图标准》绘图。

(2) 布局合理，图面整洁，比例恰当。

四、参考图样

根据操作规程绘制的成品如图 1-2-3 所示。

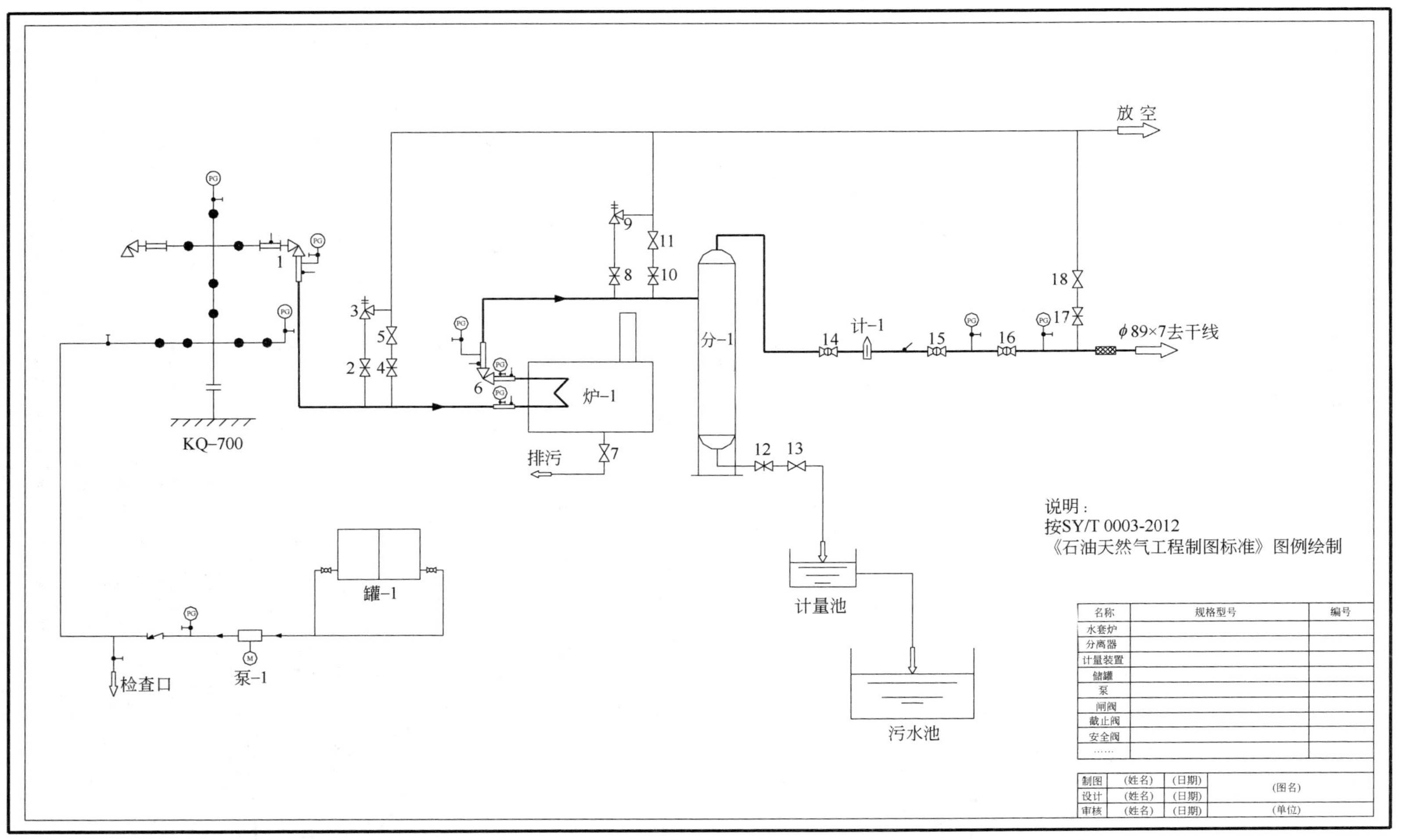

图 1-2-3 绘制成品图参考图样

项目五　孔板计量装置偏差过大的原因分析及处理

一、准备工作

（一）设备

具备操作条件的自动化计量系统。

（二）材料、工具

材料：数据表。

工具：记录笔、计算器。

二、操作规程

序号	工序	操作步骤
1	数据收集、分析、判断	根据已知条件进行分析、判断故障类型
2	故障排查	现场故障排查、确认故障原因
3	故障处置	根据故障原因采取处置错误
		对无法解决的问题，控制措施和处置建议
4	记录	做好相关记录

三、技术要求及注意事项

（1）操作前先解除计量联锁。

（2）仪器仪表故障由专业人员处置。

项目六　用采气曲线分析气井生产异常

一、准备工作

材料：数据表、采气曲线图。

工具：计算器、绘图工具、记录笔。

二、操作规程

序号	工序	操作步骤
1	绘制采气曲线图	分析数据表
		建立坐标系描点
		绘制曲线
2	分析判断	根据曲线图变化分析、判断异常情况
3	故障处置	针对异常情况提出控制、整改措施

三、技术要求及注意事项

(1)按照相关要求绘制采气曲线图。
(2)制定的措施应符合气井实际情况。
(3)异常处置应遵守相关安全规定。

项目七　计算机文档和资料整理

一、准备工作

(一)设备
具备操作条件的计算机。

(二)材料、工具
材料:数据表、试卷。
工具:计算器、记录笔。

二、操作规程

序号	工序	操作步骤
1	开机检查	打开计算机,检查办公软件
2	搜索	搜索文档和资料
3	文档处理	复制搜索出的指定文档和资料
		在指定位置新建文件夹并重命名
		粘贴文档和资料
		按指定方式排列新建文件夹内文档和资料
		创建指定文档或资料的快捷方式
		将快捷方式剪切到系统桌面

三、技术要求及注意事项

(1)操作过程中应及时存盘,防止资料丢失。
(2)使用计算机过程中应注意防水。

第二部分

高级工操作技能及相关知识

模块一 操作维护设备

项目一 相关知识

一、离心泵转水流程

在气田常用电动离心泵转输气田水，利用离心泵产生的水压头将气田水输送到下一处理站。转水流程主要由污水池（罐）、离心泵、进水管路、排水管路、旁通管路、流量计、控制阀等组成。

气田转水中心站流程示意图如图 2-1-1 所示。

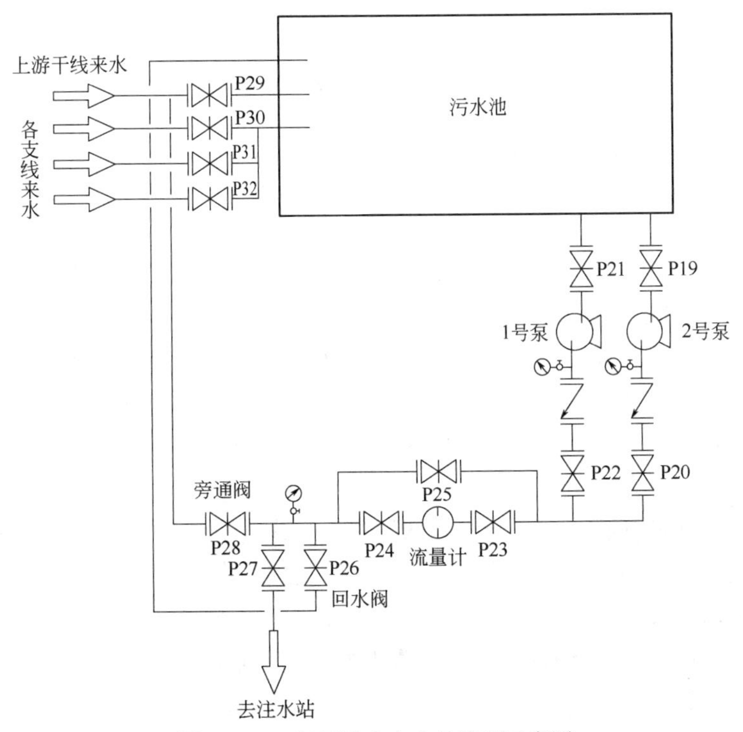

图 2-1-1 气田转水中心站流程示意图

二、气液联动球阀

目前天然气生产中使用的气液联动球阀主要有 ShaFer（谢弗）气液联动球阀、BIFFI（比菲）气液联动球阀、中寰气液联动球阀等，本项目以 BIFFI（比菲）气液联动球阀为例进行介绍。

(一)结构

BIFFI(比菲)气液联动球阀由球阀和执行机构两部分组成,球阀阀体带有注脂口、中腔排污口、中腔放空口等附件,执行机构由状态转换手柄、活塞拨叉组件、手动泵、控制箱、气液罐、远传装置、执行器、储气罐、操作箱、引压管等部件组成。活塞拨叉组件是 BIFFI(比菲)气液联动执行机构的核心组件,其结构如图 2-1-2 所示。

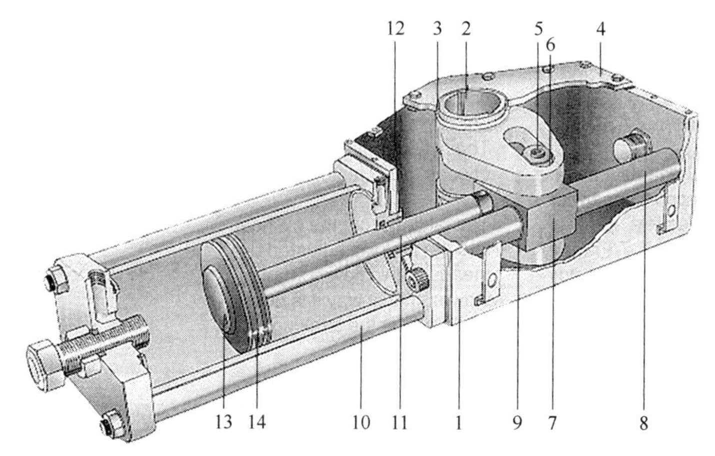

图 2-1-2　气液联动执行机构结构

1—外壳;2—拨叉;3—轴衬;4—外盖;5—滑块销;6—滑块;7—导向块;8—导向杆;9—轴衬;10—液压缸紧固螺栓;11—活塞杆;12—轴衬;13—活塞;14—导向环

(二)功能

气液联动球阀开关动作速度快,主要安装在输气管道阀室内,有就地和远程两种开关控制方式,具有压力高限、低限及压降速率超限自动关闭功能。

自动关闭功能:阀门处于自动状态时,当管道压力高于设置压力上限或低于设置压力下限时,球阀自动关闭。如果管道发生爆炸或破裂事故,当压降速率超过设定值时,阀门也将自动关闭。压力高限、低限及压降速率可根据生产需求进行调整,如不需要该功能,可通过设置进行取消。

就地功能:就地控制有手动泵与气动两种操作方式。手动泵操作时,需将状态转换到开或关状态,手动反复压动手动泵摇杆;气动操作时,在自动状态下,压下对应的气动操作手柄,便可实现阀门开关。

远程功能:阀门安装了远程控制,可远程下发指令实现阀门的开关。

(三)工作原理

BIFFI(比菲)气液联动执行机构工作原理如图 2-1-3 所示。

正常状态下,球阀处于全开或全关状态,气液罐内无压力。如左图活塞处于左止点,设定该阀处于关闭状态,按下气动开启按钮,高压气进入罐 A,推动液压油下行,进入活塞左部,推动活塞向右移动。此时活塞推动右端的液压油回到罐 B,同时活塞杆带动滑块向右移动,固定在滑块上的滑销带动拨叉逆时针旋转,拉动与拨叉连接在一起的阀杆旋转,带动球阀球体同步作 0°~90°旋转,直至球阀全开。反之,球阀关闭。手动泵操作也是推动液压油进行工作,动作过程与气动一致。

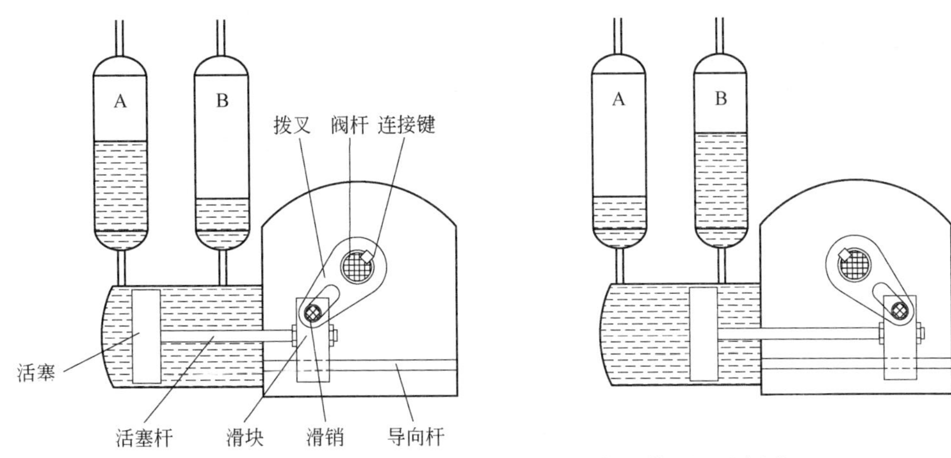

图 2-1-3　BIFFI(比菲)气液联动执行机构工作原理示意图

(四)常见故障处理

BIFFI(比菲)气液联动执行机构常见故障及处理见表 2-1-1 所示。

表 2-1-1　BIFFI(比菲)气液联动执行机构常见故障及处理

故障现象	原因分析	排除方法
球阀不动作	无电源(气动)	检查电源
	无执行气	打开球阀两端气源引压阀
	阀门卡死	检修或更换
	状态手柄位置不正确	状态手柄置于自动位置
	执行气压力低	调整执行气压力
	过扭矩保护动作	厂家维修
	控制系统故障	厂家维修
球阀旋转速度慢	执行气压力低	调整执行气压力
	流量控制阀开度不足	调整流量控制阀开度
	阀门扭矩发生变化	检修或更换阀门
球阀旋转速度快	执行气压力高	调整执行气压力
	流量控制阀开度偏大	调整流量控制阀开度
阀位不正确	机械限位设定错误	调整机械限位
	位置信号开关设定不正确	调整位置信号开关
手泵不工作	状态手柄位置不正确	状态手柄置于开或关位
	油量不足	补充液压油
	液压止回阀故障	厂家维修

三、清管收、发球筒装置

(一)组成

清管发球筒装置由发球筒、球筒球阀、球筒大小头平衡阀、球筒进气阀、球筒放空阀、注入阀、出站阀及其连接管道组成。清管收球筒装置由收球筒、球筒球阀、球筒大小头平衡阀、引流阀、球筒放空阀、注入阀、球筒排污阀、进站阀及其连接管道组成，如图 2-1-4 所示。

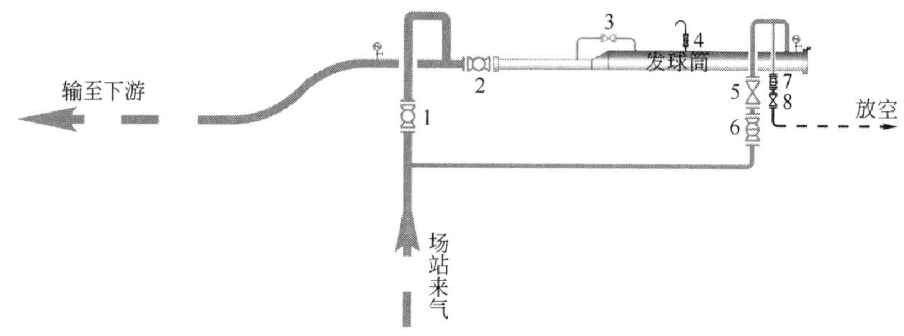

(a) 清管发球筒装置示意图

1—出站阀；2—球筒球阀；3—大小头平衡阀；4—注入阀；5—球筒进气控制阀；6—球筒进气切断阀；7—球筒放空切断阀；8—球筒放空控制阀

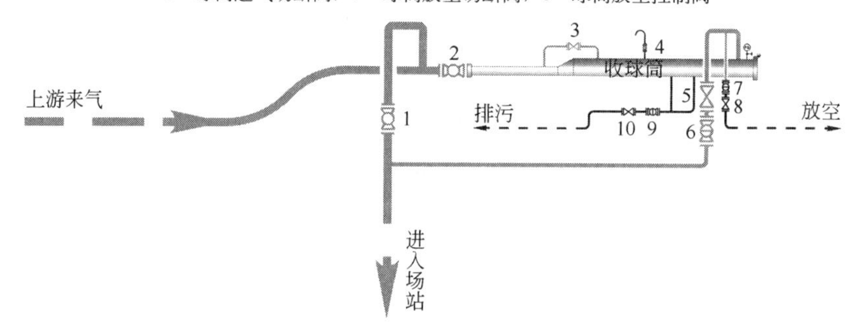

(b) 清管收球筒装置示意图

1—进站阀；2—球筒球阀；3—大小头平衡阀；4—注入阀；5—引流控制阀；6—引流切断阀；7—球筒放空切断阀；8—球筒放空控制阀；9—球筒排污切断阀；10—球筒排污控制阀

图 2-1-4　清管收球筒装置、清管发球筒装置结构组成图

（二）发球筒发送清管球异常情况

发球筒发送清管球异常情况主要是清管球未发送出去。其主要原因是流程切换不当或清管球过盈量不合适。

1. 流程切换不当

（1）球筒球阀未开。球筒压力平衡后，未打开球筒球阀，此时关闭出站阀发球，会造成场站及发球筒憋压。发球气量较大时，场站及发球筒压力会迅速上升，甚至引起场站安全阀起跳等后果。

（2）球筒球阀未全开。球筒压力平衡后，未完全开启球筒球阀（人为操作失误或球阀开关指示器偏移），导致球阀通径减小，发球时清管器无法通过。

（3）球筒大小头平衡阀未关闭。把清管器放入发球筒大小头前，应打开球筒大小头平衡阀（防止球筒球阀内漏将清管球推至球筒大径部位而发生窜漏）。关闭出站阀发球时，若未关闭球筒大小头平衡阀，则清管球前后不能建立推球压差，致使清管器不能发出。

（4）球筒进气控制阀开度过小。球筒进气控制阀开度过小，在关闭出站阀发球时，发球筒升压缓慢，短时间达不到推球需要的压力。若发球气量较大时，可能造成清管器未发出，场站已经憋压。

(5)出站阀未关或关闭不严。球筒球阀开启后，未关闭出站阀，不能建立推球压差，清管器不能发送出去。若发球气量不足，同时出站阀关闭不严（未完全关闭或内漏），发球时长时间不能建立推球压差，清管器不能发出。

(6)球筒球阀开启过早。球筒压力低于出站压力时就过早开启球筒球阀，会将清管球推回至球筒大径部位而失去密封，无法建立推球压差，清管器不能发出。

2. 清管器过盈量不合适

(1)清管球过盈量过小。会导致密封不严而窜气，不能形成推球压差。

(2)清管球过盈量过大。清管球运行阻力增大，在较大压差下也不能启动运行。严重时形成球卡，达到允许最大推球压差也不能将清管球发送出去。

3. 清管器放置位置不合适

清管器放置时，若未放到大小头的小径部位并顶紧，会造成清管器密封不严而窜气，不能形成推球压差。

四、清管阀发送清管球常见异常及处置

清管阀发送清管球常见异常及处置见表 2-1-2 所示。

表 2-1-2　清管阀发送清管球常见异常及处置

序号	异常现象	原因分析	处置措施
1	阀腔不能泄压为零	(1)阀门关闭不到位； (2)阀座密封件“O 形圈”损伤； (3)阀座插件损伤或有污物	(1)调整开关位置； (2)更换密封件； (3)将阀门开关几次后检查，排除污物或更换阀座
2	清管阀不能全开（处于发球位置）	清管球未放到底部	关闭清管阀，泄压后打开盲板重新放置清管球
3	清管球不能发出	(1)清管球过盈量不合适，过大形成卡堵，过小造成窜气； (2)清管阀未完全开启造成球卡； (3)推球气量小，短时间不能形成足够的推球压差	(1)控制合适的清管球过盈量，发球前在清管球的表面涂抹一层润滑油； (2)调整清管阀开关位置； (3)提高推球气量； (4)观察清管阀前后压力若无变化，则可能是窜气，应取出清管球加大过盈量

五、标准孔板计量系统常见故障处置

(一)标准孔板计量系统组成

标准孔板计量系统是由产生差压的一次装置孔板流量计和二次仪表组成。二次仪表按其自动化程度分为机械式仪表和电动仪表。

1. 机械式仪表

由温度计、双波纹管差压计、求积仪组成。

2. 电动仪表

由温度变送器、压力变送器、差压变送器、计算机组成。

(二)电动仪表故障的一般规律

电动仪表故障常见接触不良、短路、断路和松脱 4 个方面。

（1）接触不良，仪表插件板、接线端子的表面氧化、松动以及导线的似断非断状态，都是造成接触不良的主要原因。

（2）断路，因仪表引线一般较细，在拉机芯或操作过程中稍有相碰，都会造成断路，保险丝的烧毁、电气元件内部断路也是一个方面。

（3）短路，导线的裸露部分相碰，晶体管、电容击穿是短路的常见现象。

（4）松脱，主要是机械部分，诸如滑线盘、指针、螺钉等，气动仪表也有类似现象。

（三）高级孔板阀常见故障

高级孔板阀常见故障及处置方法见表2-1-3。

表2-1-3 高级孔板阀常见故障及处置方法

序号	故障现象	故障原因	排除方法
1	滑阀内漏	杂质划伤滑阀密封副产生的内漏	（1）加注密封剂，在启闭滑阀4~8次即可排除。 （2）严重内漏，停输分解检查，如机件损坏必须更换
2	启闭滑阀受阻	上下腔压力不平衡，滑阀跳齿，齿轮受损	（1）保持上下腔压力平衡。 （2）齿轮啮合卡死，应停输分解检查，如机件损坏必须更换
3	提升孔板受阻	导板、齿轮轴跳齿，压板密封垫无凸出变形、导板上有污物，齿轮轴抱死	（1）齿轮啮合卡死，应停输分解检查，如机件损坏必须更换。 （2）若进入上阀体腔的孔板导板阻碍关闭，检查压板密封垫无凸出变形，否则，减去凸起部分或更换新垫片。 （3）清洗导板上的污物，若仍不能排除，可用锉刀稍微修理孔板导板顶端倒角。 （4）停气、分解、砂纸除锈
4	孔板部件下坠不能在中腔停留	齿轮轴压帽过松	稍许拧紧齿轮轴端六方螺帽排除
5	注脂嘴渗漏	无密封剂	拆下注脂嘴帽，加注密封剂，拧紧注脂嘴帽
6	压板处渗漏	密封垫未上好、变形或损坏	重新安装密封垫或及时更换
7	平衡阀不能平衡上阀腔压力、下阀腔压力	平衡孔堵塞	停输，分解，重新装配
8	上阀腔余压不能排尽	滑阀泄漏或平衡阀内漏	（1）加注密封剂。 （2）更换平衡阀
9	数据误差较大	孔板孔径不合适；孔板受损；密封圈损坏等	（1）按流量大小，选择开孔合适孔板。 （2）更换新孔板。 （3）更换密封圈更换装置

（四）电动仪表常见故障

电动仪表发生故障时，采气工可针对设备和线路检查排除，涉及专业操作应通知专业人员进行维护。电动仪表常见故障及处置方法见表2-1-4。

表 2-1-4　电动仪表常见故障及处置方法

1. 压力变送器			
序号	故障现象	故障原因	排除方法
1	显示值异常	导压管堵塞	吹扫导压管
		导压管、接头、放空阀泄漏	查找、处理泄漏点
2	示值显示不稳定	线路连接点松动,变送器坏	查找连接线路重新紧固
3	无显示	线路断路、电源故障,变送器坏等	检查连接线路
2. 差压变送器			
序号	故障现象	故障原因	排除方法
1	显示值异常	导压管堵塞	吹扫导压管
		导压管、接头、放空阀泄漏	查找、处理泄漏点
		三阀组上下游引压阀开关不到位	将上下游引压阀开关拧到位
2	示值显示不稳定	线路连接点松动,变送器坏	查找连接线路重新紧固
3	无显示	线路断路、电源故障,变送器坏	检查连接线路

项目二　管件组装(含切割套丝)操作

一、准备工作

(一)设备

具备管件组装操作条件的设备。

(二)材料、工具

材料:截止阀、压力表、压力表配合接头、弯头、等径三通、异径三通、大小头、活接头、镀锌管、生料带、垫片。

工具:电动套丝机、活动扳手、管钳、卷尺、螺纹规、板牙、钢丝刷、护目镜、石笔、毛刷、机油壶、油盆、清洁工具。

二、操作规程

序号	工序	操作步骤
1	准备工作	识读安装图
		选择工具、用具、管件配件
2	组装管路	管螺纹缠绕生料带
		逐件连接、逐件紧固管配件,紧固时应使用背钳
		确定单头螺纹连接件加工长度
3	切割套丝	安装套丝机板牙
		将加工件切割到合适长度
		对加工件进行套丝操作

续表

序号	工序	操作步骤
4	完善管路	组装加工件
		连接活接头
		安装支管路
		安装压力表
5	验漏	关闭放空、启表、导通流程、验漏
6	清理现场	工具、设备、场地清洁

三、技术要求及注意事项

(1)严禁带压进行管路调整和紧固。

(2)安装时应逐件安装紧固。

(3)紧固时应使用背钳,防止退扣和损伤螺纹、管件。

(4)按图示安装方向安装,横平竖直。调整应使用工具。

(5)先完成主管路安装,再安装支管路。

(6)严禁带负荷启动套丝机。

(7)套丝机运转中严禁戴手套操作,出现异常应立即停机。

(8)导通流程应遵循流程切换一般原则。

四、参考图样

管件组装参考图样如图 2-1-5 所示。

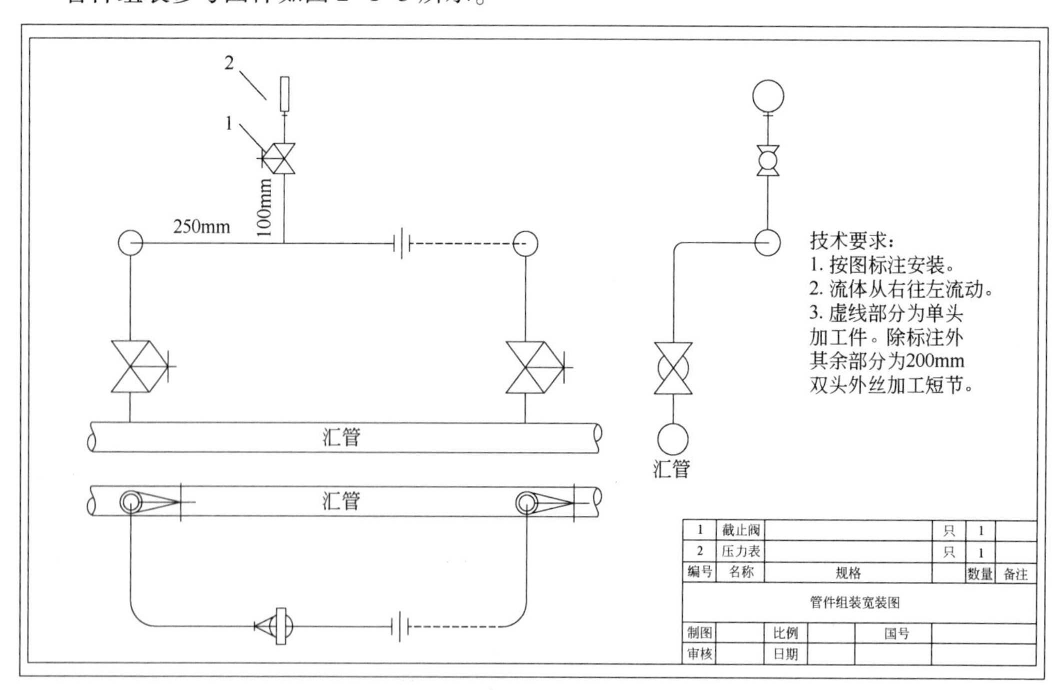

图 2-1-5　管件组装参考图样

项目三　清管阀发送清管器操作

一、准备工作

(一)设备

具备操作条件的清管阀工艺。

(二)材料、工具

材料:清管器、棉纱、润滑油、盲板O形密封圈。

工具:活动扳手、外卡钳、钢板直尺、计算器、清洁工具。

二、操作规程

序号	工序	操作步骤
1	准备工作	熟悉清管方案
		准备工具、用具及材料
		检查清管器
2	清管器装入清管阀	检查清管流程状况
		放空泄压
		打开盲板,并维护保养盲板
		装入清管器
		安装盲板并插好安全销
3	清管器发送	得到发送清管器的许可
		关闭排污和放空阀
		切换流程发送清管器
4	检查和监控	切换流程后放空泄压
		打开盲板确认清管器是否发出
		维护保养盲板后安装盲板
		关闭排污和放空阀
		计算清管器运行时间,监控压力和流量变化
5	汇报联系	向调度室汇报,并与接收方联系
6	资料记录	填写相关记录
7	清理现场	工具、设备、场地清洁

三、技术要求及注意事项

(1)清管球过盈量控制在3%~10%,皮碗、直板清管器过盈量控制在1%~4%。

(2)必须得到调度指令才能发球。

(3)清管阀内余气排尽后才能打开清管阀盲板。

(4)不能正对盲板操作。

(5)球速宜控制在 12~18km/h 范围内。

项目四 清管阀接收清管器操作

一、准备工作

(一)设备

具备操作条件的清管阀工艺。

(二)材料、工具

材料：棉纱、润滑油、盲板 O 形密封圈。

工具：活动扳手、外卡钳、钢板直尺、计算器、清洁工具。

二、操作规程

序号	工序	操作步骤
1	准备工作	熟悉清管方案
		准备工具、用具及材料
2	接收流程准备	检查清管流程状况
		切换到清管器接收流程
		向调度室和发送方汇报
3	清管器接收	记录清管器发送信息，并计算清管器运行时间
		监控清管器运行期间的生产参数
		判断清管器进入清管阀后记录收球时间
		恢复至正常生产流程
		放空泄压完毕后取出清管器
		观察清管器外观情况并测量其直径
4	维护保养清管阀	清洁清管阀阀腔
		维护保养盲板后安装盲板
		关闭排污和放空阀
5	汇报联系	向调度室和发送方汇报收球信息
6	资料记录	填写相关记录
7	清理现场	工具、设备、场地清洁

三、技术要求及注意事项

(1)接收前应对清管阀各部位全面检查，存在问题应及时整改，保证各部位工作正常。

(2)清管阀阀腔内余气排尽后才能打开清管阀盲板。

(3)不能正对盲板操作。

项目五　清管装置发送清管器操作

一、准备工作

（一）设备

具备操作条件的清管发送工艺。

（二）材料、工具

材料：清管器、棉纱、润滑脂、清洗液。

工具：专用工具、活动扳手、油盆、专用装球工具、清洁工具。

二、操作规程

序号	工序	操作步骤
1	准备工作	熟悉清管方案
		准备工具、用具及材料
		检查清管器
2	清管器装入发球筒	检查清管流程状况
		放空泄压，并停用同一放空系统其他放空
		打开盲板，将清管器装入发球筒
		维护保养盲板
		安装盲板并装好放松楔块
3	清管器发送	得到发送清管器的许可
		关闭放空阀
		发球筒升压至与管道压力平衡
		全开发球筒球阀
		切换流程发送清管器
4	检查和监控	切换流程后放空泄压
		打开盲板确认清管器是否发出
		维护保养盲板后安装盲板
		关闭放空阀
		计算清管器运行时间，监控压力和流量变化
5	汇报联系	向调度室汇报，并与接收方联系
6	资料记录	填写相关记录
7	清理现场	工具、设备、场地清洁

三、技术要求及注意事项

（1）清管球过盈量控制在3%～10%，皮碗、直板清管器过盈量控制在1%～4%。

（2）注水前后的重量和球的直径，应分别进行检测。

(3)球筒压力必须放空至零后才能卸下防松楔块。

(4)盲板开启时,放空系统必须有防窜气措施。

(5)严禁正对盲板或在盲板支撑臂后站立。

(6)球速不宜超过5m/s。

(7)装入清管器时,球筒大小头平衡阀必须开启。

项目六 清管装置接收清管器操作

一、准备工作

(一)设备

具备操作条件的清管接收工艺流程。

(二)材料、工具

材料:棉纱、润滑脂、清洗液。

工具:专用工具、活动扳手、油盆、专用取球工具、清洁工具。

二、操作规程

序号	工序	操作步骤
1	准备工作	熟悉清管方案
		准备工具、用具及材料
2	接收流程准备	检查清管流程状况和气田水池剩余容量
		切换到清管器接收流程
		向调度室和发送方汇报
3	清管器接收	记录清管器发送信息,并计算清管器运行时间
		监控清管器运行期间的生产参数
		清管器到达前适度开排污阀引导清管器进入收球筒
		判断清管器进入收球筒后记录收球时间
		恢复至正常生产流程
		放空泄压完毕后取出清管器
		观察清管器外观情况并测量其直径
4	维护保养清管阀	清掏收球筒内污物、清洁收球筒
		维护保养盲板后安装盲板
		关闭排污和放空阀
		计算污物量和水量
5	汇报联系	向调度室和发送方汇报收球信息
6	资料记录	填写相关记录
7	清理现场	工具、设备、场地清洁

三、技术要求及注意事项

(1)清管球的过盈量应为3%～10%,球的运行的速度不宜超过5m/s。
(2)必须在接收站倒为接收流程后,发送站才能发送清管器。
(3)发送清管器前要检查确认沿线阀室流程、污水池(罐)液位。
(4)排污池容量满足要求,干气清管排污口必须被水淹没300mm以上。
(5)严禁正对盲板或在盲板支撑臂后站立。
(6)盲板开启时,放空系统必须有防窜气措施。
(7)如果输送介质为干气,必须采取湿式作业。
(8)球筒泄压前,球筒大小头平衡阀必须开启。

项目七　离心泵转水操作

一、准备工作

(一)设备

具备操作条件的离心泵转水流程。

(二)材料、工具

材料:棉纱、润滑油。

工具:活动扳手、平口螺丝刀、机油壶、绝缘手套、试电笔、清洁工具。

二、操作规程

序号	工序	操作步骤
1	准备工作	联系下游站
		准备工具、用具及材料
		检查水池(罐)液位、离心泵、电源和转水流程
2	启动离心泵转水	打开吸入管路控制阀并对管路和泵排空
		打开离心泵电源,启泵
		确认离心泵能够正常工作后开启出口阀
		调节转水流量和压力
3	转水过程监控	检查各连接部位有无泄漏
		监控转水压力、流量和温度
		联系下游站了解转水情况
4	停止离心泵	通过观察水池(罐)液位确认是否停止转水
		卸载离心泵后停泵
		关闭离心泵进、出口阀,停用转水流程
		保养离心泵
5	资料记录	填写相关记录
6	清理现场	工具、设备、场地清洁

三、技术要求及注意事项

(1)离心泵的接地和防雷接地必需良好。

(2)开启电源和操作柱开关时必需戴上绝缘手套。

(3)启泵时应先开电源侧再开负荷侧,停泵时应先关负荷侧再关电源侧。

(4)发现异常,立即停泵整改。

项目八 气液联动球阀操作

一、准备工作

(一)设备

具备操作条件的 BIFFI 气液联动球阀。

(二)材料、工具

可燃气体检测仪、棉纱、活动扳手。

二、操作规程

(一)就地气动操作气液联动阀

序号	工序	操作步骤
1	准备工作	准备工具、用具及材料
		检查阀门阀位状态
		检查阀门两端压力是否一致
		检查执行机构管路阀门开关状态正常、管路无泄漏
		检查执行气压力正常
2	开启阀门	将状态转换手柄置于自动状态
		按住气动开阀手柄,直至阀门顶部指示器指到全开位置
		将状态手柄置于指定状态
3	关闭阀门	将状态转换手柄置于自动状态
		按住气动关阀手柄,直至阀门顶部指示器指到全关位置
		将状态手柄置于指定状态
4	清理现场	工具、设备、场地清洁

(二)就地手动泵操作气液联动阀

序号	工序	操作步骤
1	准备工作	准备工具、用具及材料
		检查阀门阀位状态
		检查阀门两端压力是否一致
2	开启阀门	将状态转换手柄置于开阀状态

续表

序号	工序	操作步骤
2	开启阀门	拔下手动泵摇杆锁销,上下全行程摇动摇杆,至阀位指示器指到全开位置
		状态手柄置于旁通状态,压下摇杆,插上摇杆锁销
3	关闭阀门	将状态转换手柄置于关阀状态
		拔下手动泵摇杆锁销,上下全行程摇动摇杆,至阀位指示器指到全关位置
		状态手柄置于旁通状态,压下摇杆,插上摇杆锁销
4	清理现场	工具、设备、场地清洁

三、技术要求及注意事项

(1)清管作业、管线试压、管线放空等应取消自动关闭功能。

(2)避免球阀两端有大压差时强行开启。

(3)系统在置换、升压、泄压时,通道中的球阀应置于半开关状态,防止球阀中腔与管道形成大压差,造成球阀开关困难。

(4)手动泵操作,阀门开关到位后,禁止强行下压摇杆。

(5)执行气为可燃气体时,气动操作,阀门周围应有防火措施。

(6)就地操作过程中应观察阀位指示器。

(7)操作完成,应确认阀门开关位置及状态。

(8)阀门自动关闭,应查明原因后再进行操作。

项目九　井口安全截断系统常见故障处理

一、准备工作

(一)设备

具备操作条件的井口安全截断系统。

(二)材料、工具

计算器、数据表、生料带、活动扳手、验漏液、注脂枪、密封剂。

二、操作规程

序号	工序	操作步骤
1	准备工作	准备工具、用具及材料
		掌握现场设备及生产状况
2	故障排查	排查执行气系统故障
		排查生产流程故障
		排查截断阀故障
		排查自动控制系统故障

续表

序号	工序	操作步骤
3	记录	记录现场发现的问题
		初步判断故障原因
		提出建议处理措施

三、技术要求及注意事项

(1)操作前先解除联锁,故障解除后及时恢复至连锁状态。

(2)仪器仪表故障由专业人员处置。

项目十　快开盲板维护保养

一、准备工作

(一)设备

具备操作条件的快开盲板工艺流程。

(二)材料、工具

材料:棉纱、润滑脂、洗件油、验漏液、O 形密封圈。

工具:活动扳手、专用扳手、螺丝刀、油盆、清洁工具。

二、操作规程

(一)牙嵌型(卡箍型)快开盲板

序号	工序	操作步骤
1	准备工作	准备工具、用具及材料
2	停气泄压 打开盲板	切断气源,设备放空,确认压力为零
		拆除安全联锁机构
		操作开闭机构使勾圈(卡箍)与头盖分开,拉开头盖
		取下 O 形密封圈
3	维护保养	清洁快开盲板各组件
		检查快开盲板各组件是否有损坏
		润滑快开盲板各组件
4	安装恢复	安装 O 形密封圈
		关闭头盖
		操作开闭机构,合拢头盖
		安装安全联锁机构
		设备升压验漏
5	资料记录	填写相关记录
6	清理现场	工具、设备、场地清洁

(二)锁(涨)环型快开盲板

序号	工序	操作步骤
1	准备工作	准备工具、用具及材料
2	停气泄压 打开盲板	切断气源,设备放空,确认压力为零
		旋转取出安全报警螺杆
		取出安全锁块
		扳动锁紧机构,拉开头盖
		取下 O 形密封圈
3	维护保养	清洁快开盲板各组件
		检查快开盲板各组件是否有损坏
		润滑快开盲板各组件
4	安装恢复	安装 O 形密封圈
		关闭头盖,操作锁紧机构,撑开锁(涨)环
		安装安全锁块,并锁紧安全报警螺杆
		设备升压验漏
5	资料记录	填写相关记录
6	清理现场	工具、设备、场地清洁

三、技术要求及注意事项

(1)操作时应有防窜气措施。
(2)严禁正对盲板或在盲板支撑臂后站立。
(3)流通介质为干气时必须采取湿式作业。
(4)设备升压验漏前应进行置换。
(5)严禁带压操作。

项目十一　发球筒发送清管器异常情况分析

一、准备工作

(一)设备

具备操作条件的清管发球工艺流程。

(二)材料、工具

材料:清管器、棉纱、润滑脂、清洗液、数据表。
工具:专用工具、活动扳手、油盆、专用装球工具、计算器、清洁工具。

二、操作规程

序号	工序	操作步骤
1	准备工作	准备工具、用具及材料
		收集清管作业相关生产数据
2	异常情况分析判断	分析判断异常情况
		检查分析异常原因
		采取相应处置措施排除异常
		异常处置后重新进行发送清管球操作
3	资料记录	填写相关记录
		提出预防改进措施
4	清理现场	工具、设备、场地清洁

三、技术要求及注意事项

(1)清管球过盈量控制在3%~10%,皮碗、直板清管器过盈量控制在1%~4%。

(2)首次清管,清管球过盈量不宜过大,并在清管球表面均匀涂抹润滑油,可以减小清管球与管道间的摩擦阻力。

(3)注水前后的重量和球的直径,应分别进行检测。

(4)球筒压力必须放空至零后才能卸下防松楔块。

(5)盲板开启时,放空系统必须有防窜气措施。

(6)严禁正对盲板或在盲板支撑臂后站立。

(7)装入清管器时,球筒大小头平衡阀必须开启。

(8)异常处理措施得当,符合生产实际情况,具有可操作性。

项目十二　清管阀发送清管器异常情况分析

一、准备工作

(一)设备

具备操作条件的清管阀工艺流程。

(二)材料、工具

材料:清管器、棉纱、润滑油、盲板O形密封圈、数据表。

工具:活动扳手、外卡钳、钢板直尺、计算器、清洁工具。

二、操作规程

序号	工序	操作步骤
1	准备工作	准备工具、用具及材料
		收集清管作业相关生产数据
2	异常情况分析判断	分析判断异常情况
		检查分析异常原因
		采取相应处置措施排除异常
		异常处置后重新进行发送清管球操作
3	资料记录	填写相关记录
		提出预防改进措施
4	清理现场	工具、设备、场地清洁

三、技术要求及注意事项

(1)清管球过盈量控制在3%~10%,皮碗、直板清管器过盈量控制在1%~4%。

(2)清管阀余气排尽后才能打开清管阀盲板。

(3)不能正对盲板操作。

(4)处理措施得当,符合生产实际情况,具有可操作性。

项目十三　标准孔板计量系统常见故障分析

一、准备工作

(一)设备

具备操作条件的自动化计量系统。

(二)材料、工具

计算器、数据表。

二、操作规程

序号	工序	操作步骤
1	准备工作	准备工具、用具及材料
		登录计量系统
2	故障排查	排查计量参数故障
		排查孔板阀故障
		取出孔板,排查孔板故障
		排查压力、差压变送器故障
		排查温度异常
		故障排除后恢复计量状态
3	记录	记录现场发现的问题
		初步判断故障原因
		提出建议处理措施

三、技术要求及注意事项

(1)测量天然气流量的管件、阀件、孔板和计量的仪表等加工制作的质量和现场安装的要求质量等要符合 GB/T 21446—2008《用标准孔板流量计测量天然气流量》规定。

(2)计量管件和计量仪表的各连接部位应定期检查。

(3)测量线路通、断或测量电阻时必须断电操作。

(4)静变送器、差压变送器、温度变送器必须经检定合格，并在有效期内。

(5)处理故障时必须将系统切换至维护状态。

项目十四　天然气集输场站的故障分析判断及流程切换

一、准备工作

(一)设备

具备操作条件的集输场站工艺设备(或流程图)。

(二)材料、工具

计算器、静态资料、生产动态资料。

二、操作规程

序号	工序	操作步骤
1	准备工作	准备工具、用具及材料
		收集整理数据
2	故障排查	分析正常生产时气流走向及各阀的开关状况
		找出异常时间段(点)
		分析判断异常原因
		提出处理措施
		按照处理措施切换生产流程
3	资料记录	记录现场发现的问题和处置过程

三、技术要求及注意事项

(1)生产故障分析判断，应有现象描述、原因分析、故障结论、处理措施。

(2)故障分析依据充分，结论明确。

(3)流程切换遵循“先导通，后切断”“先切断，后放空”“先关上游，后关下游”原则。

(4)处理措施得当，符合生产实际情况，具有可操作性。

模块二　整理分析生产资料

项目一　相关知识

一、气井产气方程计算绝对无阻流量

天然气生产中，通过气井稳定试井可测得气井地层压力和井底流动压力等资料，通过分析整理可以求出气井产气方程，从而计算出气井绝对无阻流量，为气井合理开采提供依据。

（一）二项式产气方程

以某井试井资料计算绝对无阻流量为例，将其稳定试井资料计算汇总见表 2-2-1。

表 2-2-1　某井稳定试井计算汇总表（部分）

点序	p_R MPa	p_R^2	p_w MPa	p_{wf}^2	$p_R^2-p_{wf}^2$	q_g $10^4m^3/d$	$\frac{p_R^2-p_{wf}^2}{q_g}$
0	6.842	46.813					
1			6.747	45.522	1.291	10.000	0.1291
2			6.578	43.270	3.543	18.227	0.1944
3			6.431	41.358	5.455	23.486	0.2323
4			6.305	39.753	7.060	27.309	0.2585

以$\frac{p_R^2-p_{wf}^2}{q_g}$为纵坐标，为 q_g 横坐标建立坐标系，将数据表中$\frac{p_R^2-p_{wf}^2}{q_g}$，$q_g$ 值在坐标系内描点，绘出各点的回归直线，得到某井$\frac{p_R^2-p_{wf}^2}{q_g}\sim q_g$ 关系曲线图，如图 2-2-1 所示。

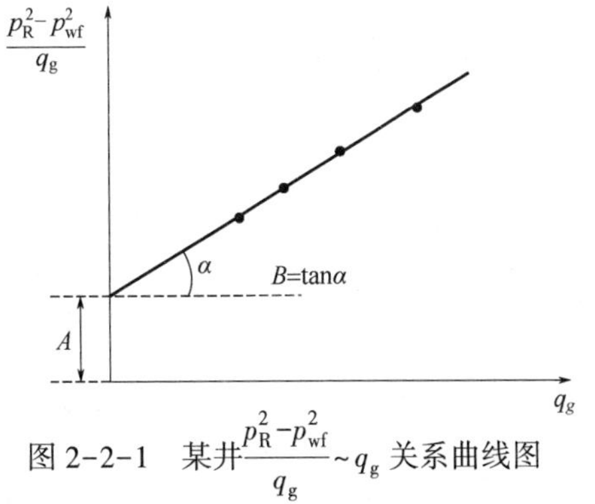

图 2-2-1　某井$\frac{p_R^2-p_{wf}^2}{q_g}\sim q_g$ 关系曲线图

依据该曲线图，可用图解法和计算法求得 A、B 值。

（1）图解法：如上图所示，延伸回归直线与纵坐标的截距为 A 值、斜率为 B 值。做平行于横坐标的直线与采气指示直线的夹角为 α，则 $B=\tan\alpha$；A 值可以直接读取。

（2）计算法：在直线上任意取两点，分别记下其坐标值 a_1：$\left[\left(\frac{p_R^2-p_s^2}{q_g}\right)1, q_{g1}\right]$、$a_2$：

$\left[\left(\dfrac{p_R^2-p_S^2}{q_g}\right)_2, q_{g2}\right]$，如 1、2 两点（0.1291，10.000）、（0.1944，18.227），则 $B=\dfrac{\left(\dfrac{p_R^2-p_{wf}^2}{q_g}\right)_2^2-\left(\dfrac{p_R^2-p_{wf}^2}{q_g}\right)_1^2}{q_{g1}-q_{g2}}$，代入数值求得 $B=0.0036$。

$$A=\frac{p_R^2-p_{wf}^2}{q_g}-Bq_g$$

取点 1 数值，代入求得 $A=0.0931$。

将 A 值、B 值代入方程，求得该井的二项式方程：

$$p_R^2-p_{wf}^2=0.0931q_g+0.0036q_g^2$$

将 A 值、B 值代入公式 $q_{AOF}=\dfrac{\sqrt{A^2+4B(p_R^2-0.1^2)}-A}{2B}$，求得该井的绝对无阻流量。

（二）指数式产气方程

将气井稳定试井资料计算汇总见表 2-2-2。

表 2-2-2　气井稳定试井资料计算汇总表

点序	p_R MPa	p_R^2	p_{wf} MPa	p_{wf}^2	$p_R^2-p_{wf}^2$	q_g $10^4m^3/d$	$\lg(p_R^2-p_{wf}^2)$	$\lg q_g$
0	6.842	46.813						
1			6.747	45.522	1.291	10.000	0.11	1.00
2			6.578	43.270	3.543	18.227	0.55	1.26
3			6.431	41.358	5.455	23.486	0.74	1.37
4			6.305	39.753	7.060	27.309	0.85	1.44

以 $\lg(p_R^2-p_{wf}^2)$ 为纵坐标，$\lg q_g$ 为横坐标建立坐标系，将数据表中 $\lg(p_R^2-p_{wf}^2)$、$\lg q_g$ 值在坐标系内描点，绘出各点的回归直线，得到 $\lg q_g\sim\lg\Delta p^2$ 关系曲线图，如图 2-2-2 所示。

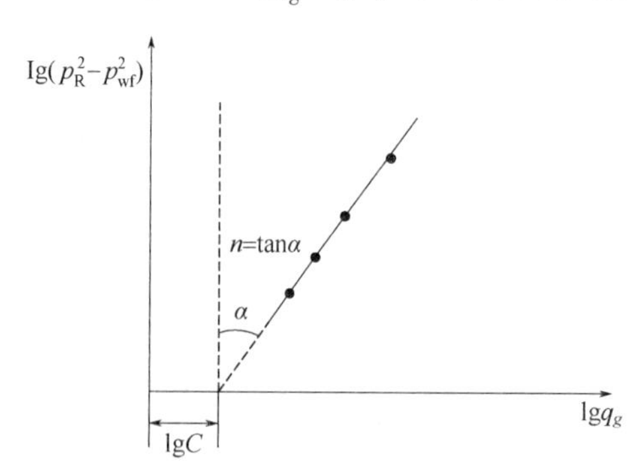

图 2-2-2　某井 $\lg q_g\sim\lg\Delta p^2$ 关系曲线图

依据该曲线图，可用图解法和计算法求得 $\lg C$、n 值。

（1）图解法：如上图所示，延伸回归直线与纵坐标的截距为 $\lg C$ 值。作平行于纵坐标的直线与采气指示直线相交，得夹角为 α，则斜率 $n=\tan\alpha$。

(2)计算法：在直线上任取两点，分别记下其坐标值 a_1：[$\lg(p_R^2-P_{wf}^2)_1$，$\lg q_{g1}$]；a_2：[$\lg(p_R^2-p_{wf}^2)_2$，$\lg q_{g2}$]。完善表格见表2-2-3，以1、2两点为例，即(0.11，1.00)、(0.55，1.26)。

表2-2-3　某井稳定试井计算汇总表(完善)

点序	p_R MPa	p_R^2	p_{wf} MPa	p_{wf}^2	$p_R^2-p_{wf}^2$	q_g $10^4m^3/d$	$\lg(p_R^2-p_{wf}^2)$	$\lg q_g$
0	6.842	46.813						
1			6.747	45.522	1.291	10.000	0.11	1.00
2			6.578	43.270	3.543	18.227	0.55	1.26
3			6.431	41.358	5.455	23.486	0.74	1.37
4			6.305	39.753	7.060	27.309	0.85	1.44

二、气井生产阶段划分

气井开采一般分为纯气藏气井开采和有水气藏气井开采两大类。纯气藏气井和有水气藏气井生产阶段划分因地层水影响有所区别。通过采气曲线划分气井生产阶段，可以分析、判断气井现执行生产制度是否合理，并根据实际情况提出整改措施，制定合理的生产制度。纯气藏气井和有水气藏气井生产特点详见基础知识部分。

(一)纯气藏气井生产阶段划分

纯气藏气井开采生产阶段可分为：(1)净化阶段；(2)稳产阶段；(3)递减阶段；(4)低压低产阶段；(5)措施生产阶段。

前三个生产阶段为一般纯气井开采常见，第四个生产阶段在裂缝型气藏中表现特别明显，第五个阶段气井未实施措施则不划分。

(二)有水气藏气井生产阶段划分

气井是否产出地层水，主要是通过水样分析氯根含量多少来判断。地层水氯根含量高，从几千到几万毫克每升甚至更高，且含烃类物质。有的气井开井初期不产水，随井底压力降低，地层水锥进或窜进导致气井产水，也有气井投产时就开始产出地层水。

1. 无水采气阶段

气水同产井无水采气阶段的主要指标是气井不产地层水，或产出的是凝析水，氯根含量不高，日产水量少，井口的油、套管压差小。气井投产时产出地层水的就不划分此阶段。

无水采气阶段通常划分为：(1)净化阶段；(2)稳产阶段；(3)递减阶段。

2. 气、水同产阶段

若气井产出水氯根含量上升到几千甚至更高，日产水量增多，井口的油、套管压差逐渐增大，则气井生产进入气、水同产阶段。

气、水同产阶段通常划分为：(1)相对稳定阶段；(2)递减阶段；(3)低压生产阶段；(4)措施生产阶段。

项目二　绘制三视图

一、准备工作

材料:正等轴测图,空白绘图纸。

工具:绘图工具。

二、操作规程

序号	工序	操作步骤
1	准备工作	准备绘图工具
		识读轴测图
2	绘制图框	按标准绘制图框、标题栏
3	绘制三视图	确定比例、选择主视图方向
		按投影关系绘制主视图、俯视图、左视图
		绘制尺寸线并标注尺寸
4	完善图幅	填写技术要求和标题栏

三、技术要求及注意事项

(1)按国家机械制图相关标准绘制。

(2)布局合理,图面整洁,比例恰当。

四、参考图样

根据轴测图(图 2-2-3)绘制三视图成品如图 2-2-4 所示。

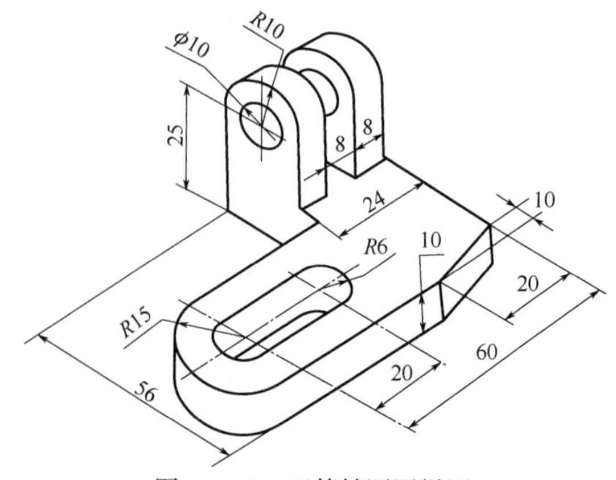

图 2-2-3　正等轴测图样图

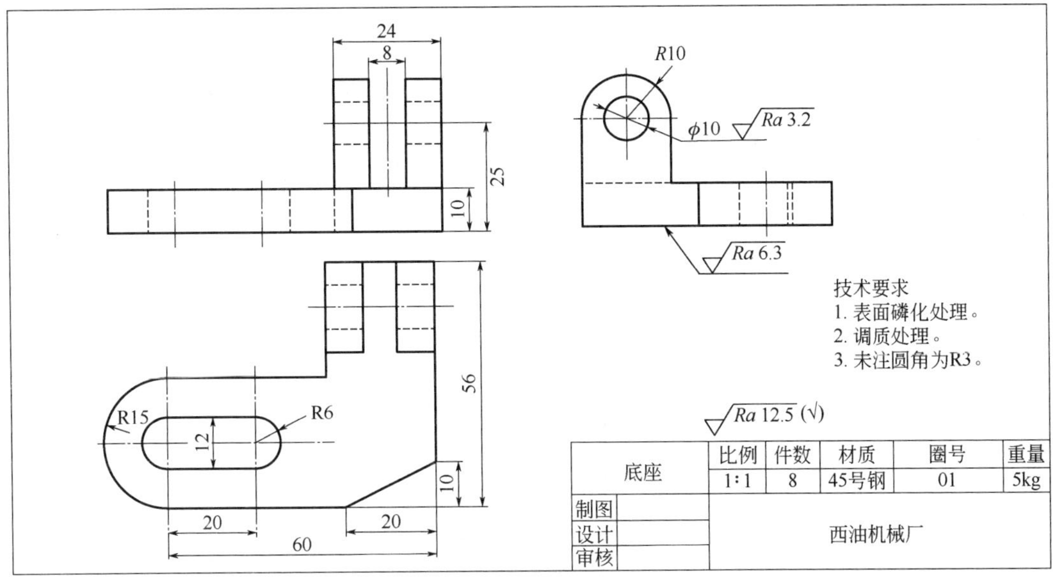

图 2-2-4 绘制三视图成品图样

项目三 绘制集气站工艺流程图

一、准备工作

材料:绘制说明,空白绘图纸。

工具:绘图工具。

二、操作规程

序号	工序	操作步骤
1	准备工作	准备绘图工具
		掌握绘制说明的要求
2	绘制图框	按标准绘制图框、标题栏
3	绘制流程图	绘制清管装置、分离器、计量装置、汇管、调压等主要设备
		绘制主流程管线
		绘制放空、排污、加注装置等次要设备、流程
4	完善图幅	书写绘图说明,绘制填写设备明细表

三、技术要求及注意事项

(1)按 SY/T 0003—2012《石油天然气工程制图标准》绘制。

(2)布局合理,图面整洁,比例恰当。

四、参考图样

根据操作规程绘制成品如图 2-2-5 所示。

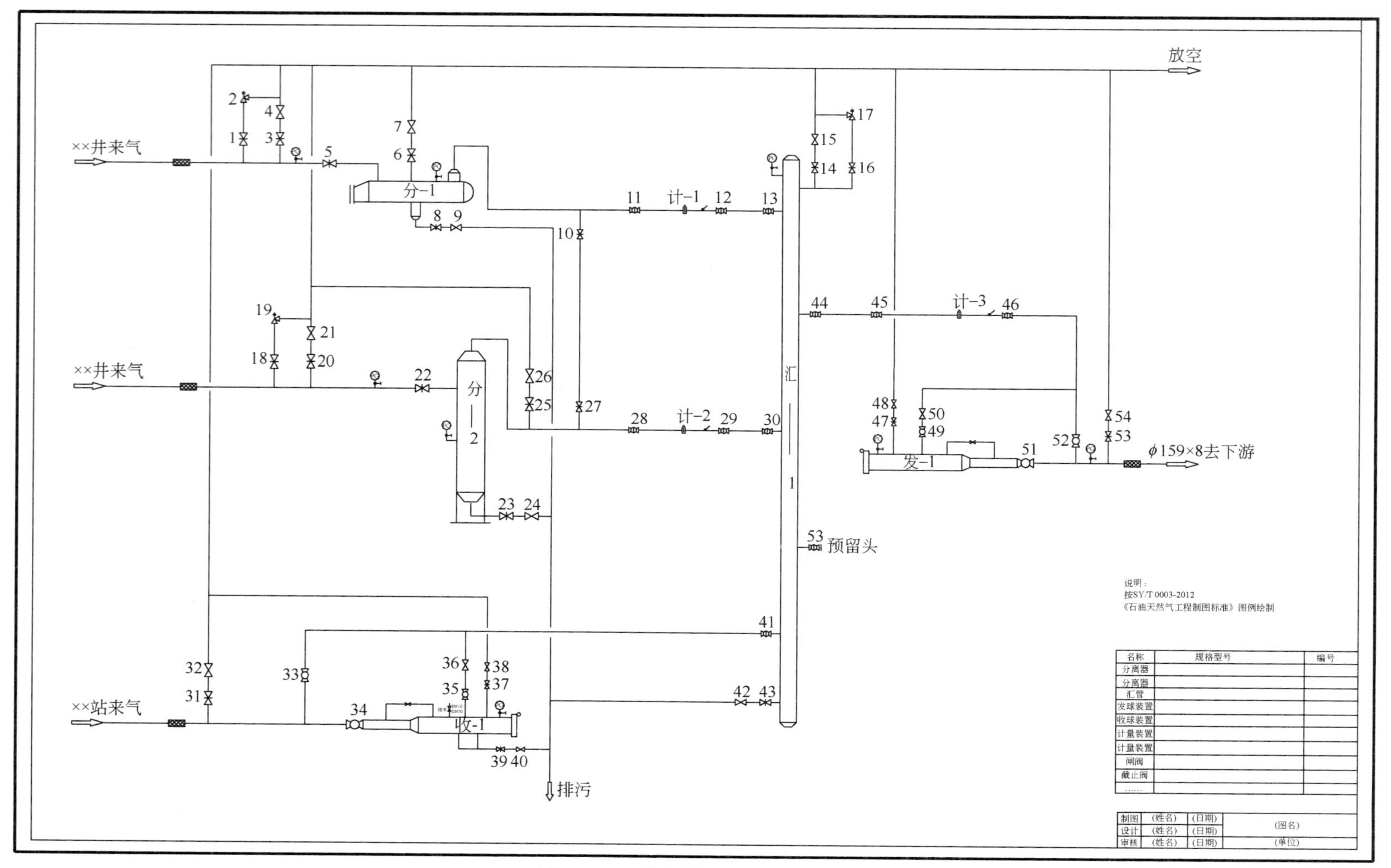

图2-2-5 集气站工艺流程图样图

项目四　求气井二项式产气方程及无阻流量

一、准备工作

材料:试井资料,标准计算纸。
工具:函数计算器,绘图工具。

二、操作规程

序号	工序	操作步骤
1	资料收集整理	准备工具
		收集计算所需资料
		列表整理、计算资料
2	图解法求 A、B 值	确定坐标轴
		将数据点描入坐标系
		绘各点回归直线
		绘制延长线与纵轴相交确定 A 值
		在图上做截点与水平轴平行线,标明夹角 α
		查表得到 $\tan\alpha$ 的值,$B=\tan\alpha$
3	计算法求 A、B 值	列出公式
		代入数值求出 B 值
		代入 B 值求出 A 值
4	计算绝对无阻流量	列出二项式方程
		将 A 值、B 值代入绝对无阻流量公式,求得绝对无阻流量

三、技术要求及注意事项

(1)利用井口最大关井压力计算近似地层压力。
(2)连线时应尽可能使更多的点落在直线上或均匀分布于直线两旁。
(3)公式中各参数的单位及小数位数要求正确。

项目五　求气井指数式产气方程及无阻流量

一、准备工作

材料：试井资料，标准计算纸。
工具：函数计算器，绘图工具。

二、操作规程

序号	工序	操作步骤
1	资料收集整理	准备工具
		收集计算所需资料
		列表整理、计算资料
2	图解法求 C,n 值	确定坐标轴
		将数据点描入坐标系
		绘各点回归直线
		绘制延长线与横轴相交确定 lgC 值
		在图上做截点与纵轴平行线，标明夹角 β
		查表得到 ctgβ 的值，n=ctgβ
3	计算法求 C,n 值	列出公式
		代入数值求出 n 值
		代入 n 值求出 C 值
4	计算绝对无阻流量	列出指数式方程
		将 C,n 值代入绝对无阻流量公式，求得绝对无阻流量

三、技术要求及注意事项

(1) 利用井口最大关井压力计算近似地层压力。
(2) 连线时应尽可能使更多的点落在直线上或均匀分布于直线两旁。
(3) 公式中各参数的单位及小数位数要求正确。

项目六　利用采气曲线划分气井生产阶段

一、准备工作

材料:气井生产资料,采气曲线图。

工具:函数计算器。

二、操作规程

序号	工序	操作步骤
1	资料收集整理	分析气井生产资料和采气曲线图
2	生产阶段划分	根据曲线划分生产阶段
		说明阶段划分依据
3	异常情况分析	根据曲线判断气井生产存在的异常情况
		分析异常原因
		提出处置措施
4	后期开采建议	根据生产资料推荐后期生产工艺措施

三、技术要求及注意事项

(1)生产阶段划分应结合图、表综合分析。

(2)阶段划分和异常分析依据充分,结论明确。

(3)措施得当,符合生产实际情况,具有可操作性。

项目七　计算机绘制采气曲线

一、准备工作

(一)设备

具备操作条件的计算机。

(二)材料、工具

材料:生产数据表(电子表格或纸质表格)。

工具:Microsoft Office 软件。

二、操作规程

序号	工序	操作步骤
1	资料收集整理	新建数据表,整理生产时间、井口压力等曲线源数据
2	生成曲线	制作生产时间曲线

续表

序号	工序	操作步骤
2	生成曲线	按需要制作其他数据的曲线
		分别命名各曲线纵坐标
		在采气曲线图上相应时间位置用文字进行标注生产制度变更、措施作业、异常情况等
3	完善曲线图	设置页面格式
		设置采气曲线排列顺序、颜色等
		纵向对齐曲线
4	保存	将曲线图保存至指定位置

三、技术要求及注意事项

(1)各曲线绘图区避免重叠。

(2)所有曲线应长度一致并对齐。

(3)在同一天内既有生产平均压力又有关井最高压力的情况下，只使用生产平均压力。

(4)文字格式应按要求设置。

(5)操作过程中应及时存盘，防止资料丢失。

(6)使用计算机过程中应注意防水。

四、参考图样

绘制的采气曲线图图样如图 2-2-6 所示。

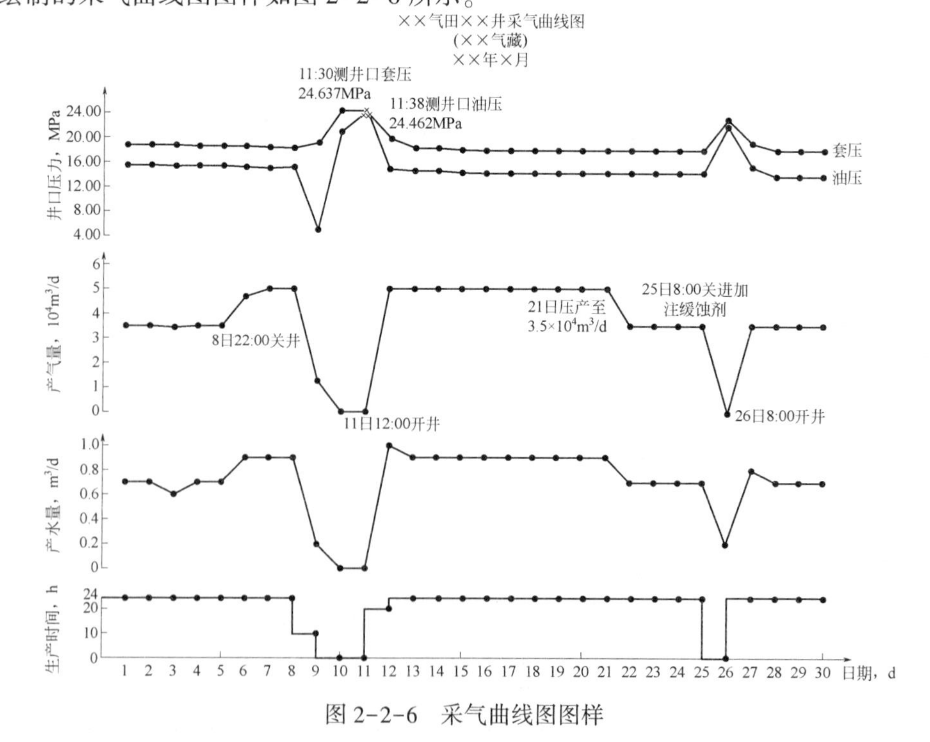

图 2-2-6　采气曲线图图样

项目八　常用办公软件应用

一、准备工作

（一）设备

具备操作条件的计算机。

（二）材料、工具

材料：纸质文稿、数据表。

工具：Microsoft Office 软件。

二、操作规程

序号	工序	操作步骤
1	Word 文档录入	建立 Word 文档
		设置页面格式
		录入文档
		设置文档排版格式
		将文档保存至指定位置
2	Excel 工作表制作	建立 Excel 文档
		设置页面格式
		将数据录入表格
		完善表格
		设置表格排版格式
		将工作表保存至指定位置
3	演示文稿制作	建立 PowerPoint 演示文稿
		输入标题和副标题
		添加新幻灯片
		录入幻灯片内容
		设置幻灯片格式
		将演示文稿保存至指定位置

三、技术要求及注意事项

（1）Microsoft Office Word 文档和 Microsoft Office Excel 工作表页面要结合打印机类型设置。

（2）操作过程中应及时存盘，防止资料丢失。

（3）使用计算机过程中应注意防水。

第三部分

技师操作技能及相关知识

模块一 生产管理

项目一 相关知识

一、管理过滤分离器

(一)过滤分离器的作用

天然气过滤分离器是以离心分离、丝网捕沫和凝聚拦截的机理,对天然气进行粗滤、半精滤、精滤的三级过滤设备,是去除气体中的固体杂质和液态杂质的高效净化装置。

过滤分离器具有净化效率高,容尘量大,运行平稳,投资运行费用低,安装使用简便等优点。

(二)过滤分离器的结构组成

过滤分离器主要由:快开盲板、滤芯、气体进口、进料布气腔、带导流孔隔板、汇流出料腔、气体出口、壳体、捕雾器网、盲法兰、集液器、隔板、排污管等内外部件组成,采用卧式、快开盲板结构,结构如图 3-1-1 所示。

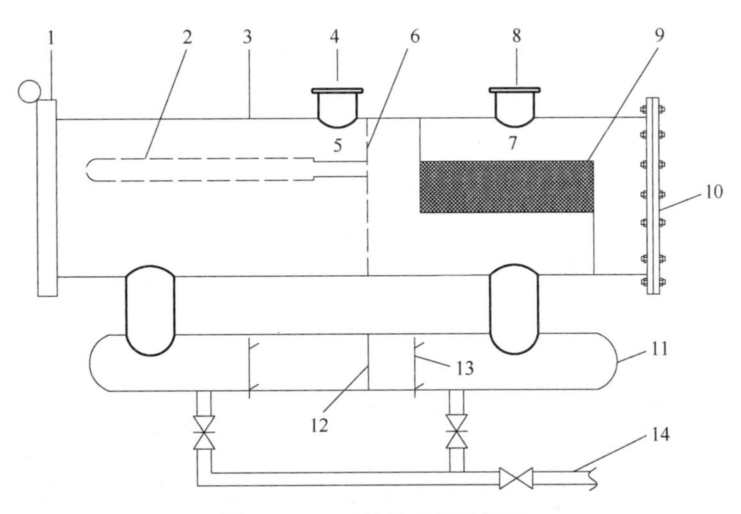

图 3-1-1 过滤分离器结构图

1—快开盲板;2—滤芯;3—壳体 4—气体进口 5—进料布气腔;6—带导流孔隔板;
7—汇流出料腔;8—气体出口;9—捕雾器网;10—盲法兰;
11—集液器;12—隔板;13—液位计;14—排污管

(三)过滤分离器的工作原理

天然气进入筒体,到达进料布气腔,撞击在滤芯的支撑管上,以避免气体直接冲击滤芯,造成滤芯损坏,较大的固液颗粒被初步分离,并在重力的作用下沉降到容器底部。接着气体从外向里通过过滤聚结滤芯，固体颗粒被过滤介质截留，液体颗粒通过过滤介质聚结，在滤芯内表面逐渐集聚，当液滴到达一定体积时，受气流冲击作用从滤芯内表面脱落出来，通过滤芯内部流道，进入汇流出料腔，较大的液滴依靠重力沉降分离。在汇流出料腔设有捕雾器网，能有效捕集液滴，防止出口液滴被夹带，进一步提高分离效果，最后，洁净气体流出过滤分离器。

（四）过滤分离器的管理

1. 过滤分离器运行中的检查

（1）检查分离器及附属装置外观良好，是否存在锈蚀、跑、冒、滴、漏现象和异常声音。

（2）检查分离器基础支撑、接地牢固完好。

（3）检查过滤分离器的差压，注意及时记录过滤分离器压力、温度及差压值。

（4）如果过滤分离器前后差压达到报警极限（0.1MPa），应立刻切换流程至备用分离器后，按作业程序对分离器滤芯进行维护或更换。

2. 过滤分离器的排污

（1）检查站内排污接收设施的状态是否正常，非密闭排污的应对排污出口及周边进行检查，确认安全后方可进行排放。

（2）分别对过滤段、分离段进行排污。对于污物以粉尘为主的，应停运过滤分离器，降压至 0.5MPa 后进行排污。

（3）操作阀套式排污阀时，根据管道内流体声音判断排放的介质，当听到气流声，立即关闭阀套式排污阀，然后关闭排污管道上游阀门。安装有液位计的分离器生产排污，应在保留足以显示余液液位前关闭排污阀。

（4）打开阀套式排污阀，放掉其与排污管道上游阀门之间的压力，关闭阀套式排污阀。

3. 滤芯清理和更换

（1）关闭分离器上下游阀门，打开放空阀泄压为零。

（2）卸开快开盲板上的泄放螺栓，检测并确认筒体内压力已泄放完毕。

（3）卸下防松楔块，打开分离器快开盲板，拧下滤芯固定板架上的螺母，取出固定板架。

（4）依次拧下所有滤芯支架上的螺母，取出压盖、密封胶圈、垫圈、滤芯。

（5）检查各零部件是否有损坏、磨损和腐蚀。

（6）将滤芯插入滤芯支架中，安装到位后对滤芯进行固定。

（7）关闭快开盲板，安装防松楔块，紧固泄放螺栓。

4. 投用前的检查

（1）确认分离器上下游阀门和排污阀组在关闭状态，放空阀在打开状态，筒体压力为零。

（2）确认分离器上的压力表及差压表、液位计等测量仪表是否完好。

（3）检查分离器的排污控制阀、阀套式排污阀及其手动机构是否完好。

（4）盲板和泄放螺栓安装或紧固到位。

5. 分离器的启用

（1）关闭放空阀，打开压力表等测量仪表控制阀。

（2）打开分离器的上游阀门，对分离器进行升压，阀门两端有平衡阀的应使用平衡阀进行升压,使分离器升压至稳定状态后再全开上游阀,然后打开下游阀。

(3)待过滤分离器内压力稳定后,启用差压表,观察差压值并记录。

6. 常见故障及处理

过滤分离器常见故障及处理见表3-1-1。

表3-1-1 过滤分离器常见故障及处理

序号	故障现象	故障原因	处理方法
1	快开盲板漏气	盲板O形圈密封损坏; 盲板处有杂质	更换新密封圈; 打开快开盲板对盲板和密封圈进行检查,清理盲板表面杂质
2	盲法兰漏气	密封面受损; 密封垫片损坏	维修密封面; 更换密封垫片
3	差压超高限	差压计故障; 滤芯脏污受堵	检查差压计; 清洗、检查或更换滤芯
4	运行中差压突然降低	差压计故障; 排污系统短路; 滤芯损坏	检查差压计; 检查排污系统; 清洗、检查或更换滤芯
5	运行过程中出现异常声音	筒体有杂质	清洗、检查筒体,并检查或清洗滤芯

二、管道干燥方法

管道在投入使用前应进行干燥,干燥宜在严密性试验结束之后进行。利用清管器干燥时,应保证清管器的密封性,清管器运行速度宜控制在为0.5~1m/s,确保清除管道内的游离水。干燥后应保证管道末端气体在最高输送压力下的水露点比最低环境温度低5℃。

一般情况下,管道的干燥与管道置换同步进行。常用的天然气管道干燥的方法有:

(1)干燥空气脱水干燥法:干空气加清管器组成清管干燥列车。

(2)氮气干燥法:氮气干燥法与干燥空气脱水干燥方法相同。由于氮气露点更低,故干燥效果更好。

(3)真空干燥法:用真空泵将管道内压力降低到与所需露点(干燥指标通常为-20℃)相对应的水蒸气饱和压力。将管道密封隔离,检测管道内压力;重复抽真空,直至检测到管内压力没有明显上升为止。

(4)脱水清管列车干燥法:用天然气驱动甲醇(或乙二醇等)脱水清管列车实现。一次实现清管、脱水、干燥、置换、投产作业。凝胶结合脱水清管列车法,可减轻清管器磨损,防止密封性能不佳,收集管壁铁锈等机械杂质。

三、设备及管道内气体的置换

管道内空气的置换应在强度试压、严密性试验、吹扫清管、干燥合格后进行,氮气置换一般采用氮气瓶、液氮车加注方式进行。初期设备及管道投运的置换程序一般分为：氮气置换空气、天然气置换氮气两个过程；设备及管道检维修时置换程序一般分为：放空设备及管道内余气→氮气置换天然气→设备及管道进行检维修→氮气置换空气→天然气置换氮气的过程。

（一）氮气置换空气

置换管道内空气应采用氮气或其他无腐蚀、无毒害性的惰性气体作为置换或隔离介质（采输现场常用氮气）。

1. 置换方式

（1）场站内设备：由于站内设备多盲段，应采用压力稀释法进行置换，即多次反复升压、放空。

（2）已经运行的管道：距整改管段最近的两端阀门之间全管段置换。

（3）即将投运的新管道：采用全管段置换或部分管段注氮方式（加隔离氮气）。

（4）对于大管径长距离管道，由于耗氮气量大，也可采用前置隔离球+氮气进行置换，可降低氮气使用量。置换过程中不同气体间宜采用隔离球或清管器进行隔离，氮气或惰性气体的隔离长度应保证到达置换管道末端空气与天然气不混合。

2. 注氮点的选择

（1）场站内设备：注氮点可根据设备、管道及流程选择在设备的排污阀或放空阀、压力表接头等多点进行分次置换。

（2）管道的注氮点应尽量选择在被置换管段的起始端进行。

3. 注氮量确定

（1）场站内设备：一般为置换设备、管道水容积的10倍进行准备。

（2）管道：一般为置换管段水容积的3倍，采用隔离球进行置换可按1.5倍水容积进行准备。

以上为按经验推荐置换作业前的氮气准备量，实际使用量以现场置换末端实际气样检测合格为准。

（二）天然气置换氮气

站场内的置换，利用管道内气体置换输气站工艺管道及设备内气体，可分段、分支线进行，应缓慢进行，通过逐步开启工艺流程中的阀门，将管道和容器置换合格。

（三）置换速度及要求

（1）置换过程中应缓慢、平稳，严格控制置换起点压力。起点压力宜控制在0.1MPa，进气速度或清管球的运行速度不应大于5m/s。氮气置换应控制注氮温度在5℃以上；管道置换时进气速度不得低于氮气与空气分层速度，站场置换宜采用压力稀释法，避免死气区置换不合格。

（2）置换放空时，混合气体应排至放空系统，应以放空口为中心设立半径为300m的隔离区，隔离区内不允许有烟火和静电火花产生。

（3）检维修大型设备时（如：天然气压缩机组、脱硫塔、脱水塔等），置换工作应单独进行。

（4）在置换过程中，操作人员应注意避免冻伤；防止氮气设备、管道泄漏，发生窒息伤亡事故。

(5)检测要求:

① 氮气置换天然气时:管道内混合气体中甲烷体积百分浓度小于1.25%,且连续三次(每次间隔5分钟)甲烷含量均小于1.25%。

② 氮气置换空气时:管道内混合气体中氧气体积百分浓度小于2%,且连续三次(每次间隔5分钟)氧含量均小于2%。

③ 天然气置换氮气时:在末端放空口取样,甲烷含量与站场天然气进口处含量一致,且连续三次(每次间隔5分钟)都一致时为合格。

④ 分析检测点选择:气样检测点应尽量靠近放空出口末端。

⑤ 分析检验方法:

a. 采用气相色谱法进行检验分析。

b. 在不具备采用气相色谱法进行检验分析时,可采用便携式气体检测仪进行检测。

四、清管作业管理

(一)清管作业开始前的必备条件

(1)方案、预案的编制。根据清关作业的规模,及本单位的相关规章制度,制定《清管作业方案、预案》,并经审核批准。对由井站班组自行执行的短距离、小管径的集气支线的清管作业,采气工根据《清管作业操作卡》进行操作,一般不需要编写《清管作业方案、预案》。对距离长、管径大、流量高、影响范围广的干线清管作业,一般需要提前编制《清管作业方案、预案》,经过审核批准后,由单位指派领导或技术干部统一指挥,采气工按照《清管作业操作卡》进行发球、收球操作。

(2)清管作业静态资料准备,包括管道的规格型号;管道起终点位置及管道距离;管道走向;管道沿途地形地貌、最大高差、穿跨越情况;沿途阀室位置、阀门开关及T接情况。了解最近一次清管作业的时间、清管器运行情况、污物排放量等。

(3)清管作业动态资料准备。包括:目前管道运行压力;实际输送气量;管道中途进、出气量;清管球过盈量以及参加本次清管作业人员的联系方式等。

(4)清管作业设备准备。收、发球站场工艺设备操作灵活,密封性好,经测试满足清管作业需要;站场仪器仪表能准确检测和显示数据;必要时,将全线阀室的气液联动阀设在手动全开位置,并取消自动截断功能。

(5)清管操作工具、用具、消防器材准备齐全、完好,摆放整齐。

(6)各种通信手段、数量满足本次清管作业要求,工作状态稳定可靠并与有关单位取得联系。

(7)排污池、罐容量满足本次清管要求。干气清管时,收球站排污管口位于污水池液面以下不少于300mm,排污管畅通无阻。

(二)清管作业中可能出现的故障及处理办法

1. 窜气

(1)过盈量偏小,造成清管器密封不严,清管过程中的漏失量远大于正常值。使清管器运行缓慢,甚至停止不前,清管器在预计时间未到收球站。

(2)清管球被异物垫起,气流从缝隙中通过,不能形成足够的推球压差。

(3)清管器破裂,在行进中磨损、划伤而导致破裂,造成清管器密封不严,进而使得清管器停止运行。

(4)清管球质量较差,堵头脱落,使所注入的清水漏出,过盈量变小并失去部分弹性而不能完全密封。

(5)清管球经过管道三通时,部分三通没有安装挡条或挡条安装不合格,使清管球位置向支管道方发生偏移形成密封不严。

2. 卡堵

(1)过盈量偏大,清管器运行摩擦阻力大,运行缓慢或停止运行,导致发球站压力不断升高。

(2)管内污物过多,清管过程中,污物在清管器前逐渐聚集,在弯道或爬坡时易形成堵塞,使清管器停止运行。

(3)清管器被异物(焊渣、石块、水合物等)卡住,导致清管器停止运行。

(4)管道变形,内圆不规整,短径远小于清管器外径,导致清管器无法通过,停止运行。

3. 故障处理办法

(1)窜气故障发生时,一般起点压力不会持续上涨,此时可采取增大输气量的方法进行处置,使输气量远大于清管器漏失量,这样,清管器会重新开始运行。增大输气量的方法可以选择提高起点压力或降低终点压力。若管道起点压力或终点压力,会随另一端压力的变化而相应变化,则说明清管器完全失封,此时应考虑再发一个质量好,过盈量稍大的清管器推出前一个失封的清管器。

(2)卡堵故障发生时,一般起点压力会持续上升,起点、终点压差会增大。出现此情况,可以先观察压力变化情况,保证管道在安全运行压力下,可以适当维持或继续增大起点、终点压差,使清管器重新运行。若起点压力持续上升,终点压力持续下降,无清管器重新运行的迹象,则说明清管器严重卡堵,此时只能停止输气,将清管器后端(发球端)天然气泄放,利用清管器前端(收球端)压力反推清管器回发球站。若反推仍然无法解卡,则只能采取割管取出清管器的方法来解除卡堵故障。

若判断为水合物引起的卡堵,反推无效后可采取对管段放空降压解堵的措施。

项目二　维护多管干式除尘器

一、准备工作

(一)设备

具备操作条件的多管干式除尘器。

(二)材料、工具

材料:人孔密封垫片、棉纱、清水、氮气瓶。

工具:活动扳手、气体检测仪、防爆电筒、高压水枪及管道、污水容器、空压机及吹扫管道、减压阀、充氮接头及连接管、验漏液、清洁工具等。

二、操作规程

序号	工序	操作步骤
1	准备工作	工具、用具、材料准备齐全
2	流程切换	启用备用设备
		切断气源，排污、泄压为零
		氮气置换天然气合格
3	排污	注水浸泡
		使用氮气加压排污
4	维护保养	打开清掏孔，通风至氧气检测合格
		清除除尘器内污物
		用压缩空气吹扫干燥除尘器内部
		关闭清掏孔
5	流程恢复	氮气置换空气
		天然气置换氮气
		升压，验漏
		恢复流程

三、技术要求及注意事项

(1)置换操作应按照置换方案执行。

(2)氮气置换天然气合格后，严禁同时开启泄压阀和排污阀。

(3)湿式作业时必须充分浸泡。

(4)操作前应确保有效隔离。

(5)从清掏孔观察、清掏污物，必须氧气检测合格后进行。

(6)操作过程中出现设备发热情况，应立即停止操作查明原因并消除后方可继续作业。

(7)清掏出的污物，必须按照相关管理要求处置。

项目三　更换过滤分离器滤芯

一、准备工作

(一)设备

具备操作条件的过滤分离器。

(二)材料、工具

(1)材料：滤芯、O 形密封圈、棉纱、润滑脂、清洗液。

(2)工具：便携式气体检测仪、活动扳手、快开盲板专用扳手、螺丝刀、塑料水管、清洁工具。

二、操作规程

序号	工序	操作步骤
1	准备工作	工具、用具、材料准备齐全
2	切换流程 氮气置换	切换过滤分离器流程，停用差压计
		排污、放空为零
		用氮气置换天然气合格
3	更换滤芯	采用湿式作业，打开快开盲板
		拆卸支架取出滤芯
		清洁、检查、润滑各部件
		更换新滤芯
		安装滤芯支架，安装滤芯支架螺母
		安装快开盲板
4	恢复生产	用氮气置换空气合格
		试压、验漏
		投入备用或生产状态

三、技术要求及注意事项

（1）停用差压表时应先开差压表平衡阀，后关高低压阀。

（2）严禁正对盲板或在盲板支撑臂后站立。

（3）置换操作应按照置换方案执行。

（4）滤芯必须成套更换。

（5）必须采取湿式作业。

（6）更换下的滤芯及清掏出的污物，必须按照相关管理要求处置。

项目四　设备试压及置换

一、准备工作

（一）设备

具备操作条件的工艺流程。

（二）材料、工具

材料：工艺流程图、设备资料。

工具：函数计算器。

二、操作规程

序号	工序	操作步骤
1	准备工作	工具、用具、仪器仪表、材料准备齐全
		收集资料掌握作业设备的基本情况
2	试压	确认试压技术要求及注意事项
		切换流程,对指定设备进行强度试压
		对指定设备进行严密性试验
3	置换	确认置换技术要求及注意事项
		切换流程,对指定设备进行置换
4	投用	将指定设备投入使用
5	记录	做好相关记录

三、注意事项

(1)操作参数必须与设备相关参数匹配。

(2)试压过程必须符合相关安全要求。

(3)流程切换符合工艺流程实际情况。

(4)严禁在上一工序未达标时进入下一工序。

项目五 清管作业及故障判断处理

一、准备工作

(一)设备

具备操作条件的收发清管器工艺设备(或流程图)。

(二)材料、工具

材料:棉纱、润滑脂、洗件油、验漏液、盲板O形密封圈等。

工具:活动扳手、专用扳手、螺丝刀、油盆和清洁工具等。

二、操作规程

序号	工序	操作步骤
1	清管作业组织	工具、用具、材料准备齐全
		合理安排清管作业人员,设置监听点
		按照清管方案或清管作业计划书准备合格清管器2只
		检查清管工艺流程设备、仪器仪表、污水池(罐)空高
		准备安防器材,明确安全措施
2	发送清管器	检查清管器发送工艺流程

续表

序号	工序	操作步骤
2	发送清管器	装入清管器
		汇报调度室,联系接收方
		切换流程,发送清管器
		切换流程,泄压后检查清管器已发出
		维护保养清管发送装置,填写相关记录
3	接收清管器	检查清管接收工艺流程,切换到接收流程
		汇报调度室,联系发球方
		接收清管器
		切换流程,取出清管器
		检查清管器,计算污物量,汇报调度室
		维护保养清管装置,填写相关记录
4	异常情况分析判断处置	对异常数据和现象进行收集整理
		分析判断异常原因
		采取相应的处理措施

三、技术要求及注意事项

(1)含硫气清管作业时,打开球筒前需进行氮气置换,操作人员需佩戴正压式空气呼吸器。

(2)确认筒压回零后才起开启快开盲板。

(3)干气清管必须湿式作业。

(4)开关快开盲板时,操作人员不得正对盲板站立和位于头盖旋转范围内。

(5)设备升压时必须缓慢进行,发现泄漏应停止升压并立即检查原因并整改。

(6)采取的故障处理措施应符合生产实际,切实可行。

项目六　天然气集输场站故障分析与处理

一、准备工作

(一)设备

具备操作条件的集输场站工艺流程。

(二)材料、工具

材料:(1)生产动态数据(以纸质表格形式,包括正常生产数据和一处或几处异常数据);

(2)生产静态数据(工艺流程图、管网图等)。

工具:函数计算器。

二、操作规程

序号	工序	操作步骤
1	数据分析	整理生产静态资料、动态资料
		根据生产数据摸清站场气流走向、压力、流量和阀门开关状况
2	异常情况分析	根据生产数据划分正常生产和生产异常时间阶段
		找出生产异常时间阶段并判断故障类型
		确认生产异常现象
		分析故障原因并写出依据
3	异常情况处理	根据故障原因提出处理方法
		故障处理钱应制定相应的安全应急措施
		正确切换流程，不能出现超压或供气中断等安全隐患
		故障处理完毕切换到正常生产流程

三、技术要求及注意事项

(1)生产故障分析判断，应有现象描述、原因分析、故障结论、处理措施。

(2)故障分析依据充分，结论明确。

(3)流程切换遵循“先导通，后切断”“先切断，后放空”“先关上游，后关下游”原则。

(4)处理措施得当，符合生产实际情况，具有可操作性。

模块二　整理分析生产资料

项目一　相关知识

一、气井动态分析

气井投产后，压力和产能会自然降低，同时因气井本身及设备、设施故障，气井生产会出现异常，为获得预期的产量，必须不断挖掘气井潜力，找到影响正常生产的主要矛盾，采取适当措施，使气井稳定生产。通过气井动态分析可以制定合理生产制度，保护气井不受破坏及不被水淹等，提高气井最终采收率。

气井动态分析分为单井动态分析和气藏动态分析。

二、编制清管作业方案

（一）封面

封面一般包括方案名称、编制、审核、批准、单位、时间等内容。

（二）清管方案概述

（1）概述。

介绍管段基本情况，并确定清管作业计划时间。

（2）编制依据：

清管作业所依据的法律法规、规章制度等，如：SY/T 5922—2012《天然气管道运行规范》《石油天然气管道保护法》《××清管作业规程》、管道初步设计及竣工资料等。

（3）清管目的。

（4）清管器选择及过盈量确定。

（三）清管作业组织机构及职能

（1）组织机构图。

（2）人员组成及职责。

通常根据指挥、操作、技术、后勤保障等工作内容进行分组，各组应明确组长、成员、职责、联系方式等。

指挥组主要负责清管作业方案的编制和报批，组织、指挥、协调等工作。

操作组主要负责收发球操作及过程监控等工作。

技术组主要负责提供清管作业过程中的技术支持工作。

后勤保障组负责协调交通、通信、医疗等后勤保障工作。

（四）前期准备

1. 资料准备

收集收发球装置相关数据图表、清管作业管道基本情况、管道清管作业历史等。

2. 物资准备

准备符合要求的清管器及清管作业所需其他工器具、耗材、消防用品、劳保用品等。

3. 作业前设备检查

（1）关闭沿线所有紧急切断阀爆管检测功能。

（2）对收球站分离设备进行预排污，并检查排污池水位。

（3）提前打开收发球筒盲板进行检查，并对收发球筒的相关阀门、压力表、清管器通过检测装置进行检查，确认其基本可用。

（4）对全线干线放空设备及系统进行检查和试操作。

4. 人员准备

（1）所有参与清管作业人员必须经过清管作业流程操作和岗位职责要求培训。

（2）所有作业人员通过应急疏散和应急抢险培训。

（3）线路监听及巡查人员提前熟悉监听环境及路况。

（4）所有参与收发球操作及工艺操作人员利用设备检查期间进行模拟演练。

（五）清管操作程序

（1）接收站、发送站清管作业流程检查。

（2）清管器发送操作。

（3）监听跟踪及清管器运行速度控制。

（4）清管器运行期间特殊状况处置。

（5）清管器接收操作。

（六）健康、安全及环保控制

清管作业安全控制程序必须严格按照管道清管作业相关安全注意事项制定并落实。

作业的风险评估可通过清管作业风险评估表等方式进行表述，应包括工作内容概要、风险、可能出现的后果、严重度、可能性、措施或建议及负责人等。

（七）附件

附件应包括《通信录》《收、发球筒参数》《管线概况表》《管道投产前清管作业历史调查表》《管道清管器检查确认表》《清管作业所需工器具、耗材及消防劳保用品》《清管作业准备情况检查表》等。

三、编制井站维修改造实施方案

（一）编制方案的工作流程

工作流程：接受编制任务→现场勘查→编制方案（草案）→编制施工作业实施方案→审批（合格）→方案实施。

编写前首先应深入生产现场，了解和核实现场实际情况和主要维修工作量，测绘现场安装图，掌握第一手资料；落实目前现场的应急保护措施或对现场保护措施进行评价和建议，防止事态扩散和现场遭到破坏。其次查阅静态资料、动态资料和相关标准及规范，掌握场站、设备、管线、阀门、阀件的历史数据，为编制实施方案做准备。最后编制实施方案，指导现场施工作业。

（二）编写内容说明

1. 编制依据

（1）根据矿场地面集输工程相关设计要求和工艺流程及生产运行参数。

（2）根据厂矿、单位的天然气生产任务安排。

（3）根据国家、石油天然气集团有限公司、地区公司基本建设有关文件、规程、规范的要求和规定。

（4）参照或执行相关的标准规范。

2. 施工的时间、地点

施工的时间安排，应充分考虑生产的需要和天气、环境等操作条件，留有余地，便于整改修复，并指明施工作业的地点或区域。

3. 施工作业主要内容及其工作量

应说明设备、管线更换或检修工作量，明确焊口的个数等内容，以及探伤照片、试压、置换、吹扫、恢复生产等工作内容。

4. 气量影响情况

说明此次作业对生产任务或生产气量的影响时间和数量。

5. 操作程序

操作程序应按施工顺序进行编制，具体到操作步骤，用于对施工、操作进行指导。如：流程切换操作应具体落实到阀门编号、阀门开关的顺序；注氮操作应明确注入口、放空口、检测口等。

6. 技术要求

根据检维修工作和操作程序，对关键环节的技术要求和相关规定进行强调。特殊情况应对岗位责任人、施工台班、施工机具、车辆做特殊的要求。

7. 施工组织及职责

根据检维修工作量的大小和区域，设立相关的调度、指挥、施工作业、现场监督、后勤保障、医疗救护小组，明确职责。气井投产或设备试运行时，一定要有施工单位相关人员参加。

8. 安全应急措施和通信

针对施工作业可能发生的意外事故，编制必要的安全应急措施和联系方式。

9. 附件

方案应附上与本次施工作业相关的图、表；维修量大和区域分散时，应设立施工作业工作时间安排大表。

四、编制管线换管施工作业方案

（一）管线破裂的原因及处理方法

石油天然气的开采和输送过程中，由于遭受硫化氢、二氧化碳等酸性物质的腐蚀、高速气流冲刷和外力破坏等因素的影响，出现管壁减薄、管线穿孔、管线破裂等现象。一般按站内管线破裂和站外管线破裂两种情况处理。

1. 站内管线破裂

处理方法:切断气源,流程切换,关闭破裂管线前后阀门,进行有效隔离。泄压、置换合格后,更换破裂管线。经焊口检测、置换、试压合格后,恢复生产。

2. 站外管线破裂

处理方法:切断气源,关闭管线破裂点两端控制阀门,同时进行相应的气量调配。泄压、置换合格后,更换破裂管线。经焊口检测、置换、试压合格后,恢复生产。

3. 常用隔离方法

(1)双阀关断,建立零压段。

(2)盲板隔离。

(3)封堵剂隔离。

(4)清管器隔离。

(二)编制换管施工作业方案的前期工作

(1)收集基础资料。

(2)进行现场勘察。

(3)放空该管段的天然气。

(4)设立安全警戒线。

(5)核实工作量。

(6)根据现场工作量,编制整改方案。

(三)编制换管施工作业方案的主要内容

(1)编制背景及依据。

(2)目的和适用范围。

(3)工程概况。

(4)气量影响情况。

(5)整改时间安排及要求。

(6)主要工作量。

(7)操作程序及技术要求。

(8)维修工作组织及职责。

(9)应急联系电话。

(10)安全应急预案及措施。

(11)各种附件(图、表等)。

(四)操作程序及技术要求

(1)流程切换:关闭需要更换管段两端的控制阀门。

(2)放空:排放时天然气应点火燃烧,并注意集气管线内应有少量余气。当放空点位置较破裂点高时,在天然气火焰高约1m时关闭放空阀;当放空点位置较破裂点低时,在火焰熄灭时应关闭放空阀。

(3)隔离更换管段,说明具体的隔离措施。

(4)置换管段内的天然气,明确置换技术标准。

（5）作业环境监测，明确气体检测要求。

（6）按照施工方施工方案进行切割和更换管段。

（7）焊口探伤检测：对全部焊口进行100%探伤检查。

（8）置换管段内的空气，明确置换技术标准。

（9）试压，明确操作步骤和试压要求。

（10）对更换后的管段进行绝缘防腐处理。

（11）恢复生产，明确流程切换步骤和时间节点。

五、编写技术总结和答辩

总结是对前一阶段工作或学习进行回顾、检查和分析研究，从中找出经验和教训，获得规律性的认识，以便指导今后实践的一种事务文书。主要包括取得的工作经验，存在哪些缺点和不足，今后的努力方向等。

专业技术总结属于总结类的文章是职称评审重要组成部分，是评委评价的重要依据，也是作者水平、能力、成果的展示和任职以来的重要经验总结。

（一）技术总结的编写

技术总结是对某一课题进行研究、对某一项专门技术应用或在某一项技术工作完成后，把取得的成绩、经验以及存在的问题、今后的要求、改进的措施等，以书面形式反映出来的文字材料。

1. 技术总结的特征

1）自身的实践性

技术总结必须是作者自身实践活动的反映，应用第一人称。总结自身实践活动中的认识，在运用材料、阐明观点时，既不能凭借空泛的理论阐述，也不能引述自身实践以外的材料。

2）表述的证明性

总结的基本表述手法是证明。它要用自身实践活动中真实、典型的材料来证明自己所提出的各种判断的正确性。

3）内容的先进性

技术总结的内容应有一定的先进性。一是作者在生产实践中解决了比较复杂的关键技术问题，并对生产实践具有指导意义；二是总结的内容相对于本企业或同行业的技术水平有一定的先进性。

2. 素材选择

（1）在实践中有意识、有目的收集和积累资料，选择具有先进水平的典型技术成果进行总结。

（2）选用在处理某项技术问题中体会最深、启迪与帮助最大的事例。

（3）总结自身技术经历中新的体会或发现，能对同行或对同一层次的人员在今后处理技术问题时有所启发。

3. 技术总结的结构及内容

1）自我介绍

简要介绍作者的基本情况，如现任职称、任职时间或任职工种、毕业学校、政治面貌、现从事的专业技术工作等。

2)总体情况概述

从工作态度、履行岗位职责等方面进行简要概述。

3)叙述专业成绩

举例阐述工作中的经验体会、技能突破、创新、技改成果及应用推广价值等。

4)存在不足及今后打算

根据成绩和新形势、新任务的要求,找出工作中的不足,提出今后的设想、打算。

4. 技术总结的要求

(1)技术总结所做出的判断或结论,要经得起实践的检验。切忌把一些不成熟的有争议的事物或结论作为总结的内容。

(2)技术总结的内容不是大小事情的罗列,而是对大量的素材进行分析归纳,然后上升到理论,从理论上对客观事物的现象、规律做出解释,以便指导今后的实践。

(3)技术总结的文字要做到用词准确,用例确凿,评断不含糊。在阐述观点时,做到概括与具体相结合,要言不烦,切忌笼统、累赘,做到文字朴实,简洁明了。

(4)技术总结要避免空洞的说教和任意的拔高,一定要用具体事例来证明,对于解决的问题应实事求是,用词恰如其分。

(二)技术总结的答辩

1. 要求

1)内容要求

在进行技术总结答辩时,简要叙述技术总结的主要内容。简要叙述就是所谓"自述报告",须强调一点的是"自述"而不是"自读"。叙述时做到概括简要,言简意赅。应突出重点,把自己的最大收获、最深体会、最精华与最富特色的部分表述出来。尽量做到词约旨丰,一语中的。不能占用过多时间,一般以5~10min为限。通过叙述,答辩老师可以了解你对所写总结的思考过程,考察你的综合归纳和分析能力。

2)形象要求

在自述时首先应注意自己的仪态与风度。其次要与答辩老师有目光交流,不能总是低头下视,唯唯诺诺;也不能强辩,应抱着求教的态度。第三应熟悉自己的总结,做到胸有成竹,自述时不能照本宣读,切记忌主题不明,内容空泛没有重点。

2. 回答问题

1)问题内容

进行现场答辩时答辩老师一般会向你提出2~4个问题,让答辩者即兴答辩。问题有两种:一是针对技术总结中涉及的内容和涵盖的相关专业技术知识提出问题,考察答辩者对技术的认知程度;二是针对答辩者的专业技术的基本知识面和扩展知识进行提问,要求答辩者结合工作实际或专业实务进行回答,考察答辩者理论联系实际的能力。

2)回答技巧

(1)不要匆忙作答,可与提问者沟通,掌握问题要领。

(2)思考后再作答,对症下药,切忌答非所问。

(3)不知道怎么回答的问题,切忌不懂装懂、强答。只对了解的内容进行回答,并敢于承认缺点。

(4)态度要谦卑随和,也可以请求老师解答一下。

(三)技术总结参考范本

1. 编写范本

技术总结

自我介绍:参工时间或任职工种、毕业学校、政治面貌、现从事的专业技术工作及现任职称等。

一、工作经历①

……

二、专业成绩②

包含:经验体会、技能突破及创新、技改成果及应用……

三、存在不足及下步打算③

……

××单位:×××

××年××月××日

注:①②③等各段标题可以用自己概括总结的短句表达,但要能反映段落的中心思想。

2. 技术总结样本

详见附件《技术总结样本》。

项目二　气井动态分析

一、准备工作

材料:气井生产动态资料,静态资料。

工具:函数计算器。

二、操作规程

序号	工序	操作步骤
1	资料收集整理	分析气井生产动态资料,静态资料
		整理、绘制必要的曲线或图表
2	分析判断异常情况	判断气井生产异常类型
		确认气井生产异常现象
		分析气井生产异常原因
		通过计算验证气井生产异常的原因
		针对气井生产存在的异常情况,对气井生产得出综合性的认识
3	处理异常情况	针对分析出的气井生产异常原因提出相应的建议,控制及整改处理措施

三、技术要求及注意事项

(1)资料收集应齐全、准确。
(2)整改措施应满足气井现有生产方式及气井特殊性。
(3)生产制度调整应符合气井生产规律。

项目三　制作 Word(文档)、Excel(表格)、PowerPoint(多媒体)

一、准备工作

(一)设备

具备操作条件的计算机。

(二)材料、工具

材料:纸质文稿、数据表。
工具:Microsoft Office 软件。

二、操作规程

序号	工序	操作步骤
1	Word 文档制作	按需求建立 Word 文档
		按需求进行页面设置
		按需求插入图片
		按需求插入表格
		按需求进行排版
		保存文档
2	Excel 工作表制作	按需求建立 Excel 工作簿
		按需求进行页面设置
		按需求进行数据录入
		用函数计算数据
		按需求插入和编辑图片
		完善数据表
		按需求进行排版
		保存工作表
3	PowerPoint 演示文稿制作	按需求建立 PowerPoint 演示文稿
		按需求输入标题和副标题
		添加新幻灯片
		按需求编辑文本内容

续表

序号	工序	操作步骤
3	PowerPoint 演示文稿制作	按需求插入图片、文本框，并编辑
		用绘图工具绘制图形
		根据需要组合相关内容
		按要求设置 PPT
		保存演示文稿

三、技术要求及注意事项

（1）操作过程中应及时存盘，防止资料丢失。

（2）使用计算机过程中应注意防水。

项目四　绘制零件加工图

一、准备工作

材料：零件、空白草图纸，绘图纸。

工具：测量工具，绘图工具。

二、操作规程

序号	工序	操作步骤
1	测量零件	观察零件形状，确定投影方向
		绘制草图
		测量零件定型、定位等尺寸
2	绘制零件加工图	绘制图框和标题栏
		确定比例，选择主视图
		合理布置视图
		按投影规律绘制视图
3	标注	绘制尺寸界线、尺寸线、尺寸线终端
		标注尺寸和加工要求等
4	完善图幅	书写技术要求，完善标题栏

三、技术要求及注意事项

（1）所有的图纸幅面、格式、绘图图线、比例、字体、尺寸、标注、图样画法，按国家机械制图相关标准绘制。

（2）布局合理，图面整洁，比例恰当。

四、参考图样

根据操作规程绘制的成品如图 3-2-1 所示。

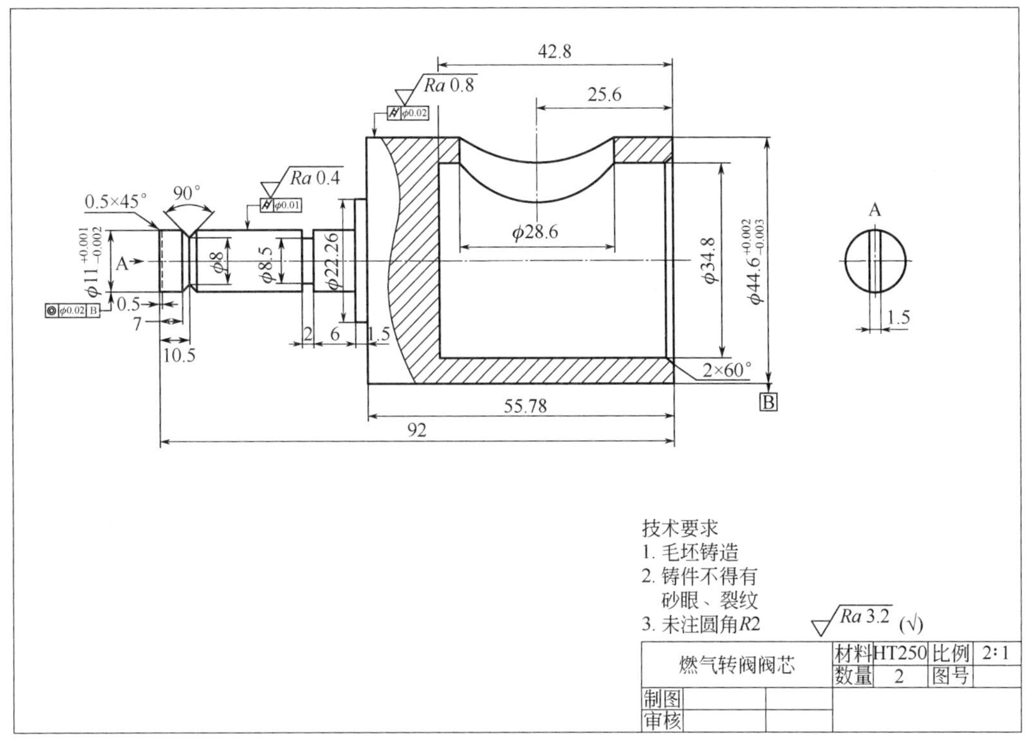

图 3-2-1　零件加工成品图图样

项目五　鉴别、绘制工艺流程图

一、准备工作

材料:工艺流程图。

工具:绘图工具。

二、操作规程

<table>
<tr><th>序号</th><th>工序</th><th>操作步骤</th></tr>
<tr><td rowspan="2">1</td><td rowspan="2">鉴别工艺流程图</td><td>根据 SY/T 0003—2012《石油天然气工程制图标准》找出流程图中的错误</td></tr>
<tr><td>说明错误原因</td></tr>
<tr><td rowspan="3">2</td><td rowspan="3">修改工艺流程图</td><td>绘制图框和标题栏</td></tr>
<tr><td>绘制主要设备和管线</td></tr>
<tr><td>绘制次要设备和管线</td></tr>
</table>

续表

序号	工序	操作步骤
3	标注设备规格型号	标注设备型号、压力等级及公称直径
4	完善图幅	绘制标题栏
		绘制设备明细框
		标注绘图要求或说明

三、技术要求及注意事项

(1)按 SY/T 0003—2012《石油天然气工程制图标准》绘制。
(2)布局合理,图面整洁,比例恰当。

项目六 绘制多井站工艺流程图

一、准备工作

材料:绘制说明,空白绘图纸。
工具:绘图工具。

二、操作规程

序号	工序	操作步骤
1	绘制边框	按要求绘制边框
2	绘制标题栏	按要求绘制标题栏
3	绘制多井站工艺流程图	根据绘制说明绘制主要设备和管线
		根据绘制说明绘制次要设备和管线
		标注设备型号、编号及进出单元信息
4	完善图幅	书写绘图说明
		绘制填写设备明细表
		填写完善标题栏内容

三、技术要求及注意事项

(1)按 SY/T 0003—2012《石油天然气工程制图标准》绘制。
(2)布局合理,图面整洁,比例恰当。

四、参考图样

多井站工艺流程图图样如图 3-2-2 所示。

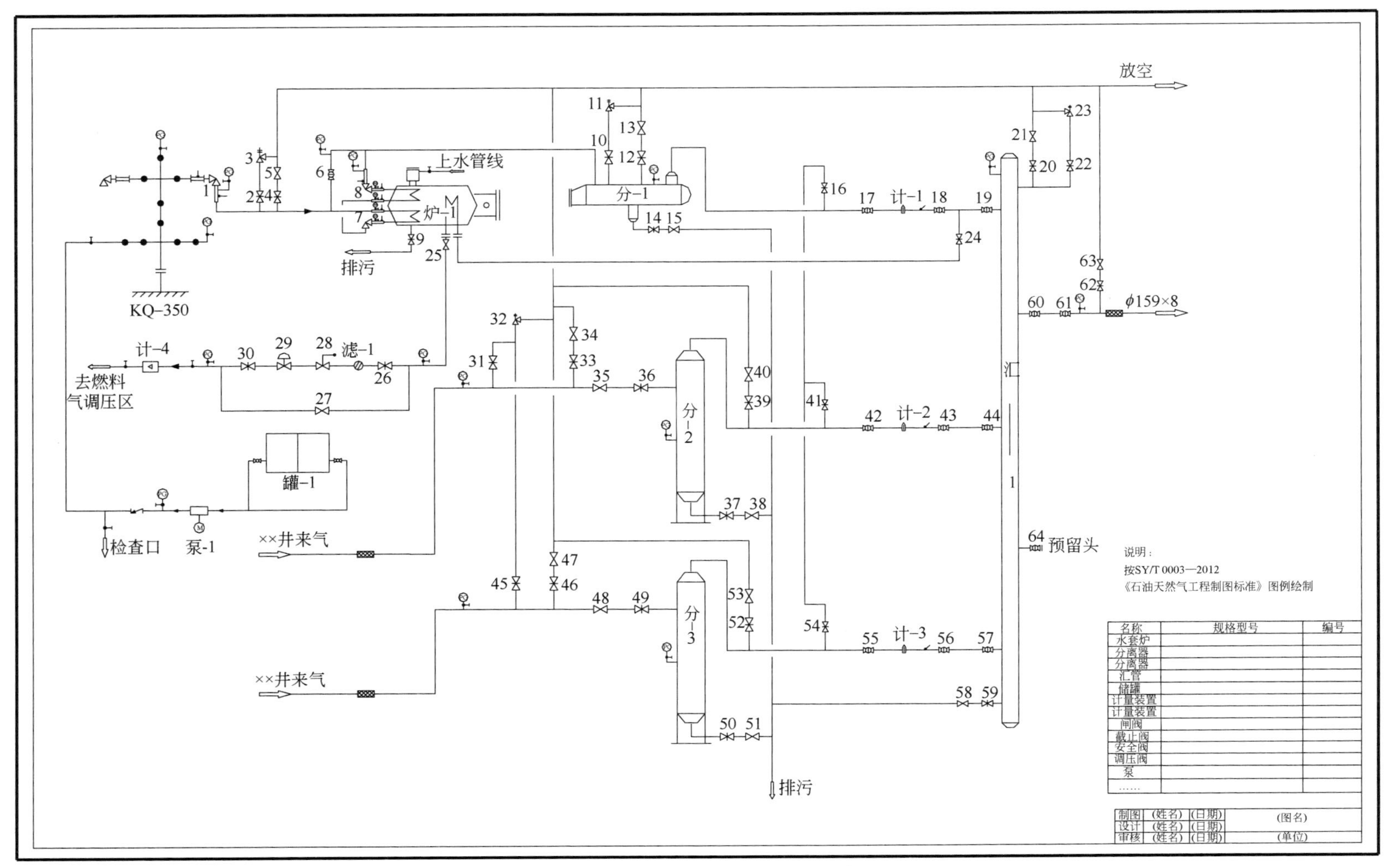

图 3-2-2　多井站工艺流程图图样

项目七　根据安装图绘制工艺流程图

一、准备工作

材料:安装图,空白绘图纸。
工具:绘图工具。

二、操作规程

序号	工序	操作步骤
1	识读安装图	识读提供的安装图
2	绘制边框和标题栏	按要求绘制边框
		按要求绘制标题栏
3	根据安装图绘制工艺流程图	绘制主要设备和管线
		绘制次要设备和管线
		标注设备编号及进出单元信息
4	完善图幅	书写绘图说明
		填写完善标题栏内容
		根据需要绘制填写设备明细表

三、技术要求及注意事项

(1)按 SY/T 0003—2012《石油天然气工程制图标准》绘制。
(2)布局合理,图面整洁,比例恰当。

项目八　编制清管作业方案

一、准备工作

(一)设备

具备操作条件的计算机。

(二)材料、工具

清管作业相关资料。

二、操作规程

序号	工序	操作步骤
1	整理相关资料	整理清管作业相关资料
2	编写方案封面	编写方案封面及审批页

续表

序号	工序	操作步骤
3	编写方案目录	列出方案目录
4	编写方案内容	清管方案概述及编制依据
		管线概况、气量调配及清管日期安排
		清管作业组织实施机构及职能
		前期准备工作
		作业前必备条件确认
		编制清管操作程序(发送站操作程序、接收站操作程序)
		编制技术要求及注意事项
		编制清管作业应急预案
		列出相关附件

三、技术要求及注意事项

(1)方案应切实可行,符合实际。
(2)方案编制必须遵循相关标准规定。
(3)编写清管操作时,同时编制清管异常处置预案。

四、方案样本

详见附件×《清管作业方案样本》。

项目九　编制井站维修改造实施方案

一、准备工作

(一)设备

具备操作条件的计算机。

(二)材料、工具

维修改造作业相关资料。

二、操作规程

序号	工序	操作步骤
1	整理相关资料	整理提供的维修改造作业相关资料
2	编写方案封面	编写方案封面及审批页
3	编写方案目录	列出方案目录
4	编写方案内容	编制井站维修改造实施方案依据
		编制井站维修改造实施方案目的和适用范围
		工程概况

续表

序号	工序	操作步骤
4	编写方案内容	施工的时间、地点
		施工作业主要内容及其工作量
		生产任务影响情况
		编制维修操作步骤(包括流程切换、放空、置换、探伤、试压、防腐,恢复生产等)
		维修改造技术规范和要求
		施工组织及职责
		安全应急预案
		通信方式和联系电话
		列出相关附件
5	回答问题	根据题意回答相关问题

三、技术要求及注意事项

(1)方案应切实可行,符合实际。

(2)方案编制必须遵循相关标准规定。

(3)操作程序按施工流程逐步编写。

(4)技术要求对应操作程序进行编写。

(5)流程切换应详细到具体阀门编号。

项目十　编制管线换管施工作业方案

一、准备工作

(一)设备

具备操作条件的计算机。

(二)材料、工具

换管施工作业相关资料。

二、操作规程

序号	工序	操作步骤
1	整理相关资料	整理提供的换管施工作业相关资料
2	编写方案封面	编写方案封面及审批页
3	编写方案目录	列出方案目录
4	编写方案内容	编制管线换管施工作业方案的背景及依据
		编制管线换管施工作业方案的目的和适用范围
		工程概况
		气量影响情况

续表

序号	工序	操作步骤
4	编写方案内容	整改时间安排及要求
		主要工作量
		维修操作步骤(包括流程切换、放空、置换、探伤、试压、防腐,恢复生产等)及技术要求
		维修工作组织机构及职责
		通讯和联系电话
		安全应急预案
		列出相关附件(图、表等)
5	回答问题	根据题意回答相关问题

三、技术要求及注意事项

(1)方案应切实可行,符合实际。
(2)方案编制必须遵循相关标准规定。
(3)操作程序按施工流程逐步编写。
(4)技术要求对应操作程序进行编写。
(5)流程切换应详细到具体阀门编号。

项目十一　编写技术总结、答辩

一、准备工作

(一)设备

具备操作条件的计算机。

(二)材料、工具

编写总结的相关资料。

二、操作规程

序号	工序	操作步骤
1	编写技术总结	选择素材,确定总结的选用的事例
		整理相关资料
		按格式编写技术总结
		修正完善总结,审查是否符合要求
2	答辩	自我介绍
		自述总结
		根据提问进行答辩,做到回答准确、全面、条理清晰

三、技术要求及注意事项

(1)技术总结应实事求是,成绩不夸大,缺点不缩小,更不能弄虚作假。

(2)技术总结应裁剪得体、条理清楚、主次分明、详略适宜。

(3)答辩时着装整洁,仪态大方;声音洪亮,口齿清晰。

模块三　培训

项目一　相关知识

培训是指企业为了实现企业自身和员工个人的发展目标,有计划地对全体员工进行训练,使之提高与工作相关的知识、技艺、能力,以及态度等素质,以适应并胜任职位工作。其主要内容大体上可分为知识培训、技能培训和素质培训三种。

知识培训:是员工获得持续提高和发展的基础,员工只有具备一定的基础及专业知识,才能为其在各个领域的进一步发展提供坚实的支撑。

技能培训:知识只有转化成技能,才能真正产生价值。员工的工作技能,是企业生产高品质的产品和产生最佳效益、获得发展的根本源泉。

素质培训:员工具备了扎实的理论知识和过硬的业务技能,但如果没有正确的价值观、积极的工作态度和良好的思维习惯,那么,他们给企业带来的很可能不是财富,而是损失。而高素质员工,即使暂时在知识和技能存在不足,但他们会为实现目标而主动、有效地去学习和提升自我,从而最终成为企业所需的人才。此类培训是企业必须持之以恒进行的核心重点。

培训工作在实施前,应制定详细的培训方案。培训方案的制定是个系统工程,从培训需求调查分析、培训安排和设计到培训效果评估,贯穿了整个培训项目的始终,通过不断优化、调整、改进,以使培训发挥出最大的效益。

一、培训需求调查分析

了解培训需求应建立在充分调查的基础上,从企业、岗位和个人三个方面进行分析。

首先,要保证培训计划符合企业的整体目标和战略要求。其次,分析员工所在岗位必须掌握的知识和技能。再次,比照员工现有的水平与预期对员工技能的要求,找出两者之间存在的差距。最后确定培训需求。

二、培训方案组成要素

(一)培训目标

确立培训目标会给培训计划提供明确的方向。根据培训目标,才能确定培训对象、内容、时间、教师、方法等具体内容,并在培训之后对照此目标进行效果评估。

培训目标的确立,应首先确立总体培训目标,再将总体目标细化为各层次的具体目标。

(二)培训对象

培训对象应根据培训需求确定。

(三)培训日期

培训日期应根据企业需求确定。

（四）培训内容

应根据培训需求结合培训目标和对象确定培训内容的重点。一般来说，管理者偏向于知识培训和素质培训，一般员工偏向于知识培训和技能培训。

（五）培训指导者

培训指导者资源可分为内部资源和外部资源。内部资源包括企业的领导、具备特殊知识和技能的员工等；外部资源是指专业培训人员、公开研讨会或学术讲座等。

（六）培训方法

企业培训可选择离岗培训和在岗培训形式，其方法有很多种，如讲授法、演示法、案例分析法、讨论法、视听法、角色扮演法等。为了提高培训质量，达到培训目的，往往需要将各种方法配合起来灵活运用。

（七）培训场所和设备

培训场所可以是教室、会议室、工作现场等。培训设备包括教材、模型、现场设备等。根据不同的培训内容和培训方法选择培训场所和设备。

（八）课程安排

根据培训日期和内容，合理安排课程表。

（九）培训考核

拟定考核管理办法，建立考核奖惩制度。

三、参考样本

详见附件《培训方案样本》。

项目二　编制员工培训方案

一、准备工作

（一）设备

具备操作条件的计算机。

（二）材料、工具

编制培训方案相关资料。

二、操作规程

序号	工序	操作步骤
1	整理相关资料	整理培训方案相关资料
2	编写封面	按格式编制封面
3	编写方案内容	编制培训方案的依据
		培训目标
		培训组织机构及主要职责

续表

序号	工序	操作步骤
3	编写方案内容	培训形式
		参考教材
		培训课程安排
		培训对象
		培训时间、地点
		考试、评讲安排
		阶段性或培训总结
		其他及附件

三、技术要求及注意事项

方案应切实可行,符合实际。

第四部分

高级技师操作技能及相关知识

模块一　生产管理

项目一　相关知识

一、管理水套加热炉

(一)水套加热炉常见故障处理

1. 脱火

混合气体喷出火孔速度大于火焰传播速度,火焰脱离火孔乃至熄灭。

处理方法:适当减少燃气量或减少燃烧器配风。

2. 回火

混合气体喷出火孔速度小于火焰传播速度,火焰缩回在喉管内燃烧造成噪声和局部过热。

处理方法:适当增加燃气量或增加燃烧器配风。

3. 加热效果差

(1)燃料气中带有杂质造成燃烧器喷嘴或燃料气过滤器堵塞,处理方法是清洗喷嘴、燃料气过滤器。

(2)火焰未充分燃烧,处理方法是调节燃烧器配风和炉膛配风,使火焰呈淡蓝色。

(3)火管、烟管、烟箱内大量结垢或有异物,使烟火管流通截面减小。处理方法是人工清掏烟灰或垢体;也可采用用高压气体或清水定期清洗烟火管及烟箱。

(4)壳体内结垢严重,导致传热效果差。处理方法是用除垢剂或酸洗法除垢;使用软水作为加热介质;定期煮炉。

(5)壳体外保温层破损,热量散失大。处理方法是对破损的保温层进行修补或更换。

(二)水套加热炉维护保养

(1)定期对加热炉内水介质进行化验,以保证水硬度小于0.6mg/L,pH值保持在8.5~10之间。

(2)要定期对加热炉进行排污,排水量可依据水质情况自行决定。

(3)每年至少对加热炉进行全面检查维修一次。建议在入冬前进行,以确保整个冬季的安全生产。

(4)定期清理燃烧器,剔除毛刺、堵塞物,检查燃烧器配风轮,使其旋动灵活。

(5)对炉膛、烟箱、烟火管进行清理,清除锈渣和异物,保持畅通。

(6)对损坏的加热炉耐火层应予及时修补。

(7)定期除垢,在结垢无法进行机械除垢时,可进行酸洗除垢。酸洗除垢结束后应用碱水或清水清洗,并进行干燥处理。

(8)如加热炉长期停用,必须将炉内所有液体排净并烘干。

(9)若加热炉使用后从工艺流程中拆除暂时未安装,气盘管内应充氮保护。重新投用的水套加热炉,使用前应进行强度试压,试压合格后才能投入生产。

二、天然气集输站、联合站场站故障分析处理

气田上的集输站、联合站,是气田地面集输系统中很重要的组成部分,它是对气井产物(气、油、水)集中进行综合净化处理,从而获得合格的天然气、稳定轻烃、液化石油气和可回注处理的地层水的中心站。

联合站一般包括如下的生产功能:(1)矿场集输;(2)天然气净化处理;(3)凝析油储运;(4)污水处理。气田上的联合站更多的应该理解为一个系统,即单井生产、多井集输、净化处理、污水回注等各单元的有机联合。

(一)矿场集输

矿场集输功能一般由单井站、集气站等实现。在实际的生产过程中,气井产物包括气、液、固三种状态的物质。气态主要是以甲烷为主,以及少量硫化氢、二氧化碳等酸性气体。液态主要是地层水、凝析水、凝析油。固态主要是岩石碎屑、钻井液污物等。为了便于处理,必须先对它们进行初步分离,利用离心力、重力等方法,将气井产物分离成气、液两相,在出砂的井中,还要除掉固体杂物。在产凝析油的气井,还需将液相进一步分离出液态水和凝析油。

初步分离主要是利用重力分离器、旋风分离器或油气水三相分离器进行分离,固态物质随液相排放。对于不同的矿场集输,分离级数应根据各气田的具体情况而定。产凝析油的气井,采用三相分离器将气、油、水进行分离,也可采用两相分离器先将气液分离,再用脱水器将油、水分离。少量固态杂质一般随液相排放。出砂较多的气井,一般在初步分离前安装除砂器,进行固态杂质分离。

初步分离后的气、油、水进行分别计量,所得产量为井口产量。

气田开发后期,矿场集输过程常常需要利用压缩机增压生产。一种是向气井注气气举增压生产;一种是降低气井回压、提高外输压力的抽吸式增压生产。

(二)天然气净化处理

经过矿场集输后的天然气,常常不能满足国民生产对气质方面的要求,因此需要对天然气做进一步的处理,包括脱硫、脱水、脱烃等。

天然气脱硫的方法有很多种,习惯上把采用溶液或溶剂做脱硫剂的脱硫方法称为湿法脱硫;采用固体做脱硫剂的脱硫方法称为干法脱硫。脱硫方法的选择要以天然气组分、处理量、硫含量、厂站所处自然条件、产品质量要求、运行操作要求等作为选择依据。

天然气脱水的方法主要有低温脱水、溶剂吸收法脱水、固体吸附法脱水。

天然气脱烃即轻烃回收的方法主要有油吸收法(包括常温吸收法和低温吸收法)、吸附法、低温分离法(包括节流膨胀制冷法、冷冻剂制冷法、混合制冷法)。

(三)凝析油储运

气田开发过程中伴生的凝析油,由于量少且分散,距离油处理厂远,因此一般不采用管

输方式，而是采用单井、集气站小型油罐储存，罐车运输至油处理厂的方式。

（四）污水处理

污水处理的方法一般有重力沉降分离、重力沉降分离+过滤、除油+絮凝沉降+过滤等三种。

（五）故障分析方法

天然气集输站、联合站场故障分析，首先要根据故障发生时表现出来的异常现象处于系统中的哪一个环节来分析。

当异常现象处于矿场集输环节时，首先应从矿场集输的设备本身功能故障、设备管道"内窜堵、外泄漏"、气井产能故障等方面考虑，遵循先地面、再井筒、最后地层的逐级分析原则。矿场集输环节若有增压生产工艺，压缩机的平稳运行，一方面受原料气、燃料气气质以及生产压力的影响；另一方面又反过来影响气井的平稳生产。比如燃料气不达标，会影响压缩机动力的稳定；原料气含液态水，会造成压缩缸水击现象，损坏机组；压缩机运行不稳定，会直接影响输出气量和压力的不稳定，在气举生产工艺中，会导致气井举升能量不稳定而使气井生产异常等。

若异常现象处于天然气净化环节时，除了要考虑天然气处理设备本身故障、工艺过程故障外，还需考虑上游矿场集输而来的天然气流量、压力、气质的变化。在处置过程中，还应及时通知下游用户采取相应措施，避免不合格天然气对生产带来不利影响。

凝析油储运异常，主要是油、水分离不彻底和低压油罐压力偏高等。除考虑脱水器故障、疏水阀故障、油罐闪蒸气管道止回阀或阻火器堵塞等原因外，还要考虑单井投产造成的油、水密度变化、蜡质含量变化以及油罐进排液影响的静储时间变化等因素。

污水处理故障，除了回注泵故障外，还要考虑工艺过程故障，如沉淀工艺是否除去了水中的机械杂质，过滤工艺是否除去了水中悬浮物，药剂处理工艺后水质是否达标等。深入分析，还应考虑回注水引起设备管线腐蚀、结垢；回注水与地层发生化学反应而生成沉淀堵塞地层；黏土矿物水化膨胀；不同水源的配伍性等。

项目二　水套加热炉维护

一、准备工作

（一）设备

具备操作条件的 SL 型水套加热炉。

（二）材料、工具

材料：棉纱、磷酸三钠、经过处理的清水。

工具：活动扳手、平口螺丝刀、水桶、塑胶水管、点火工具。

二、操作规程

序号	工序	操作步骤
1	排污	开排污阀，短时大排量快速排污数次，排水至水套炉1/2，加清水至2/3高度以上
2	煮炉	将2~3kg磷酸三钠溶解后加入炉内，大火煮炉约24h
3	停用水套炉	关闭炉火，全开排污阀，排尽炉水后加满清水待用
4	拆卸、检修加热炉燃烧器	拆卸加热炉燃烧器，对燃烧器进行维护，清除积碳，清洁润滑风门及配风调节系统
5	清理炉膛、烟箱、烟火管	冲洗清掏炉膛、烟箱、烟火管杂质
6	安装各部件	安装加热炉燃烧器各部件
7	启用水套炉	点燃炉火，调节风门及配风系统，水套炉火焰燃烧正常

三、技术要求及注意事项

（1）安装燃烧器与火管轴线应重合。

（2）先点火，后开气。

（3）二次点火炉膛排空时间不少于5min。

（4）点火操作时不得正对炉门。

（5）加水时应达到筒体2/3以上。

项目三 设备及管道的试压、吹扫、干燥及置换

一、准备工作

（一）设备

具备操作条件的工艺流程和管道。

（二）材料、工具

材料：工艺流程图及设备、管道资料。

工具：函数计算器。

二、操作规程

序号	工序	操作步骤
1	准备工作	工具、用具、仪器仪表、材料准备齐全
		收集资料掌握作业设备或管道的基本情况
2	试压	确认试压技术要求及注意事项
		切换流程，对指定设备及管道进行强度试压
		对指定设备及管道进行严密性试验

续表

序号	工序	操作步骤
3	吹扫	确认吹扫技术要求及注意事项
		切换流程,对指定设备及管道进行吹扫
4	干燥	确认干燥技术要求及注意事项
		按要求对设备及管道进行干燥作业
5	置换	确认置换技术要求及注意事项
		切换流程,对指定设备及管道进行置换
6	投用	将指定设备及管道投入使用
7	记录	做好相关记录

三、注意事项

(1)操作参数必须与设备相关参数匹配。
(2)试压过程必须符合相关安全要求。
(3)流程切换符合工艺流程实际情况。
(4)严禁在上一工序未达标的情况下进入下一工序。

项目四　天然气集输站、联合站场站故障分析处理

一、准备工作

(一)设备

具备操作条件的集输站、联合站工艺流程。

(二)材料、工具

材料:(1)生产动态数据(以纸质表格形式,包括正常生产数据和一处或几处异常数据)。

(2)生产静态数据介绍(工艺流程图、管网图、系统工艺流程示意图等)。

工具:函数计算器。

二、操作规程

序号	工序	操作步骤
1	数据分析	收集整理生产数据
		分析判断出正常生产时气流走向及各处理单元间的关系
2	异常情况分析	找出异常时间段(点)及处理单元并判断故障类型
		确认生产异常现象
		分析判断异常原因并说明依据

续表

序号	工序	操作步骤
3	异常情况处理	采取相应的故障处置措施
		故障处置过程中正确切换流程并采取相应的安全应急措施
		故障处理完毕后切换到正常生产流程

三、技术要求及注意事项

(1)生产故障分析判断,应有现象描述、原因分析、故障结论、处理措施。

(2)故障分析依据充分,结论明确。

(3)流程切换遵循“先导通,后切断”“先切断,后放空”“先关上游,后关下游”等原则。

(4)处理措施得当,符合生产实际情况,具有可操作性。

模块二　整理分析生产资料

项目一　相关知识

一、气井生产制度

气井工作制度是指采气时气井的压力和产量所遵循的关系。气井所选择的工作制度应保证在开采过程中能从气井得到最大的允许产量，并使天然气在整个采气流程中的压力损失分配合理。合理的气井生产制度，其目的就是从气藏、气井中采出的气要多，采收率要高，尽量延长无水采气期，达到安全、平稳采气、输气，获得经济效益最好的最终采收率。

气井生产到后期或出现异常后，气井合理生产制度确定还应考虑增产措施，如定时关井复压、合理排水或解堵措施等。气井生产制度不合理对生产的危害、生产制度确立原则及常见生产制度特点详见基础知识部分。

二、工艺流程安装图

工艺安装图的定义：用图形符号和文字、数字表明工艺流程所使用的机械设备及其安装尺寸、位置、方向的系统图。

（一）基本规定

执行 SY/T 0003—2012《石油天然气工程制图标准》标准。

（二）绘制要求

（1）工艺安装图上主要应表明设备、管线、阀门、管件、基础设施的名称、安装尺寸、高度以及规格型号、压力等级和公称直径或通径等。

（2）对于使用国家和行业标准中未有的图例（非标），但又是在行业中惯用的设备或阀门、仪表等的图例，必须另外增加图例和文字进行说明。

（3）图纸上所书写的文字、数字和符号等必须做到字体工整、笔画清晰，排列整齐、间隔均匀、标点符号清楚正确。同一种图纸的字母及数字只允许采用一种形式的字体。

（4）应说明绘制图例执行的标准（国家或行业标准），说明图中标注尺寸的单位及参照物标高（常以地坪为基准）；对安装有特殊要求和验收标准要求的应加以说明。

（5）图例说明其位置应在图纸的右边，标题栏上面。

（6）提供说明附件。

范本：

附件　说明

① 本图图例执行 SY/T 0003—2012《石油天然气工程制图标准》标准。

② 图中尺寸以 mm 计，标高以 m 计，场地地坪标高为±0.00。

③ 节流装置前后的计量管段内部应打磨光滑平整，不得有毛刺，焊瘤等突出物，安装时要水平。

④ 支1~5均采用管托Ⅰ型。

⑤ 汇管或分离器的基础采用C10-C20混凝土现浇，地脚预埋钢板600×180×12，开孔4-ϕ22，地脚螺栓采用M20×800。基础顶面均用1∶2水泥砂浆找平；地面采用250×250彩釉砖平铺。

⑥ 除以上说明外，其余施工技术要求应严格执行SY 0402—2000《石油天然气站内工艺管道工程施工及验收规范》。

（三）安装图的绘制程序

1. 现场测量与绘制

（1）准备测量和绘制工用具。

（2）根据现场流程的方位和走向绘制出工艺流程草图。

（3）测量各设备、阀门等具体尺寸及间隔距离，在草图上做好记录。

（4）记录所绘制的设备、阀门阀件的名称和规格型号，完成草图内容。

2. 室内绘制

（1）绘制边框、标题栏。

（2）根据图幅确定比例，合理布局，绘制工艺流程安装图（平面图）。

（3）根据工艺流程结构形式、位置，绘制工艺流程安装图（立面图）。

（4）平面图上标注设备、容器、阀门阀件的规格型号、标高位置等。

（5）立面图上标注相关的测量数据、安装方向、标高位置、剖切位置等。

（6）检查、描深图纸。

（7）编写安装图说明，填写标题栏的相关内容。

三、场站优化改造实施方案

在采输气生产现场，将完成某一种单一任务的过程称工艺流程，如采气场站工艺流程、清管工艺流程、输气工艺流程、输气站站内设备检修工艺流程等。

随着气井压力、流量的降低，甚至气井能量枯竭；气田气藏气井的不断勘探和开发，流量的增加；生产气井数或用户的增减等因素，天然气场站的功能会发生一些转变，此时就需要重新优化场站工艺流程来适应新的气井天然气开采和输送的需要。

（一）场站优化的原则

（1）满足现有工艺的需要，同时应考虑适应气田气藏开采工艺、管网布置发展的变化。

（2）减少遗留尾工，保证主体工程投运就能满足正常生产要求。

（3）遵循投资少，见效快的原则。

（4）设备、容器、管线、阀门阀件的合理调节和再利用。

（5）尽量减少施工作业对生产的影响。

（二）编制场站优化改造实施方案的步骤和程序

（1）理解和掌握生产工艺的变化和要求，以及安全、环境保护等的规定和要求。

（2）分析原有工艺流程的不适应性，在原有基础上绘制出适应现有工艺要求的流程图。

(3)深入现场拟定优化方案,使优化具有针对性和可操作性。

(4)研究设计图纸,收集各方意见,组织相关人员论证优化方案。

(5)编制优化改造实施方案,并提交审批。

(6)讨论完善施工方案(施工方案由施工方编制)。

(三)方案的格式

场站优化改造方案与场站维修改造方案具有相似性。

四、新井站试运行投产方案

(一)场站设备、管道的验收

为保证天然气集输工艺产能建设、大修项目的设备和管道安全投运和安全生产,应参照国家及行业的相关标准,统一和规范的验收及试运行行为,确保生产过程受控。

天然气生产场站设备和管道的验收主要遵循以下规范:

GB 50540—2012《石油天然气站内工艺管道工程施工规范》;

SY/T 0422—2010《油气田集输管道施工及验收规范》;

GB 50369—2014《油气长输管道工程施工及验收规范》。

(二)场站及管道试压验漏

依据 GB 50235—2010《工业金属管道工程施工及验收规范》、SH 3501—2011《石油化工有毒、可燃介质钢制管道工程施工及验收规范》要求,天然气生产场站及管道在投入试运行前均应进行试压。

(三)氮气置换

依据 GB 50235—2010《工业金属管道工程施工及验收规范》、SY/T 5922—2012《天然气管道运行规范》要求,新建或大修后的天然气工业管道及场站设备在投运前必须进行氮气置换。进行氮气置换的目的是置换出管道、设备内的空气,避免可燃气体与空气中的氧气形成可燃性混合物,造成管道、设备内燃或爆炸。

(四)方案内容说明

(1)物资准备及时间安排。包括投产前准备工作、时间安排、后勤物资组织、应急物资等。

(2)试运行前的准备程序。包括新建管线设备的置换、试压、验漏等具体操作程序步骤等。

(3)试运行投产操作程序。包括流程倒换操作步骤、压力流量调节控制。

(4)技术要求。包括对主要操作注意事项及工艺控制参数调控提出相关技术要求。

(5)安全预案。分析试运行投产中可能出现的紧急情况并有针对性地制定出处理预案措施。

(6)附件。包括相应的图件、联系方式等方面的内容。

五、根据设计资料编制投运方案

生产工艺设施投产要经历设计、施工、验收、试运行等几个阶段,采气工涉及的现场工作包括根据设计资料编制投运方案、投运方案的传阅、根据投运方案组织人员实施投运等。

（一）设计资料包含的主要内容

1. 总说明书

概述：项目名称、项目背景、建设地点、建设单位，设计遵循的主要标准、规范，设计依据、范围和界面。

开发方案简述：自然条件、环境评价、建设规模、油气水性质参数。

主要技术方案：系统概况，流程简述，总工艺方案，防腐、自动控制、通信系统、供配电、给排水、消防、机械、建筑、结构、供热采暖、道路等的说明书。

设计文件阅读指导：图纸编号说明，设备编号说明，管线编号说明等。

2. 气井设计

工艺技术说明，工艺流程图，工艺设备安装图，设备使用说明书，供电线路安装图，通信线路安装图，工艺管道安装图，自控设备安装图，阴极保护设计安装图，设备材料表等。

3. 采气管道设计

采气管线平纵面图，采气管道走向图，采气管道材料表，阴极保护设计安装图。

4. 集气站设计

工艺设计说明，工艺流程图，工艺设备安装图，工艺管道安装图，阴极保护设计安装说明，自控设备安装使用说明，电力设施安装使用说明，消防设施安装使用说明，通信设备安装图，集气站材料表，给排水设计图，建筑设计。

5. 集气管道

集气管道平纵面图，集气管道走向图，集气管道材料表，截断阀室安装使用说明，集气管道阴极保护设计安装图。

6. 其他

燃料气系统安装图，缓蚀剂系统安装使用说明，供热系统安装使用说明等。

（二）采气工主要涉及的投运方案

采气专业在站场投运过程中主要参与工艺设备的投运工作，根据项目大小的不同，涉及气质、设备的差异性等，投运方案也不同，有可能是独立的单井站投运、采气管道投运，集气站投运、集气管道投运等，也有可能是其组合的综合投运。涉及参与的投运方案主要有：《投产试运总方案》《投产试运总体应急预案》《投产试运培训方案》《气井投产试运方案》《采气管道预膜方案》《采气管道投产试运方案》《集气站投产试运方案》《敏感性试验方案》《气密性试验方案》《集气管线预膜方案》《集气管线投产试运方案》《燃料气系统投产试运方案》《缓蚀剂系统投产试运方案》等。

（三）投运方案内容说明

本项目以采气管道敏感性试验方案为例。

（1）作业计划及准备。应包括作业具备的条件、工具材料准备、作业前检查、人员分工等。

（2）氮气及天然气置换。应明确相关技术要求及具体操作程序步骤等。

（3）升压及敏感性试验。应明确相关技术要求及具体操作程序步骤等。

（4）风险控制与应急处置。分析试运行投产中可能出现的风险，并有针对性地制定出处理控制措施及应急处置方案。

（5）附件。含相应的图件、确认单、记录表等。

六、编写技术论文

论文常指用来进行各个学术领域的研究和描述学术研究成果的文章，通常包括学年论文、毕业论文、学位论文、科技论文、成果论文等。

技术论文属于科技论文的范畴，它是研究人员在科学实验（或试验）的基础上，对某些现象（或问题）进行科学分析、综合研究和阐述，总结和创新另外一些结果和结论，并按照各个科技期刊的要求进行电子和书面的表达。作为科技研究成果的科技论文可以在专业刊物上发表，也可在学术会议及科技论坛上报告、交流，并力争通过开发使研究成果转化为生产力。

（一）技术论文的特点

技术论文是人们从事不同岗位工作，在工作领域、技术领域的技术成果、科研成果的论文，具有学术性、科学性、创新性等特点。

1. 学术性

学术性是技术论文的主要特征，它以学术成果为表述对象，以学术见解为论文核心，在科学实验（或试验）的前提下阐述学术成果和学术见解，揭示事物发展、变化的客观规律，探索科技领域中的客观真理，推动科学技术的发展。学术性的强弱是衡量技术论文价值高低的标准。

2. 科学性

论文的内容必须客观、真实，定性和定量准确，不允许弄虚作假，应经得起实践检验；论文的表达形式也应具有科学性，论述应清楚明白，语言准确规范，不能模棱两可。

3. 创新性

论文必须是作者个人或团队研究的，并在科学理论、方法或实践上获得的新的进展或突破，应体现与前人不同的新思维、新方法、新成果。

（二）技术论文的结构

论文一般由题目、作者、摘要、关键词、引言、正文、参考文献和附录等部分组成。

（1）题目。论文题目要求准确恰当、简明扼要、醒目规范、便于检索，能概括论文的特定内容，有助于选定关键词。

（2）作者。作者是表示作者声明对论文拥有著作权、愿意文责自负，同时便于读者与作者联系。

（3）摘要。摘要是对论文的内容不加注释和评论的简短陈述，是文章内容、目的及其重要性的高度概括。应站在旁观者的角度撰写，通常采用第三人称的写法，不要使用“我们”“作者”“本文”“笔者”这样的主语，也不要使用评价性语言。

（4）关键词。关键词是为了满足文献标引或检索工作的需要而从论文中萃取出的、表示全文主题内容信息条目的单词、词组或术语。

（5）引言。引言又称前言、序言、导言、绪论，是论文的开场白，用在正文的开头，由它引出文章正文。引言要短小精悍、紧扣主题，引导读者阅读和理解全文。比较短的论文可不单列“引言”一节，在论文正文前只写一小段文字即可起到引言的效用。引言不可与摘要雷同,不要写成摘要的注释。

(6)正文。正文是论文的主体,是用论据经过论证证明论点的核心部分。正文应规范,层次分明、脉络清晰。正文可分作几个段落来写,每个段落需列什么样的标题,没有固定的格式;每个段落应分层,层次不宜过多,一般不超过五级。正文具体要求有下列几点:

① 论点明确,论据充分,论证合理。

② 事实准确,数据准确,计算准确,语言准确。

③ 内容丰富,文字简练,避免重复、烦琐。

④ 条理清楚,逻辑性强,表达形式与内容相适应。

⑤ 不泄密,对需保密的资料应作技术处理。

(7)结论。正文后面应有结论。结论是整篇论文的总论点,不是文中各段小结的简单重复。一般表现形式有:研究结果说明了什么问题,得出了什么规律,解决了什么实际问题或理论问题;对前人的研究成果做了哪些补充、修改和证实,有什么创新;本文研究的领域内还有哪些尚待解决的问题,以及解决这些问题的基本思路和关键。

(8)参考文献。在论文中凡是引用前人(包括作者自己过去)已发表的文献中的观点、数据和材料等,都要对它们在文中出现的地方予以标明。论文参考文献置于文末。参考文献(即引文出处)的类型以单字母方式标识:M—专著,C—论文集,N—报纸文章,J—期刊文章,D—学位论文,R—报告,S—标准,P—专利;对于不属于上述的文献类型,采用字母“Z”标识。

(9)附录。附录一般是指文章相关的附图、附表等。附图包括图序和图名,一般放在图片的下方;表格一般包括表头(表号、标题)、表体和表注三部分组成,表头一般放在表体的上方。如是文章中的插图、插表,应遵循“图表随文走”和“先见文后见图表”的原则布局。

(三)技术论文的格式

不同的专业期刊、学术会议对论文编写格式有不同的要求,一般按要求执行即可。

(四)技术论文的出版装订

(1)论文封面。论文的封面要朴素大方,主要包括题目、作者姓名、作者单位、完成年月日等。

(2)论文目录。

(3)论文主体。

(4)致谢。主要对论文完成期间得到的帮助表示感谢,这是学术界谦逊和有礼貌的一种表现。一般放置在论文的末尾。

(五)编写论文的要点

(1)论文应主题突出、论点鲜明,还应结构严谨、层次分明,格式标准,易于阅读。

(2)确定论文的具体题目和论证角度时应量力而行,实事求是。

(3)一篇论文的题目应不超过20个字,确定题目时若简短题名不足以显示论文内容或反映出属于系列研究的性质,则可利用正、副标题,以加副标题来补充说明相关信息。

(4)中文摘要控制在300~400字,关键词一般列出3~8个,引言则应根据论文篇幅的大小和内容的多少而定，一般为200~600字。

(5)搜集、了解前人对于所研究问题已经发表过的意见，以及取得的成果，以自己论题为中心去取舍这些材料，为自己的主题服务。

(6)编写论文要简明扼要，顺着写作思路而作，如发现原来提纲中某些设想计划是不恰当的，就应该加以修改和调整；临时发现某些论点、例证和论证理由不确切，还应该重新查书、斟酌和推敲，给予增补，使之完善。

(六)技术论文参考范本

示例：

四川盆地下三叠统飞仙关组成藏条件及勘探目标研究

×××[1]　×××[2]

(1-×××××，2-×××××)

摘要：××××××××××××××××××××，××××××××××××××××××××，×××××。

关键词：四川盆地　飞仙关组　成藏条件　勘探目标

一、前言

××××××××××××××××××××，××××××××××××××××××××，×××××。

二、四川盆地下三叠统飞仙关组沉积相特征

(一)飞仙关早期的沉积环境

四川盆地中部长兴组和飞仙关组整合过渡，飞仙关期早期的沉积环境也完全继承了长兴期古环境。×××××××××××××，×××××××××××××。

(二)飞仙关期的沉积过程异于晚二叠世

1. 沉积层序差别

在“十一五”×××××××××项目的相关研究中已指出×××××××××，因此它们的沉积层序明显不同。飞仙关组的地层层序不论在深水相区(海槽相区)或浅水相区，总体上都×××××××××。

2. 沉积体系

……

结论

……

参考文献

[1]　×××等，论成藏动力系统中的流体动力学机制[J]. 地学前缘，2001，第三期

[2]　×××. ×××等，等四川盆地东部飞仙关组鲕滩天然气成藏条件与……[R]. 西南油气田分公司，2002

……

附录

……

作者简介：×××，女(男)，职称职务。所在单位……

七、编制合理化建议、创新技术(成果)书

(一)概述

合理化建议是指企业员工个人或团队参与生产经营管理,为改善生产经营管理以及企业发展提出的建设性的改善意见,称为“提案”或“建议”。它包括技术创造、技术革新、优化或简化工作流程等有效手段,达到改善企业工作环境、节省成本、产品升级、提高经济效益、生产安全、企业形象等目的。

合理化建议均用书面方式提出,应具有超前性、可行性和效益性

合理化建议的种类:生产管理类、生产经营类、技术创新类、其他类等。不同种类的合理化建议要求和格式大致相等,因对象不同又略有差异。本项目介绍技术革新类合理化建议的编写。

(二)合理化建议的编写

1. 封面

合理化建议、技术创新建议(成果)书封面的基本内容应包含项目名称、填报单位、建议人、编制单位、编制日期。

2. 基本信息

填写合理化建议、技术创新建议(成果)书项目性质(集体或个人)、参与建议(项目)人员情况简介:按项目负责的性质依次填写参与者的姓名、性别、年龄、职务(工种)、文化程度等。

3. 建议或改进的主要内容

说明当前设备、工艺的工作状况,和存在的问题以及改进的必要性。

(1)从工艺设备的安全性、先进性、技术性、操作性等方面,叙述改进的必要。

(2)简要说明经过改进后的效果(如:消除××××现象,提高×××性能或实现××××目的)。

(3)简要说明改进的内容。

4. 实施方案

(1)说明工艺的依据及原理。

(2)建议或改进的工艺流程、组织措施及进度安排等。

(3)详细说明建议或改进所需设备、材料的名称、规格型号、数量及费用。

5. 效益

通过建议或改进的工艺与原有工艺技术、方法对比,所达到的技术指标、工艺水平,以及达到的经济效益或社会效益。

6. 单位审核意见

单位审核意见应包含:基层建设单位、业务部门、财务部门的审核意见。

7. 附件

根据需要附有相关的数据图表等。

(三)参考范本

示例:

＊＊＊＊＊＊公司

合理化建议、技术创新建议(成果)书

项目名称:____________________

填报单位:____________________(盖章)

建议人:____________________

＊＊＊＊公司合理化建议委员会制

年　　月

<table>
<tr><td rowspan="2">项目
所属者</td><td>集体</td><td colspan="5"></td></tr>
<tr><td>个人</td><td colspan="5"></td></tr>
<tr><td rowspan="4">参与
建议
（项目）
人员
情况
简介</td><td>姓名</td><td>性别</td><td>年龄</td><td>职务（工种）</td><td>文化程度</td><td>备注</td></tr>
<tr><td></td><td></td><td></td><td></td><td></td><td></td></tr>
<tr><td></td><td></td><td></td><td></td><td></td><td></td></tr>
<tr><td>……</td><td></td><td></td><td></td><td></td><td></td></tr>
<tr><td colspan="7">一、建议或改进的主要内容：（建议改进问题或工作的现状、存在的问题，改进的必要性及改进的内容等）
（一）工作现状及问题：
（二）改进的必要性：</td></tr>
<tr><td colspan="7">二、实施方案：（包括原理、工艺流程、组织措施及进度安排等）</td></tr>
<tr><td colspan="7">三、需要设备、材料（名称、规格型号、数量）及费用：</td></tr>
<tr><td colspan="7">四、效益：（与原有工艺技术、方法对比所达到的技术指标、水平、经济效益及社会效益）</td></tr>
<tr><td colspan="7">五、所在单位审查意见：</td></tr>
<tr><td colspan="7">六、业务部门（专业评审小组）审查意见：</td></tr>
<tr><td colspan="7">七、财务部门认可效益意见：</td></tr>
<tr><td colspan="7">八、矿（厂、处、院、所）审查意见：</td></tr>
</table>

项目二　根据气井生产数据,评价气井生产制度

一、准备工作

材料:气井生产动态资料,静态资料。

工具:函数计算器。

二、操作规程

序号	工序	操作步骤
1	资料收集整理	分析气井生产动态资料,静态资料
		整理、绘制必要的曲线或图表
2	分析、判断及评价	对气井目前生产状况进行分析并通过计算进行验证或预测
		分析、判断气井目前生产制度的合理性
3	优化生产制度	提出气井生产制度优化的建议及整改措施

三、技术要求及注意事项

(1)资料收集应齐全、准确。

(2)分析、判断应综合考虑地面集输工艺、管理等因素。

(3)生产制度调整应符合气井生产规律,满足现场条件及气井特殊性。

项目三　审核 Word(文档)、Excel(表格)、PowerPoint(多媒体)

一、准备工作

(一)设备

具备操作条件的计算机。

(二)材料、工具

材料:相关电子素材。

工具:Microsoft Office2003 或以上版本(下述操作方法以 2003 版为例)。

二、操作规程

序号	工序	操作步骤
1	Word 文档审核	运行 Microsoft Office Word
		根据要求审核 Word 文档,用审阅工具批注出文档存在问题和修改意见
		制作修改后的文档

续表

序号	工序	操作步骤
2	Excel 工作表审核	运行 Microsoft Office Excel
		根据要求审核 Excel 工作表，用审阅工具批注出工作表存在问题和修改意见
		制作修改后的工作表
3	PowerPoint 演示文稿审核	运行 Microsoft Office PowerPoint
		根据要求编审 PowerPoint 演示文稿，找出演示文稿存在问题和提出修改意见
		制作修改后的演示文稿
4	保存至指定位置	将制作修改后的文档保存到指定位置

三、技术要求及注意事项

（1）操作过程中应及时存盘，防止资料丢失。

（2）使用计算机过程中应注意防水。

项目四　计算机绘制零件加工图

一、准备工作

（一）设备

具备操作条件的计算机。

（二）材料、工具

材料：纸质文稿。

工具：CAD 工程制图软件。

二、操作规程

序号	工序	操作步骤
1	分析纸质文稿	分析零件形状，确定投影方向
2	启动 CAD 绘图软件	打开 CAD 绘图软件
3	绘制零件加工图	绘制图框和标题栏
		确定比例，选择主视图
		合理布置视图
		按投影规律绘制视图
4	标注	尺寸标注，尺寸数字方向更改、极限偏差标注
		文字注写
5	完善图幅	书写技术要求，完善标题栏
6	保存文档	将文档保存在指定位置

三、技术要求及注意事项

(1)所有的图纸幅面及格式、绘图图线、比例、字体、尺寸、标注、图样画法,按国家机械制图相关标准绘制。

(2)布局合理,图面整洁,比例恰当。

(3)操作过程中应及时存盘,防止资料丢失。

项目五 计算机绘制多井站、集气站工艺流程图

一、准备工作

(一)设备

具备操作条件的计算机。

(二)材料、工具

材料:纸质文稿。

工具:CAD 工程制图软件。

二、操作规程

序号	工序	操作步骤
1	分析纸质文稿	识读工艺流程
2	启动 CAD 绘图软件	打开 CAD 绘图软件
3	绘制边框	按要求绘制边框
4	绘制标题栏	按要求绘制标题栏
5	绘制工艺流程图	绘制主要设备和管线
		绘制次要设备和管线
		标注设备型号、编号及进出单元信息
6	完善图幅	书写绘图说明
		绘制填写设备明细表
		填写完善标题栏内容
7	保存文档	将文档保存至指定位置

三、技术要求及注意事项

(1)按 SY/T 0003—2012《石油天然气工程制图标准》绘制。

(2)布局合理,图面整洁,比例恰当。

(3)操作过程中应及时存盘,防止资料丢失。

项目六　测绘工艺流程安装图

一、准备工作

(一)设备

符合条件的工艺流程。

(二)材料、工具

材料:绘图纸,相关资料。

工具:测量工具,绘图工具,计算器。

二、操作规程

序号	工序	操作步骤
1	现场测量并绘制草图	现场绘制草图
		实测各设备、管件、阀件和基墩的数据并标注在草图上
2	绘制图框和标题栏	按要求绘制边框和标题栏
3	绘制工艺流程安装图	按要求布局、绘制工艺流程安装图(平面图)
		按要求布局、绘制工艺流程安装图(立面图)
4	标注	标注设备名称、型号
		标注设备、管线安装尺寸(标高)
5	完善图幅	编写安装图说明
		非标设备阀门用图例标识

三、技术要求及注意事项

(1)按 SY/T 0003—2012《石油天然气工程制图标准》绘制。

(2)布局合理,图面整洁,比例恰当。

四、参考图样

根据实际流程图(图 4-2-1、图 4-2-2)绘制测绘工艺流程安装图(图 4-2-3)。

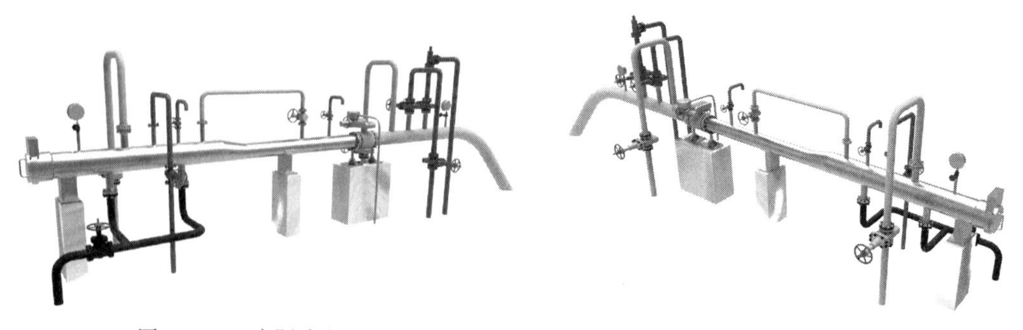

图 4-2-1　实际流程正面　　　　图 4-2-2　实际流程背面

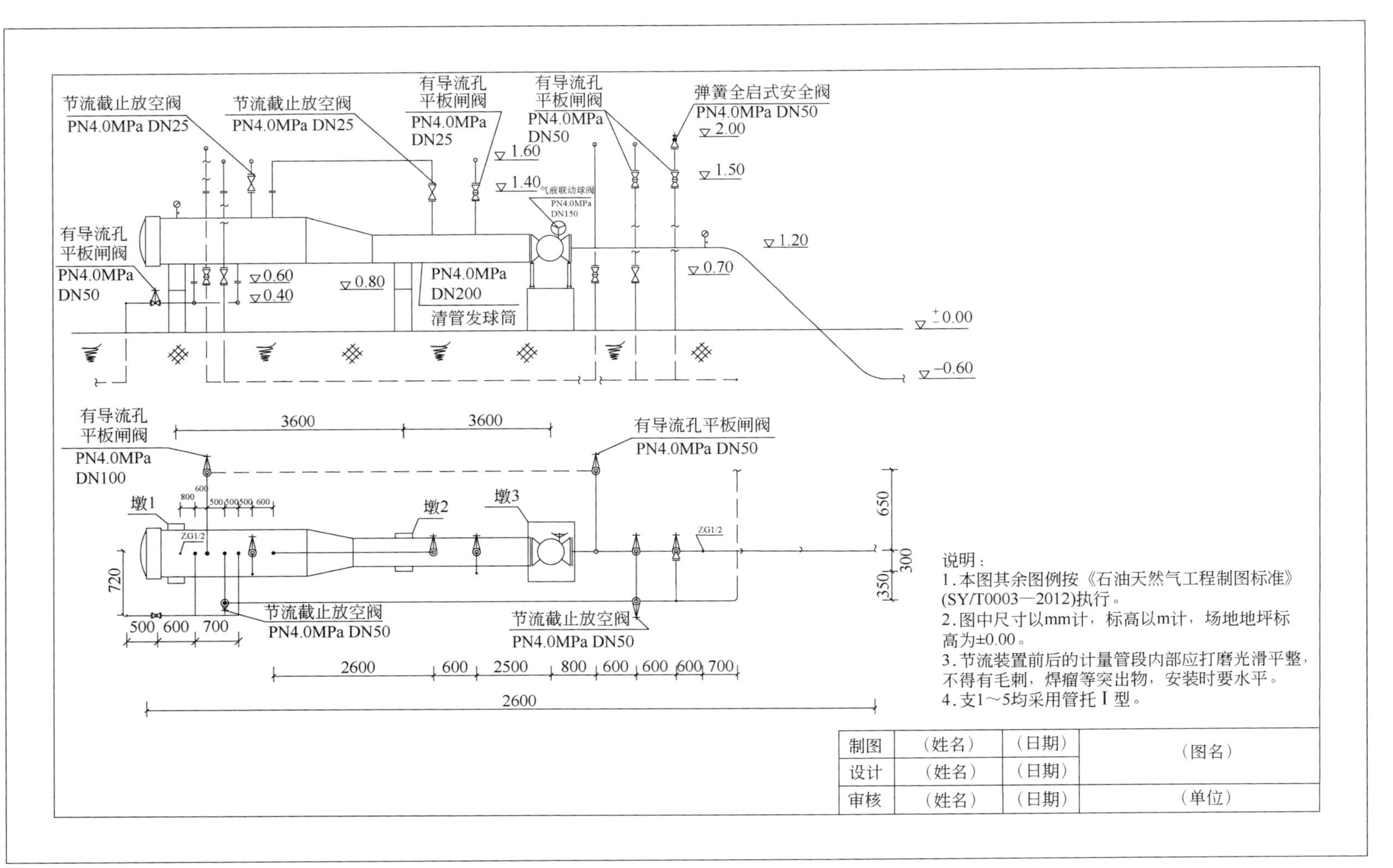

图 4-2-3　测绘工艺流程安装图图样

项目七　编制场站优化改造实施方案

一、准备工作

（一）设备

具备操作条件的计算机。

（二）材料、工具

需优化改造场站的相关资料。

二、操作规程

序号	工序	操作步骤
1	整理相关资料	整理需优化改造场站的相关资料
2	编写方案封面	编写方案封面及审批页
3	编写方案目录	列出方案目录
4	编写方案内容	方案的编制目的
		方案编制依据及适用范围
		工程概况
		改造时间、地点及改造主要内容及其工作量
		气量影响情况
		施工队伍组织
		施工步骤（包括流程切换、放空、置换、探伤、试压、防腐，恢复生产等）
		组织机构及职责
		通信方式和联系电话
		安全应急预案
		列出相关附件

三、技术要求及注意事项

（1）方案应切实可行，符合实际。

（2）方案编制必须遵循相关标准规定。

（3）操作程序按施工流程逐步编写。

（4）技术要求对应操作程序进行编写。

（5）流程切换应详细到具体阀门编号。

项目八　编制新井站试运行投产方案

一、准备工作

(一)设备

具备操作条件的计算机。

(二)材料、工具

新井站投产相关资料

二、操作规程

序号	工序	操作步骤
1	整理相关资料	整理新井站投产相关资料
2	编写方案封面	编写方案封面及审批页
3	编写方案目录	列出方案目录
4	编写方案内容	编制依据及适用范围
		新井站基本情况
		新井投产主要工作量
		物资准备及时间安排
		组织机构及职责
		试运行前的准备程序
		试运行投产操作程序
		技术要求及操作注意事项
		安全预案
		列出附件

三、技术要求及注意事项

(1)方案应切实可行,符合实际。

(2)方案编制必须遵循相关标准规定。

(3)技术要求对应操作程序进行编写。

(4)流程切换应详细到具体阀门编号。

项目九　根据设计资料编制投运方案

一、准备工作

（一）设备

具备操作条件的计算机。

（二）材料、工具

方案编制的设计资料。

二、操作规程

序号	工序	操作步骤
1	整理相关资料	整理方案编制的设计资料
2	编写方案封面	编写方案封面及审批页
3	编写方案目录	列出方案目录
4	编写方案内容	方案编制的目的
		编制依据及适用范围
		遵循的标准规范
		项目概况
		主要工作量
		时间安排及物资准备
		组织机构及职责
		投运前的准备（置换、试压、验漏、升压及敏感性试验等）
		投运操作程序（设备检查、流程切换、压力流量调节等）
		技术要求及操作注意事项
		风险控制与应急处置
		列出附件

三、技术要求和注意事项

（1）方案应切实可行，符合提供的设计资料内容要求。

（2）方案编制必须遵循相关标准规定。

（3）生产日报、输气日报表等常规报表不需要进行编制，编制的专用确认单、记录表等附件应满足安全管理、效果分析要求。

项目十　自定题目编写技术论文、答辩

一、准备工作

(一)设备

具备操作条件的计算机。

(二)材料、工具

编写论文的相关资料。

二、操作规程

序号	工序	操作步骤
1	编写技术论文	选题并确定论文题目,确定论文的具体题目和论证角度
		整理相关资料,搜集、了解前人对于所研究问题已经发表过的意见以及取得的成果,以自己论题为中心去取舍材料,为自己的主题服务
		按格式编写论文,做到技术论文主题突出、论点鲜明,论据充分,结构严谨、层次分明,格式标准
		修正完善论文
		编写封面和目录
2	技术论文答辩	自我介绍
		自述总结
		根据提问进行答辩,做到回答准确、全面、条理清晰

三、技术要求及注意事项

(1)中文摘要一般300~400字。

(2)关键词一般列出3~8个。

(3)引言应根据论文篇幅的大小和内容的多少而定,一般为200~600字。

(4)结论不能含糊其词、模棱两可。

(5)论文内容严禁抄袭、雷同。避免200字以上原样摘抄。

项目十一　合理化建议、创新技术(成果)书的编制

一、准备工作

(一)设备

具备操作条件的计算机。

(二)材料、工具

编制合理化建议的相关资料。

二、操作规程

序号	工序	操作步骤
1	整理相关资料	整理编制合理化建议的相关资料
2	编写封面	填写合理化建议的封面和基本信息
3	编写合理化建议	描述现状、存在的问题及改进必要性
		改进主要内容及其工作量
		改进所需设备、材料及费用
		改进前后技术指标、效益对比
4	完善内容、图表	列出所需附件

三、技术要求及注意事项

(1)合理化建议应切实可行,符合实际。

(2)合理化建议必须遵循相关标准规定。

(3)合理化建议中应包含建议实施前后的效果评价。

模块三　培训

项目一　相关知识

教案是教师为顺利而有效地开展教学活动,根据教学大纲的要求,以课时或课题为单位,对教学内容、教学步骤、教学方法等进行具体的安排和设计的一种实用性教学文书。教案通常又叫课时计划,包括时间、方法、步骤、检查以及教材的组织等。也是教师为了提醒自己讲课时提纲挈领思路的一种方案。

一、编写原则

(1)按教材内在规律,结合学员实际来确定教学目标、重点、难点。

(2)教案要构思巧妙,不能千篇一律,应针对学员特征因材施教。

(3)从实际需要出发,教案应具有可行性和可操作性,简繁得当。

(4)在教学过程中应不断修正完善教案。

二、主要内容

教学内容主要包括:教学课题、教学目标、教学重点、教学难点、板书设计及演示文稿、主要教学方法、教学工具、各阶段时间分配、教学过程(5 个环节)、教师活动、学生活动、各阶段设计意图、课后评价与反思等内容。

(一)教学课程基本情况

包含课程名称、课型、授课对象、教学目标、基本教材和参考资料、课时等内容。

1. 课型

根据不同的教学任务确定课型。课型可采用多种形式,例如:新授课、复习课、实验课、实习课、检查课、测验课、综合课、活动课等。但一节课不宜采用过多形式。

2. 教学目标

教学目标是指所要完成的教学任务。常包含知识、技能和情感三个方面。知识目标常用“知道”“了解”“理解”等词语来表述;技能目标常用“学会”“掌握”“熟练掌握”等词语来表述;情感目标常用“体会”“体验”“感受”“认识”等词语来表述。

3. 课时

根据教学计划和内容合理安排课时,通常按 45min 设置。

(二)教学过程

教学过程指课堂结构,通常包含 5 个环节:复习提问、引入新课、讲授新课、巩固练习、总结归纳。可根据不同课程做相应设计,并对应到板书和 PPT 的设计中。

（三）教学重点及难点

教学重点是指本节课主要讲授的内容是什么。设置每一节课的教学重点要准确，教学重点可与课程名称类同。

教学难点是指学员难以理解或接受的地方，应根据教学的环境、学员的认知能力、理解能力、接受能力等来进行评估。

（四）教学内容

教学内容是授课过程中需要讲授或引用的内容，应结合教学过程、教学重点及难点，依据教材和参考资料进行编制。

（五）教学方法及工具

在教案中应列出本节课中使用的主要教学方法，如讲授法、讨论法、演示法、实验法、辅导法、互动法、练习法等。

教案中应充分考虑教学环境，有效的运用教学工具，常用的教学工具有计算机、网络、投影机、应用软件、实物和模型等。

（六）时间控制

根据总课时合理分配教学过程各环节的时间。

（七）课后作业

根据授课需要布置作业。

（八）评价与反思

评价与反思是根据学员对培训效果的反馈，对整个培训过程进行总结。主要从以下几个方面考虑：

（1）培训效果是否达到预期的目标？

（2）教学重点是否突出？难点把握是否准确？难点是否突破？如何修正和改进？

（3）教学方法和手段是否适合？如何修正和改进？

三、参考格式

（一）教案提纲

<table>
<tr><td colspan="2">课程名称</td><td colspan="2"></td><td>总计：______学时</td></tr>
<tr><td colspan="2">课程类别</td><td></td><td>授课对象</td><td></td></tr>
<tr><td colspan="2">教学目标</td><td colspan="3"></td></tr>
<tr><td colspan="2">基本教材和主要参考资料</td><td colspan="3"></td></tr>
<tr><td colspan="2">教学重点及难点</td><td colspan="3"></td></tr>
<tr><td rowspan="2">教学过程</td><td colspan="3">教学内容及时间控制</td><td>方法及工具</td></tr>
<tr><td colspan="3">（一）导入新课（××分钟）
………………
（二）讲授新课（××分钟）
………………
（三）巩固练习（××分钟）
…………………
（四）归纳小结（××分钟）
………………</td><td>图片、录像或视频
课件 PPT
图片、表格
标准规范
实物演示操作
练习题等</td></tr>
</table>

续表

课程名称		总计:_____学时
课程类别		授课对象	
教学目标			
基本教材和主要参考资料			
教学重点及难点			
作业、讨论题、思考题			
课后小结			

(二)教案样本

详见附件《培训方案样本》。

项目二　培训教案设计及编写

一、准备工作

(一)设备

具备操作条件的计算机。

(二)材料、工具

培训教案编制相关资料。

二、操作规程

序号	工序	操作步骤
1	整理相关资料	整理培训教案编制相关资料
2	教案编写	填写教案封面
		按照教学大纲格式编写教案内容,说明培训对象、教学目的及要求、课时分配、授课类型、教学重点、难点及教学关键点
3	编制课件	根据培训形式结合讲义编制课件,突出重点教学内容
4	编制讲义	根据要求编制教学讲义,结合教学主题阐述教学内容,有一定的深度、广度和引申扩展,有思考和讨论题
5	完善内容、图表	根据教学需要完善内容、图表等

三、技术要求及注意事项

(1)教案应切实可行,符合实际。

(2)教案编制应突出重点,时间分配合理。

(3)教学内容应主题明确,逻辑清晰。

附件　培训方案样本

××公司员工培训方案

编制：×××
审核：×××

单位：××××

××年××月××日

××公司员工培训方案

为锻炼和造就一支高素质的××公司技能人才队伍，根据油气田公司的安排和部署，技能培训基地将承担××公司员工的采气专业技能培训工作。

一、培训目标

××公司操作员工在技能培训基地将接受采气工初级、中级、高级技能培训。通过一年的培训，力争参训人员具备独立上岗的操作能力，最终达到采气工中级技能水平。

二、培训对象

××公司24名新入厂操作员工。

三、培训时间

××年×月×日至××年×月×日，为期一年。

四、培训内容

包括采气地质、采气工程、自控、计量、安全生产、采气技能操作等主要内容。

五、培训形式

采用理论讲解、播放操作视频、仿真演练、示范、学员操作训练等形式，突出技能操作训练。

六、课程安排

培训时间为一年，共计12期，每期28天。

技能培训基地结合××公司的生产工艺、地面设备及参训人员综合素质，对各专业的培训时间进行了总体划分，各专业培训时间分配为：采气地质48天、采气工程60天、计量及自控48天、安全生产36天、实际操作72天。第一期培训课程表见附表一。

七、培训师的选用

培训教师由技能培训基地技术骨干和技能骨干组成，既有丰富的理论知识又有丰富的生产现场经验，培训班师资力量配置见下表：

××公司操作人员培训班教师配置表

序号	职务职称	人数	姓名
1	工程师		
2	高级技师		
3	技师		

八、考核评估

（1）考核成绩由三部分组成：技能操作（60%）、理论考试（30%）、课堂及课余表现（10%）。

（2）每阶段培训结束，对主要授课内容进行测试，掌握学员阶段性学习情况，并要求学员进行学习小结。

（3）全部培训结束时，对学员进行综合测试，了解学员达标情况。

（4）学员在培训期间的学习表现、学习成绩、出勤情况等及时反馈送培单位。

附一　第一期培训课程表

日期	课程名称	教学内容	课时	教师	地点
×月×日	安全				
	地质				
×月×日	计量				
	工程				
×月×日	自控				
	实作				
×月×日	实作				
	实作				
×月×日	实作				
	实作				
……	……				

理论知识练习题

中级工理论知识练习题及答案

一、单项选择题(每题有4个选项,只有1个是正确的,将正确的选项填入括号内)

1. AA001 试井是研究( )的重要手段,是采气工作中经常进行的一项工作。
   A. 气井和井筒 B. 气井和气藏 C. 气井和储层 D. 井筒
2. AA001 下列选项中,关于试井描述错误的是( )。
   A. 通过开、关井或改变气井工作制度来实现
   B. 测量气井的产量、压力与时间的关系等资料
   C. 用渗流力学理论来研究气井、气藏
   D. 是一种理论研究方法,不是现场试验方法
3. AA002 下列选项中,通过试井不能达到的目的是( )。
   A. 求取气井的产气方程式 B. 求取绝对无阻流量
   C. 确定产层的物性参数 D. 求取产层的厚度
4. AA002 下列选项中,通过试井不能解决的问题是( )。
   A. 分析地面工艺流程的适应性 B. 分析井下气体流动状况
   C. 分析影响气井产能的因素 D. 分析气井的流入动态特征
5. AA003 根据地层中流体渗流特点,一般将试井分为稳定试井和( )两大类。
   A. 不稳定试井 B. 系统试井 C. 等时试井 D. 一点法试井
6. AA003 根据地层中流体渗流特点,一般将试井分为( )和不稳定试井两大类。
   A. 一点法试井 B. 稳定试井 C. 干扰试井 D. 等时试井
7. AA003 下列选项中,属于不稳定试井的是( )。
   A. 压力恢复试井 B. 一点法试井 C. 产能试井 D. 等时试井
8. AA004 系统地、逐步地改变气井工作制度,测量每一工作制度下的井底压力与产量的关系,这种试井方法称为( )。
   A. 稳定试井 B. 干扰试井 C. 不稳定试井 D. 脉冲试井
9. AA004 稳定试井主要是测量( )与产量的关系,用来确定气井产能的试井。
   A. 压力 B. 产能 C. 时间 D. 储量
10. AA005 通过稳定试井,不能达到的目的是( )。
    A. 求取产气方程 B. 计算无阻流量
    C. 了解气井产能 D. 了解储层特性
11. AA005 通过稳定试井,求取气井( ),可以为开发及调整方案的编制等提供资料。
    A. 井底压力 B. 井口压力 C. 产能方程 D. 地层物性
12. AA005 通过稳定试井,取得地层压力等数据,可以了解( )开采是否均衡。
    A. 气藏 B. 气井 C. 构造 D. 圈闭

13. AA006　稳定试井主要分为系统试井、一点法试井、等时试井和(　　)。
A. 修正等时试井　B. 压力恢复试井　C. 压力降落试井　D. 脉冲试井
14. AA006　下列选项中,不属于稳定试井的是(　　)。
A. 系统试井　B. 一点法试井　C. 等时试井　D. 干扰试井
15. AA006　下列选项中,属于稳定试井的是(　　)。
A. 压力恢复试井　B. 压力降落试井　C. 回压法试井　D. 干扰试井
16. AA007　用来了解储层特性的试井是(　　)。
A. 不稳定试井　B. 稳定试井　C. 产能试井　D. 系统试井
17. AA007　不稳定试井又分为单井不稳定试井和(　　)。
A. 干扰试井　B. 压力降落试井
C. 压力恢复试井　D. 多井不稳定试井
18. AA007　单井不稳定试井分为压力降落试井和(　　)。
A. 脉冲试井　B. 干扰试井　C. 压力恢复试井　D. 稳定试井
19. AA008　压力恢复试井是通过(　　),连续记录压力随时间的变化,作压力恢复曲线,求出气井产气方程式,计算地层参数。
A. 关闭气井　B. 打开气井　C. 调节气井产量　D. 定产量生产
20. AA008　压力恢复试井工艺一般包括放喷净化井底、稳定生产和(　　)三个过程。
A. 开井测压　B. 关井测压　C. 关井复压　D. 资料整理
21. AA009　气藏高度是指(　　)与气藏最高点的高度差。
A. 气水界面　B. 油气界面　C. 气顶高度　D. 含水界面
22. AA009　下列选项中,对气藏高度描述错误的是(　　)。
A. 是气水界面与气藏最高点的水平距离
B. 是气水界面与气藏最高点的垂直距离
C. 是气水界面与气藏最高点的海拔高差
D. 是气水界面与气藏最高点的等高线高差
23. AA010　含气面积是指(　　)与气藏顶面的交线所圈闭的面积。
A. 气水界面　B. 含水边界　C. 气水过渡带　D. 含油边界
24. AA010　含气面积可用于(　　)。
A. 计算气藏储量　B. 储量评价
C. 评价气藏的规模　D. 上述答案都正确
25. AA011　含气外边界是指气水界面与(　　)的交线。
A. 气层底界　B. 气层顶界
C. 气藏底界　D. 气藏顶界
26. AA011　含气边界的作用是(　　)。
A. 确定气藏的含气面积　B. 界定边底水的位置
C. 确定气水界面　D. 上述答案都正确
27. AA012　在一定沉积环境中所形成的(　　)称为沉积相。
A. 岩石组合　B. 地层组合　C. 矿物组合　D. 元素组合

28. AA012　下列选项中,关于岩石组合描述正确的是(　　)。

A. 岩石的成分和颜色　　B. 岩石的结构和构造

C. 岩石间的相互关系和分布情况　　D. 上述答案都正确

29. AA013　按不同的(　　)划分,一般把沉积相分为陆相、海相及海陆过渡相。

A. 气候状况　　B. 自然地理条件　　C. 生物发育情况　　D. 沉积介质

30. AA013　按不同的自然地理条件划分,一般把沉积相分为陆相、海相和(　　)三大类。

A. 海陆过渡相　　B. 海陆相　　C. 滨海相　　D. 陆海相

31. AA013　根据海水深度,海相沉积可划分为(　　)。

A. 滨海相、浅海相、半深海相　　B. 滨海相、浅海相、深海相

C. 滨海相、半海相、深海相　　D. 滨海相、浅海相、半深海及深海相

32. AA014　在漫长的地质历史时期,由于地壳的不断运动,使得地壳表面起伏不平,下降的地区形成洼陷,接受沉积的洼陷区域称为(　　)。

A. 沉积相　　B. 沉积盆地　　C. 陆相沉积　　D. 沉积环境

33. AA014　在大陆上较低洼的地方形成的沉积称为(　　)。

A. 海相沉积　　B. 沉积盆地

C. 陆相沉积　　D. 海陆过渡相沉积

34. AA015　气水界面同时与储层顶、底界面相交时,处于气藏外圈或含气外边界外围的水称为(　　)。

A. 底水　　B. 边水　　C. 夹层水　　D. 间隙水

35. AA015　下列选项中,关于边水说法错误的是(　　)。

A. 边水是自由水　　B. 有边水的气藏不一定存在底水

C. 边水是地层水　　D. 边水是外来水

36. AA016　气水界面与储层底面没有交线,或处于气藏之下,含气外边界与内边界之间的水称为(　　)。

A. 底水　　B. 边水　　C. 夹层水　　D. 间隙水

37. AA016　气藏的气水界面与储层(　　)相交时只有底水。

A. 顶界面　　B. 底界面

C. 顶、底界面同时　　D. 上述答案都正确

38. AA017　夹在同一气层层系中的薄而分布面积不大的水称为(　　)。

A. 底水　　B. 边水　　C. 夹层水　　D. 间隙水

39. AA017　根据在气层中所处位置不同,夹层水分为(　　)。

A. 上层水和下层水　　B. 顶层水和底层水　　C. 自由水和间隙水　　D. 底水和边水

40. AA018　充满地层的连通孔隙,形成一套连续水系,在压力差作用下可流动的水称为(　　)。

A. 底水　　B. 边水　　C. 自由水　　D. 间隙水

41. AA018　下列选项中,关于自由水说法错误的是(　　)。

A. 充满连通孔隙,形成不连续的水体　　B. 在压力差作用下可流动

C. 自由水是地层水　　D. 边水、底水都可以是自由水

42. AA019　以分散状态储存在地层部分孔隙中，难以流动的水称为（　　）。

A. 底水　　B. 边水　　C. 自由水　　D. 间隙水

43. AA019　下列选项中，关于间隙水说法错误的是（　　）。

A. 在地层中呈分散状态　　B. 在沉积过程中就留在地层孔隙中

C. 无水气藏不存在间隙水　　D. 难以流动

44. AA020　一定压力、温度下，每立方米天然气中含有（　　）的克数称为天然气的含水量。

A. 地层水　　B. 水蒸气　　C. 凝析水　　D. 边底水

45. AA020　天然气含水量又称（　　）。

A. 湿度　　B. 绝对湿度　　C. 相对湿度　　D. 露点

46. AA021　一定压力、温度下，每立方米天然气中含有最大水蒸气克数称为天然气的（　　）。

A. 含水量　　B. 饱和含水量　　C. 绝对湿度　　D. 相对湿度

47. AA021　不同压力、温度下，天然气的饱和含水量是（　　）。

A. 常数　　B. 恒定值　　C. 变化的　　D. 相同的

48. AA022　一定条件下，天然气的含水量与饱和含水量之比称为天然气的（　　）。

A. 含水量　　B. 湿度　　C. 绝对湿度　　D. 相对湿度

49. AA022　露点就是在一定的压力下，天然气刚被水蒸气饱和时对应的（　　）。

A. 水蒸气克数　　B. 温度　　C. 压力　　D. 体积

50. AA023　在地层条件下，每立方米地层水中含有标准状态下天然气的体积数称为（　　）。

A. 地层水的饱和度　　B. 天然气的溶解度

C. 绝对湿度　　D. 相对湿度

51. AA023　天然气的溶解度一般用（　　）表示。

A. E　　B. e　　C. S　　D. s

52. AA024　气体状态方程是表示压力、温度和（　　）之间的关系。

A. 压缩因子　　B. 体积　　C. 黏度　　D. 密度

53. AA024　气体状态方程的关系式为（　　）。

A. $\frac{pV}{T}=\frac{p_1V_1}{T_1}$　　B. $\frac{pT}{V}=\frac{p_1T_1}{V_1}$　　C. $\frac{TV}{p}=\frac{T_1V_1}{p_1}$　　D. $\frac{p_1T}{V}=\frac{pT_1}{V_1}$

54. AA025　天然气的黏度是指气体的（　　）。

A. 内摩擦力　　B. 黏稠度　　C. 黏滞力　　D. 摩擦力

55. AA025　气体黏度越大，流动越（　　）。

A. 容易　　B. 困难　　C. 没有影响　　D. 不确定

56. AA026　气体要变成液体，都有一个特定的温度，高于该温度时，无论加多大压力，气体也不能变成液体，该温度称为（　　）。

A. 绝对温度　　B. 相对温度　　C. 临界温度　　D. 视临界温度

57. AA026　在临界状态下，临界温度所对应的压力，称为（　　）。

A. 临界压力　　B. 视临界压力　　C. 最高压力　　D. 最低压力

58. AA027　天然气为真实气体，天然气与理想气体的偏差用（　　）进行校正。

A. 压缩因子　　B. 临界参数　　C. 状态方程　　D. 校正系数

59. AA027 真实气体的压缩因子与( )有关。

A. 压力、温度和体积　B. 组分、温度和体积

C. 组分、温度和压力　D. 压力、体积和组分

60. AA028 地层压力与井底流动压力之间的差值称为( )。

A. 套油压差　B. 采气压差　C. 流动压差　D. 以上都正确

61. AA028 下列选项中,关于采气压差说法正确的是( )。

A. 在采气过程中,采气压差始终保持不变

B. 在同一生产阶段,同一气井的采气压差越大产量越大

C. 在同一生产阶段,同一气井的采气压差越大产量越小

D. 在气井生产过程中,采气压差越大越好

62. AA029 地层温度每增加1℃向下加深的垂直距离称为( )。

A. 地温级率　B. 地温梯度

C. 地层温度　D. 井筒平均温度

63. AA029 地温级率的单位通常是( )。

A. ℃/m　B. m/℃　C. ℃/km　D. km/℃

64. AA030 井筒平均温度是气井井口温度与井底温度的( )。

A. 和　B. 差　C. 几何平均值　D. 算术平均值

65. AA030 气井生产时,计算井筒平均温度所用的井口温度是( )。

A. 井口流动温度　B. 井口大气温度

C. 井口常年温度　D. 井口常年平均温度

66. AA031 地层深度每增加100m,温度的增高值叫( )。

A. 地热增温率　B. 地热率　C. 地温梯度　D. 地温级率

67. AA031 下列选项中,与计算地温梯度无关的参数是( )。

A. 大气年平均温度　B. 地层的深度

C. 恒温层深度　D. 井口温度

68. AB001 在气田开发阶段所钻的专门用于天然气生产的气井叫( )。

A. 探井　B. 评价井　C. 开发井　D. 资料井

69. AB002 根据气井的当前形态,( )就是指当前已经没有或暂时没有进行天然气开采的气井。

A. 未生产气井　B. 生产气井　C. 探井　D. 资料井

70. AB002 为查明油气藏类型、构造形态、油气层厚度及物性变化,评价油气田的规模、生产能力及经济价值,最终以建立探明储量为目的而钻的探井,叫( )。

A. 监测井　B. 评价井　C. 生产井　D. 资料井

71. AB002 同一井场内有计划地钻出两口或两口以上的定向井组(含直井),简称( )。

A. 直井　B. 定向井　C. 多底井　D. 丛式井

72. AB003 既能起到裸眼完井的作用,又能在一定程度上起到防砂作用的完井方式是( )。

A. 套管射孔完井　B. 裸眼完井

C. 衬管完井　D. 尾管射孔完井

73. AB003　既能适应含水层、易塌夹层等复杂地质条件，又能减少固井水泥的用量、降低完井成本的完井方式是(　　)完井。

A. 先期裸眼　B. 后期裸眼　C. 套管射孔　D. 尾管射孔

74. AB003　低渗、薄储层的开发中广泛应用水平井井型，一般采用(　　)完井方式，使产层充分暴露，扩大渗流面积。

A. 先期裸眼　B. 后期裸眼　C. 衬管　D. 尾管射孔

75. AB004　气井井身结构通常包括多层套管，常见套管程序为(　　)(单位 mm)。

A. 508×244. 5×177. 8　B. 339. 7×244. 5×177. 8

C. 339. 7×244. 5×127. 0　D. 339. 7×177. 8×127. 0

76. AB004　套管程序中(　　)主要是用于封隔难以控制的复杂地层，以使钻井工作安全顺利地进行。

A. 导管　B. 表层套管　C. 技术套管　D. 油层套管

77. AB004　一般情况下，含硫气井固井时各层套管外水泥应返高至(　　)。

A. 套管鞋　B. 地面　C. 套管悬挂器　D. 任一位置

78. AB005　油管柱(　　)通常包括油管挂、油管、筛管、油管鞋等工具。

A. 从上到下　B. 从下到上　C. 从外到内　D. 从内到外

79. AB005　接在油管柱最下部，防止测压时压力计或其他入井工具掉入井内的工具是(　　)。

A. 筛管　B. 油管鞋　C. 封隔器　D. 尾管

80. AB005　油管柱上的筛管是由(　　)钻孔或割缝而成，钻孔孔眼或割缝的总面积要求大于油管的横截面积。

A. 油管　B. 套管　C. 钻杆　D. 玻璃钢管

81. AB006　气井生产过程中通过(　　)输送介质，可对油气层进行酸化或压裂，提高油气井的产量。

A. 油管柱　B. 套管柱　C. 井口装置　D. 钻杆

82. AB006　通过油管柱不可以对气井进行的作业是(　　)。

A. 钻井　B. 洗井　C. 采气　D. 注气

83. AB006　在相同产气量的情况下，油管携带井内积液的能力比套管(　　)。

A. 弱　B. 强　C. 相同　D. 不确定

84. AB007　套管柱上起扶正套管、提高固井质量作用的是(　　)。

A. 套管鞋　B. 封隔器　C. 扶正器　D. 套管挂

85. AB007　用于封隔地表附近不稳定的地层或水层的套管柱是(　　)。

A. 导管　B. 表层套管　C. 技术套管　D. 油层套管

86. AB007　用于封隔表层套管以下至钻开油气层以前易垮塌的疏松地层、水层、漏层的套管是(　　)。

A. 导管　B. 表层套管　C. 技术套管　D. 油层套管

87. AB008　井下安全截断系统中用于开、关气井生产通道的部件是(　　)。

A. 座套　B. 井下安全阀

C. 流动短接　D. 控制管线

88. AB008　井下安全截断系统中可以减少紊流对安全阀的冲蚀影响的部件是(　　)。

A. 座套　　B. 流动短节　　C. 控制管线　　D. 扶正器

89. AB008　常用井下安全阀采用的是(　　)结构,只能承受单向的压差。

A. 闸板阀　　B. 截止阀　　C. 蝶阀　　D. 节流阀

90. AB009　当控制管线的压力(　　)井下安全阀开启的最小工作压力时,井下安全阀自动关闭。

A. 低于　　B. 高于　　C. 等于　　D. 接近

91. AB009　打开井下安全阀的最小工作压力与(　　)有关。

A. 套压　　B. 输压

C. 井下安全阀处油管压力　　D. 井底压力

92. AB009　液压控制的井下安全阀是通过控制管线向安全阀液缸施加液压,必须在(　　)不承受压差的情况下才能打开安全阀。

A. 流动短节　　B. 活塞　　C. 弹簧　　D. 阀板

93. AB010　活动式井下节流器是通过(　　)下入到井下预定深度。

A. 油管　　B. 钢丝绳索作业　　C. 连续油管　　D. 自由投放

94. AB010　固定式井下节流器在外力作用下(　　)张开,从而使节流器固定在座放短节内。

A. 卡瓦牙　　B. "V"形密封件　　C. 节流器本体　　D. 销钉

95. AB010　井下节流器的下入深度应保证节流后天然气温度(　　)水合物形成温度。

A. 等于　　B. 低于　　C. 高于　　D. 无要求

96. AB011　靠封隔件外径与套管内径的过盈和工作压差实现密封的是(　　)封隔器。

A. 自封式　　B. 压缩式　　C. 扩张式　　D. 楔入式

97. AB011　靠轴向力压缩封隔件,使封隔件外径扩大实现密封的是(　　)封隔器。

A. 自封式　　B. 压缩式　　C. 扩张式　　D. 楔入式

98. AB011　靠径向力作用于封隔件内腔,使封隔件外径扩大实现密封的是(　　)封隔器。

A. 自封式　　B. 压缩式　　C. 扩张式　　D. 楔入式

99. AB012　以下选项不是井下封隔器结构组成的是(　　)。

A. 密封部分　　B. 锚定部分　　C. 坐封部分　　D. 流动短节

100. AB012　根据井下封隔器实现(　　)的方式,通常分为自封式、压缩式、楔入式、扩张式封隔器。

A. 密封　　B. 锚定　　C. 坐封　　D. 解封

101. AB012　在(　　)上安装封隔器,可实现气井分层酸化、分层注采。

A. 表层套管　　B. 技术套管　　C. 油层套管　　D. 油管柱

102. AB013　由大四通、油管悬挂封隔机构、平板阀等部件组成的是(　　)。

A. 套管头　　B. 套管　　C. 油管头　　D. 采气树

103. AB013　采气井口装置代号 KQ65-70 中"65"的含义是(　　)。

A. 额定工作压力为 65MPa　　B. 井口装置主通径为 65mm

C. 节流阀通径为 65mm　　D. 油管头通径为 65mm

104. AB013　套管头按(　　)分为单级套管头、双级套管头、三级套管头等。
A. 连接方式　B. 套管程序　C. 结构形式　D. 密封形式
105. AB014　用来密封油、套管之间环形空间的是(　　)。
A. 油管头　B. 套管　C. 套管头　D. 采气树
106. AB014　用于密封各层套管之间环形空间的是(　　)。
A. 小四通　B. 大四通　C. 油管头　D. 套管头
107. AB014　当井下安装有永久式封隔器时，(　　)压力与井底压力无关。
A. 油层套管　B. 技术套管　C. 表层套管　D. 油管
108. AB015　采气树的(　　)是控制气井最后的阀门，一般安装有两个，以保证气井安全。
A. 井口安全截断阀　B. 总闸阀　C. 节流阀　D. 截止阀
109. AB015　气井井口装置的普通压力表一般要求安装(　　)，防止压力表突然受压而损坏。
A. 缓冲器　B. 控制阀　C. 弯曲的引压管　D. 活接头
110. AB015　采气树的(　　)安装具有方向性，一般是垂直阀针方向流入、顺着阀针方向流出。
A. 井口安全截断阀　B. 闸阀　C. 角式节流阀　D. 截止阀
111. AB016　当用油管采气时，通过(　　)来控制气井的压力。
A. 油管闸阀　B. 节流阀　C. 测试闸阀　D. 总闸阀
112. AB016　采气树的(　　)安装在总闸阀正上方，通过它可以进行采气、放喷或压井作业。
A. 节流阀　B. 测试闸阀　C. 油管闸阀　D. 小四通
113. AB016　气井短时间关井时，采气树处于关闭状态的闸阀是(　　)。
A. 总闸阀　B. 生产闸阀　C. 井口安全截断阀　D. 测试闸阀
114. AB017　井口安全截断系统中的截断阀一般采用(　　)结构。
A. 节流阀　B. 楔式闸阀　C. 平板闸阀　D. 球阀
115. AB017　井口安全截断系统的动力来源在(　　)进行调节和分配。
A. 截断阀　B. 控制柜
C. 压力感测回路　D. 温度感测回路
116. AB018　井口安全截断系统低压压力感测器不能安装在(　　)。
A. 一级节流阀之前　B. 一级节流阀之后　C. 分离器　D. 出站阀之前
117. AB018　当检测到(　　)或失低压时，控制柜系统背压泄放、切断气源，同时井口安全截断阀气缸压力泄放，截断阀实现自动关闭。
A. 超高压　B. 高压　C. 低压　D. 超流量
118. AB018　井口安全截断系统中，易熔塞快速熔化时，(　　)放空或井口安全截断阀气缸泄压放空，从而实现井口自动关闭。
A. 高压感测管路　B. 失压感测管路　C. 安全阀　D. 手动放空阀
119. AB019　甲烷水合物分子中一般含有(　　)个水分子。
A. 1　B. 6　C. 8　D. 17

120. AB019　组分相同的天然气,水合物的生成温度随压力升高而(　　)。
A. 不变　B. 降低　C. 升高　D. 无规律变化

121. AB019　天然气水合物形成温度与组分有关,(　　)含量越多越易形成水合物。
A. 重组分　B. 轻组分　C. 甲烷　D. 乙烷

122. AB020　合理调节(　　),使天然气在节流后的温度高于形成水合物的温度。
A. 流量　B. 各级节流压差
C. 温度　D. 水合物抑制剂加注量

123. AB020　当集气管线被水合物堵死时可采取(　　)措施,解除堵塞。
A. 放空降压　B. 加热　C. 注入水合物抑制剂　D. 调节压差

124. AB020　下列选项中,不属于水合物抑制剂的是(　　)。
A. 甲醇　B. 乙二醇　C. 二甘醇　D. 缓蚀剂

125. AB021　优选管柱排水采气就是合理选择油管直径,提高天然气(　　),改善气井携液能力。
A. 压力　B. 温度　C. 流速　D. 流量

126. AB021　低压、小产水量气井井筒压力损失以(　　)损失为主,宜选择较小直径油管。
A. 摩阻　B. 滑脱　C. 重力　D. 动能

127. AB022　泡沫排水采气工艺就是向气井加入(　　)的一种助排工艺。
A. 起泡剂　B. 消泡剂
C. 解堵剂　D. 水合物抑制剂

128. AB022　加入气井内的起泡剂能够大大降低(　　)的密度,减小滑脱损失,改善气井携液能力。
A. 天然气　B. 气态水　C. 液态水　D. 固体杂质

129. AB022　气井加注起泡剂后要在适当的时机加注(　　),避免泡沫带入下游管网。
A. 水合物抑制剂　B. 缓蚀剂　C. 解堵剂　D. 消泡剂

130. AB023　柱塞排水采气是利用地层和套管积蓄的(　　)能量推动柱塞从井底上行,从而把柱塞之上的液体排出到地面。
A. 地层水　B. 凝析水　C. 凝析油　D. 天然气

131. AB023　柱塞排水采气配套工具中(　　)能够有效地阻止气体上窜和液体回落,减少液体滑脱效应,增加举升效率。
A. 卡定器　B. 缓冲弹簧　C. 柱塞　D. 防喷器

132. AB023　柱塞排水采气配套工具中控制器接收并传递信号至(　　),使其自动开、关,实现柱塞排水采气。
A. 气动薄膜阀　B. 柱塞
C. 防喷器　D. 柱塞到达感应器

133. AB024　向气井内注入高压天然气,借助井下气举阀来排除井内积液的是(　　)排水采气。
A. 泡沫　B. 气举
C. 抽油机　D. 柱塞

134. AB024　油管柱上无封隔器和单流阀，气举阀安装在油管柱一定深度的气举排水采气工艺是（　　）。

A. 开式气举　B. 半闭式气举　C. 闭式气举　D. 投捞式气举

135. AB024　气举排水采气就是利用从套管注入的高压气逐级启动安装在油管柱上的若干个（　　），逐段降低油管内的液面，实现排水采气。

A. 工作筒　B. 滑套　C. 注气孔　D. 气举阀

136. AB025　抽油机排水采气需要将有杆泵下到井内（　　）以下一定深度。

A. 动液面　B. 静液面　C. 产层顶部　D. 产层中部

137. AB025　抽油机排水采气通常是通过（　　）排水、（　　）产气的一种人工举升工艺。

A. 套管　套管　B. 油管　油管　C. 油管　套管　D. 套管　油管

138. AB025　抽油机排水采气装置中抽油杆的作用是把地面动力传递给井下的（　　）。

A. 分离器　B. 深井泵　C. 油管　D. 筛管

139. AB026　电潜泵排水采气的原理是将地面动力传递给井下（　　），由它带动井下离心泵高速旋转，从而将进入离心泵的井液排出地面。

A. 分离器　B. 电动机　C. 保护器　D. 油管

140. AB026　电潜泵排水采气通常是通过（　　）排水、（　　）产气的一种人工举升工艺。

A. 套管　套管　B. 油管　油管　C. 套管　油管　D. 油管　套管

141. AB026　电潜泵用于排水采气时井下气液分离器宜选择（　　）分离器。

A. 重力式　B. 过滤　C. 旋转离心式　D. 旋风式

142. AB027　螺杆泵由定子、转子和单流阀组成，其中唯一的运动部件是（　　）。

A. 定子　B. 转子　C. 单流阀　D. 扶正器

143. AB027　螺杆泵排水采气装置中（　　）的作用是当地层供液不足时发出指令，控制驱动装置停机，避免螺杆泵欠载运行。

A. 电动机　B. 干运行保护器　C. 螺杆泵　D. 减速器

144. AB027　当螺杆泵停机时，防止油管内的井液向下反推螺杆运动，造成抽油杆倒扣致使抽油杆脱落的部件是（　　）。

A. 定子　B. 转子　C. 单流阀　D. 扶正器

145. AB028　涡流排水采气的原理是通过井下涡流工具，把井筒中的（　　）流态调制成涡旋上升环膜流流态，从而减小井筒能量损失，实现排水采气的目的。

A. 紊流　B. 层流　C. 过渡阀　D. 临界流

146. AB028　井下涡流排水采气配套工具主要由打捞头、涡旋变速体、导向腔、座落器等几部分组成，其中核心部件是（　　）。

A. 打捞头　B. 涡旋变速体　C. 导向腔　D. 座落器

147. AB028　井下涡流排水采气配套工具中用来固定井下涡流工具的是（　　）。

A. 打捞头　B. 涡旋变速体　C. 导向腔　D. 座落器

148. AB029　把几口单井进行集中采气和管理的流程称为（　　）。

A. 多井集气流程　B. 单井采气流程

C. 低温分离流程　D. 集输流程

149. AB029 气体性质相同、压力相近的气井宜采用（ ）。
A. 单井常温采气流程 B. 多井常温采气流程
C. 低温分离流程 D. 压缩机加压流程
150. AB030 壳程最高工作压力（ ）的水套炉称为常压水套炉。
A. 小于或等于 0.1MPa B. 小于 0.1MPa
C. 大于 0.1MPa D. 大于或等于 0.1MPa
151. AB030 利用锅炉的水蒸气与天然气进行热交换的加热方法是（ ）。
A. 水套炉加热法 B. 电伴热加热法
C. 直接加热法 D. 水蒸气加热法
152. AB030 利用导体通电产生的热量对天然气进行加热的方法是（ ）。
A. 水套炉加热法 B. 电伴热加热法
C. 天然气加热 D. 水蒸气加热法
153. AB031 采输场站水套加热炉属于（ ）加热炉。
A. 高压 B. 常压 C. 真空相变 D. 承压相变
154. AB031 采输场站水套加热炉属（ ）。
A. 火筒式直接加热炉 B. 火筒式间接加热炉
C. 卧式圆筒管式加热炉 D. 立式圆筒管式加热炉
155. AB031 下列选项中，不属于水套炉换热管常用压力等级的是（ ）。
A. 16MPa B. 25MPa C. 26MPa D. 42MPa
156. AB032 水套加热炉用天然气作燃料时，应（ ）。
A. 先点火、后开气 B. 先开气、后点火
C. 开气和点火同时进行 D. 上述答案都正确
157. AB032 水套加热炉壳程内的水受热后密度减小而上升，与（ ）进行热交换。
A. 火筒 B. 换热管 C. 天然气 D. 无法确定
158. AB032 按《石油工业用加热炉型式与基本参数》规定，不属于水套加热炉额定热负荷的是（ ）。
A. 60kW B. 120kW C. 150kW D. 250kW
159. AB033 为降低天然气中液（固）体杂质对设备、管线的影响，需先对天然气中的杂质进行（ ）处理。
A. 脱硫 B. 脱水 C. 分离 D. 过滤
160. AB033 按工作原理分类，分离器主要有重力式分离器、（ ）、多管干式除尘器、过滤分离器等。
A. 旋风分离器 B. 立式分离器 C. 卧式分离器 D. 过滤分离器
161. AB033 采气井站常用的分离器是（ ）。
A. 重力式分离器 B. 旋风分离器
C. 多管干式除尘器 D. 过滤分离器
162. AB034 分离器由筒体、（ ）、出口管和排污管等组成。
A. 进口管 B. 进气阀 C. 出气阀 D. 排污阀

163. AB034　影响立式重力式分离器分离效果的主要因素是分离器的(　　)。

A. 进口管直径　B. 出口管直径　C. 筒体直径　D. 排污管直径

164. AB034　在分离器直径和工作压力相同的情况下,卧式重力式分离器比立式重力式分离器处理量(　　)。

A. 相同　B. 大　C. 小　D. 无法确定

165. AB035　重力式分离器是根据气与油水及机械杂质的(　　)不同达到分离的。

A. 速度　B. 密度　C. 黏度　D. 矿化度

166. AB035　天然气进入旋风式分离器时,是沿筒体(　　)进入分离器筒体内的。

A. 垂直方向　B. 切线方向　C. 正向　D. 侧向

167. AB035　旋风分离器与重力式分离器比较,旋风分离器具有(　　)的优点。

A. 体积小、处理气量大　B. 体积大、处理气量大

C. 体积小、处理气量小　D. 体积大、处理气量大

168. AB036　目前,常用的自动排污系统按控制类型可分为机械式、(　　)、气控式 3 类。

A. 电控式　B. 自控式　C. 自动式　D. 触点式

169. AB036　节电型自动排液系统主要由磁性液位计、液位检测控制仪、气动控制柜和(　　)4 部分构成。

A. 气液连动排液阀　B. 电动排液阀

C. 液动排液阀　D. 气动排液阀

170. AB036　下列选项中,符合节电型自动排液系统工作原理的是(　　)。

A. 液位到达上限—电磁阀关闭—排液阀打开—自动排液

B. 液位到达上限—电磁阀打开—排液阀打开—自动排液

C. 液位到达下限—电磁阀关闭—排液阀打开—自动排液

D. 液位到达下限—电磁阀打开—排液阀打开—自动排液

171. AB037　疏水阀一般由进液口、回气口、检查口、(　　)、阀芯、阀座、排液口,排污口等组成。

A. 动力系统(浮球、杠杆)　B. 电控系统

C. 阀盖　D. 手轮

172. AB037　疏水阀主要利用(　　)原理自动排水。

A. 浮球和杠杆平衡　B. 气动控制　C. 电动控制　D. 手动控制

173. AB037　天然气生产中的疏水阀的作用主要是(　　)。

A. 调节天然气的温度　B. 排除天然气中的液态水

C. 调节天然气的流量　D. 调节天然气的压力

174. AB038　按阀门的用途分类,旋塞阀属于(　　)。

A. 切断阀类　B. 调节阀类　C. 节流阀类　D. 安全阀类

175. AB038　气液联动阀是按阀门的(　　)进行分类的。

A. 用途　B. 连接方式　C. 结构形式　D. 驱动方式

176. AB038　按《阀门术语》规定,阀门按(　　)分为 4 个等级。

A. 工作压力　B. 公称压力　C. 最大工作压力　D. 设计压力

177. AB039 阀门类型代号用汉语拼音字母表示,其中代号“J”表示(　　)。
A. 闸阀　B. 节流阀　C. 截止阀　D. 球阀

178. AB039 阀门驱动方式代号用阿拉伯数字表示,以下阀门中不能省略代号的是(　　)。
A. 安全阀　B. 减压阀　C. 止回阀　D. 电动阀

179. AB039 阀门的公称压力为 10MPa,则该阀门的压力代号为(　　)。
A. 0.1　B. 1　C. 10　D. 100

180. AB040 阀门的密封性能主要包括(　　)两个方面。
A. 内漏和外漏　B. 泄漏和渗漏　C. 内漏和泄漏　D. 外漏和渗漏

181. AB040 下列选项中,不属于阀门外漏的是(　　)。
A. 阀杆填料部位的泄漏　B. 垫片部位的泄漏
C. 阀体因铸造缺陷造成的渗漏　D. 阀座与启闭件之间的泄漏

182. AB040 阀门内漏是指(　　)之间对介质达到的密封程度。
A. 阀杆与启闭件　B. 阀座与阀杆　C. 阀座与启闭件　D. 阀座与阀体

183. AB041 阀门是靠(　　)上两个经过精密加工的密封面紧密接触或密封面受压塑性变形而取得密封。
A. 阀座和阀盖　B. 阀座和启闭件
C. 阀杆和阀座　D. 阀杆和启闭件

184. AB041 一般用在高压、小尺寸阀门上的密封副是(　　)。
A. 平面密封　B. 球面密封　C. 锥面密封　D. 刀面密封

185. AB041 下列选项中,不属于选择阀门密封面材料时应考虑的因素是(　　)。
A. 耐腐蚀性　B. 抗擦伤性能　C. 耐冲蚀性　D. 经济性

186. AB042 根据闸阀阀杆的结构形式,闸阀分为明杆式和(　　)两大类。
A. 单闸板　B. 双闸板　C. 暗杆式　D. 楔式闸板

187. AB042 平板闸阀的闸板是平行的,其闸板密封面与管道垂直中心线(　　)。
A. 成一定角度　B. 平行　C. 垂直　D. 成 30 度角度

188. AB042 楔式闸阀闸板的密封面与管道垂直中心线(　　)。
A. 成一定角度　B. 平行　C. 垂直　D. 成 30 度角度

189. AB043 用于截断或开通天然气气流的阀有(　　)。
A. 闸阀　B. 调节阀　C. 节流阀　D. 止回阀

190. AB043 电动闸阀的图例是(　　)。

A. 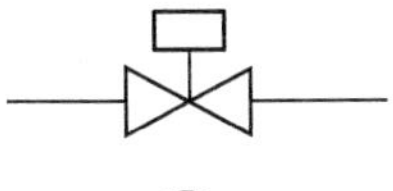　B. 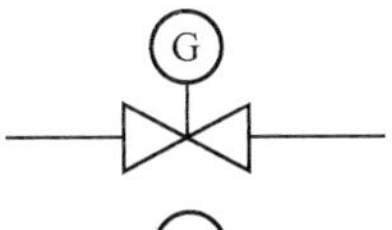 G

C. 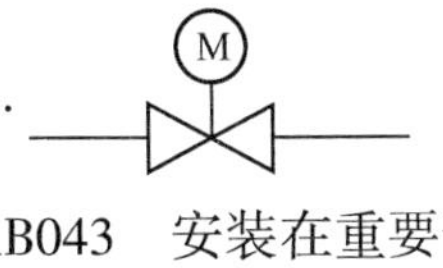 M　D. D

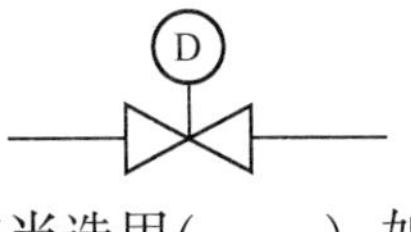

191. AB043 安装在重要部位,而开关不频繁的闸阀应当选用(　　),如储油罐的罐前阀、进站阀组上的阀门等。
A. 弹性闸板闸阀　B. 双闸板闸阀

C. 单闸板闸阀　　D. 上述答案都正确

192. AB044　同一压力、通径的截止阀的摩擦力比闸阀(　　)。

A. 小　　B. 大　　C. 相同　　D. 无法比较

193. AB044　下列阀门中,与截止阀结构属于同一类型的是(　　)。

A. 旋塞阀　　B. 节流阀　　C. 球阀　　D. 闸阀

194. AB044　阀杆与介质通路中心线成 90 度的截止阀的是(　　)截止阀。

A. 直通式　　B. 直流式　　C. 直角式　　D. 平等式

195. AB045　下列阀门中,不具有方向性的是(　　)。

A. 截止阀　　B. 调节阀　　C. 止回阀　　D. 闸阀

196. AB045　截止阀在关闭时,是通过(　　)紧贴来达到密封的。

A. 阀瓣与阀座　　B. 阀杆与阀座　　C. 阀瓣与阀盖　　D. 阀杆与阀芯

197. AB045　与闸阀相比,下列关于截止阀特点的阐述不正确的是(　　)。

A. 阀体较长,但阀瓣开关行程小　　B. 密封性能好,但流体阻力大

C. 结构简单,但通径受限制　　D. 启闭力矩大,启闭时间较长

198. AB046　通过改变节流阀的(　　),可调节气体的流量和压力。

A. 阀芯的大小　　B. 气流的方向　　C. 阀体内流通面积　　D. 阀芯的类型

199. AB046　下列选项中,(　　)与节流阀的结构属同一类别,主要区别为阀芯的形状不同。

A. 调压阀　　B. 止回阀　　C. 截止阀　　D. 减压阀

200. AB046　下列阀门中安装时具有方向性的是(　　)。

A. 闸阀　　B. 平板阀　　C. 节流阀　　D. 旋塞阀

201. AB047　根据阀门作用分类,在集输系统中,下列阀门可用于调节介质的流量、压力的是(　　)。

A. 旋塞阀　　B. 节流阀　　C. 止回阀　　D. 截止阀

202. AB047　从气井采出的天然气通过节流阀时,其状态变化是(　　)。

A. 压力上升、温度上升、体积减小　　B. 压力降低、体积增大、温度降低

C. 压力降低、体积减小、温度降低　　D. 压力降低、体积增大、温度上升

203. AB047　单井采气流程中,井口常采用(　　)对天然气进行节流降压。

A. 直通式节流阀　　B. 角式节流阀

C. 调压阀　　D. 井口安全截断系统

204. AB048　由于节流截止阀的结构特点,使其具有(　　)和截止阀的双重功能。

A. 闸阀　　B. 平板阀　　C. 节流阀　　D. 安全阀

205. AB048　阀套式排污关闭时,阀芯与阀座间形成两道密封,第一道密封为(　　)、第二道密封为(　　)。

A. 软密封　硬密封　　B. 软密封　软密封

C. 硬密封　软密封　　D. 硬密封　硬密封

206. AB048　下列阀门中,安装时有方向性的(　　)。

A. 闸阀　　B. 平板阀　　C. 节流截止阀　　D. 旋塞阀

207. AB049 双作用节流截止放空阀在打开的过程中经历了(　　)种状态。

A. 一　　B. 二　　C. 三　　D. 四

208. AB049 即有调节压力和流量的功能,又有截断气流功能的阀门是(　　)。

A. 截止阀　　B. 节流阀　　C. 节流截止阀　　D. 闸阀

209. AB049 节流截止阀处于节流状态时,(　　)处于气体回流或相对静止区,不受气体冲刷,保证阀门的使用寿命。

A. 截断密封面　　B. 节流面　　C. 阀芯　　D. 阀杆

210. AB050 常用的蝶阀有对夹式蝶阀和(　　)蝶阀两种。

A. 焊接式　　B. 法兰式　　C. 螺纹式　　D. 夹套式

211. AB050 蝶阀由阀体、阀座(　　)、阀轴、阀杆等构成。

A. 阀盖　　B. 阀板　　C. 填料压盖　　D. 连接螺栓

212. AB050 下列选项中,(　　)蝶阀的阀门轴中心在阀体轴中心上。

A. 中线密封、单偏心密封　　B. 中线密封、双偏心密封

C. 单偏心密封、双偏心密封　　D. 单偏心密封、三偏心密封

213. AB051 下列四种蝶阀中,密封性能最好的是(　　)。

A. 中线密封蝶阀　　B. 单偏心密封蝶阀

C. 双偏心密封蝶阀　　D. 三偏心密封蝶阀

214. AB051 下列选项中,(　　)蝶阀的阀板开关时,其转动半径不同。

A. 中线密封、单偏心密封　　B. 中线密封、双偏心密封

C. 单偏心密封、双偏心密封　　D. 双偏心密封、三偏心密封

215. AB051 下列选项中,不属于中线密封蝶阀特点的是(　　)。

A. 阀板转动半径相同

B. 采用聚四氟乙烯、合成橡胶构成复合阀座

C. 密封性能差

D. 阀门轴中心位于阀体及密封截面中心线上

216. AB052 球阀球体旋转(　　),即可实现阀门的全开或全关。

A. 60°　　B. 90°　　C. 180°　　D. 360°

217. AB052 球阀结构一般由(　　)等部分组成。

A. 调节机构、阀体、球体、密封结构

B. 阀体、球体、密封结构、执行机构

C. 调节机构、球体、密封结构、执行机构

D. 阀体、阀座、球体、电动执行机构

218. AB052 图例符号—⋈—表示的阀门是(　　)。

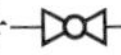

A. 闸阀　　B. 球阀　　C. 安全阀　　D. 截止阀

219. AB053 浮动球阀结构简单,广泛用于(　　)天然气生产场所。

A. 低压　　B. 中压　　C. 中低压　　D. 高压

220. AB053 对球阀注入密封脂时,阀门应处于(　　)位置。

A. 关闭　　B. 开启　　C. 半开半闭　　D. 任意

221. AB053　天然气场站及管线上常见球阀的驱动方式有（　　）等。
A. 气动、气液联动、手压泵液压传动、电动
B. 气动、气液联动、磁动、电动
C. 气动、手压泵液压传动、磁动、电动
D. 气动、气液联动、手压泵液压传动、磁动

222. AB054　旋塞阀旋塞旋转（　　），即可实现阀门的开关。
A. 90°　　B. 180°　　C. 270°　　D. 360°

223. AB054　旋塞上加密封脂时，阀门应处于（　　）状态。
A. 半开半关　　B. 全开　　C. 全关　　D. 全开或全关

224. AB054　符号表示的阀门是（　　）。
A. 闸阀　　B. 节流阀　　C. 旋塞阀　　D. 截止阀

225. AB055　压力平衡式倒圆锥形旋塞阀是利用阀塞和阀体之间的（　　）来达到密封。
A. 加工精度　　B. 表面粗糙度
C. 密封剂　　D. 相互压力

226. AB055　在带压情况下，不可以对旋塞阀进行操作的是（　　）。
A. 加注密封脂　　B. 加注阀杆填料
C. 调节旋转塞装载螺钉　　D. 从阀盖上卸旋塞装载螺钉

227. AB055　从旋塞阀阀盖上卸旋塞装载螺钉只能在（　　）情况下进行操作。
A. 全开　　B. 全关　　C. 不带压　　D. 带压

228. AB056　先导式安全阀主阀的启闭由（　　）控制。
A. 主阀活塞　　B. 导阀　　C. 弹簧　　D. 干线压力

229. AB056　下列选项中，不属于按阀体构造进行分类的安全阀是（　　）。
A. 微启式安全阀　　B. 全封闭式安全阀
C. 敞开式安全阀　　D. 封闭式安全阀

230. AB056　下列选项中，属于压力容器主要安全附件的是（　　）。
A. 放空管　　B. 进气阀　　C. 出口阀　　D. 安全阀

231. AB057　当设备内压力降低至（　　）时，安全阀自动关闭。
A. 设备运行压力　　B. 安全阀回座压力
C. 设备设计压力　　D. 设备工作压力

232. AB057　当管道运行压力超过（　　）时，安全阀便自动开启，放空、泄压。
A. 管线允许压力　　B. 管道最高允许操作压力
C. 管道设计压力　　D. 安全阀开启压力

233. AB057　先导式安全阀在开启泄压过程中，导阀阀芯（　　）移动、主阀阀芯（　　）移动。
A. 向下　向下　　B. 向下　向上　　C. 向上　向上　　D. 向上　向下

234. AB058　FISHER627R 自力式调压阀主要是通过调节（　　）来控制下游压力。
A. 手轮　　B. 调节螺钉　　C. 阀杆　　D. 杠杆

235. AB058　安装调压阀时其前后应安装(　　)。

A. 温度计　B. 压力表　C. 流量计　D. 差压计

236. AB058　FISHER EZAROSX 调压阀调压执行机构主要由调压主阀、(　　)、过滤器、限流器和导压管路组成。

A. 指挥器　B. 调压弹簧

C. 压力测量装置　D. 导杆

237. AB059　FISHER 627R 自力式调压阀,(　　)旋转调节螺钉时,阀杆(　　),阀门开度减小。

A. 逆时针　下移　B. 逆时针　上移

C. 顺时针　上移　D. 顺时针　下移

238. AB059　气开式调压阀膜头膜片无压差时,调压阀处于(　　)状态。

A. 关闭　B. 开启　C. 微开　D. 微关

239. AB059　轴流式调节阀指挥器开启程度越大,主阀体内胶套外侧的气流泄放量越大,则阀后压力(　　)。

A. 越低　B. 越高　C. 不变　D. 以上都不是

240. AB060　升降式止回阀主要由阀盖、(　　)、阀瓣、密封圈组成。

A. 阀盘　B. 阀芯　C. 阀体　D. 阀杆

241. AB060　根据阀瓣结构形式不同,旋启式止回阀可分为单瓣、双瓣和(　　)3 种。

A. 3 瓣　B. 4 瓣　C. 5 瓣　D. 多瓣

242. AB060　下列止回阀结构形式最相似是(　　)。

A. 旋启式和升降式　B. 碟式和管道式

C. 旋启式和碟式　D. 升降式和管道式

243. AB061　当止回阀上游介质的压力低于下游介质的压力时,阀门(　　),截断介质的倒流。

A. 关闭　B. 打开　C. 半开半关　D. 不确定

244. AB061　当止回阀上游介质的压力高于下游介质的压力时,阀门(　　),实现介质的流通。

A. 关闭　B. 打开　C. 半开半关　D. 不确定

245. AB061　止回阀主要用于气体(　　)流动的管路。

A. 双向　B. 单向　C. 垂直　D. 逆向

246. AB062　采输井站中压管道与阀门之间通常用(　　)连接。

A. 平焊法兰　B. 对焊法兰　C. 螺纹法兰　D. 活套法兰

247. AB062　法兰密封面有平面型、突面型、(　　)、榫槽面型和环连接面等形式。

A. 平焊　B. 凹凸面型　C. 活套　D. 螺纹

248. AB062　缠绕式垫片基本型用字母符号(　　)表示。

A. A　B. B　C. C　D. C

249. AB063　用(　　)表示管材的规格型号时应注明管材的壁厚。

A. 公称外径　B. 内径　C. 公称尺寸　D. 外径

250. AB063　钢管的公称压力是一种规定的标准压力，常用符号（　　）表示。

A. P　B. PN　C. N　D. MPa

251. AB063　《油气田集输管道施工规范》规定，中压管道的压力范围是（　　）。

A. P≤1.6MPa　B. 1.6MPa<P<10MPa

C. 1.6MPa<P≤10MPa　D. 1.6MPa≤P<10MPa

252. AB064　放射形集输管网是以放射状将（　　）所采天然气输到集气站，再由集气干线输出。

A. 气井　B. 气藏　C. 气田　D. 构造

253. AB064　枝状形集气管网是由一条贯穿于气田的主干线，将分布在干线两侧（　　）的天然气通过支线输入干线的集输管网。

A. 气田　B. 气藏　C. 气井　D. 构造

254. AB065　集输管网的类型应根据气田的形状、（　　）、气田的地貌和气体输送等情况来选择。

A. 井位　B. 产能　C. 储量　D. 压力

255. AB065　大面积、圆形的气田宜采用（　　）集气管网。

A. 枝状形　B. 放射形　C. 环状形　D. 组合形

256. AB065　各个单井天然气以支线输送到集气站，再由集气干线输出的是（　　）集输管网。

A. 环状形　B. 放射形　C. 枝状形　D. 组合形

257. AB066　气质条件较差、管径较小的集气管线宜采用（　　）公式计算输气量。

A. 潘汉德　B. 新潘汉德

C. 威莫斯　D. 潘汉德或威莫斯

258. AB066　根据威莫斯输气量计算公式，当其他条件不变时，若管径增加一倍则输气量是原来的（　　）。

A. 1 倍　B. 2 倍　C. 4 倍　D. 6.3 倍

259. AB066　根据威莫斯输气量计算公式，当其他条件不变时，若管线长度减少一半，则输气量增加（　　）。

A. 1 倍　B. 2 倍　C. 1.41 倍　D. 0.41 倍

260. AB067　清管球筒主要由平衡口、放空口、引流口、（　　）等组成。

A. 球阀　B. 清管器（球）　C. 快开盲板　D. 闸阀

261. AB067　清管工艺通常采用清管收发球筒装置和（　　）来发送清管器，进行管道的吹扫、清洁。

A. 清管阀　B. 清管球　C. 清管器　D. 除垢器

262. AB067　清管作业主要是用来清出管道内的杂质，下列不属于清管作业的是（　　）。

A. 集输气管道安装结束后的清管清洁

B. 集输气管道安装结束后的清管测径

C. 集输气管道安装结束后管道干燥

D. 管道用清管球推动缓蚀剂进行内防腐

263. AB068　根据筛除效应、深层效应和静电效应来清除气体中的固体杂质的过滤器是(　　)。

A. 高效过滤器　　B. 分离器　　C. 干式除尘器　　D. 过滤分离器

264. AB068　当天然气进行增压或脱水处理时,宜先采用(　　)对天然气进行预处理。

A. 过滤器　　B. 分离器　　C. 干式除尘器　　D. 过滤分离器

265. AB068　当过滤分离器的过滤元件被大量粉尘黏附时,过滤效果将(　　)。

A. 不变　　B. 降低　　C. 升高　　D. 无法确定

266. AB069　利用原料气中各烃类组分冷凝温度不同的特点,通过将原料气冷却至一定温度,从而将沸点高的烃类从原料气中冷凝分离的方法,称为(　　)。

A. 膨胀分离　　B. 重力分离　　C. 低温分离　　D. 离心分离

267. AB069　低温分离回收凝析油,为了防止水合物生成,(　　)前应注入水合物抑制剂。

A. 减压　　B. 节流　　C. 降温　　D. 升温

268. AB069　低温分离工艺中,再生后的乙二醇循环使用,加压后被注入(　　),稳定凝析油进入炼油厂。

A. 分离器　　B. 混合室　　C. 储液罐　　D. 管道

269. AB070　低温分离工艺流程中,从井口来的高压天然气经节流阀节流降压到设定进站压力,进入常温分离器除去(　　)和部分液态烃。

A. 凝析油　　B. 固体杂质　　C. 其他气体　　D. 游离水

270. AB070　低温分离流程中,液态烃类、乙二醇和水进入低温集液器聚积后,经过(　　)除去固体杂质,进入凝析油稳定装置。

A. 过滤器　　B. 分离器

C. 凝结器　　D. 活性炭过滤器

271. AB070　从低温分离器顶部出来的(　　),部分进入换热器与温度较高的天然气进行换热。

A. 高温天然气　　B. 液态烃　　C. 低温天然气　　D. 液态水

272. AB071　天然气在输送过程中,由于(　　),天然气中的饱和水蒸气会形成液态水析出。

A. 压力降低　　B. 温度降低　　C. 流量增加　　D. 流速降低

273. AB071　含有 CO_2 或(　　)的天然气,由于液态水的存在,可形成具有强腐蚀性的酸液,造成设备管道的腐蚀,降低管道和设备的使用寿命。

A. CO　　B. H_2S　　C. N_2　　D. C_2H_6

274. AB071　含有酸性气体的天然气,由于液态水的存在,可形成具有强腐蚀性的酸液,造成设备管道的腐蚀,(　　)管道和设备的使用寿命。

A. 提高　　B. 降低　　C. 扩大　　D. 延缓

275. AB072　通过降低含水天然气的温度,使水汽冷凝为液体而被脱出的方法是(　　)。

A. 溶剂吸收法　　B. 固体吸附法　　C. 低温冷凝法　　D. 化学试剂法

276. AB072　利用液体溶剂吸收天然气中的水分,将天然气中水分脱出的方法是(　　)。

A. 溶剂吸收法　　B. 固体吸附法

C. 低温冷凝法　　D. 化学试剂法

277. AB072 用多孔性的固体吸附剂处理天然气混合物，使其中所含的水汽吸附于固体表面，脱除水分的方法是（　　）。

A. 溶剂吸收法　　B. 固体吸附法　　C. 低温冷凝法　　D. 化学试剂法

278. AB073 天然气溶剂吸收法脱水广泛应用的吸收剂是（　　）。

A. 一甘醇　　B. 二甘醇　　C. 三甘醇　　D. 四甘醇

279. AB073 三甘醇脱水原理是根据三甘醇与天然气难相溶，和水（　　）互溶的特点，在三甘醇与天然气接触时吸收天然气中的水分，从而达到干燥天然气的目的。

A. 70%　　B. 80%　　C. 90%　　D. 100%

280. AB073 三甘醇的理论热分解温度为（　　）℃。

A. 176.7　　B. 204.4　　C. 206.7　　D. 287.4

281. AB074 三甘醇脱水装置可分为原料气处理、三甘醇再生、燃料气、仪表风和（　　）系统。

A. 加热　　B. 冷却　　C. 甘醇回收　　D. 脱硫

282. AB074 三甘醇脱水装置的甘醇循环再生系统包括（　　）、甘醇循环泵、闪蒸分离器、甘醇过滤器、精馏柱、重沸器、缓冲罐等装置。

A. 吸收塔　　B. 过滤分离器　　C. 灼烧炉　　D. 水冷器

283. AB074 三甘醇脱水装置系统组成可分为原料气处理、三甘醇再生、（　　）、仪表风、冷却系统。

A. 加热　　B. 燃料气　　C. 甘醇回收　　D. 脱硫

284. AB075 分子筛是具有骨架结构的（　　）的硅酸盐晶体。

A. 碱金属或碱土金属　　B. 碱金属

C. 碱土金属　　D. 酸性金属

285. AB075 分子筛表面具有较强的局部电荷，因而对（　　）和不饱和分子具有很强的亲和力。

A. 极性分子　　B. 非极性分子　　C. 极性电子　　D. 非极性电子

286. AB075 利用高温天然气作传热介质，将分子筛加热到（　　）后，分子筛内孔里的水分子被蒸发出来离开分子筛即脱附。

A. 160~200℃　　B. 180~220℃　　C. 170~204℃　　D. 220~260℃

287. AB076 分子筛脱水工艺两塔流程中，一塔进行脱水操作，另一塔进行（　　）的再生和冷却，然后切换操作。

A. 脱硫剂　　B. 缓蚀剂　　C. 干燥剂　　D. 吸附剂

288. AB076 分子筛脱水工艺设备主要由原料气分离器（聚集器）、分子筛脱水塔、（　　）、再生气加热炉、产品气粉尘过滤器、再生气分离器等组成。

A. 过滤分离器　　B. 再生气冷凝冷却器

C. 乙二醇再生器　　D. 机械式过滤器

289. AB076 分子筛脱水工艺中，吸收了水分的湿再生气进入再生气冷却器，被冷却至（　　），水分被凝结出来，在再生气分离器中把水分离出去。

A. 30℃　　B. 40℃　　C. 50℃　　D. 60℃

290. AB076 分子筛脱水塔可分为二塔、三塔或多塔流程。其中(　　)可采用一塔吸附、一塔再生、另一塔冷却或二塔吸附、一塔再生及冷却的切换程序。

A. 二塔流程　　B. 三塔流程　　C. 四塔流程　　D. 五塔流程

291. AB077 焦耳—汤姆逊阀脱水中,为了防止天然气降温形成水合物,可在 J-T 阀前加入水合物(　　)。

A. 抑制剂　　B. 防腐剂　　C. 缓蚀剂　　D. 脱硫剂

292. AB077 焦耳—汤姆逊节流膨胀阀即 J-T 阀,工作原理是高压气体经过节流膨胀后(　　),从而使天然气中水汽凝结为液态水,被分离出来,达到脱水的目的。

A. 压力上升、温度下降　　B. 压力下降、温度上升

C. 压力上升、温度上升　　D. 压力下降、温度下降

293. AB078 焦耳—汤姆逊阀脱水工艺中,常用的水合物抑制剂是(　　)。

A. 甲醇　　B. 乙二醇　　C. 二甘醇　　D. 三甘醇

294. AB078 焦耳—汤姆逊阀脱水工艺中,(　　)不属于天然气脱水流程的设备。

A. J-T 阀　　B. EG 再生塔

C. 低温分离器　　D. 原料气预冷器

295. AB078 焦耳—汤姆逊阀脱水工艺中,(　　)属于乙二醇(EG)循环再生流程的设备。

A. J-T 阀　　B. EG 富液活性炭过滤器

C. 原料气分离器　　D. 原料气预冷器

296. AB079 离心泵的(　　)一端固定叶轮,另一端装联轴器。

A. 轴承　　B. 泵壳　　C. 泵轴　　D. 盖板

297. AB079 离心泵主要靠(　　)的作用输送液体。

A. 重力　　B. 浮力　　C. 电力　　D. 离心力

298. AB079 离心泵的扬程随流量增大而(　　),轴功率随流量增大而增大。

A. 增大　　B. 不变　　C. 降低　　D. 升高

299. AB080 往复泵是依靠活塞、柱塞或隔膜在泵缸内(　　)运动,对进入缸内的流体做功的一种容积式泵。

A. 水平　　B. 垂直　　C. 往复　　D. 单向

300. AB080 下列选项中,不是往复泵组成部分的是(　　)。

A. 活塞　　B. 吸入阀　　C. 排出阀　　D. 叶轮

301. AB080 往复泵的吸入阀和排出阀均为(　　)。

A. 单向阀　　B. 平板阀　　C. 球阀　　D. 节流阀

302. AB081 油气田生产信息数字化管理系统,是为了加强和规范一线班组管理、提高生产管理效率的一套基础管理(　　)。

A. 信息系统　　B. 监控系统　　C. 分析系统　　D. 测试系统

303. AB081 生产调度中心与生产场站的(　　)采用自建光纤、无线通信网络、租用电路等并存的模式。

A. 数据采集　　B. 网络通信

C. 指令下达　　D. 数据存储

304. AB081　下列选项中,不是油气田生产信息数字化管理系统中现场层的作用是(　　)。

A. 数据采集　　B. 视频监控

C. 汇聚视频图像　　D. 远程控制

305. AC001　天然气压缩机是用来压缩气体,借以提高气体(　　)的机械设备。

A. 压力　　B. 温度　　C. 密度　　D. 体积

306. AC001　低压气井采出的天然气,可通过(　　),提高天然气压力。

A. 分水站排污　　B. 清管站清污　　C. 增压机增压　　D. 防腐站防腐

307. AC001　气田开采中,常用(　　)天然气压缩机进行增压开采。

A. 轴流式　　B. 活塞式　　C. 回转式　　D. 离心式

308. AC001　整体式压缩机组,主机主要包括动力部分、(　　)和压缩部分。

A. 冷却部分　　B. 启动部分　　C. 机身部分　　D. 润滑部分

309. AC002　下列选项中,关于增压采气流程描述正确的是(　　)。

A. 井口—压缩机—分离器—计量　　B. 井口—压缩机—计量—分离器

C. 井口—调压—分离器—压缩机　　D. 井口—分离器—压缩机—计量

310. AC002　往复活塞式压缩机多级压缩时,总压比为各级压比(　　)。

A. 相乘　　B. 相加　　C. 相减　　D. 相除

311. AC002　活塞式压缩机的排气压力不变,降低吸气压力时(　　)将升高。

A. 排气量　　B. 容积系数　　C. 压力系数　　D. 排气温度

312. AC003　一套增压工艺流程同时对多井集中增压开采,各气井的(　　)应基本一致。

A. 温度　　B. 气量　　C. 进气压力　　D. 产水量

313. AC003　多井增压工艺系统,为保证压缩机的安全运行,进压缩机之前应对天然气进行(　　)处理。

A. 分离　　B. 干燥　　C. 脱硫　　D. 加热

314. AC003　多井集中增压开采,当原料气的(　　)效果差时,易造成压缩机气阀损坏。

A. 分离　　B. 加热　　C. 脱硫　　D. 脱水

315. AC003　为保证活塞式压缩机的安全运行,应在压缩机进、排气管道间设置(　　)管路。

A. 计量　　B. 排污　　C. 旁通　　D. 调压

316. AD001　测量技术是研究(　　)的一门学科。

A. 测量原理　　B. 测量方法

C. 测量工具　　D. 上述答案都正确

317. AD001　测量仪表的示值误差中,由于真值不能确定,实际上用的是(　　)。

A. 约定真值　　B. 理论真值　　C. 绝对真值　　D. 校验真值

318. AD001　只有当检测仪表精度相当高,并经过多次测量方能(　　)真值。

A. 等于　　B. 确定　　C. 小于　　D. 接近于

319. AD002　按仪器的操作方式,测量方法可分为直读法、零位法、微差法。一般情况下零位法的误差比直读法的误差(　　)。

A. 大　　B. 小　　C. 一样大　　D. 无可比性

320. AD002 用压力变送器测量天然气的压力是属于(　　)。
A. 微差法 B. 直读法 C. 零位法 D. 间接测量法

321. AD002 用标准孔板流量计测量天然气的流量属于(　　)。
A. 动态测量法 B. 直读法 C. 零位法 D. 直接测量法

322. AD003 弹簧管压力表指针的角位移为(　　)。
A. 5~10° B. 8°±1° C. 270° D. 180°

323. AD003 弹簧管压力表自由端的位移量与压力成(　　)关系,压力越大,指针偏转角度越大。
A. 正比 B. 反比 C. 函数 D. 不成比例

324. AD003 电接点压力表的绝缘电阻在电压 500V、相对湿度不大于 80%时,应不低于(　　)。
A. 10MΩ B. 20MΩ C. 30MΩ D. 40MΩ

325. AD004 按国家标准规定,差压式流量计不宜在满量程(　　)以下运行。
A. 10% B. 30% C. 50% D. 70%

326. AD004 准确度为 2.5 级,测量范围为(0~100)kPa 的弹簧管式一般压力表,其标尺分度最少应分(　　)。
A. 40 格 B. 30 格 C. 25 格 D. 20 格

327. AD004 某压力变送器,测量范围为(1~11)MPa,其量程是(　　)。
A. 1~11MPa B. 0~11MPa C. 10MPa D. 11MPa

328. AD005 由测量所得到的赋予被测量值的是(　　)。
A. 测量结果 B. 约定真值 C. 量 D. 真值

329. AD005 测量准确度是(　　)与被测量真值之间的一致性程度,一般用准确度等级来表示。
A. 量 B. 约定真值 C. 测量结果 D. 真值

330. AD005 测量误差是测量结果与(　　)之间的偏差。
A. 真值 B. 绝对误差 C. 允许基本误差 D. 精度等级

331. AD006 量程为 10MPa 的压力表,在 6MPa 处测量值误差为 0.04MPa,相对误差是(　　)。
A. 0.4% B. 0.67% C. 1% D. 0.17%

332. AD006 量程为 10MPa 的压力表,在 6MPa 处测量值误差为 0.04MPa,引用误差是(　　)。
A. 0.4% B. 0.67% C. 1% D. 0.17%

333. AD006 误差与修正值的关系是(　　)。
A. 误差=修正值 B. 误差>修正值
C. 误差<修正值 D. 误差=-修正值

334. AD007 按仪表使用条件,误差可分为基本误差、(　　)。
A. 允许误差 B. 引用误差 C. 附加误差 D. 系统误差

335. AD007 按照表达方式,误差可以分为引用误差、相对误差和(　　)。
A. 绝对误差 B. 允许误差
C. 粗大误差 D. 系统误差

336. AD007　量程为 10MPa 的压力表，在 6MPa 处测量值误差为 0.04MPa，该误差是（　　）。
A. 绝对误差　　B. 允许误差　　C. 相对误差　　D. 系统误差

337. AD008　下列选项中，（　　）不是造成测量误差的因素。
A. 测量装置　　B. 环境　　C. 测量上限　　D. 操作人员

338. AD008　下列选项中，不属于产生系统误差的原因是（　　）。
A. 测量仪器　　B. 测量方法　　C. 操作人员　　D. 环境

339. AD008　下列选项中，产生粗大误差的原因是（　　）。
A. 测量仪器　　B. 测量方法　　C. 操作人员　　D. 环境

340. AD009　测量值加上修正值即可得到（　　）。
A. 真值　　B. 理想值　　C. 实测值　　D. 计算值

341. AD009　测量值加上修正值的作用，如同（　　）误差的作用一样。
A. 加上　　B. 扣除　　C. 降低　　D. 平衡

342. AD009　含有误差的测量值加上修正值，可（　　）误差的影响。
A. 减少　　B. 消除　　C. 增大　　D. 缩小

343. AD010　读取仪表示值时，只能保留（　　）可疑数字，其余的数字均为准确数字，记录的数字均为有效数字。
A. 四位　　B. 三位　　C. 二位　　D. 一位

344. AD010　近似数是与（　　）相差很小的一个数。
A. 数值　　B. 理想值　　C. 绝对值　　D. 真值

345. AD010　在计算中，小数点的位置不是决定（　　）的标准，仅与所用的单位大小有关。
A. 误差　　B. 真值　　C. 准确度　　D. 测量值

346. AD011　若以保留数字末位为单位，它后面的数小于 0.5 者，末位（　　）。
A. 不变　　B. 进 0.5　　C. 进 1　　D. 减 0.5

347. AD011　若以保留数字末位为单位，它后面的数恰好等于 0.5 者，则末位凑成（　　）。
A. 1　　B. 奇数　　C. 偶数　　D. 零

348. AD011　保留小数是为了提高测量（　　）。
A. 准确度　　B. 真实性　　C. 有效性　　D. 平衡度

349. AD012　阀式孔板节流装置的取压方式是（　　）。
A. 法兰取压　　B. 角接取压
C. 径距取压　　D. 单独钻孔取压

350. AD012　将双波纹管差压计的阻尼阀关小时，会造成（　　）。
A. 阻力时间加长，阻尼作用降低　　B. 阻力时间加长，阻尼作用加大
C. 阻力时间缩短，阻力作用加大　　D. 阻力时间缩短，阻力作用降低

351. AD012　标准节流装置中的节流元件是（　　）。
A. 滑阀　　B. 孔板　　C. 测量管　　D. 阀板

352. AD013　腰轮流量计是通过计算转子的（　　）来计算流量的。
A. 转动速度　　B. 转动次数
C. 转动质量　　D. 外径

353. AD013　罗茨流量计是一种(　　)流量计。
A. 差压式　B. 速度式　C. 质量式　D. 容积式

354. AD013　下列选项中,关于容积式流量计说法正确的是(　　)。
A. 所有容积式流量计都能计算标准体积流量
B. 罗茨流量计不是容积式流量计
C. 腰轮流量计是容积式流量计
D. 容积式流量计就是速度式流量计

355. AD014　气体涡街流量计是一种(　　)流量计。
A. 差压式　B. 容积式　C. 速度式　D. 质量

356. AD014　涡街流量计产生的脉动信号的频率与被测流体的流量成(　　)关系。
A. 反比　B. 正比　C. 倒数　D. 乘积

357. AD014　与旋进旋涡流量计相比,涡街流量计的压力损失相对要(　　)一些。
A. 高　B. 低　C. 快　D. 慢

358. AD015　超声波流量计主要有内夹式和(　　)两类。
A. 固定式　B. 外夹式　C. 接触式　D. 非接触式

359. AD015　常用的超声波流量计主要利用(　　)原理工作的。
A. 时间差法　B. 差压法　C. 容积法　D. 质量法

360. AD016　旋进旋涡流量计如果需要计算标准体积流量,就必须具备(　　)功能。
A. 温度补偿　B. 压力补偿
C. 温度和压力补偿　D. 质量补偿

361. AD016　下列选项中,关于旋进旋涡流量计说法正确的是(　　)。
A. 旋进旋涡流量计都具备温压补偿功能
B. 智能型旋进旋涡流量计可以将数据远传
C. 旋进旋涡流量计更换旋涡发生器后可以不必检定
D. 旋进旋涡流量计对直管段没有要求

362. AD016　双探头的旋进旋涡流量计比单探头的抗干扰能力(　　)。
A. 好　B. 差　C. 不确定　D. 一样

363. AD017　转子流量计工作时,流量不同,转子的平衡位置(　　)。
A. 不同　B. 相同　C. 不变　D. 为零

364. AD017　转子流量计由(　　)和转子组成。
A. 圆锥形管　B. 圆形管　C. 锥形管　D. 柱形管

365. AD017　转子流量计广泛用于(　　)的测量。
A. 紊流　B. 脉动流　C. 大流量　D. 小流量

366. AD018　质量流量计主要分为直接式和(　　)两类。
A. 间接式　B. 差压式　C. 整体式　D. 分体式

367. AD018　科里奥利质量流量计的基本原理是直接或间接测量旋转管道中流体所产生的(　　)。
A. 向心力　B. 离心力　C. 科氏力　D. 旋转力

368. AD018　直接式质量流量仪表是直接检测流体的(　　)其测量结果不受流体的温度、压力、密度变化的影响。

A. 体积　B. 压力　C. 质量　D. 密度

369. AD019　气动靶式流量计振荡的根本原因是(　　)。

A. 流体直接冲击靶片　B. 靶片安装不合理

C. 靶片的阻尼太小　D. 介质流动不平稳

370. AD019　靶式流量计受温度变化的影响(　　)。

A. 较大　B. 较小　C. 显著　D. 没有影响

371. AD019　用挂重法校验电动靶式流量计,当靶上不挂砝码时,仪表输出应为(　　)。

A. 4mA　B. 20mA　C. 12mA　D. 8mA

372. AD020　适用于测量高压、腐蚀性介质液位的是(　　)式液位测量仪表。

A. 浮筒　B. 差压　C. 电容　D. 电阻

373. AD020　测量仪表结构简单,适用于测量导电液液位的是(　　)式液位测量仪。

A. 电容　B. 电阻　C. 辐射　D. 超声波

374. AD020　电阻式液位测量仪表结构简单,适用于测量(　　)的液位。

A. 腐蚀性介质　B. 导电液　C. 纯净水　D. 凝析油

375. AD021　电磁流量计选型时,可不考虑(　　)的影响。

A. 介质导电率　B. 流体流速　C. 介质温度、压力　D. 介质密度

376. AD021　下列选项中,不宜用电磁流量计测量的是(　　)。

A. 酸溶液　B. 纸浆　C. 石灰乳　D. 润滑油

377. AD021　用电磁流量计测量流体流量时,电磁流量计满量程流速的下限最好不低于(　　)。

A. 0. 3m/s　B. 1m/s　C. 2m/s　D. 3m/s

378. AD022　下列选项中,CW 型双波纹管差压计组成正确的是(　　)。

A. 差压测量部分、差压显示部分、附记静压测量部分

B. 差压传动部分、差压测量部分、差压显示部分

C. 四连杆机构、差压显示部分、附记静压测量部分

D. 差压传动部分、四连杆机构、差压显示部分

379. AD022　双波纹管差压计测量部分是根据(　　)原理工作的。

A. 差压—线性　B. 差压—变换式

C. 差压—旋转式　D. 差压—位移式

380. AD022　双波纹管差压计的平衡阀应当(　　)操作。

A. 快速　B. 单手　C. 缓慢　D. 双手

381. AD022　生产现场对双波纹管差压计的零位检查是(　　)。

A. 15 天　B. 10 天　C. 7 天　D. 5 天

382. AD022　差压毛细管通径过大将引起差压计出现(　　)故障。

A. 记录笔画线中断　B. 记录笔画线不均匀

C. 记录笔尖淌墨水　D. 记录笔跳动

383. AD023　天然气流量计算机计量系统中,需要人工进行设定的参数是(　　)。

A. 静压　B. 差压　C. 孔板内径　D. 计温

384. AD023 通过天然气流量计算机计量系统的(   )功能可以查看计量参数修改时间。
A. 流量计算 B. 连锁控制
C. 历史数据存储 D. 历史事件记录
385. AD023 采用标准孔板流量计的计量系统应符合(   )标准的要求。
A. GB/T 21446—2008 B. SY/T 6143—2004
C. SY/T 6658—2006 D. GB/T 18604—2001
386. AD024 孔板检查的"三度"是指粗糙度、尖锐度和(   )。
A. 光滑度 B. 平面度 C. 整齐度 D. 曲面度
387. AD024 检查孔板入口边缘尖锐度时,将孔板上游端面倾斜(   ),用日光或人工光源射向直角入口边缘。
A. 0° B. 45° C. 90° D. 120°
388. AD024 用塞尺检查孔板的(   )。
A. 平面度 B. 粗糙度 C. 尖锐度 D. 光洁度
389. AE001 大小和方向都不随时间变化的电流称为(   )。
A. 交流电 B. 直流电 C. 静电 D. 高压电
390. AE001 衡量单位电荷在静电场中由于电势不同所产生的能量差的物理量是(   ),也称作电势差或电位差。
A. 电压 B. 电流 C. 电阻 D. 电功率
391. AE001 电流在导体中流动时所受到的阻力叫(   )。
A. 电阻 B. 电流 C. 电动势 D. 电压
392. AE002 电力用户的用电设备容量在100kW及以下,或需用变压器容量在50kVA及以下时,一般采用低压(   )供电。
A. 二线制 B. 三线制
C. 二相三线制 D. 三相四线制
393. AE002 低压配电线路有放射式、(   )和环形等基本接线方式。
A. 平行式 B. 树干式 C. 星形式 D. 交叉式
394. AE002 10kV及以下架空线路与爆炸性气体环境的水平距离不应小于杆塔高度的(   )。
A. 1倍 B. 1.5倍 C. 2倍 D. 2.5倍
395. AE003 防爆电气设备的进线口与电缆、导线应能可靠地接线和密封,多余的进线口其弹性密封垫和金属垫片应齐全,并应将压紧螺母拧紧使进线口密封,金属垫片的厚度不得小于(   )。
A. 1mm B. 2mm C. 3mm D. 4mm
396. AE003 爆炸危险环境内采用的低压电缆和绝缘导线,其额定电压必须高于线路的工作电压,且不得低于(   )。
A. 220V B. 380V C. 500V D. 1000V
397. AE003 露天安装的变压器或配电装置的外壳距火灾危险环境建筑物的外墙,不宜小于(   ),当小于此距离时,应当符合特殊的要求。
A. 2.5m B. 5m C. 10m D. 15m

398. AE004 有人触电时首先(　　),然后根据情况展开急救。
A. 使触电者与电源分开　B. 呼救
C. 拨打 120　D. 撤离现场

399. AE004 迅速使触电者和带电体脱离的最佳方法是断开电源,如不能及时断开电源,应采使用(　　)使触电者脱离带电体。
A. 身边有的物品　B. 干燥的木棍
C. 刚砍下的竹子　D. 长柄金属杆雨伞

400. AE004 如果触电者呼吸停止,心脏暂时停止跳动,但尚未真正死亡,要迅速对其进行(　　)和胸外按压。
A. 透气通风　B. 呼叫判断意识　C. 注射强心针　D. 人工呼吸

401. AE005 在液体介质中产生静电的形式分为流动带电、喷射带电、冲击带电、(　　)等4种。
A. 摩擦带电　B. 分离带电　C. 接触带电　D. 沉降带电

402. AE005 粉尘粒子间或粒子跟固体间的(　　)、迅速接触和分离,能产生静电。
A. 冲撞　B. 相对运动　C. 混合　D. 搅拌

403. AE005 利用管道输送气、液体时,气体、液体跟固体管道的接触面上形成的流动带电是(　　)。
A. 单电层　B. 双电层　C. 三电层　D. 多电层

404. AE006 管道法兰连接时,(　　)颗以上的螺栓不需要做跨接。
A. 2　B. 4　C. 6　D. 8

405. AE006 下列选项中,不属于静电放电造成的危害是(　　)。
A. 引起电子设备的故障或误动作,造成电磁干扰
B. 高压静电放电造成电击
C. 可能导致易燃易爆品爆炸和火灾
D. 管线穿孔泄漏

406. AE006 当采用搭接焊连接时,静电接地的连接应符合搭接长度必须是扁钢宽度的(　　)或圆钢直径的 6 倍。
A. 2 倍　B. 3 倍　C. 4 倍　D. 5 倍

407. AE007 将金属导体上产生的静电释放到土壤中的静电防护措施是(　　)。
A. 接线　B. 接地
C. 控制工艺　D. 控制环境危害程度

408. AE007 非导体防止带电的主要方法是(　　)其电导率。
A. 增大　B. 减少　C. 控制　D. 无影响

409. AE007 在易发生爆炸的危险场所,工作人员应穿防静电工作服和(　　)。
A. 绝缘鞋　B. 导电鞋　C. 运动鞋　D. 皮鞋

410. AE008 直击雷电流流入地下,令在雷击点及其连接的金属部分产生极高的(　　),可能直接导致接触电压或跨步电压的触电事故。
A. 对地电流　B. 对地电压　C. 电位　D. 电磁场

411. AE008 根据不同的地形及气象条件,雷电一般可分为热雷电、锋雷电、(   )3 大类。

A. 地形雷电　　B. 直击雷电

C. 感应雷电　　D. 球形雷电

412. AE008 雷电是伴有闪电和雷鸣的(   )现象。

A. 放电　　B. 电荷聚集　　C. 物理　　D. 电磁

413. AE009 防雷的基本方法可用“泄”和“抗”概括,其中“抗”是指各种设备、设施应具有一定的(   )或采取其他补救措施,以提高其抵抗雷电破坏的能力。

A. 导电性　　B. 连通性　　C. 绝缘水平　　D. 抗压性

414. AE009 雷电预警信号分三级,分别以黄色、橙色、(   )表示。

A. 红色　　B. 蓝色　　C. 绿色　　D. 紫色

415. AE009 直击雷能产生电效应、(   )、电动力效应,其能量大,具有巨大的破坏性。

A. 磁效应　　B. 热效应　　C. 光效应　　D. 电磁效应

416. AE010 易燃或可燃液体的浮动式贮罐,在无防雷接地时其罐顶与罐体之间应采用铜软线作不少于两处跨接,铜线截面不应小于(   )。

A. $10\mathrm{mm}^2$　　B. $25\mathrm{mm}^2$　　C. $5\mathrm{mm}^2$　　D. $30\mathrm{mm}^2$

417. AE010 防直击雷的引下线不应少于(   ),其间距不应大于 24m。

A. 1 根　　B. 2 根　　C. 3 根　　D. 4 根

418. AE010 根据建筑物重要性、使用性质、发生雷电事故的可能性和后果,防雷要求分为(   )。

A. 1 类　　B. 2 类　　C. 3 类　　D. 4 类

419. AF001 机械制图中,三视图是观测者从上面、左面、(   )三个不同角度观察同一个空间几何体而画出的图形。

A. 右面　　B. 后面　　C. 正面　　D. 下面

420. AF001 机械制图中,三视图是从(   )个不同方向对同一个物体进行投射的结果。

A. 二　　B. 三　　C. 四　　D. 六

421. AF001 机械制图中,三视图是指(   )三个视图。

A. 主、右、仰　　B. 主、左、仰　　C. 后、右、仰　　D. 主、俯、左

422. AF002 下列管件图例符号表示的是(   )。

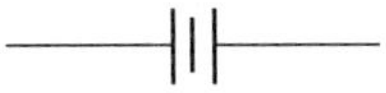

A. 孔板　　B. 限流孔板　　C. 盲板　　D. 8 字盲板

423. AF002 下列阀门图例符号表示的是(   )。

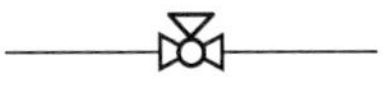

A. 闸阀　　B. 球阀　　C. 清管球球阀　　D. 截止阀

424. AF002 下列阀门图例符号表示的设备是(   )。

A. 闸阀　　B. 球阀　　C. 安全阀　　D. 截止阀

425. AF002 下列阀门图例符号表示的设备是(   )。

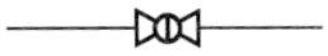

A. 闸阀　　B. 节流阀　　C. 平板阀　　D. 截止阀

426. AF003　气井地面以下部分是(　　)结构。

A. 气井井身　　B. 套管　　C. 油管　　D. 钻头

427. AF003　下列选项中,不属于绘制井身结构示意图内容的是(　　)。

A. 钻头程序　　B. 套管程序　　C. 油管　　D. 井口装置

428. AF003　绘制井身结构示意图时,各层套管和油管通常采用(　　)画出。

A. 粗实线　　B. 细实线　　C. 虚线　　D. 点划线

429. AF004　机械制图中,零件图尺寸标注的步骤是(　　),标注定位尺寸和定形尺寸。

A. 选择、确定基准,考虑设计要求与工艺要求

B. 选择、确定基准,考虑设计要求与加工方法

C. 选择、确定基准

D. 考虑设计要求和工艺要求,选定基准

430. AF004　下列选项中,属于零件图内容的是(　　)。

A. 性能尺寸　　B. 调试要求

C. 标题栏　　D. 序号和明细表

431. AF004　零件图上的重要尺寸必须直接标注,以保证(　　)要求。

A. 工艺　　B. 实际　　C. 设计　　D. 质量

432. BA001　向平衡罐加注药剂时,应先打开平衡罐(　　)。

A. 注入阀　　B. 平衡阀

C. 放空阀　　D. 压力表控制阀

433. BA001　向平衡罐加注药剂后,应打开(　　),使平衡罐压力与注入点压力一致。

A. 注入阀　　B. 平衡阀　　C. 放空阀　　D. 排污阀

434. BA001　平衡罐加注药剂时应根据加注量、加注时间调节(　　)开度。

A. 注入阀　　B. 平衡阀　　C. 放空阀　　D. 排污阀

435. BA002　泵注药剂时应先打开注入管路放空阀,排净(　　)后关闭放空阀,开启注入阀加注药剂。

A. 天然气　　B. 氮气　　C. 空气　　D. 残夜

436. BA002　泵注药剂时由于振动大,泵后应选择(　　)压力表。

A. 一般　　B. 抗震　　C. 电子　　D. 电接点

437. BA002　旋转计量泵上的流量调节开关,就能控制药剂的加注(　　)。

A. 比例　　B. 浓度　　C. 加注量　　D. 排量

438. BA003　气井固体投注装置由(　　)、平衡管路、放空管路组成。

A. 加料漏斗　　B. 加注管路

C. 排污管路　　D. 安全回流管路

439. BA003　向固体投注装置加注药剂时,应先关闭平衡阀、注入阀,打开放空阀,排净(　　)后再加注药剂。

A. 天然气　　B. 氮气　　C. 空气　　D. 残夜

440. BA003　固体投注装置加注起泡剂是依靠(　　)注入气井的。

A. 压力　　B. 浮力　　C. 重力　　D. 引力

441. BA004 正常工作状态下,柱塞控制器面板主界面上不显示的内容是(　　)。
A. 柱塞运行时间　B. 柱塞到达次数
C. 一级节流后压力　D. 电池电量

442. BA004 通过柱塞控制器可以设置(　　)。
A. 气井开、关井时间　B. 柱塞下入深度
C. 柱塞上行时间　D. 柱塞下落时间

443. BA004 柱塞排水采气井是通过(　　)实现气井自动开、关。
A. 井口节流阀　B. 生产闸阀　C. 薄膜阀　D. 井口截断阀

444. BA005 气举排水采气气举气源不允许使用(　　)。
A. 天然气　B. 氮气　C. 压缩空气　D. 液氮

445. BA005 启动气举前应根据(　　)、大气温度及调压情况,对高压注气管线做好天然气水合物预防。
A. 注气压力　B. 注气量　C. 注气深度　D. 注气通道

446. BA005 对于油管生产的排水采气井,当井口返出气量明显高于注气量时,应控制(　　)使其满足外输条件后进入生产流程。
A. 井口套压　B. 井口油压　C. 注气压力　D. 输压

447. BA006 抽油机启动前应检查(　　)机油是否变质,液位是否符合标准。
A. 刹车装置　B. 电动机　C. 减速箱　D. 盘根盒

448. BA006 抽油机的“四点一线”是指(　　)拉一条通过两轴中心,在两轮上处于端面所在的同一平面的一条直线上。
A. 减速箱皮带轮与电机轮边缘　B. 尾轴　游梁　驴头　悬绳器
C. 驴头　悬绳器　光杆　井口　D. 减速箱皮带轮与电机轮左右

449. BA006 抽油机启动时应先松开(　　),然后盘车。
A. 减速箱皮带轮　B. 刹车装置　C. 连杆销　D. 悬绳器

450. BA007 电潜泵排水(　　)应检查地面管线流程是否导通,电流、电压是否正常。
A. 启动前　B. 启动中　C. 启动后　D. 停机后

451. BA007 下列选项中,电潜泵供电流程正确的是(　　)。
A. 地面电网—变压器—控制器—接线盒—电缆—电机
B. 变压器—控制器—地面电网—接线盒—电缆—电机
C. 控制器—变压器—地面电网—接线盒—电缆—电机
D. 变压器—地面电网—控制器—接线盒—电缆—电机

452. BA007 电潜泵运行过程中产气时,必须保证(　　)保持在一个较为稳定的范围,避免出现波动较大的情况。
A. 油压　B. 套压
C. 输压　D. 井口节流后压力

453. BA008 发球操作时,必须先确认发球筒的压力为(　　)后,方可打开盲板。
A. 微正压　B. 0.01MPa 以下
C. 0　D. 0.005MPa 以下

454. BA008　要打开球筒确认清管球是否发出，应先将流程倒换合格，然后（　　），将球筒泄压为零。

A. 关闭输气阀　　B. 打开球筒放空阀　　C. 关闭输气生产阀　　D. 打开球阀

455. BA008　清管收发球筒除进行（　　）操作时，不应长期带压。

A. 放空　　B. 排污　　C. 清管　　D. 正常生产

456. BA009　使用清管收球筒收球时，应在发球前做好流程倒换，倒换步骤正确的是（　　）。

A. 置换空气—关收球筒放空阀、排污阀—平衡球筒压力—关球筒平衡阀—关闭管道进站生产阀—全开球筒引流阀—全开收球筒球阀

B. 置换空气—关收球筒放空阀、排污阀—平衡球筒压力—关球筒平衡阀—全开球筒引流阀—全开收球筒球阀—关闭管道进站生产阀

C. 置换空气—平衡球筒压力—关收球筒放空阀、排污阀—关球筒平衡阀—全开球筒引流阀—全开收球筒球阀—关闭管道进站生产阀

D. 上述答案都正确

457. BA009　清管球进入收球装置后，收球流程倒换步骤为（　　）。

A. 开管道进站生产阀—关球筒球阀—关球筒引流阀—开球筒平衡阀—开球筒放空阀—球筒压力降为零—开快开盲板取球

B. 关球筒球阀—开管道进站生产阀—关球筒引流阀—开球筒平衡阀—开球筒放空阀—球筒压力降为零—开快开盲板取球

C. 开管道进站生产阀—关球筒引流阀—关球筒球阀—开球筒平衡阀—开球筒放空阀—球筒压力降为零—开快开盲板取球

D. 上述答案都正确

458. BA009　清管收球筒装置上注水阀的作用是（　　）。

A. 收球后用来注水清洗清管球筒

B. 用来平衡球筒直管段和扩大管段的压力

C. 用来平衡球筒压力

D. 向球筒注水，预防筒内干燥的硫化铁粉末遇空气自燃

459. BA010　使用Ⅰ型清管阀进行清管作业时，清管球装入清管阀后，正确的发球操作步骤为（　　）。

A. 安装快速盲板—开清管阀及上下游阀—关放空阀和安全泄压装置—关生产阀

B. 安装快速盲板—关放空阀和安全泄压装置—开清管阀及上下游阀—关生产阀

C. 安装快速盲板—关放空阀和安全泄压装置—关生产阀—开清管阀及上下游阀

D. 安装快速盲板—开清管阀及上下游阀—关生产阀—关放空阀和安全泄压装置

460. BA010　清管阀具备了两位截断式球阀的性能特点，旋转球芯（　　），可实现阀门的启闭。

A. 45°　　B. 90°　　C. 120°　　D. 180°

461. BA010　清管阀的盲板打开前必须开启（　　），再进行其他操作。

A. 球阀　　B. 球阀锁定销　　C. 球阀排泄阀　　D. 放空阀

462. BA011　使用Ⅰ型清管阀进行清管作业前，收球流程正确的倒换步骤为（　　）。

A. 关生产阀—关清管阀放空阀和安全泄压装置—开清管阀及上下游阀

B. 开清管阀及上下游阀—关清管阀放空阀和安全泄压装置—关生产阀

C. 关清管阀放空阀和安全泄压装置—开清管阀及上下游阀—关生产阀

D. 关清管阀—放空阀和安全泄压装置—关生产阀—开清管阀及上下游阀

463. BA011 进行清管作业时,清管球收到后,应对清管球进行( )工作。

A. 直径测量 B. 质量测量

C. 外观描述 D. 上述答案都正确

464. BA011 使用清管阀进行收球作业时,在收到清管器后,应对清管阀进行( )操作。

A. 清除清管阀内污物 B. 清洗盲板

C. 密封面润滑保养 D. 上述答案都正确

465. BA012 脱水器的作用是使在储油罐中的污水全部排尽,阻止( )从储罐中排至下游流程。

A. 重油 B. 凝析油 C. 固体杂质 D. 腐蚀产物

466. BA012 脱水器是利用油、水所产生的浮力和( )之差作为动力源。

A. 浮子重力 B. 天然气的压力

C. 水柱产生的压力 D. 介质高度差产生的压力

467. BA012 脱水器阀芯密封元件损坏后,当进水量( )漏失量时,凝析油将会进入下游流程。

A. 小于 B. 大于 C. 等于 D. 接近

468. BA013 启动井口安全截断系统前应检查( )气源执行压力,调节气源压力在设定规定值。

A. 井口 B. 出站 C. 分离器 D. 控制柜

469. BA013 启动中寰井口安全控制系统时应拉出主控( )手柄,按入锁定销,控制压力逐渐达到规定值,井口安全截断阀逐渐打开至开启状态。

A. 紧急切断开关 B. 复位开关

C. 中继阀 D. 井口安全截断阀

470. BA013 正常情况下停运中寰井口安全控制系统时应按压主控( )手柄,井口安全截断阀试压关闭。

A. 紧急切断开关 B. 复位开关 C. 换向阀 D. 中继阀

471. BB001 脱硫方法可分为( )两大类。

A. 直接氧化法和间接氧化法 B. 干法和湿法

C. 吸附剂的吸附和催化作用 D. 化学溶剂法和物理溶剂法

472. BB001 下列选项中,不属于湿法脱硫的是( )。

A. 物理溶剂法 B. 化学溶剂法 C. 直接转化法 D. 低温分离法

473. BB001 下列选项中,不属于干法脱硫的是( )。

A. 膜分离法 B. 分子筛法

C. 不可再生固定床吸附法 D. 化学—物理溶剂法

474. BB002 干法脱硫装置再生后投入运行前,必须进行( )。

A. 排污 B. 空气置换 C. 强度试压 D. 严密性试压

475. BB002　当检测干法脱硫装置产品气中硫化氢浓度接近 15mg/m^3 时，应每（　　）检测一次。

A. 星期　　B. 周　　C. 天　　D. 小时

476. BB002　装填脱硫剂时，脱硫塔每层应当保持（　　）高度的空余空间，以保证天然气流通。

A. 5～10cm　　B. 10～15cm　　C. 15～20cm　　D. 20～25cm

477. BB003　固体脱硫剂的活性成分为（　　）。

A. FeS　　B. Fe_2O_3　　C. Fe_3O_4　　D. Fe_2S_3

478. BB003　更换脱硫剂操作中，若需更换的脱硫剂没有充分再生，则残余（　　）与空气剧烈反应，可能引起自燃。

A. FeS　　B. Fe_2O_3　　C. Fe_3O_4　　D. Fe_2S_3

479. BB003　固体氧化铁脱硫剂再生时，脱硫塔内高温持续时间（　　）时，可以作为脱硫剂失效标志，需更换新鲜脱硫剂。

A. 显著增加　　B. 不变　　C. 显著缩短　　D. 增加

480. BB004　以下示意图表示的是（　　）脱硫工艺流程。

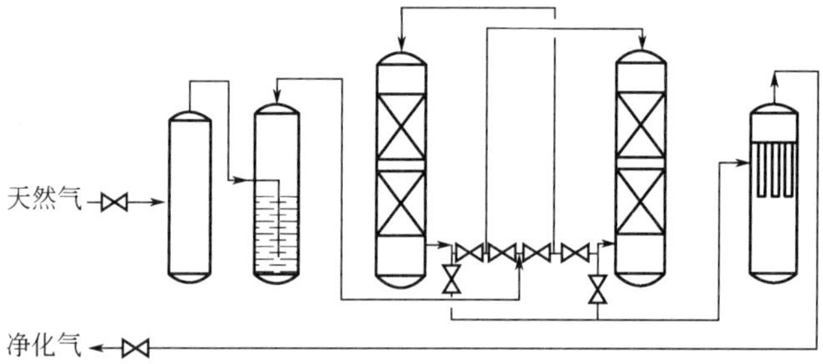

A. 分子筛法　　B. 固体床吸附法　　C. 膜分离法　　D. 低温分离法

481. BB004　固体氧化铁脱硫剂适用于（　　）的天然气脱硫。

A. 处理量大、含硫量低　　B. 处理量大、含硫量高

C. 处理量小、含硫量低　　D. 处理量小、含硫量高

482. BB004　固体吸附法中，脱硫塔操作压力严格控制在压力范围内，前后压差不超过（　　）。

A. 0.1MPa　　B. 0.2MPa　　C. 0.3MPa　　D. 0.4MPa

483. BB005　脱硫塔置换空气完毕后，应进行（　　）。

A. 强度试压　　B. 严密性试压　　C. 水试压　　D. 硫容量计算

484. BB005　对固体氧化铁脱硫塔升压和降压时，速度应控制在（　　）。

A. 0.02～0.05MPa/min　　B. 0.05～0.1MPa/min

C. 0.1～0.15MPa/min　　D. 0.2～0.3MPa/min

485. BB005　固体氧化铁脱硫剂再生温度应控制在（　　）以下。

A. 35℃　　B. 50℃　　C. 65℃　　D. 100℃

486. BB006　干法脱硫工艺中，常用（　　）检测硫化氢含量。

A. 在线硫化氢含量检测法　　B. 碘代法

C. 检测管式气体测定仪　　D. 便携式硫化氢检测仪

487. BB006　干法脱硫工艺中当产品气硫化氢含量检测结果接近或等于(　　)时,应及时倒换脱硫塔,并记录倒换时间。

A. 15mg/m^3　　B. 21mg/m^3　　C. 30mg/m^3　　D. 690mg/m^3

488. BB006　干法脱硫塔反复再生后,产品气中的 H_2S 大于(　　)时,说明该塔脱硫剂基本失去有效硫容,应及时更换脱硫剂。

A. 10mg/m^3　　B. 14mg/m^3　　C. 20mg/m^3　　D. 30mg/m^3

489. BC001　重沸器点火操作中,需要确认满液位的设备是(　　)。

A. 贫液精馏柱　　B. 吸收塔　　C. 缓冲罐　　D. 重沸器

490. BC001　三甘醇脱水装置重沸器温度达到设定值后,应将温度调节阀投入(　　)状态。

A. 电动控制　　B. 气动控制　　C. 自动控制　　D. 手动控制

491. BC001　重沸器点火操作中,应先检查确认(　　)正常,使吸收塔、闪蒸灌、缓冲灌液位达到设定值,才能进行点火。

A. 天然气处理系统　　B. 甘醇系统循环

C. 冷却水循环　　D. 燃油系统

492. BC002　三甘醇脱水装置灼烧炉点火前,应逐级调节(　　)达到参数要求。

A. 进站压力　　B. 出站压力　　C. 仪表风压力　　D. 燃料气压力

493. BC002　三甘醇脱水装置灼烧炉点火前,应确认灼烧炉主火控制阀和引导火控制阀处于关闭状态,确认无闪蒸气、再生气等(　　)进入灼烧炉内。

A. 可燃气体　　B. 空气　　C. 固体杂质　　D. 水蒸气

494. BC002　灼烧炉点火操作中,主火点燃后,应关闭(　　)控制阀。

A. 燃料气　　B. 仪表风　　C. 闪蒸气　　D. 引导火

495. BC003　甘醇能量回收泵启动操作,应检查(　　)工作压力应达到回收泵最低启泵压力以上。

A. 闪蒸分离器　　B. 入口分离器　　C. 吸收塔　　D. 燃料气

496. BC003　甘醇能量回收泵启动操作前,应检查确认富液进出泵控制阀、贫液进出泵控制阀、速度控制阀、检查口控制阀应处于(　　)状态。

A. 开启　　B. 关闭　　C. 手动　　D. 自动

497. BC003　甘醇能量回收泵循环量调节应根据脱水装置(　　)确定甘醇循环量,按照能量泵的排量、冲次对照表确定泵冲次。

A. 耗气量　　B. 流通能力　　C. 处理量　　D. 甘醇浓度

498. BC004　甘醇电泵启动操作中,加载前应无负荷运转(　　)。

A. 1~5min　　B. 5~8min　　C. 5~10min　　D. 10~15min

499. BC004　甘醇电泵停运操作中,首先应缓慢开大(　　),直至全开,将甘醇循环量降为“0”,空负荷运行 5~10min 后关闭电源。

A. 进口控制阀　　B. 旁通阀　　C. 出口控制阀　　D. 流量调节阀

500. BC004　甘醇电泵启动操作完成后,填写启泵时间、变频器频率、(　　)等记录。

A. 准备时间　　B. 循环量

C. 吸收塔温度　　D. 闪蒸分离器液位

501. BC005　称重法测定天然气含水量操作中，在注射器内装入的药品是(　　)。

A. 碳酸钙　　B. 硅胶　　C. 五氧化二磷　　D. 三甘醇

502. BC005　称重法测定天然气含水量操作中，填装了 P_2O_5 的注射器需要与湿式流量计连接(　　)次。

A. 1　　B. 2　　C. 3　　D. 4

503. BC005　镜面法测定干气含水量操作中，当天然气中水含量很低时，测量开始镜面仪降温可以稍快，但每分钟不超过(　　)，接近露点时降温速度每分钟不超过1℃。

A. 2℃　　B. 3℃　　C. 4℃　　D. 5℃

504. BC005　镜面法测定干气含水量操作中，观察镜面和温度计指示，当不锈钢镜面中央出现第一滴露时，按下观察窗左上角的(　　)键，记录下最初结露时的温度和压力。

A. Off　　B. ON　　C. Hold　　D. Look

505. BC006　测定三甘醇质量分数的主要设备是(　　)。

A. 湿式流量计　　B. 阿贝折射仪　　C. 镜面仪　　D. 天平

506. BC006　使用阿贝折射仪测量三甘醇质量分数时，环境温度越高，甘醇质量分数测量结果与真实值相比(　　)。

A. 不变　　B. 偏小　　C. 偏大　　D. 不能确定

507. BC006　使用阿贝折射仪测量三甘醇溶液质量分数，是通过测量溶液的(　　)后计算而得。

A. 质量分数差　　B. 折射率　　C. 溶剂率　　D. 含水率

508. BC006　使用阿贝折射仪测量所得的三甘醇质量分数值是(　　)。

A. 质量百分比　　B. 体积百分比　　C. 质量/体积　　D. 体积/质量

509. BD001　测量结果与被测量真值之间的差是(　　)。

A. 偏差　　B. 系统误差　　C. 测量误差　　D. 随机误差

510. BD001　标准器和被测表同时对同一个参数进行测量时，所得到的两个数值之差叫(　　)。

A. 绝对误差　　B. 相对误差

C. 误差　　D. 相对百分误差

511. BD001　测量值接近真值的程度叫(　　)。

A. 误差　　B. 绝对误差　　C. 相对误差　　D. 准确度

512. BD002　在相同条件下计量器具正反行程在同一点示值上所得之差是(　　)。

A. 回程误差　　B. 倾斜误差　　C. 位置误差　　D. 零值误差

513. BD002　差压式流量计现场计量误差的主要原因是使用偏离标准条件引起的(　　)。

A. 基本误差　　B. 附加误差

C. 系统误差　　D. 随机误差

514. BD002　孔板前脏物堆积会造成计量(　　)。

A. 偏低　　B. 偏高　　C. 波动大　　D. 不影响

515. BD003 电动压力变送器是将被测压力转换成(   )进行测量的。
A. 差压信号 B. 压力信号
C. 电信号 D. 标准气压信号

516. BD003 弹簧管压力表的示值误差不应超过(   )。
A. 允许基本误差绝对值的 1/2 B. 允许基本误差绝对值的 1/3
C. 允许基本误差绝对值 D. 允许基本误差

517. BD003 双波纹管差压计记录笔,在记录纸分度线上自终端移动所划的弧线与时间线的偏差应不大于(   )。
A. 0. 3mm B. 0. 4mm C. 0. 5mm D. 0. 6mm

518. BD004 轻敲弹簧管压力表表壳时,所引起的指针示值变动量应不超过(   )。
A. 允许基本误差绝对值的 1/2 B. 允许基本误差绝对值的 1/3
C. 允许基本误差绝对值 D. 允许基本误差

519. BD004 弹簧管压力表的回程误差不应超过(   )。
A. 允许基本误差绝对值的 1/2 B. 允许基本误差绝对值的 1/3
C. 允许基本误差的绝对值 D. 允许基本误差

520. BD004 弹簧管压力表的检定应在环境温度(   )条件下进行。
A. 15℃±5℃ B. 20℃±5℃ C. 22℃±5℃ D. 25℃±5℃

521. BD005 环室孔板节流装置中孔板前后的密封垫片应尽量薄,其厚度要求是(   )。
A. 不大于 0. 05D B. 不大于 0. 03D
C. 不大于 0. 02D D. 不大于 0. 01D

522. BD005 当双波纹管差压计测量值超过《用标准孔板流量计测量天然气流量》规定时,采取的调整方法中不正确的是(   )。
A. 改变测量管工作压力 B. 更换合适的仪表
C. 更换孔板以调整直径比 D. 更换记录卡片

523. BD005 若体积流量计算公式 $q_{vn}=A_{vn}CEd^2F_G\varepsilon F_zF_T\sqrt{P_1\Delta p}$ 中 $A=3.1795\times10^{-6}$,计算出的流量是(   )。
A. 日流量 B. 秒流量 C. 分流量 D. 小时流量

524. BD005 《用标准孔板流量计测量天然气流量》规定,体积流量计算的最后结果应保留不小于(   )有效数字。
A. 3 位 B. 4 位 C. 5 位 D. 6 位

525. BD006 磁浮子液位计投入运行时应先打开(   )控制阀,避免液体介质带着浮球组件急速上升,而造成翻转失灵和乱翻。
A. 下引液管 B. 上引液管 C. 排污 D. 放空

526. BD006 磁浮子液位计筒体内不应有(   )杂质和磁杂质进入,以免对磁浮子造成卡阻及减弱浮力。
A. 气体 B. 空气 C. 固体 D. 液体

527. BD006 磁浮子液位计必须(   )安装,以保证浮球组件在主体管内上下运动自如。
A. 竖直 B. 水平 C. 倾斜 45 度 D. 横向

528. BE001　纯气井采气曲线的特点是(　　)。
A. 套压和油压之间存在明显压差
B. 压力和产气量缓慢下降
C. 压力和产量下降,产水量上升
D. 减少产量套油压差反而增加

529. BE001　下列选项中,属于气水同产井采气曲线内容的是(　　)。
A. 套压、油压曲线　B. 日产气量曲线
C. 日产水量曲线　D. 上述答案都正确

530. BE001　下列选项中,关于气水同产井采气曲线的特点说法不正确的是(　　)。
A. 套压曲线和油压曲线间距较近,套压、油压差小
B. 套压曲线和油压曲线相间距离远,套压、油压差明显
C. 随套压、油压差增大,产量有下降趋势
D. 气井能够带液生产时,套压、油压差值相对稳定

531. BE002　气井关井压力曲线表现为压力恢复快,容易达到稳定,说明(　　)。
A. 产层的渗透性好　B. 气井为中高产井的可能性较大
C. 气井能够稳产的可能性大　D. 上述答案都正确

532. BE002　采气曲线中油压突然明显下降,其他参数无明显变化,可能的原因是(　　)。
A. 油压表坏　B. 井壁坍塌　C. 油管水柱影响　D. 油管断裂

533. BE002　气井油管、套管连通,采气曲线中油压上升至与套压相同,可能的原因是(　　)。
A. 井壁坍塌　B. 井筒积液
C. 油管高部位断裂　D. 井底附近渗透性改善

534. BE003　二叠系用符号(　　)表示。
A. C　B. P　C. T　D. D

535. BE003　三叠系用符号(　　)表示。
A. C　B. P　C. T　D. D

536. BE003　石炭系用符号(　　)表示。
A. C　B. P　C. T　D. D

537. BE004　石炭系属于(　　)。
A. 新生界　B. 中生界　C. 古生界　D. 元古界

538. BE004　下列选项中,属于古生界的是(　　)。
A. 二叠系　B. 石炭系
C. 泥盆系　D. 上述答案都正确

539. BE004　下列选项中,属于中生界的是(　　)。
A. 三叠系　B. 二叠系　C. 石炭系　D. 志留系

540. BE005　气井产气量和产水量的比值称为(　　)。
A. 气水比　B. 水气比　C. 气油比　D. 油气比

541. BE005　下列选项中,关于气水比的说法正确的是(　　)。
A. 产气量和产水量的比值　B. 可用来分析气井产水量的变化

C. 用以进行气井动态分析　D. 上述答案都正确

542. BE005　气井生产过程中气水比保持相对稳定，下列有关说法正确的是(　　)。

A. 井口压力不变　B. 随产气量增加，产水量相应增加

C. 产水为地层水　D. 产水为凝析水

543. BF001　台虎钳的规格是以钳口的(　　)表示。

A. 长度　B. 宽度　C. 高度　D. 夹持尺寸

544. BF001　台虎钳夹紧工件时，只允许(　　)手柄。

A. 用手扳　B. 用手锤敲击　C. 加长套管扳　D. 用手钳扳

545. BF001　下列选项中，不属于钳工常用的划线工具是(　　)。

A. 样冲　B. 划规　C. 游标卡尺　D. 钢直尺

546. BF002　阀门法兰连接螺栓拧紧后螺母应露出(　　)。

A. 1 牙　B. 1~2 牙　C. 2~3 牙　D. 无要求

547. BF002　管螺纹加工完后，断螺纹或缺螺纹不得超过螺纹全扣数的(　　)。

A. 5%　B. 10%　C. 15%　D. 20%

548. BF002　石油天然气站内工艺管道施工，直管段上两对接焊口中心面间的距离不得小于钢管 1 倍公称直径，且不得小于(　　)。

A. 100mm　B. 150mm　C. 200mm　D. 300mm

549. BF003　阀门阀板与阀座密封面渗漏的原因，可能有(　　)。

A. 密封面有脏物　B. 密封面磨损

C. 密封面被刺坏　D. 上述答案都正确

550. BF003　下列选项中，不属于安全阀启、闭不灵的原因是(　　)。

A. 弹簧失效　B. 密封面有脏物　C. 弹簧被气体腐蚀　D. 控制阀泄漏

551. BF003　未动操作的情况下，轴流式调压阀阀后压力升高并与上游压力持平的原因可能是(　　)。

A. 鼠笼上有脏物　B. 用户增加用气量

C. 用户减少用气量　D. 下游管线泄漏

552. BF004　三甘醇活性炭过滤器压差达到(　　)时，需更换滤芯。

A. 0. 05~0. 07MPa　B. 0. 07~0. 1MPa

C. 0. 12~0. 15MPa　D. 0. 15~0. 18MPa

553. BF004　除去原料天然气中的细微粉尘类固体杂质，宜选用(　　)。

A. 立式重力式分离器　B. 卧式重力式分离器

C. 三相卧式分离器　D. 过滤分离器

554. BF004　当过滤分离器过滤段与分离段压差达(　　)时，需清洗或更换过滤分离器滤芯。

A. 0. 05MPa　B. 0. 1MPa　C. 0. 15MPa　D. 0. 2MPa

555. BF005　下列选项中，阀门更换操作错误的是(　　)。

A. 拆卸阀门两侧法兰的固定螺栓

B. 取下阀门后将阀门连接管口法兰用工具清扫干净

C. 制作阀门密封垫
D. 按顺时针方向依次紧固螺栓

556. BF005 下列选项中,拆卸阀门操作错误的是(   )。
A. 未放空拆卸阀门法兰螺栓
B. 用撬杠对称撬动阀门两侧法兰间隙
C. 制作阀门密封垫
D. 清洁管路法兰密封面

557. BF005 安装阀门时,严禁将阀门(   )作为吊装着力点。
A. 阀体 B. 法兰 C. 传动机构 D. 阀盖

558. BF006 耐莱斯球阀、格罗夫球阀等阀门注入密封脂时,阀门应处于(   )位置。
A. 开启 B. 关闭 C. 半开半闭 D. 任意

559. BF006 平板阀每开关 50 次左右,要定期加注(   )一次。
A. 柴油 B. 机油 C. 密封脂或润滑脂 D. 变压油

560. BF006 旋塞阀加注(   )时,阀门处于全开或全关状态。
A. 机油 B. 变压油 C. 密封脂 D. 润滑脂

561. BG001 一定的可燃物浓度、一定的氧气含量、(   )相互作用,是燃烧发生的充分条件。
A. 一定强度的引火源 B. 一定的点火能量
C. 引燃温度 D. 引燃能量

562. BG001 燃烧过程中的氧化剂主要是氧气,空气中氧气的含量大约为(   )。
A. 14% B. 21% C. 78% D. 87%

563. BG001 凡与可燃物质相结合,能导致燃烧的物质称为(   )。
A. 助燃物 B. 可燃物 C. 燃烧产物 D. 氧化物

564. BG001 根据燃烧的特点,燃烧分为(   )、阴燃、爆燃及自燃等四种。
A. 气体燃烧 B. 闪燃 C. 液体燃烧 D. 预混燃烧

565. BG002 可燃物质,在远低于自燃点的温度下自然发热,并且这种热量经长时间的积蓄使物质达到自燃点而燃烧的现象,称为(   )。
A. 阴燃 B. 受热自燃 C. 本身自燃 D. 闪燃

566. BG002 可燃物质在没有外部火源的作用下,因受热或自身所发生的(   )作用而产生热量,并蓄热所产生的自行燃烧现象称为自燃。
A. 物理、化学 B. 化学、生物
C. 物理、生物 D. 生物、物理、化学

567. BG002 可燃气体物质压力升高,则自燃点将(   )。
A. 降低 B. 增高 C. 不变 D. 没有关系

568. BG003 下列选项中,不属于燃烧三要素的是(   )。
A. 点火源 B. 可燃性物质 C. 阻燃性物质 D. 助燃性物质

569. BG003 硫化铁在(   )下与空气接触易发生自燃。
A. 常温 B. 高温 C. 有液体存在 D. 任何情况下

570. BG003 精密仪器着火,可以采用(　　)灭火。
A. 水　　B. 干粉灭火器
C. 泡沫灭火器　　D. 二氧化碳灭火器

571. BG004 按爆炸能量来源分类,爆炸可分为(　　)两类。
A. 物理爆炸和化学爆炸　　B. 简单分解爆炸与复杂分解爆炸
C. 物理爆炸与爆炸性混合物爆炸　　D. 简单爆炸与复杂爆炸

572. BG004 下列选项中,属于化学爆炸的有(　　)。
A. 汽油桶爆炸　　B. 可燃气体爆炸
C. 蒸汽锅炉爆炸　　D. 气体钢瓶爆炸

573. BG004 可燃气体爆炸属于(　　)。
A. 物理爆炸　　B. 化学爆炸　　C. 气体爆炸　　D. 蒸气爆炸

574. BG005 可燃气体与空气的混合物,(　　)是可燃或可爆的。
A. 在有限空间内　　B. 在任何混合比例下
C. 在一定条件下　　D. 随时

575. BG005 可燃气体混合物的原始压力对爆炸极限影响很大,一般情况下,当压力增加时,爆炸极限的范围(　　)。
A. 减小　　B. 扩大
C. 不变　　D. 没有比例关系

576. BG005 评定气体火灾爆炸危险的主要指标是(　　),一般用可燃气体在混合物中的体积百分数表示。
A. 自燃点　　B. 燃点　　C. 闪点　　D. 爆炸极限

577. BG006 生产场站作业,不属于动火作业范围的是(　　)。
A. 用砂轮机除锈　　B. 电焊　　C. 气焊　　D. 安装盲板

578. BG006 采气设备检修时,不可用于置换可燃气体的介质是(　　)。
A. 氦气　　B. 氮气　　C. 氩气　　D. 空气

579. BG006 动火作业前,使用便携式可燃气体报警仪或其他类似手段进行分析时,被测的可燃气体或可燃液体蒸气浓度应小于其与空气混合爆炸下限的(　　)LEL。
A. 5%　　B. 10%　　C. 15%　　D. 20%

580. BG007 空气中的硫化氢含量达到(　　),人们即可感觉到臭味。
A. 0.04mg/m^3　　B. 1mg/m^3　　C. 10mg/m^3　　D. 20mg/m^3

581. BG007 硫化氢嗅觉阈的个体差异很大,当浓度超过(　　)以后,继续增高时反而其臭味减弱。
A. 1mg/m^3　　B. 10mg/m^3　　C. 30mg/m^3　　D. 100mg/m^3

582. BG007 下列选项中,不属于有毒气体的是(　　)。
A. 氮气　　B. 氯气　　C. 硫化氢　　D. 一氧化碳

583. BG008 当空气中硫化氢浓度达到(　　)时,会引起人员中毒,表现为抽筋,丧失知觉,使人的呼吸器官麻痹而死亡。
A. 0.01g/m^3　　B. 0.02g/m^3　　C. 0.04g/m^3　　D. 0.7g/m^3

584. BG008　急性一氧化碳中毒的症状轻重与空气中的一氧化碳浓度、(　　)、患者的健康情况有关。

A. 含氧量　　B. 接触时间长短　　C. 劳动强度　　D. 性别

585. BG008　下列选项中,中毒后能够引起"电击型"死亡的是(　　)。

A. 硫化氢　　B. 一氧化碳　　C. 二氧化碳　　D. 正己烷

586. BG009　硫化氢中毒时,对眼部症状可用2%的(　　)液洗眼。

A. 磷酸钠　　B. 氯化钠　　C. 葡萄糖　　D. 碳酸氢钠

587. BG009　实施急救时,对呼吸或心脏骤停者应立即施行(　　)。

A. 人工呼吸　　B. 心肺复苏术　　C. 胸外心脏按压　　D. 心脏除颤

588. BG009　当发现有人一氧化碳中毒后,为促其清醒可用针刺或指甲掐其(　　)穴,若其仍无呼吸则需进行人工呼吸。

A. 四合　　B. 大椎　　C. 人中　　D. 百会

589. BG010　采输气系统的噪声主要不是由天然气流经(　　)设备产生的气体动力噪声。

A. 节流阀　　B. 燃烧器　　C. 喷嘴　　D. 闸阀

590. BG010　下列选项中,不属于有效减缓噪声危害措施的是(　　)。

A. 隔振技术　　B. 吸声技术

C. 佩戴耳塞　　D. 佩戴安全帽

591. BG010　控制气体流速,可有效地降低噪声,对于低压管线宜控制在(　　)内。

A. 10m/s　　B. 15m/s　　C. 5m/s　　D. 20m/s

592. BG011　可燃气体检测仪检测甲烷时一级报警值设定为(　　)LEL。

A. 5%　　B. 10%　　C. 15%　　D. 20%

593. BG011　便携式硫化氢监测仪一级报警值设定为(　　)。

A. $5mg/m^3$　　B. $15mg/m^3$　　C. $10mg/m^3$　　D. $20mg/m^3$

594. BG011　便携式硫化氢监测仪二级报警值设定为(　　)。

A. $5mg/m^3$　　B. $15mg/m^3$　　C. $30mg/m^3$　　D. $10mg/m^3$

595. BG012　催化燃烧型仪器检测元件的使用寿命一般为(　　)年,若使用维护得当,可适当延长其使用寿命。

A. 1~2 年　　B. 1~3 年　　C. 1 年　　D. 半年

596. BG012　可燃气体检测仪不能在可燃气体浓度(　　)爆炸下限的环境条件下继续使用。

A. 低于　　B. 等于　　C. 高于　　D. 没有限制

597. BG012　便携式可燃气体检测仪的探头类型主要是(　　)。

A. 红外型　　B. 催化燃烧型　　C. 半导体型　　D. 电化学型

598. BG013　便携式硫化氢气体检测仪的探头类型主要是(　　)。

A. 红外型　　B. 催化燃烧型　　C. 半导体型　　D. 电化学型

599. BG013　固定式可燃气体检测仪的工作状态有监测状态、(　　)状态、自检状态和系统信息查看状态。

A. 监控　　B. 设置　　C. 振动　　D. 检测

600. BG013　固定式可燃气体检测仪的输出标准电流信号是(　　)。

A. 0~10mA　　B. 4~10mA　　C. 4~20mA　　D. 1~5V

601. BG014　对于(　　)的天然气生产场站,可不配置正压式空气呼吸器,但应配置其他呼吸防护装置。

A. $H_2S \leqslant 20mg/m^3$　　B. $20mg/m^3 < H_2S \leqslant 460mg/m^3$

C. $460mg/m^3 < H_2S \leqslant 75g/m^3$　　D. $H_2S > 75g/m^3$

602. BG014　正压式空气呼吸器在检查呼吸器系统气密性时,压力的下降值在 1min 内应不大于(　　)。

A. 2MPa　　B. 1. 5MPa　　C. 1. 0MPa　　D. 0. 5MPa

603. BG014　当环境空气中硫化氢浓度超过(　　)时,现场人员应佩戴正压式空气呼吸器。

A. $10mg/m^3$　　B. $15mg/m^3$　　C. $20mg/m^3$　　D. $30mg/m^3$

604. BG015　用水喷射着火物,通过降低燃烧物温度的灭火方法是(　　)。

A. 冷却法　　B. 窒息法　　C. 隔离法　　D. 抑制法

605. BG015　向着火的空间内充灌惰性气体、水蒸气等进行灭火的方法称为(　　)。

A. 冷却法　　B. 窒息法　　C. 隔离法　　D. 抑制法

606. BG015　利用难燃或不燃物体遮盖或隔断受火势威胁的可燃物质的灭火方法,称为(　　)。

A. 冷却法　　B. 窒息法　　C. 隔离法　　D. 抑制法

607. BG016　危险源辨识的途径之一,是根据系统内(　　)的某些事故,通过查找其触发因素(事故隐患),找出其现实的危险源。

A. 已发生　　B. 未发生　　C. 正在发生　　D. 不会发生

608. BG016　常用的危险、有害因素辨识方法,有系统安全分析方法和(　　)。

A. 直观经验分析方法　　B. 对照经验法　　C. 类比方法　　D. 事故树法

609. BG016　下列选项中,属于物理性危险因素的是(　　)。

A. 爆炸品　　B. 压缩气体和液化气体

C. 易燃液体　　D. 电离辐射

610. BG017　《生产经营单位生产安全事故应急预案编制导则》中的应急救援预案,包括事故预防、(　　)、抢险救援 3 个方面。

A. 风险分析　　B. 应急处理　　C. 安全评估　　D. 安全管理

611. BG017　特种设备发生事故后,事故发生单位应当(　　)。

A. 按照应急预案采取措施,组织抢救,防止事故扩大,减少人员伤亡和财产损失

B. 保护事故现场和有关证据

C. 及时向事故发生地县级以上人民政府负责特种设备安全监督管理的部门和有关部门报告

D. 上述答案都正确

612. BG017　下列选项中,不属于抢险类应急物资储备的是(　　)。

A. 基本生活用品　　B. 通信器材

C. 交通工具　　D. 个人防护装备

二、判断题（对的画“√”，错的画“×”）

（　　）1. AA001　气井试井是用渗流力学理论来研究气井、气藏的产能和动态的一种理论研究方法。

（　　）2. AA002　通过试井能求取产气方程和绝对无阻流量，为确定气井合理产量和动态预测提供依据。

（　　）3. AA003　按地层中流体渗流特点，气井试井分为产能试井和稳定试井两种。

（　　）4. AA004　稳定试井是用来测定气井产量的试井。

（　　）5. AA005　稳定试井适用于中高产、渗透性好，且安装了输气管线的气井。

（　　）6. AA006　稳定试井就是产能试井。

（　　）7. AA007　不稳定试井主要是用来了解储层特性的试井。

（　　）8. AA008　压力恢复试井实测的压力恢复曲线是一条理想的直线。

（　　）9. AA009　气藏高度是指含水界面与气藏最高点的海拔高差。

（　　）10. AA010　含气面积是含水边界所圈闭的面积。

（　　）11. AA011　每个气藏都有含气外边界和含气内边界。

（　　）12. AA012　石油天然气生成、分布与沉积相有着密切的关系，尤其是生油气层和储油气层的形成和分布是受一定的沉积相控制的。

（　　）13. AA013　陆相沉积中湖相、河流相沉积常具有良好的生油气、储油气条件。

（　　）14. AA014　沉积盆地中只有陆相沉积。

（　　）15. AA015　当气水界面只与储层顶界面相交时，气藏只有边水。

（　　）16. AA016　气藏有底水就没有边水。

（　　）17. AA017　夹在同一气层层系中薄而分布面积不大的水称为夹层水。

（　　）18. AA018　边水和底水都是自由水。

（　　）19. AA019　间隙水是以连续状态储存在地层部分孔隙中难以流动的水。

（　　）20. AA020　每立方米天然气中含有水蒸气的克数称为天然气的绝对湿度。

（　　）21. AA021　不同的压力、温度条件下，天然气的饱和含水量是一个变化值。

（　　）22. AA022　压力相同的情况下，温度低于露点，水蒸气不会从天然气中析出成液态水。

（　　）23. AA023　当地层压力下降时，天然气的溶解度将变小。

（　　）24. AA024　气体状态方程描述了气体的压力、温度、体积三者之间的关系。

（　　）25. AA025　黏度使天然气在地层、井筒和地面管道中流动时产生动力，压力降低。

（　　）26. AA026　将天然气各组分的临界温度和临界压力的加权平均值分别称为视临界温度和视临界压力。

（　　）27. AA027　真实气体的压缩因子是一个无量纲系数。

（　　）28. AA028　控制采气压差在合理范围内有利于气井的科学开采。

（　　）29. AA029　对某一地区而言，地温级率是不同的。

（　　）30. AA030　气井关井后，井筒平均温度为一恒定值。

（　　）31. AA031　地温梯度是地层深度每增加 10m 温度的增加值。

(　　)32. AB001　从地球表面钻达目的层的气井必须经专门的设计,完钻后具有完整的井身结构和井口装置。
(　　)33. AB002　高含硫气井是指硫化氢含量大于 $15g/m^3$ 的气井。
(　　)34. AB003　各油气层之间存在压力、岩性等差异,要求实施分层开采、分层处理的储层宜采用射孔完井。
(　　)35. AB004　在井身结构图上单层套管柱用套管直径×下入深度表示。
(　　)36. AB005　油管挂座在小四通内,并将油管、套管的环形空间密闭起来。
(　　)37. AB006　设计油管柱结构时必须满足射孔、采气工艺、井下作业、测试工艺和配产的要求。
(　　)38. AB007　用来建立油气生产通道的套管柱是技术套管。
(　　)39. AB008　井下安全阀主要由阀板、弹簧、活塞等组成。
(　　)40. AB009　井下安全阀只是用来保障油气井的安全。
(　　)41. AB010　井下节流器下入深度应结合气井参数进行设计计算,必须保障节流后不会形成水合物。
(　　)42. AB011　根据密封部位不同,井下封隔器分为"管外密封"和"管内密封"。
(　　)43. AB012　高含硫气井安装管外永久式封隔器,主要是保护油管。
(　　)44. AB013　井下有三层套管柱的气井应安装三级套管头。
(　　)45. AB014　当地面或井下出现异常情况时,可以通过井口装置实现对油气井的控制。
(　　)46. AB015　完整的采气树闸阀共有 7 个。
(　　)47. AB016　通过录取的井口油压可以计算气井的井底压力。
(　　)48. AB017　井口安全截断系统由平板阀、控制柜、压力感测、动力管路等组成。
(　　)49. AB018　井口安全截断阀在气缸或油缸内介质压力的作用下保持开启状态,当介质压力释放后自动关闭。
(　　)50. AB019　当天然气的温度高于水蒸气露点时,就为水合物的生成创造了条件。
(　　)51. AB020　压力为 6MPa 时甲烷水合物的生成温度是 8℃,也就是当温度低于 8℃时甲烷就不会生成水合物。
(　　)52. AB021　油管直径越小,天然气的流速越快,举升液滴的效率也越高。
(　　)53. AB022　泡沫排水采气适用于产水量较小的自喷或弱喷气井。
(　　)54. AB023　柱塞气举排水采气只能依靠气井自身能量推动柱塞运行。
(　　)55. AB024　气举排水采气的气源可以是氮气或临近高压气井天然气。
(　　)56. AB025　抽油机排水采气是一种依靠气井自身能量的排水采气工艺。
(　　)57. AB026　电潜泵排水采气是将地面动力通过抽油杆传递给井下离心泵,实现排水采气的。
(　　)58. AB027　螺杆泵驱动头的电动机一般采用变频式防爆电动机,可以在一定范围内调节驱动头的转速。
(　　)59. AB028　涡流排水采气是一种人工举升排水采气工艺。
(　　)60. AB029　多井集气流程适用于流体性质、压力系统接近的单井。

(　　)61. AB030　天然气加热主要是防止天然气节流降压时生成水合物。

(　　)62. AB031　水套加热炉是通过加热火筒对天然气进行加热的。

(　　)63. AB032　水套加热炉是以水为传热介质,对天然气进行加热。

(　　)64. AB033　旋风分离器进口管以垂直方向进入筒体。

(　　)65. AB034　重力式分离器都是由筒体、进口管、出口管、排污管等组成。

(　　)66. AB035　过滤分离器按其工作原理分为过滤段和分离段。

(　　)67. AB036　常用的自动排污系统按控制类型可分为机械式、电控式(或电/气联控式)、气控式三类。

(　　)68. AB037　天然气疏水阀安装于管道或分离器下游,主要是自动排放管道或分离器中的沉积水。

(　　)69. AB038　双作用节流截止阀属切断阀类。

(　　)70. AB039　阀门压力代号为“64”,表示阀门的压力等级为64MPa。

(　　)71. AB040　阀门密封副由阀座和启闭件组成。

(　　)72. AB041　当填料作用于阀杆上的压力等于或高于介质压力时,填料就能对介质起到密封作用。

(　　)73. AB042　闸阀在使用过程要全开或全关,不能半开半关作调节阀使用。

(　　)74. AB043　明杆闸阀,多用于输送非腐蚀性流体的管道。暗杆闸阀多用于输送腐蚀介质的管道。

(　　)75. AB044　截止阀通过阀杆上的阀瓣锥面或平面与密封座圈紧密配合达到密封。

(　　)76. AB045　截止阀是利用阀瓣密封面与阀座密封面结合来实现阀门密封的。

(　　)77. AB046　节流阀由于密封性较差,一般在其前端都加装闸阀等阀门用于切断天然气气流。

(　　)78. AB047　短期关井时,直接应关闭井口角式节流阀即可。

(　　)79. AB048　当双作用节流截止放空阀全开时,此时阀门处于节流状态。

(　　)80. AB049　双作用节流截止放空阀采用的是硬双重密封结构、软双重密封结构。

(　　)81. AB050　单偏心密封蝶阀阀门轴中心与阀体的中心线存在一个 a 尺寸的偏置。

(　　)82. AB051　三偏心密封蝶阀在关闭的过程中,其阀板密封面与阀座密封面逐渐接触并压紧。

(　　)83. AB052　球阀只能作全开或全关,不能作节流用,以防损坏密封面。

(　　)84. AB053　固定球阀工作时,阀前流体压力在球体上产生的作用力全部传递给轴承,使球体向阀座移动,因而阀座会承受过大的压力。

(　　)85. AB054　更换带螺栓密封压盖的旋塞阀阀杆填料时,不能带压操作。

(　　)86. AB055　油封式圆锥形和压力平衡倒圆锥形旋塞阀都是利用密封剂来实现密封的。

(　　)87. AB056　先导式安全阀使用时,通过导阀的复位调节螺钉来设定开启压力。

(　　)88. AB057　先导式安全阀由泄压状态复位时,是由弹簧力将主阀阀芯紧贴阀座达到密封的。

(　　)89. AB058　启动调压阀时应先开通引流阀,使下游先有气,避免调压阀因瞬间升压而损坏。

(　　)90. AB059 顺时针旋转自力式调压阀调节螺钉时,阀门开度减小。

(　　)91. AB060 碟式止回阀可竖直安装。

(　　)92. AB061 当止回阀上游介质的压力低于下游介质的压力时阀门打开,实现介质的流通。

(　　)93. AB062 带内环型缠绕式垫适用于密封面型式为突面的法兰。

(　　)94. AB063 公称压力为 10MPa 的管道表示为 P10MPa。

(　　)95. AB064 集输管网是气田开发的重要组成部分。

(　　)96. AB065 组合形集输管网适用于面积大、气井分布多的大型气田。

(　　)97. AB066 管道输送能力利用率即管道实际输送气量与在同一运行工况下的理论计算输送气量的比值。

(　　)98. AB067 天然气管道日常清管作业主要是清除管内沉积的水及污物,防止管道产生堵塞,减少管道内腐蚀,提高管道输送效率。

(　　)99. AB068 用于天然气处理的过滤分离器是用来除去湿气中的固体杂质及分离液态水。

(　　)100. AB069 低温分离工艺是利用原料气中各烃类组分冷凝温度不同的特点进行分离的。

(　　)101. AB070 低温回收凝析油采气流程可以采取单井低温分离或集气站低温分离工艺。

(　　)102. AB071 由于天然气中凝析油的存在,在一定条件下会形成水合物,堵塞设备、管路,影响平稳供气。

(　　)103. AB072 目前天然气脱水工艺中常用的是溶剂吸收法和固体吸附法。

(　　)104. AB073 天然气溶剂吸收法脱水广泛应用的吸收剂是三甘醇(TEG)。

(　　)105. AB074 三甘醇脱水中原料气处理系统的主要设备有入口分离器、吸收塔、干气贫液换热器、压力调节阀等。

(　　)106. AB075 分子筛的脱附原理是利用高温天然气作传热介质,将分子筛加热到一定温度后,分子筛内孔里的水分子被蒸发出来离开分子筛。

(　　)107. AB076 分子筛脱水工艺中,原料气由下至上通过分子筛进行脱水吸附。

(　　)108. AB077 焦耳—汤姆逊阀脱水中,为了防止天然气降温形成水合物,可在 J—T 阀前加入水合物抑制剂。

(　　)109. AB078 焦耳—汤姆逊阀脱水工艺中,常用的水合物抑制剂是二甘醇。

(　　)110. AB079 吸入式离心泵启动前不需要先用水灌满泵壳和吸水管道。

(　　)111. AB080 往复泵的活塞由一端移至另一端,称为一个工作循环。

(　　)112. AB081 网络信息传输使用的光缆一般不会传导雷电,但光缆金属护套和金属芯线可能引入雷电烧毁设备,必须在进入设备之前,使芯线盒护套接地,以达到避雷的目的。

(　　)113. AC001 根据气缸中心线的相对位置不同,天然气压缩机组可分为立式、卧式、角度式以及对置平衡式与对称平衡式。

(　　)114. AC001　压缩机是天然气压缩机组的核心部分,其他部件都是围绕压缩部分能正确、安全的实现气体压缩过程而设计的。

(　　)115. AC002　采取单井分散增压是提高气井采收率的方法之一。

(　　)116. AC002　气水同产井气举压缩机应远离井口。

(　　)117. AC003　多井集中增压开采时,对所有气井只能同时进行增压开采。

(　　)118. AC003　多井集中增压开采时,单井原料气已进行了分离,进压缩机前可不再进行过滤分离处理。

(　　)119. AD001　测量相对误差没有单位。

(　　)120. AD002　按测量结果分类,测量方法可分为接触式测量和非接触式测量。

(　　)121. AD002　按被测变量变化速度分类,测量方法可分为静态测量和动态测量。

(　　)122. AD003　电接点压力表可以输出触点信号。

(　　)123. AD004　测量范围是指"测量仪器的误差处在规定极限内的一组被测量的值"。

(　　)124. AD004　量程是指仪表能接受的输出信号范围。

(　　)125. AD005　测量结果就是真值。

(　　)126. AD006　仪表量程越大,相对误差越小。

(　　)127. AD007　按表达方式,误差可分为静态误差和动态误差。

(　　)128. AD008　绝对误差都是正数。

(　　)129. AD009　修正值只有大小,没有方向。

(　　)130. AD010　有效数字是指该数字在一个数量中所代表的大小。

(　　)131. AD011　采用"偶然原则"就是将凑整误差变成为偶然误差,而不造成系统误差。

(　　)132. AD012　孔板流量计的孔板装反会使流量值偏高。

(　　)133. AD013　容积式流量计不能用于脉动流的测量。

(　　)134. AD014　涡街流量计适用于气体和液体的计量。

(　　)135. AD015　超声波流量计对直管段没有要求。

(　　)136. AD016　旋进旋涡流量计适用于振动强烈的场所。

(　　)137. AD017　转子流量计结构简单,不宜测量腐蚀性介质。

(　　)138. AD018　科氏力质量流量计的理论依据是科里奥利加速度理论。

(　　)139. AD019　靶式流量计的振荡不是因为流体冲击靶片引起的。

(　　)140. AD020　超声波式液位计主要用于测量准确度要求不高的场合。

(　　)141. AD021　电磁流量计的外壳一般用铁磁材料制成,可隔离外磁场的干扰。

(　　)142. AD021　电磁流量计用水标定后,可以用来测量其他导电液体的体积流量,而无须再修正。

(　　)143. AD022　双波纹管差压计的静压误差应越小越好。

(　　)144. AD022　平衡阀发生内漏将造成差压计的差压示值偏大。

(　　)145. AD023　天然气流量计量系统的计量基础参数并不都由系统自动采集。

(　　)146. AD024　检查孔板平面度时,选用的塞尺规格应比计算数据值大。

(　　)147. AE001　金属导体的电阻率一般随温度降低而减小,在极低温度下,某些金属与合金的电阻率将消失而转化为“超导体”。

(　　)148. AE002　在火灾危险环境内的电力照明线路的绝缘导线和电缆的额定电压，不应低于线路的额定电压，且不得低于450V。

(　　)149. AE003　10kV及以下架空线路，严禁跨越火灾危险环境，架空线路与火灾危险环境的水平距离不应小于杆塔高度的1.5倍。

(　　)150. AE004　人工呼吸和胸外按压是对触电者进行现场急救的最为简单且效果较好的方法，也可以使用用强心剂抢救触电者。

(　　)151. AE005　在绝缘物体上的静电荷逐渐积聚，不可能形成高电位。

(　　)152. AE006　非金属管道比金属管道更容易产生静电。

(　　)153. AE007　接地是防止静电产生的主要措施。

(　　)154. AE008　汽车也是雷电的“避雷所”，一旦汽车被雷击中，它的金属外壳能起到屏蔽作用，电流对车内的人员不会产生危害。

(　　)155. AE009　雷雨天应尽量远离山顶、河道边、大树下、旗杆下、烟囱等处。

(　　)156. AE010　可燃性气体放空管路必须装设避雷针，避雷针的保护范围应高出管口不小于2m，避雷针距管口的水平距离不得小于3m。

(　　)157. AF001　机械制图中，通常假设人的视线为一组平行投影线，这样在投影面上所得到的正投影称为视图。

(　　)158. AF002　采气流程图是对采气全过程各工艺环节间关系及管路特点的总说明。

(　　)159. AF003　绘制井身结构示意图时管径和井深采用同样比例绘制。

(　　)160. AF004　机械制图中，确定主视图的投影方向，一般把最复杂的面作为主视图方向。

(　　)161. BA001　平衡罐加注药剂的优点是不需要外加动力能源。

(　　)162. BA002　泵注药剂时流量调节范围大。

(　　)163. BA003　气井固体投注装置不需要平衡管路。

(　　)164. BA004　气井柱塞运行制度不能调整。

(　　)165. BA005　启动气举时可以快速升高注气压力。

(　　)166. BA006　抽油机启动前应检查毛辫子有无断股现象，悬绳器配件是否齐全。

(　　)167. BA007　电潜泵排水可根据实际产水量、吸入口压力等参数微小调整机组频率。

(　　)168. BA008　清管球装入发球筒后，可一边关闭快速盲板，一边打开球筒引流阀缓慢进气。

(　　)169. BA009　集气管线紧急大排量放空时，应尽量避免通过球筒放空。

(　　)170. BA010　清管阀盲板安装到位后无须插上安全锁定销就可以进行下一步操作。

(　　)171. BA011　清管作业时，确认清管阀内压力为零后，才允许打开盲板。为方便操作，操作人员可正对盲板站立。

(　　)172. BA012　脱水器内硬质异物卡住连杆机构或阀芯时，会造成脱水器长时间连续排液。

(　　)173. BA013　紧急突发情况下可以远程关闭井口安全截断系统，也可以远程启动井口安全截断系统。

(　　)174. BB001　固体氧化铁法脱硫没有尾气污染。

(　　)175. BB002　氧化铁固体脱硫法工艺具有操作简单、处理压力范围广、易于维护等的优点。

(　　)176. BB003　干法脱硫是固体脱硫剂表面吸附酸性气体，或脱硫剂与酸性气体发生反应，从而达到脱除硫化氢的目的。

(　　)177. BB004　打开脱硫塔上填料口、下填料口后，应注入适量冷水以降温。

(　　)178. BB005　固体氧化铁脱硫塔升压时迅速打开进气口，升压至试验压力。

(　　)179. BB006　当干法脱硫产品气中硫化氢含量检测结果接近 $30mg/m^3$ 时，每天检测1次。

(　　)180. BC001　重沸器点火操作中，确认引导火点燃后，打开温度调节阀，确认主火点燃后，才能逐渐关小重沸器温度调节阀。

(　　)181. BC002　三甘醇脱水装置灼烧炉点火前，应打开风门，使炉膛自然通风2~5min。

(　　)182. BC003　甘醇能量回收泵启动操作前，检查泵富液进出口各个连接部位应紧固、完好；检查泵贫液进出口各个连接部位应紧固、完好。

(　　)183. BC004　甘醇电泵，应检查柱塞盘根处漏失量应保持在2~3滴/min，过快则适当拧紧填料压盖，不足则适当拧松填料压盖。

(　　)184. BC005　利用称重法测定天然气含水量，置换吸收管内空气是为防止天然气与空气混合后发生爆炸事故。

(　　)185. BC006　取样后进行三甘醇质量分数测定的贫甘醇应冷却到室温，富甘醇应静置到气泡消除后才能进行质量分数测定。

(　　)186. BC006　三甘醇质量分数测量结果如有疑问，可取其中一个值作为测量最终结果。

(　　)187. BC006　为准确测量三甘醇质量分数，在三甘醇取样后应立即塞上取样管塞。

(　　)188. BD001　天然气计量过程中的所有误差是可以完全避免的。

(　　)189. BD002　计量器具的误差只能尽量减少，不能绝对避免。

(　　)190. BD003　所有的压力变送器都是将压力转换成标准的电信号。

(　　)191. BD004　压力变送器的检定周期最长为半年。

(　　)192. BD005　《用标准孔板流量计测量天然气流量》标准只能用于法兰取压方式。

(　　)193. BD006　磁浮子液位计浮筒周围不容许有导磁体靠近，否则直接影响液位计准确工作。

(　　)194. BE001　纯气井的采气曲线没有氯离子浓度曲线。

(　　)195. BE002　当气井井壁发生坍塌时，采气曲线表现为压力和产量下降速度增快。

(　　)196. BE003　志留系用符号S表示。

(　　)197. BE004　地层年代单位是把全世界的地层加起来通盘考虑，通常分为新生界、中生界、古生界、元古界四个单位。

(　　)198. BE005　产水量增加，气水比就一定增大。

(　　)199. BF001　钳工应具备对机器及其部件进行装配、调试和维修等操作的技能。

(　　)200. BF002　石油天然气站内工艺管道施工时，焊缝距支吊架位置不应小于100mm。

(　　)201. BF003　阀门阀杆处渗漏的原因,可能是阀杆磨损或填料损坏。

(　　)202. BF004　更换阀门倒流程放空泄压时,应先关上、下游阀门,再开放空阀进行泄压。

(　　)203. BF004　一般情况下,安装后的阀门手轮或手柄不应向上,应视阀门特征及介质流向安装在便于操作和检修的位置上。

(　　)204. BF005　更换阀门倒流程放空泄压时,应先关上、下游阀门,再开放空阀进行泄压。

(　　)205. BF006　对高级孔板阀加密封脂后打开放空阀,若放空阀继续泄漏,仍可加密封脂。

(　　)206. BG001　天然气是易燃、易爆气体,遇火源就会发生燃烧或爆炸。

(　　)207. BG002　引起闪燃的最高温度称为闪点。

(　　)208. BG003　建筑物发生火灾时,应乘坐电梯迅速逃离。

(　　)209. BG004　爆炸低限和高限之间的浓度范围,称为爆炸极限,简称爆炸限。

(　　)210. BG005　爆炸的破坏形式大致分为震荡作用、冲击波的破坏作用、碎片冲击、造成火灾、造成人员中毒和环境污染。

(　　)211. BG006　采取除掉可燃物、隔绝助燃物、将可燃物冷却至燃点以下等措施均可灭火。

(　　)212. BG007　硫化氢对人体的伤害主要是作用于内分泌系统和呼吸系统。

(　　)213. BG008　进入受限空间作业中断 40min,可以直接进入受限空间继续作业。

(　　)214. BG009　吸入高浓度硫化氢气体,会引起溺毙样死亡。

(　　)215. BG010　控制气体流速,可有效地降低噪声,对于低压管线宜控制在 15m/s 内。

(　　)216. BG011　硫化氢气体的阈限值为 $5mg/m^3$。

(　　)217. BG012　可燃气体检测仪在使用过程中报警器鸣响不停的原因可能是报警点设置不正确。

(　　)218. BG013　硫化氢气体检测仪器开机后,应观察有无报警声和报警灯是否闪烁,同时检查仪器的报警设定值。

(　　)219. BG014　正压式空气呼吸器气瓶压力在 6.5MPa 时,报警哨会发出警报声。

(　　)220. BG015　二氧化碳灭火方法属于隔离法灭火。

(　　)221. BG016　高处作业人员在作业前,应充分了解作业内容、地点、时间、要求,熟知作业中的危害因素和“高处作业许可证”中的安全措施。

(　　)222. BG017　现场处置方案应根据现场工作岗位、组织形式及人员构成,明确各岗位人员的应急工作分工和职责。

答　　案

一、单项选择题

1. B　2. D　3. D　4. A　5. A　6. B　7. A　8. A　9. A　10. D
11. C　12. A　13. A　14. D　15. C　16. A　17. D　18. C　19. A　20. B
21. A　22. A　23. A　24. D　25. B　26. D　27. A　28. D　29. B　30. A
31. D　32. B　33. C　34. B　35. D　36. A　37. A　38. C　39. A　40. C
41. A　42. D　43. C　44. B　45. B　46. B　47. C　48. D　49. B　50. B
51. C　52. B　53. A　54. A　55. B　56. C　57. A　58. A　59. C　60. B
61. B　62. A　63. B　64. D　65. A　66. C　67. D　68. C　69. A　70. B
71. D　72. C　73. D　74. A　75. B　76. C　77. B　78. A　79. B　80. A
81. A　82. A　83. B　84. C　85. B　86. C　87. B　88. B　89. C　90. A
91. C　92. D　93. B　94. A　95. C　96. A　97. B　98. C　99. D　100. A
101. D　102. C　103. B　104. C　105. A　106. D　107. A　108. B　109. A　110. C
111. B　112. D　113. B　114. C　116. B　116. A　117. A　118. B　119. B　120. C
121. A　122. B　123. A　124. D　125. C　126. B　127. A　128. C　129. D　130. D
131. C　132. A　133. B　134. A　135. D　136. B　137. C　138. B　139. B　140. D
141. C　142. B　143. B　144. C　145. A　146. B　147. D　148. A　149. B　150. B
151. D　152. B　153. B　154. B　155. B　156. A　157. B　158. C　159. C　160. A
161. A　162. A　163. C　164. B　165. B　166. B　167. A　168. A　169. D　170. B
171. A　172. A　173. B　174. A　175. D　176. B　177. C　178. D　179. D　180. A
181. D　182. C　183. B　184. C　185. D　186. C　187. B　188. A　189. A　190. C
191. D　192. A　193. B　194. A　195. D　196. A　197. D　198. C　199. C　200. C
201. B　202. B　203. B　204. C　205. A　206. C　207. D　208. C　209. A　210. B
211. B　212. A　213. D　214. D　215. C　216. B　217. B　218. B　219. C　220. A
221. A　222. A　223. D　224. C　225. C　226. D　227. C　228. B　229. A　230. D
231. B　232. D　233. C　234. B　235. B　236. A　237. A　238. A　239. B　240. C
241. D　242. C　243. A　244. B　245. B　246. B　247. B　248. A　249. D　250. B
251. B　252. A　253. C　254. A　255. C　256. B　257. C　258. D　259. D　260. C
261. A　262. D　263. C　264. D　265. B　266. C　267. B　268. B　269. D　270. A
271. C　272. B　273. B　274. B　275. C　276. A　277. B　278. C　279. D　280. C
281. B　282. A　283. B　284. A　285. A　286. B　287. D　288. B　289. C　290. B
291. A　292. D　293. B　294. B　295. B　296. C　297. D　298. C　299. C　300. D
301. A　302. A　303. B　304. C　305. A　306. C　307. B　308. C　309. D　310. A
311. D　312. C　313. A　314. A　315. C　316. D　317. A　318. D　319. B　320. D

321. A　322. C　323. A　324. B　325. A　326. A　327. C　328. A　329. C　330. A
331. B　332. A　333. D　334. C　335. A　336. A　337. C　338. C　339. C　340. A
341. B　342. B　343. D　344. D　345. C　346. A　347. C　348. A　349. A　350. B
351. B　352. B　353. D　354. C　355. C　356. B　357. B　358. B　359. A　360. C
361. B　362. A　363. A　364. A　365. D　366. A　367. C　368. C　369. C　370. B
371. A　372. C　373. B　374. B　375. D　376. D　377. A　378. A　379. D　380. C
381. C　382. C　383. C　384. D　385. A　386. B　387. B　388. A　389. B　390. A
391. A　392. D　393. B　394. B　395. B　396. C　397. C　398. A　399. B　400. D
401. D　402. A　403. B　404. B　405. D　406. A　407. B　408. A　409. B　410. B
411. A　412. A　413. C　414. A　415. B　416. B　417. B　418. C　419. C　420. B
421. D　422. A　423. C　424. A　425. C　426. A　427. D　428. A　429. A　430. C
431. C　432. C　433. B　434. A　435. C　436. B　437. D　438. B　439. A　440. C
441. C　442. A　443. C　444. C　445. A　446. B　447. C　448. A　449. B　450. A
451. A　452. B　453. C　454. B　455. C　456. B　457. A　458. D　459. B　460. B
461. C　462. C　463. D　464. D　465. B　466. A　467. A　468. D　469. C　470. D
471. B　472. D　473. D　474. B　475. C　476. C　477. B　478. D　479. C　480. B
481. C　482. B　483. B　484. B　485. C　486. C　487. B　488. C　489. D　490. C
491. B　492. D　493. A　494. D　495. C　496. B　497. C　498. C　499. B　500. B
501. C　502. B　503. D　504. C　505. B　506. C　507. B　508. A　509. C　510. A
511. D　512. A　513. B　514. A　515. C　516. D　517. C　518. A　519. C　520. B
521. B　522. D　523. B　524. B　525. B　526. C　527. A　528. B　529. D　530. A
531. D　532. A　533. C　534. B　535. C　536. A　537. C　538. D　539. A　540. A
541. D　542. B　543. B　544. A　545. C　546. C　547. C　548. B　549. D　550. D
551. A　552. B　553. D　554. B　555. D　556. A　557. C　558. B　559. C　560. C
561. B　562. B　563. A　564. B　565. C　566. D　567. A　568. C　569. A　570. D
571. A　572. B　573. B　574. C　575. B　576. D　577. D　578. D　579. B　580. A
581. C　582. A　583. D　584. B　585. A　586. D　587. B　588. C　589. D　590. D
591. C　592. B　593. B　594. C　595. B　596. C　597. B　598. D　599. B　600. C
601. B　602. A　603. D　604. A　605. B　606. C　607. A　608. A　609. D　610. B
611. D　612. A

二、判断题

1.× 正确答案:气井试井是通过关井、开井或改变气井的工作制度,同时测量气井的产量、压力及其与时间的关系等资料,用渗流力学理论来研究气井、气藏的产能和动态的一种现场试验方法。 2.√ 3.× 正确答案:按地层中流体渗流特点,气井试井分为稳定试井和不稳定试井两种。 4.× 正确答案:稳定试井是用来测定气井产能的试井。 5.√ 6.× 正确答案:产能试井是稳定试井的一种。 7.√ 8.× 正确答案:压力恢复试井实测的压力恢复曲线不是一条理想的直线。 9.× 正确答案:气藏高度是指气水界面与气藏最高点的海拔高差。 10. × 正确答案：含气面积是气水边界所圈闭的面积。 11. × 正确答案：底水气藏只有含气外边界。 12. √ 13. √ 14. × 正确答案：沉积盆地中包含陆相、海相沉积和海陆过渡相沉积。 15. × 正确答案：当气水界面与储层顶界面、底界面同时相交时，气藏只有边水。 16. × 正确答案：当气水界面与储层顶相交时，气藏只存在底水。 17. √ 18. √ 19. × 正确答案：间隙水是以分散状态储存在地层部分孔隙中难以流动的水。 20. √ 21. √ 22. × 正确答案：压力相同的情况下，温度低于露点，水蒸气会从天然气中析出成液态水。 23. √ 24. √ 25. × 正确答案：黏度使天然气在地层、井筒和地面管道中流动时产生阻力，压力降低。 26. √ 27. √ 28. √ 29. × 正确答案：对某一地区而言，地温级率是常数。 30. × 正确答案：气井关井初期，井筒平均温度不断变化，最后趋于不变。 31. × 正确答案：地温梯度是地层深度每增加 100m 温度的增加值。 32. √ 33. × 正确答案：高含硫气井是指硫化氢含量大于 $30g/m^3$ 的气井。 34. √ 35. √ 36. × 正确答案：油管挂座在大四通内，并将油管、套管的环形空间密闭起来。 37. √ 38. × 正确答案：用来建立油气生产通道的套管柱是油层套管。 39. √ 40. × 正确答案：井下安全阀不仅用来保障油气井的安全，还可以保障地面生产设施的安全。 41. √ 42. √ 43. × 正确答案：高含硫气井安装管外永久式封隔器，主要是保护油层套管内壁和油管外壁。 44. × 正确答案：井下有三层套管柱的气井应安装双级套管头。 45. √ 46. × 正确答案：完整的采气树闸阀共有 5 个。 47. √ 48. × 正确答案：井口安全截断系统由安全截断阀、控制柜、压力感测、动力管路等组成。 49. √ 50. × 正确答案：当天然气的温度低于水蒸气露点时，就为水合物的生成创造了条件。 51. × 正确答案：压力为 6MPa 时甲烷水合物的生成温度是 8℃，也就是当温度高于 8℃ 时甲烷就不会生成水合物。 52. √ 53. √ 54. × 正确答案：柱塞气举排水采气既可以依靠气井自身能量推动柱塞运行，也可以借助外界能力推动柱塞运行。 55. √ 56. × 正确答案：抽油机排水采气是向气井补充能量的一种人工举升排水采气工艺。 57. × 正确答案：电潜泵排水采气是将地面动力通过电缆传递给井下离心泵，实现排水采气的。 58. √ 59. × 正确答案：涡流排水采气是一种依靠气井自身能量实现排水的采气工艺。 60. √ 61. √ 62. × 正确答案：水套加热炉是通过加热换热管对天然气进行加热的。 63. √ 64. × 正确答案：旋风分离器进口管以切线方向进入筒体。 65. √ 66. √ 67. √ 68. √ 69. × 正确答案：双作用节流截止阀属调节阀类。 70. × 正确答案：阀门压力代号为“64”，表示阀门的压力等级为 6.4MPa。 71. √ 72. √ 73. √ 74. × 正确答案：明杆闸阀，多用于输送腐蚀性流体的管道。暗杆闸阀多用于输送非腐蚀介质的管道。 75. √ 76. √ 77. √ 78. × 正确答案：短期关井时，应关闭井口节流阀和生产闸阀。 79. × 正确答案：当双作用节流截止放空阀全开时，此时阀门处于全开状态，并不处于节流状态。 80. √ 81. × 正确答案：单偏心密封蝶阀阀门轴中心位于阀体的中心线上，且与阀板密封截面形成一个 a 尺寸偏置。 82. × 正确答案：三偏心密封蝶阀在关闭的瞬间，其阀板密封面才会接触并压紧阀座密封面。 83. √ 84. × 正确答案：固定球阀工作时，阀前流体压力在球体上产生的作用力全部传递给轴承，不会使球体向阀座移动，因而阀座不会承受过大的压力。 85. √ 86. √ 87. × 正确答案：先导式安全阀使用时，通过导阀的调节螺钉来设定开启压力。 88. × 正确答案：先导式安全阀由泄压状态复位时，是由差压作用将主阀阀芯紧贴阀座达到密封的。 89. √ 90. × 正确答案：顺时针旋转自力式调压阀调节螺钉时，阀门开度会增大。 91. × 正确答案：碟式止回阀只能水平安装。 92. × 正确答案：当止回阀上游介质的压力高于下游介质的压力时阀门打开，实现介质的流通。 93. × 正确答案：带内环型缠绕式垫适用于密封面型式为凹凸面的法兰。 94. × 正确答案：公称压力为 10MPa 的管道表示为 PN10MPa。 95. √ 96. √ 97. × 正确答案：管道输送能力利用率即管道实际输送气量与管道设计输送气量的比值。 98. √ 99. × 正确答案：用于天然气处理的过滤分离器既可用于除去天然气中的细小粉尘，也可除去湿气中的固体杂质及水分。 100. √ 101. √ 102. × 正确答案：由于天然气中水分的存在，在一定条件下会形成水合物，堵塞管路、设备，影响平稳供气。 103. √ 104. √ 105. √ 106. √ 107. × 正确答案：分子筛脱水工艺中，原料气由上至下通过分子筛进行脱水吸附。 108. √ 109. × 正确答案：焦耳—汤姆逊阀脱水工艺中，常用的水合物抑制剂是乙二醇。 110. × 正确答案：吸入式离心泵启动前需要先用水灌满泵壳和吸水管道。 111. × 正确答案：往复泵的活塞由一端移至另一端，称为一个冲程。 112. √ 113. √ 114. √ 115. √ 116. × 正确答案：气水同产井气举压缩机应靠近井口。 117. × 正确答案：多井集中增压开采，当工艺允许时，可对单井分别进行增压开采。 118. × 正确答案：多井集中增压开采时，即使单井原料气进行了分离，进压缩机前还应进行过滤分离处理。 119. √ 120. × 正确答案：按测量敏感元件是否与被测介质接触分类，测量方法可分为接触式测量和非接触式测量。 121. √ 122. √ 123. √ 124. × 正确答案：量程是指测量范围的上限值和下限值的代数差。 125. × 正确答案：测量结果不是真值。 126. × 正确答案：仪表量程与相对误差无关。 127. × 正确答案：按被测变量随时间变化的关系，误差可分为静态误差和动态误差。 128. × 正确答案：绝对误差可能是正数，也可能是负数。 129. × 正确答案：修正值不但有大小，而且有方向。 130. √ 131. √ 132. × 正确答案：孔板流量计的孔板装反会使流量值偏低。 133. × 正确答案：容积式流量计可以用于脉动流的测量。134. √ 135. × 正确答案：超声波流量计对直管段有要求。 136. × 正确答案：旋进旋涡流量计不适用于振动强烈的场所。 137. × 正确答案：转子流量计结构简单，可以测量腐蚀性介质。 138. √ 139. √ 140. × 正确答案：超声波式液位计主要用于测量准确度要求高的场合。 141. √ 142. √ 143. √ 144. × 正确答案：平衡阀发生内漏将造成差压计的差压示值偏小。 145. √ 146. × 正确答案：检查孔板平面度时，选用的塞尺规格应比计算数据值小。 147. √ 148. × 正确答案：在火灾危险环境内的电力照明线路的绝缘导线和电缆的额定电压，不应低于线路的额定电压，且不得低于 500V。 149. √ 150. × 正确答案：人工呼吸和胸外按压是对触电者进行现场急救的最为简单且效果较好的方法，禁止用强心剂抢救触电者。 151. × 正确答案：如果绝缘物体上的静电荷逐渐积聚，可能形成高电位。 152. √ 153. × 正确答案：接地是消除静电的主要措施。 154. √ 155. √ 156. √ 157. × 正确答案：机械制图中，通常假设人的视线为一组平行的，且垂至于投影面的投影线，这样在投影面上所得到的正投影称为视图。 158. √ 159. × 正确答案：绘制井身结构示意图时管径和井深不能采用同样比例绘制。 160. × 正确答案：确定主视图的投影方向，一般把最能反映零件结构形状特征面作为主视图方向。 161. √ 162. √ 163. × 正确答案：气井固体投注装置需要平衡管路。 164. × 正确答案：气井柱塞运行制度可以根据生产情况进行调整。 165. × 正确答案：启动气举时应缓慢升高注气压力，每 10min 注气压力增加值不超过 0.6MPa，当注气压力达到 4.0~5.0MPa 后可适当调节开度。 166. √ 167. √ 168. × 正确答案：清管球装入发球筒后，应先关闭快速盲板，再打开球筒引流阀缓慢进气进行球筒平压，检查无泄漏后，全开球筒进气阀。 169. √ 170. ×正确答案：清管阀盲板安装到位后必须插上安全锁定销方能进行下一步操作。 171. × 正确答案：清管作业时，确认清管阀内压力为零后，才允许打开盲板。操作时操作人员严禁正对盲板站立。 172. √ 173. × 正确答案：紧急突发情况下可以远程关闭井口安全截断系统，但不能远程启动井口安全截断系统，只能现场启动井口安全截断系统。 174. √ 175. √ 176. √ 177. √ 178. × 正确答案：固体氧化铁脱硫塔升压时切忌过猛操作，否则将造成应力作用使脱硫剂粉化。 179. × 正确答案：当产品气中硫化氢含量检测结果接近 15mg/m^3 时，每天检测 1 次。 180. × 正确答案：重沸器点火操作中，确认引导火点燃后，打开重沸器温度调节阀，确认主火点燃后，逐渐开大重沸器温度调节阀。 181. × 正确答案：三甘醇脱水装置灼烧炉点火前，应打开风门，使炉膛自然通风 5~10min。 182. √ 183. √ 184. × 正确答案：利用称重法测定天然气含水量，置换吸收管内空气是为防止 P_2O_5 与吸收空气中的水蒸气，导致称重产生误差。 185. √ 186. × 正确答案：三甘醇质量分数测量结果如有疑问，应进行重新取样测量后对比，得出正确的结果。 187. √ 188. × 正确答案：天然气计量过程中的粗大误差是可以避免的。 189. √ 190. × 正确答案：所有的压力变送器都是将压力转换成标准信号。 191. × 正确答案：压力变送器的检定周期最长为一年。 192. × 正确答案：《用标准孔板流量计测量天然气流量》标准可用于法兰取压和角接取压方式。 193. √ 194. √ 195. × 正确答案：当气井井壁发生坍塌时，采气曲线表现为压力和产量突然下降。 196. √ 197. × 正确答案：地层年代单位是把全世界的地层加起来通盘考虑，通常分为新生界、中生界、古生界、元古界、太古界五个单位。 198. × 正确答案：气水比是产气量与产水量的比值，若产气量增加或减少相应引起产水量增加和减少，气水比可能保持不变。 199. √ 200. × 正确答案：石油天然气站内工艺管道施工时，焊缝距支吊架不应小于 50mm。 201. √ 202. √ 203. × 正确答案：一般情况下，安装后的阀门手轮或手柄不应向下，应视阀门特征及介质流向安装在便于操作和检修的位置上。 204. √ 205. × 正确答案：对高级孔板阀加密封脂后打开放空阀，若放空阀继续泄漏，则应关闭放空阀再加密封脂。 206. × 正确答案：天然气是易燃、易爆气体，与空气混合达到一定比例后，遇火源就会发生燃烧或爆炸。 207. × 正确答案：引起闪燃的最低温度称为闪点。 208. × 正确答案：建筑物发生火灾时，禁止乘坐电梯逃离。 209. × 正确答案：爆炸低限和高限之间的浓度范围，称为爆炸界限，简称爆炸限。 210. √ 211. √ 212. × 正确答案：硫化氢对人体的伤害主要是作用于中枢神经系统和呼吸系统。 213. ×正确答案：进入受限空间作业中断 30min 以内，可以直接进入受限空间继续作业。 214. ×正确答案：吸入高浓度硫化氢气体，会引起电击样死亡。 215. × 正确答案：控制气体流速，可有效地降低噪声，对于低压管线宜控制在 5m/s 内。 216. × 正确答案：硫化氢气体的阈限值为 15mg/m^3。 217. √ 218. √ 219. × 正确答案：正压式空气呼吸器气瓶压力在 5.5MPa±0.5MPa 时，报警哨会发出警报声。 220. × 正确答案：二氧化碳灭火方法属于窒息法灭火。 221. √ 222. √

高级工理论知识练习题及答案

一、单项选择题(每题有4个选项,只有1个是正确的,将正确的选项填入括号内)

1. AA001　天然气通过孔隙或裂缝的流动称为(　　)。
A. 紊流　B. 层流　C. 渗流　D. 稳定流

2. AA001　地层中的孔隙或裂缝,是天然气从地层流向井底的(　　)。
A. 储集空间　B. 渗流通道　C. 阻碍　D. 不利因素

3. AA002　下列选项中,不属于渗流分类的是(　　)。
A. 单相渗流和多相渗流　B. 稳定渗流和不稳定渗流
C. 简单渗流和复杂渗流　D. 球向渗流和径向渗流

4. AA002　流体流动时,质点互不混杂、流线相互平行的流动叫(　　)。
A. 单相渗流　B. 稳定渗流　C. 层流　D. 紊流

5. AA003　气井无阻流量是指(　　)等于0.1MPa时的气井产量。
A. 井底流压　B. 井底静压　C. 地层压力　D. 井口压力

6. AA003　同一口气井,无阻流量与实际产量的关系是(　　)。
A. 无阻流量>实际流量　B. 无阻流量<实际流量
C. 无阻流量≥实际流量　D. 无阻流量≤实际流量

7. AA004　井底流动压力等于0.1MPa时的气井产量称为(　　)。
A. 绝对无阻流量　B. 最大测试产量
C. 无阻流量　D. 最大实际产量

8. AA004　绝对无阻流量是指气井(　　)等于0.1MPa时的气井产量。
A. 井口压力　B. 井底流压　C. 井口套压　D. 井口油压

9. AA005　地层的变形或变位造成的一种或多种地层形态称为(　　)。
A. 褶皱　B. 褶曲　C. 地质构造　D. 断层

10. AA005　用等高线平面投影,表示构造某岩层顶面或底面形态的图件称为(　　)。
A. 剖面图　B. 柱状图　C. 构造图　D. 等高图

11. AA006　气井生产过程中,从气井内带出的水分为(　　)两大类。
A. 边水和底水　B. 自由水和间隙水
C. 地层水和非地层水　D. 凝析水和地层水

12. AA006　下列选项中,按地层水在气藏中的活动性(产状)分类的是(　　)。
A. 边水和底水　B. 自由水和间隙水
C. 地层水和非地层水　D. 凝析水和地层水

13. AA007　气井经酸化措施后滞留在井底周围岩石缝隙中的残酸水是(　　)。
A. 边水　B. 底水　C. 地层水　D. 非地层水

14. AA007　下列选项中，不属于非地层水的是(　　)。
A. 凝析水　B. 钻井液　C. 残酸水　D. 边水
15. AA008　生产过程中因温度降低，天然气水汽组分中凝析成液态水的是(　　)。
A. 钻井液　B. 凝析水　C. 残酸水　D. 外来水
16. AA008　天然气凝析水组成中的氯离子含量(　　)。
A. 一般较低　B. 一般较高
C. 不同气井差别很大　D. 没有规律
17. AA009　残酸水中的氯离子含量(　　)。
A. 一般较低　B. 一般较高
C. 不同气井差别不大　D. 没有规律
18. AA009　残酸水的 pH 值一般(　　)。
A. 大于 7　B. 小于 7　C. 等于 7　D. 不同气井差别不大
19. AA010　钻井过程中(　　)渗漏到井周围岩石缝隙中，开采时随气流被带出到地面。
A. 钻井液　B. 残酸水　C. 边水　D. 底水
20. AA010　钻井液中的氯离子含量(　　)。
A. 一般较低　B. 一般较高　C. 不同气井差别不大　D. 没有规律
21. AA011　根据来源的位置，外来水分为上层水和(　　)。
A. 夹层水　B. 下层水　C. 间隙水　D. 地表水
22. AA011　下列选项中，关于外来水说法错误的是(　　)。
A. 根据来源不同，化学特征可能相差很大
B. 外来水可能是地层水
C. 外来水可分为上层水和下层水
D. 外来水的特点都是相同的
23. AA012　进行井下措施作业时，把地面上的水泵入井筒，部分水渗入到产层周围，随气井生产又被带出地面的水称为(　　)。
A. 钻井液　B. 残酸水　C. 外来水　D. 地面水
24. AA012　气井生产时，返出的地面水氯离子含量(　　)。
A. 一般较高　B. 一般较低　C. 不含氯离子　D. 没有规律
25. AA013　气田在钻完详探井、资料井和第一批生产井，投入开发后计算的储量叫(　　)。
A. 探明储量　B. 预测储量　C. 控制储量　D. 地质储量
26. AA013　按照我国储量划分习惯，控制储量又称为(　　)。
A. 一级储量　B. 二级储量　C. 三级储量　D. 四级储量
27. AA014　在预探阶段，已基本搞清构造形态、断裂特征、裂缝分布、气水分布、流体组成、地层压力、温度、产能情况等条件下求得的储量叫(　　)。
A. 探明储量　B. 预测储量　C. 控制储量　D. 地质储量
28. AA015　在预探阶段，已获得工业气流的构造上，初步明确产气层段层位、岩性等内容，根据地质情况和天然气分布规律及气藏类型推测的储量叫(　　)。
A. 探明储量　B. 预测储量　C. 控制储量　D. 地质储量

29. AA015　下列选项中,关于预测储量说法错误的是(　　)。
　A. 预探阶段求得的储量　　B. 已获得工业气流后求得的储量
　C. 有大部分井投产后求得的储量　　D. 明确产气层位后求得的储量
30. AA016　碳酸盐岩储集层的储集空间主要有(　　)。
　A. 孔隙　　B. 孔洞　　C. 裂缝　　D. 上述答案都正确
31. AA016　下列选项中,关于碳酸盐岩储层储集空间说法正确的是(　　)。
　A. 孔隙一般为细小微孔
　B. 孔洞肉眼可见,孔径大小不一
　C. 裂缝是油气的储集空间和渗流通道
　D. 上述答案都正确
32. AA017　稳定试井的原理是气井在稳定生产时,气体在地层中处于(　　),其产量与生产压差的关系遵守指数式和二项式产气方程。
　A. 平面径向稳定渗流　　B. 层流　　C. 线性渗流　　D. 单向渗流
33. AA017　气体在地层中处于平面径向稳定渗流状态时,其产量与生产压差的关系遵守指数式和二项式产气方程,这就是(　　)的原理。
　A. 压降法试井　　B. 压力恢复试井　　C. 稳定试井　　D. 不稳定试井
34. AA018　无阻流量为 $100\times10^4 m^3/d$ 的气井,稳定试井时测试产量可设置为(　　)。
　A. 5→15→30→50→60　　B. 10→20→30→40→60
　C. 20→25→30→35→40　　D. 50→40→30→20→10
35. AA018　下列选项中,关于稳定试井测试产量,说法正确的是(　　)。
　A. 对已测试过的气井,最小产量为气井无阻流量的 30%
　B. 对已测试过的气井,最大产量为气井无阻流量的 90%
　C. 对已测试过的气井,最小产量为气井无阻流量的 10%
　D. 对已测试过的气井,最小产量为气井绝对无阻流量的 10%
36. AA019　下列选项中,关于不稳定试井原理说法错误的是(　　)。
　A. 测试中途可以改变气井的测试状态
　B. 气井开井、关井引起的压力变化不是瞬时就能传播到整个地层
　C. 压力随时间的变化不受气层参数、渗流状况、边界条件等因素的影响
　D. 压力变化是按照一定的规律从井底开始逐渐向远处传播
37. AA019　下列选项中,关于压力恢复试井的过程说法错误的是(　　)。
　A. 需要关井
　B. 连续记录压力恢复数据
　C. 关井初期压力资料录取间隔较长
　D. 关井后期压力资料录取间隔较长
38. AA020　氯离子滴定的原理是通过(　　),从而计算出水的氯离子含量。
　A. 银离子和氯离子反应生成氯化银
　B. 钾离子和氯离子发生反应
　C. 铬酸钾和硝酸银发生反应

D. 测量氯化银沉淀物

39. AA020 下列选项中,氯离子滴定操作错误的是( )。

A. 吸取一定量的过滤水样置于三角烧杯内

B. 测定水样的 pH 值

C. 在中性水样中加入铬酸钾指示剂

D. 用硝酸溶液滴定水样至出现砖红色

40. AA021 当油管有水柱影响时,采气曲线表现为( )。

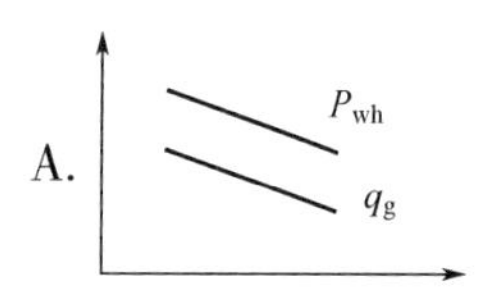

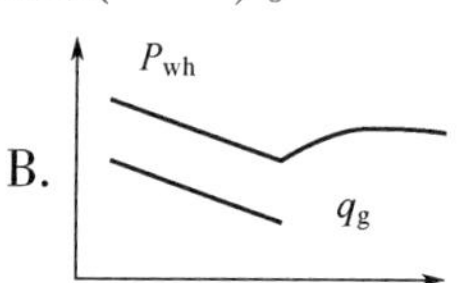

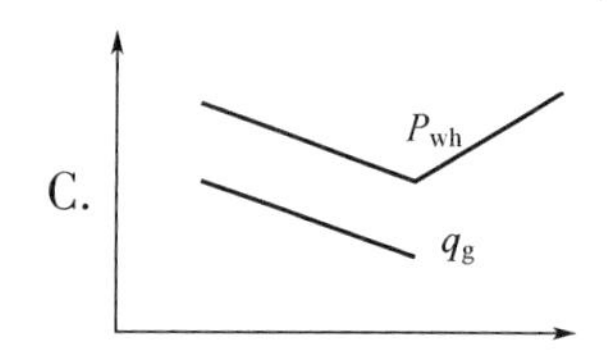

41. AA021 气井油管、套管连通,油管生产,当井口附近油管断裂时,采气曲线表现为( )。

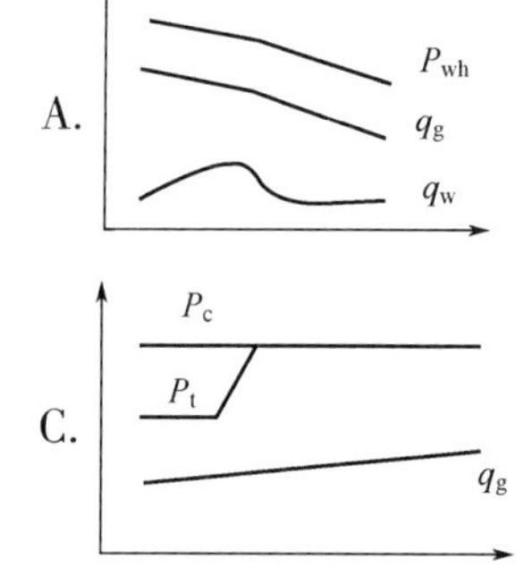

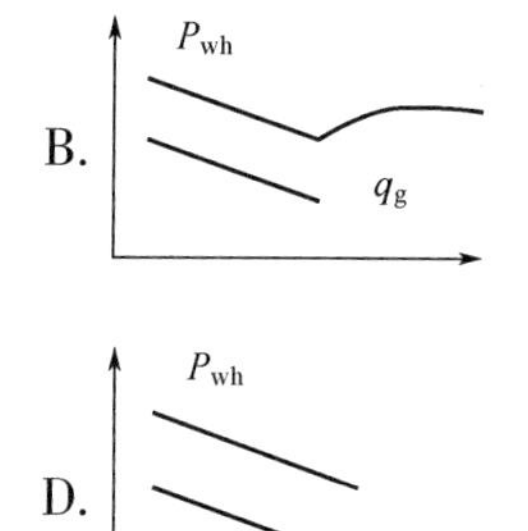

42. AA022 气井油管、套管连通,油管生产,油管积液时对生产影响说法错误的是( )。

A. 采气曲线上表现为油压下降,产水量下降

B. 采气曲线上表现为油压上升,产水量上升

C. 采气曲线上表现为油压下降,产气量下降

D. 采气曲线上表现为套压变化不大,油压下降加快

43. AA022 气井油管、套管连通,下列关于油管断裂说法正确的是( )。

A. 当井口附近油管断裂时,油压不变,套压升高

B. 当井口附近油管断裂时,油压降低,套压不变

C. 当井口附近油管断裂时,油压变得与套压相同

D. 当井口附近油管断裂时,套压下降与油压持平

44. AA022 气井油管、套管连通,井口针阀堵塞后,生产特征表现错误的是( )。

A. 油压上升,产量下降

B. 油压下降,套压上升

C. 套压上升,产量下降

D. 油压上升,套压上升

45. AA023　对于纯气井,利用采气曲线划分生产阶段时,可划分为净化阶段、稳产阶段和(　　)。

A. 低压生产阶段　B. 递减阶段　C. 增压阶段　D. 排水采气阶段

46. AA023　气井出水后,气水同产阶段可进一步划分为稳产阶段、递减阶段、(　　)、排水采气阶段。

A. 低压生产阶段　B. 关井复压阶段　C. 增压阶段　D. 净化阶段

47. AA024　通过控制气井临界流量或临界生产压差,延长无水采气期的措施是(　　)采气。

A. 控水　B. 堵水　C. 排水　D. 带水

48. AA024　通过堵塞出水层段,控制地层水对气井影响的措施是(　　)采气。

A. 控水　B. 堵水　C. 排水　D. 带水

49. AB001　当凝析气井井底流动压力低于某值时凝析油在井底析出,带出困难,这时应采取(　　)生产制度。

A. 定井底渗滤速度　B. 定井壁压力梯度　C. 定井底压力　D. 定井底压差

50. AB001　气水同产井生产过程中应避免频繁开、关井,引起地层水激动,可采用(　　)生产制度。

A. 定产量　B. 定井口压力　C. 定井壁压力梯度　D. 定井底渗流速度

51. AB002　采用井下节流工艺后井口油压与(　　)一致,地面可不再进行节流降压。

A. 套压　B. 输压　C. 井底压力　D. 用户供气压力

52. AB002　井下节流工艺是利用喷嘴(　　)原理设计的,当节流后气体流速接近声速时,气井的产量就恒定不变,只与节流前压力、温度有关。

A. 临界流　B. 非临界流　C. 紊流　D. 层流

53. AB003　天然气从(　　)流向井口的垂直上升过程,称为气井的垂直管流。

A. 地层　B. 井底　C. 出站　D. 用户

54. AB003　气井垂直管流中举升能量主要来源是(　　)。

A. 地层压力和气体膨胀能

B. 井口流动压力和气体膨胀能

C. 井底流压和井口流压

D. 井底流压和气体膨胀能

55. AB004　气井井筒气液平均流速很大,液体呈雾状分散在气相中,这种流态称为(　　)。

A. 雾流　B. 气泡流　C. 段塞流　D. 环雾流

56. AB004　气水同产井的垂直管流出现含有气泡的液体和含有液滴的气柱互相交替的状态,称为(　　)。

A. 雾流　B. 气泡流　C. 段塞流　D. 环雾流

57. AB005　具有特殊分子结构,其分子上含有亲水和亲油基的表面活性剂和高分子聚合物是(　　)。

A. 起泡剂　B. 消泡剂　C. 缓蚀剂　D. 降阻剂

58. AB005　泡沫排水采气工艺加注制度不包括(　　)。

A. 加注量　B. 加注比例　C. 加注周期　D. 气田水配伍实验

59. AB006 使用(　　)排水采气工艺时要保证井筒会形成一定深度的积液，借助聚集在柱塞下方的天然气能量把积液举出到地面。

A. 泡沫　B. 气举　C. 电潜泵　D. 柱塞

60. AB006 柱塞排水采气工艺中作为气液之间的机械界面，推动液柱从井底运行到井口的是(　　)。

A. 柱塞　B. 卡定器　C. 缓冲弹簧　D. 薄膜阀

61. AB007 投捞式气举排水工艺的气举阀工作筒是通过(　　)下入到设计深度的。

A. 电缆　B. 钢丝绳　C. 连续油管　D. 生产油管

62. AB007 波纹管气举阀由加载元件(储气室、波纹管)、(　　)、阀球、阀孔、单流阀等构成。

A. 阀盖　B. 阀芯　C. 阀杆　D. 阀体

63. AB008 抽油机排水采气时通过(　　)传递动力给井下深井泵，再将进入泵内的井液不断排出到地面。

A. 抽油杆　B. 油管　C. 驴头　D. 游梁

64. AB008 抽油机排水采气时下泵深度要保证抽水时形成一定的(　　)，诱导气、水流入井底。

A. 井底流压　B. 生产压差　C. 井口套压　D. 井口油压

65. AB009 下列选项中，电潜泵排水采气井下能量传递流程正确的是(　　)。

A. 电机—多级离心泵—井液　B. 井液—电机—多级离心泵

C. 井液—多级离心泵—电机　D. 电机—井液—多级离心泵

66. AB009 电潜泵排水采气工艺用于高温、(　　)气井时应采取防垢措施。

A. 高压　B. 高液气比　C. 高矿化度　D. 高含硫

67. AB010 下列选项中，井下螺杆泵排水工作流程正确的是(　　)。

A. 井液—气液分离器—油管—螺杆泵—井口—地面管线

B. 井液—气液分离器—螺杆泵—油管—井口—地面管线

C. 井液—螺杆泵—气液分离器—油管—井口—地面管线

D. 井液—螺杆泵—油管—气液分离器—井口—地面管线

68. AB010 下列选项中，地面驱动螺杆泵井下能量传递流程正确的是(　　)。

A. 抽油杆—井液—螺杆泵　B. 井液—抽油杆—螺杆泵

C. 抽油杆—螺杆泵—井液　D. 螺杆泵—井液—抽油杆

69. AB011 涡流排水采气工艺是通过井下涡流工具强制改变井筒流体(　　)，利用气井自身能量实现排水采气。

A. 流量　B. 温度　C. 流态　D. 体积

70. AB011 涡流排水采气工艺适用于(　　)排水采气。

A. 水淹停产井　B. 小产水量自喷气井

C. 产水量>100.0m^3/d 的间喷气井　D. 气藏排水井

71. AB012 碳酸盐岩储层酸化工艺一般采用的酸液是(　　)。

A. 土酸　B. 盐酸　C. 硫酸　D. 醋酸

72. AB012　砂岩储层酸化工艺一般采用的酸液是(　　)。

A. 土酸　B. 盐酸　C. 硫酸　D. 醋酸

73. AB013　低渗、特低渗砂岩油气藏宜采用(　　)进行储层增产改造。

A. 压裂　B. 酸洗　C. 酸化　D. 酸化压裂

74. AB013　砂岩储层通过压裂液形成人工裂缝,还需挤入(　　),使裂缝不闭合,达到储层改造的目的。

A. 支撑剂　B. 缓蚀剂　C. 增黏剂　D. 表面活性剂

75. AB014　把几口单井的采气流程集中在气田某一适当位置进行集中采气和管理的流程,称为(　　)流程。

A. 多井集气　B. 多井采气　C. 输气　D. 采输

76. AB014　具有多井集气工艺流程的站场称为(　　)。

A. 采气站　B. 集气站　C. 输气站　D. 联合站

77. AB015　日常生产中,一般根据管道的输送效率和(　　)确定清管周期。

A. 输送气量　B. 长度　C. 压力　D. 压差

78. AB015　清管收球指示器应安装在(　　)。

A. 球筒球阀前　B. 收球装置直管段

C. 收球装置扩大管段　D. 球筒球阀前后都可以

79. AB016　下列选择中,不属于清管器的是(　　)。

A. 清管球　B. 泡沫清管器　C. 皮碗清管器　D. 清管阀

80. AB016　下列选项中,对粉状污物(如硫化铁粉末)清管效果最好的清管器是(　　)。

A. 清管球　B. 高密度泡沫清管器

C. 皮碗清管器　D. 双向清管器

81. AB017　为增强管道清洁效果,输送干气管道常使用(　　),清除管道内壁的结垢物。

A. 清管球　B. 高密度泡沫清管器

C. 双向清管器　D. 钢丝刷清管器

82. AB017　带有内壁涂层的管道,最适宜使用(　　)进行清管作业。

A. 橡胶清管球　B. 泡沫清管器　C. 皮碗清管器　D. 双向清管器

83. AB018　金属腐蚀是指金属在周围介质的作用下,由于(　　)作用而产生的破坏。

A. 物理溶解　B. 化学变化

C. 电化学变化　D. 化学变化、电化学变化、物理溶解

84. AB018　电化学腐蚀是指金属与电解质因发生(　　)而产生的破坏。

A. 化学反应　B. 电化学反应　C. 物理变化　D. 电极反应

85. AB019　根据腐蚀的破坏形态,可将金属腐蚀分为(　　)。

A. 均匀腐蚀和非均匀腐蚀　B. 化学腐蚀和电化学腐蚀

C. 大气腐蚀和海水腐蚀　D. 全面腐蚀和局部腐蚀

86. AB019　根据管道所处环境,埋地天然气管道腐蚀属于(　　)。

A. 化学介质腐蚀　B. 大气腐蚀

C. 海水腐蚀　D. 土壤腐蚀

87. AB020　埋地钢质管道外腐蚀通常采取（　　）相结合的防护措施。

A. 外防腐涂层、阴极保护　　B. 牺牲阳极保护、外加电流阴极保护

C. 正确选材、钝化　　D. 外壁防腐、内壁防腐

88. AB020　下列选项中，不属于管道内腐蚀防护措施的是（　　）。

A. 加注缓蚀剂　　B. 缓蚀剂预膜　　C. 牺牲阳极保护　　D. 管道内涂层

89. AB021　阴极保护是一种控制金属（　　）的保护方法。

A. 化学腐蚀　　B. 电化学腐蚀　　C. 土壤腐蚀　　D. 全面腐蚀

90. AB021　在阴极保护中，金属阴极极化的总电位达到其腐蚀微电池阳极的平衡电位称为（　　）。

A. 最小保护电流　　B. 最小保护电位

C. 最大保护电位　　D. 自然电位

91. AB022　在阴极保护中，埋地金属钢质管道相对饱和硫酸铜，其最小保护电位为（　　）。

A. −0.65V　　B. −0.80V　　C. −0.85V　　D. −0.95V

92. AB022　在阴极保护中，埋地金属钢质管道相对饱和硫酸铜，一般情况下最大保护电位取（　　）。

A. −1200mV　　B. −1250mV　　C. −1300mV　　D. −1350mV

93. AB023　失重法腐蚀监测指的是（　　）。

A. 腐蚀挂片法　　B. 电阻探针法　　C. 线性极化电阻法　　D. 氢探针法

94. AB023　按《钢质管道内腐蚀控制规范》规定，当管道内腐蚀监测年平均腐蚀率（　　）时，腐蚀程度为低腐蚀。

A. 小于 0.025mm　　B. 0.025~0.12mm　　C. 0.13~0.25mm　　D. 大于 0.25mm

95. AB024　油气田生产信息化是通过（　　）采集、处理、分析、计算等，实现对油气田业务的动态监视、远程控制、智能决策与流程优化。

A. 临时数据　　B. 固定数据　　C. 实时数据　　D. 零星数据

96. AB024　信息管理系统是一个以（　　）为主导，利用计算机硬件、软件、网络通信设备以及其他办公设备，进行信息的收集、传输、加工、储存、更新和维护，是集成化的人机系统。

A. 人　　B. 计算机　　C. 软件　　D. 通讯

97. AB025　油气田生产现场的生产信息一般先传输到（　　），进行集中处理后再上传。

A. 作业区级调度中心　　B. 二级调度中心　　C. 三级调度中心　　D. 中心站监控室

98. AB025　油气田公司级生产信息数字化系统技术框架根据实现的功能不同，一般将各业务分为（　　）层。

A. 二　　B. 三　　C. 四　　D. 五

99. AB026　油气田生产信息数字化系统实现现场生产数据采集、监测、报警等功能的单元是（　　）。

A. 现场层　　B. 监控层　　C. 调度层　　D. 应用层

100. AB026　根据采集的生产数据实时进行生产分析、调节参数等的单元是（　　）。

A. 二级调度中心　　B. 中心站

C. 油气田公司调度中心　　D. 作业区调度中心

101. AB027　在生产过程中,(　　)是一种安全保护装置。
A. 自动检测系统　B. 自动控制系统
C. 自动信号连锁保护系统　D. 自动排污系统

102. AB027　下列选项中,不带控制功能的是(　　)。
A. 自动检测系统　B. 自动控制系统
C. 自动信号连锁保护系统　D. 自动排污系统

103. AB027　能使生产系统因受到外界干扰而偏离正常状态,自动恢复到规定参数范围内的是(　　)。
A. 自动检测系统　B. 自动控制系统
C. 自动信号连锁保护系统　D. 自动排污系统

104. AB028　下列选项中,用于过程控制系统表示方式的是(　　)。
A. 传递图和结构图　B. 方框图和仪表流程图
C. 仪表流程图和结构图　D. 传递图和方框图

105. AB028　控制系统按基本结构形式可分为(　　)。
A. 简单控制系统、复杂控制系统　B. 定值控制系统、随动控制系统
C. 闭环控制系统、开环控制系统　D. 连续控制系统、离散控制系统

106. AB028　定值控制系统是(　　)固定不变的闭环控制系统。
A. 输出值　B. 测量值　C. 偏差值　D. 给定值

107. AC001　增压开采能使气田的(　　)。
A. 储气量增加　B. 采收率增加　C. 储气量减少　D. 采气周期无限延长

108. AC001　油气田增压开采广泛应用的是(　　)压缩机。
A. 往复式　B. 螺杆式　C. 轴流式　D. 离心式

109. AC002　在气田增压开采工艺中,为保证压缩机安全操作,压缩机最终排气出口管线应安装(　　)。
A. 球阀　B. 旋塞阀　C. 止回阀　D. 节流阀

110. AC002　气田增压开采中,应根据气量、压力的变化而动态调整压缩机的(　　)。
A. 进气压力　B. 工况　C. 排气压力　D. 排气温度

111. AC002　气田边缘一口低压气井需试采,须经压缩机增压才能将井口气输出,这时最好选择(　　)。
A. 橇装整体式压缩机　B. 车装天然气发动机压缩机
C. 电动天然气压缩机　D. 车装柴油发动机压缩机

112. AC003　为满足压缩机(　　)要求,应设置压缩机进、排气旁通管路。
A. 加载　B. 放空　C. 排污　D. 分离

113. AC003　多井增压后的天然气集中输往下游时,为满足管输要求,应对压缩后的天然气进行(　　)处理。
A. 脱水　B. 脱油　C. 降压　D. 冷却

114. AC004　整体式压缩机的动力通过(　　)和曲轴连杆机构传递给压缩机做功。
A. 皮带轮　B. 齿轮　C. 十字头　D. 卧轴

115. AC004　整体式压缩机的皮带轮用于驱动(　　)和空气冷却器风扇。

A. 调速器　B. 注油器　C. 启动分配阀　D. 水泵

116. AC005　分体式压缩机的动力通过(　　)传递给压缩机做功。

A. 联轴器　B. 皮带轮　C. 齿轮　D. 齿轮

117. AC005　天然气发动机的压缩比(　　)柴油发动机。

A. 大于　B. 小于　C. 相等　D. 上述答案都正确

118. AD001　当天然气计量温度比真实值偏低时,则计算出的体积流量比真实流量(　　)。

A. 偏低　B. 偏高　C. 不变　D. 不确定

119. AD001　某标准孔板流量计算系统的孔板实际内径为 50.001mm,但在输入流量系统时输成了 50.011mm,则计算出的流量比真实流量(　　)。

A. 不确定　B. 不变　C. 偏低　D. 偏高

120. AD001　天然气体积流量计算中,流动温度系数与流量成(　　)比例关系。

A. 正　B. 反　C. 低　D. 高

121. AD002　天然气流量计算公式:$q_{vn}=A_{vn}CEd^2F_G\varepsilon F_zF_T\sqrt{P_1\Delta p}$中,$F_G$ 表示(　　)。

A. 超压缩系数　B. 可膨胀性系数　C. 流动温度系数　D. 相对密度系数

122. AD002　天然气流量计算公式:$q_{vn}=A_{vn}CEd^2F_G\varepsilon F_zF_T\sqrt{P_1\Delta p}$中,$F_Z$ 表示(　　)。

A. 超压缩系数　B. 可膨胀性系数　C. 流动温度系数　D. 相对密度系数

123. AD002　天然气流量计算公式:$q_{vn}=A_{vn}CEd^2F_G\varepsilon F_zF_T\sqrt{P_1\Delta p}$中,$\varepsilon$ 表示(　　)。

A. 超压缩系数　B. 可膨胀性系数

C. 流动温度系数　D. 相对密度系数

124. AD003　在重复性条件下,对同一被测量进行无限多次测量所得结果的平均值与被测量的真值之差,称为(　　)。

A. 系统误差　B. 随机误差　C. 粗大误差　D. 平均误差

125. AD003　测量结果与在重复性条件下,对同一被测量进行无限多次测量所得结果的平均值之差,称为(　　)。

A. 系统误差　B. 随机误差　C. 粗大误差　D. 平均误差

126. AD003　仪表的准确度等级决定了仪表的(　　)。

A. 误差　B. 基本误差　C. 允许误差　D. 最大允许误差

127. AD004　温度变送器是把所测温度转换成(　　)电流输出。

A. 0~10mA 或 4~20mA 直流　B. 0~10mA 或 4~20mA 交流

C. 4~10mA 或 0~20mA 直流　D. 4~10mA 或 0~20mA 交流

128. AD004　通常热电阻温度计主要用于低温测量,热电偶温度计主要用于(　　)测量。

A. 高压　B. 低压　C. 高温　D. 低温

129. AD004　对于 Pt100 型热电阻温度计,如果其电阻为 100Ω,则其测量的温度为(　　)。

A. 100℃　B. 50℃　C. 10℃　D. 0℃

130. AD005　一个标准大气压等于(　　)。

A. 100mmHg　B. 250mmHg　C. 500mmHg　D. 760mmHg

131. AD005　电容式差压变送器由于测量膜片的(　　)不同,所以测量范围不一样。
A. 厚度　B. 材料　C. 直径　D. 大小

132. AD005　罗斯蒙特 3051 压力变送器的电源极性接反,则仪表将(　　)。
A. 烧坏　B. 没有输出　C. 输出最大值　D. 输出值波动

133. AD006　对标准孔板流量计来说,在其他参数不变的情况下,流量与差压的关系是(　　)。
A. 流量与差压成正比　B. 流量与差压成反比
C. 流量与差压的平方根成正比　D. 流量与差压的平方根成反比

134. AD006　对标准孔板流量计来说,在其他参数不变的情况下,流量与孔板内径的关系是(　　)。
A. 流量与孔板内径的平方成正比　B. 流量与孔板内径成反比
C. 流量与孔板内径的平方根成正比　D. 流量与孔板内径的平方根成反比

135. AD006　转子流量计必须(　　)安装。
A. 水平　B. 垂直　C. 倾斜　D. 任意

136. AD007　腰轮流量计是通过计算转子的(　　)来计算流量的。
A. 转动速度　B. 转动次数　C. 转动质量　D. 外径

137. AD007　腰轮流量计油位过低,会造成(　　)。
A. 计数器损坏　B. 转子损坏　C. 轴承损坏　D. 上述答案都正确

138. AD007　气质脏污,会造成腰轮流量计转子(　　)。
A. 转速加快　B. 卡死　C. 计量增大　D. 温度升高

139. AD008　差压式流量计是利用标准节流件的节流原理,在节流件前后形成(　　)进行流量的测量。
A. 压力差　B. 速度差　C. 流量差　D. 温度差

140. AD008　流体在流动时遇到节流装置的阻挡,其(　　)形成收缩。
A. 流态　B. 流线　C. 管流　D. 流束

141. AD009　差压式流量计属于(　　)流量计。
A. 速度式　B. 容积式　C. 质量式　D. 能量式

142. AD009　速度式流量计是通过(　　)得到流量值。
A. 测量流量　B. 测量流速　C. 测量密度　D. 测量压力

143. AD009　下列选项中,属于速度式流量计的是(　　)。
A. 刮板流量计　B. 腰轮流量计　C. 涡轮流量计　D. 椭圆齿轮流量计

144. AD010　一般来说,额外的振动会导致旋进旋涡流量计所测量的流量值(　　)。
A. 偏小　B. 偏大　C. 不确定　D. 大幅度减小

145. AD010　下列选项中,不会导致旋进旋涡流量计产生测量误差的是(　　)。
A. 气流与管道轴线不平行　B. 临近强烈振动环境
C. 流量计没有安装防护罩　D. 直管段长度不够

146. AD010　下列选项中,不符合旋进旋涡流量计安装要求的是(　　)。
A. 应有足够的直管段长度

B. 远离强烈振动环境
C. 应尽量减小管路安装时产生的应力
D. 可在接近流量计的部位进行焊接

147. AD011 UPS 系统主要有后备式和(　　)两大类。
A. 浮充式　B. 在线式　C. 前置式　D. 反馈式

148. AD011 UPS 是提供(　　)功能的系统。
A. 节能　B. 发电　C. 安全　D. 后备电源

149. AD011 UPS 系统的电池在有市电的情况下充电,在没有市电时(　　)。
A. 漏电　B. 充电　C. 放电　D. 发电

150. AE001 用来表示电路连接情况的图称为(　　)。
A. 用电图　B. 电路图　C. 流程图　D. 电网图

151. AE001 串联电路中流过各个电阻的(　　)都相等。
A. 电压　B. 电位　C. 电流　D. 电位差

152. AE002 根据欧姆定律,电阻不变时,通过导体的电流强度与电压成(　　)。
A. 正比　B. 反比　C. 等比　D. 无关

153. AE002 根据欧姆定律,电压不变时,通过导体的电流强度与电阻值成(　　)。
A. 正比　B. 反比　C. 等比　D. 无关

154. AE003 金属容器内、隧道内、水井内以及周围有大面积接地导体等工作地点狭窄、行动不便的环境,应采用(　　)的安全电压。
A. 12V　B. 24V　C. 36V　D. 42V

155. AE003 水上作业等特殊场所应采用(　　)的安全电压。
A. 6V　B. 12V　C. 24V　D. 36V

156. AE004 将两个以上独立的金属导体进行电气上的连接,使其相互间大体上处于相同的电位,这种方式叫(　　)。
A. 跨接　B. 连接　C. 导通　D. 屏蔽

157. AE004 用接地的金属线或金属网等将带电的物体表面进行包覆,从而将静电危害限制到不致发生的程度,这种静电防护方式叫(　　)。
A. 接地　B. 跨接　C. 屏蔽　D. 搭接

158. AE005 接闪器截面锈蚀(　　)以上时应予更换。
A. 15%　B. 20%　C. 30%　D. 100%

159. AE005 雷电的大小和多少以及活动情况,与各个地区的地形、气象条件及所处的纬度有关。一般沿海地区的雷电发生频率比大陆腹地(　　)。
A. 多　B. 少　C. 差不多　D. 没有关系

160. AF001 机械制图中,绘图前首先要确定绘图的(　　),按所确定的表达方案画出零件的内外结构形状。
A. 比例　B. 字体　C. 尺寸　D. 线型

161. AF001 机械制图中,主视图与俯视图保持(　　)的垂直对应关系。
A. 前后　B. 左右　C. 上下　D. 重叠

162. AF002　机械制图中，只需表达机件上局部结构的内部形状时，宜采用(　　)。

A. 向视图　　B. 斜视图　　C. 全剖视图　　D. 局部剖视图

163. AF002　机械制图中，机件外形较简单、内形较复杂，图形不对称时宜采用(　　)。

A. 向视图　　B. 斜视图　　C. 全剖视图　　D. 局部剖视图

164. AF003　机械制图中，主视图反映了几何形状的(　　)。

A. 长度和高度　　B. 长度和宽度

C. 高度和宽度　　D. 长度、高度和宽度

165. AF003　机械制图中，剖视图的剖面线为(　　)。

A. 双点画线　　B. 虚线　　C. 细实线　　D. 细点画线

166. AF004　机械制图中，水平方向的尺寸数字，通常标注在尺寸线的(　　)。

A. 下方　　B. 上方　　C. 左上方　　D. 右上方

167. AF004　机械制图中，图样上的汉字的高度不得小于(　　)。

A. 2mm　　B. 2. 5mm　　C. 3mm　　D. 3. 5mm

168. AF005　机械零件图中的图线可以由(　　)形成。

A. 两表面交线的投影　　B. 面的积聚投影

C. 回转体轮廓素线的投影　　D. 上述答案都正确

169. AF005　机械制图中，不可见轮廓线用(　　)表示。

A. 细实线　　B. 粗点划线　　C. 虚线　　D. 双折线

170. AF006　工艺安装图中，下面符号表示一般标高的是(　　)。

A.  ▽　　B. 　　C. 　　D.

171. AF006　工艺安装图中，次要工艺管线用(　　)绘制。

A. 粗实线　　B. 粗虚线　　C. 中实线　　D. 中虚线

172. AF007　图中符号表示的设备是(　　)。

A. 孔板阀　　B. 温度计　　C. 过滤器　　D. 盲板

173. AF007　图中符号表示的设备是(　　)。

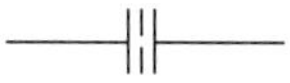

A. 法兰　　B. 孔板　　C. 盲板　　D. 限流孔板

174. BA001　利用图解法进行动态预测，可求得(　　)。

A. 气藏从定产量生产到 t(天)时的累积产气量

B. 到 t(天)时的井底压力和套压

C. 气藏原始储量

D. 原始地层压力

175. BA001　气藏中的原始储量等于累积产出气量与气藏中剩余气量之和，遵循的是(　　)。

A. 物质平衡法　　B. 质量守恒法　　C. 统计法　　D. 对比法

176. BA002　适用高压和低压下取气样的方法主要有(　　)、抽空容器法及排水取气法。

A. 吹扫法　　B. 分离法　　C. 吸收法　　D. 水洗法

177. BA002 将样品贮存在容器内再转移到分析仪器，属于（　　）取样方法。
A. 复杂　B. 单独　C. 间接　D. 独立

178. BA003 气动井口安全截断阀气缸漏气的可能原因是（　　）。
A. 闸板磨损　B. 阀杆磨损
C. 阀位指示器磨损　D. 气缸密封圈损坏

179. BA003 气动井口安全系统拉起控制柜中继阀后，井口截断阀气缸不充气的可能原因是（　　）。
A. 控制柜Ⅰ级调压阀后压力偏低　B. 控制柜Ⅱ级调压阀后压力偏低
C. 井口压力偏高　D. 输压偏低

180. BA004 井下安全阀意外关闭的可能原因是（　　）。
A. 阀瓣处有脏物　B. 控制压力下降　C. 输压升高　D. 产气量增加

181. BA004 井下安全阀关闭不严的可能原因是（　　）。
A. 阀瓣损坏　B. 控制压力不足　C. 控制管线泄漏　D. 油压过高

182. BA005 井下节流嘴被冲蚀直径变大，不可能造成（　　）。
A. 套压上升　B. 油压上升　C. 产气量上升　D. 输压上升

183. BA005 井下节流嘴被脏物堵塞，可能造成（　　）。
A. 套压下降　B. 套压上升　C. 产气量上升　D. 油压上升

184. BA006 油气田集输管道建成投产前使用清管器进行污物清扫时，气流速度应控制在（　　），必要时应加背压。
A. 1～3km/h　B. 4～5km/h　C. 12～18km/h　D. 20～30km/h

185. BA006 对天然气管道进行气体置换时，管内气流速度不宜大于（　　）。
A. 3m/s　B. 4m/s　C. 5m/s　D. 12m/s

186. BA007 空管通球时，收球端要控制一定的（　　），避免球速过快造成放喷管线被污物堵塞或剧烈振动。
A. 压力　B. 气量　C. 温度　D. 流量

187. BA007 按《高含硫化氢气田集输管道工程施工技术规范》，管道建成投产前进行清管作业，推球压力一般控制在（　　）之间。
A. 0.1～0.2MPa　B. 0.1～0.3MPa　C. 0.1～0.5MPa　D. 0.1～1.0MPa

188. BA008 用单球清管时，球的漏失量约为（　　），推球气量修正系数为0.99～0.92。
A. 1%～5%　B. 1%～7%　C. 1%～8%　D. 1%～10%

189. BA008 清管作业时，收球端收到的清管球严重变形，可能原因是（　　）。
A. 组焊管线接口错位偏心超标　B. 管内硬物或焊接凸点多
C. 球径过盈量偏大　D. 上述答案都正确

190. BA009 处理清管球窜气，发出的第二个球（　　）应比第一个球略大。
A. 球重量　B. 球质量　C. 过盈量　D. 注水量

191. BA009 清管球运行过程中，球卡时优先采取的措施是（　　）。
A. 停止进气，球后放空　B. 减小进气量
C. 发第二个过盈量稍大的清管球　D. 上述答案都正确

192. BA010　集气场站工艺流程发生堵塞，会使堵塞点下游压力、流量（　　），堵塞点上游压力持续（　　），流量下降。
A. 降低　升高　　B. 降低　降低　　C. 升高　降低　　D. 升高　升高

193. BA010　集气场站内发生天然气泄漏时，位于泄漏点上游的气井会出现压力（　　），流量（　　）。
A. 上升　增加　　B. 上升　降低　　C. 下降　增加　　D. 下降　降低

194. BA012　当PS—1恒电位仪需“自检”时，应将（　　）置于“自动”位置。
A. 测量选择　　B. 保护状态　　C. 工作方式　　D. 控制状态

195. BA012　PS—1恒电位仪投入正常运行前，应将工作方式置于“自动”位置下，顺时针旋转（　　）旋钮，将控制电位调到欲控制值。
A. 手动调节　　B. 保护电位　　C. 输出电流　　D. 控制调节

196. BA013　离心泵出现动态泄漏的可能原因是（　　）。
A. 安装原因　　B. 密封损坏　　C. 离心泵内有异物　　D. 泵内有空气

197. BA013　离心泵的转子不平衡与不对中，容易造成离心泵（　　）。
A. 泄漏　　B. 噪声　　C. 振动　　D. 不上液

198. BA014　往复泵曲轴箱漏油的可能原因是（　　）。
A. 超负荷运行　　B. 连杆密封失效　　C. 阀弹簧断裂　　D. 泵气蚀

199. BA014　往复泵曲轴箱中进工作液体的可能原因是（　　）。
A. 超过规定压力　　B. 泵气蚀
C. 阀弹簧断裂　　D. 连杆密封失效

200. BA015　下列选项中，离心泵转速过低故障处理方法正确的是（　　）。
A. 灌满足够的工作液体　　B. 校正离心泵转子
C. 检查维修电机　　D. 调整吸程

201. BA015　离心泵启动前，为防止离心泵内有空气，正确的处理方法是（　　）。
A. 灌满工作液体　　B. 校正离心泵转子
C. 检查维修离心泵　　D. 调整吸程

202. BA016　隔膜计量往复泵出口压力波动大的处理方法是（　　）。
A. 更换柱塞　　B. 调整吸入阀、排出阀
C. 清除吸入阀、排出阀内杂物　　D. 开启旁通阀

203. BA016　柱塞式计量泵出口完全不排液的处理方法错误的是（　　）。
A. 更换柱塞或隔膜　　B. 清洗疏通进口管道
C. 整改出口管线　　D. 开启旁通阀

204. BB001　利用原料气中各烃类组分（　　）不同的特点，通过将原料气冷却至一定温度，从而将沸点高的烃类从原料气中冷凝分离的方法，称为低温分离法。
A. 平均温度　　B. 对比温度　　C. 冷凝温度　　D. 临界温度

205. BB001　低温分离凝析油采气工艺是利用高压天然气（　　），大幅度地降低天然气温度以回收凝析油。
A. 平均压力　　B. 节流制冷　　C. 平均压能　　D. 平均位能

206. BB002 采用低温分离回收凝析油工艺，要求气井有足够高的剩余压力，一般进站压力在（　　）以上。

A. 6MPa　　B. 10MPa　　C. 9MPa　　D. 8MPa

207. BB002 下列选项中，（　　）是低温分离工艺关键参数。

A. 一级节流压力　　B. 进气压力　　C. 二级节流压力　　D. 二级节流温度

208. BB003 低温分离站启运进行站内流程切换，开井前应全开进气换热器的（　　）。

A. 放空阀　　B. 排污阀　　C. 旁通阀　　D. 节流阀

209. BB003 低温分离站投运后，要检查现场各自控点在仪控室自控仪表上所对应的（　　），其设定值、实测值和操作输出值是否正常。

A. 阀门　　B. 工位参数　　C. 操作值　　D. 设备

210. BB004 低温分离回收凝析油操作中，调节（　　）开度大小，将低温分离温度控制在-25～-15℃之间。

A. 进气换热器旁通阀　　B. 一级节流阀

C. 二级节流阀　　D. 出站阀

211. BB004 低温分离器分离出来的液态烃与乙二醇富液组成的混合液和（　　）分离出来的液体进入缓冲罐缓冲后，经换热器加热至5～10℃，进入稳定塔去除其中的杂质。

A. 常温分离器　　B. 集液罐　　C. 卧式分离器　　D. 闪蒸分离器

212. BB005 乙二醇回收工艺流程中，乙二醇富液在低温分离器中被分离出来后，进入（　　）缓冲，最后进入稳定塔。

A. 集液罐　　B. 储液罐　　C. 缓冲罐　　D. 扩大管

213. BB005 低温分离工艺乙二醇回收流程中，在重沸器内，混合液被重沸器管程内的蒸汽加热，使混合液中的轻质烃挥发出来，轻质烃从稳定塔（　　）返回稳定塔，最后从稳定塔顶部排出。

A. 顶部　　B. 上部　　C. 中部　　D. 底部

214. BB006 低温分离工艺乙二醇回收流程中，当乙二醇浓度最少达到（　　）以上时，停止提浓。

A. 80%　　B. 85%　　C. 90%　　D. 95%

215. BB006 低温分离工艺乙二醇回收流程中，提浓后的乙二醇贫液进行（　　）和计量后，将乙二醇贫液进行储存以备循环使用。

A. 换冷　　B. 保温　　C. 换热　　D. 过滤

216. BC001 三甘醇脱水装置天然气流程中的背压调节阀，其控制信号应取（　　）。

A. 调节阀后压力　　B. 调节阀前压力

C. 计量装置差压　　D. 处理量值

217. BC001 三甘醇脱水装置天然气流程中的阀门不宜选用（　　）。

A. 闸阀　　B. 蝶阀　　C. 球阀　　D. 截止阀

218. BC001 三甘醇脱水装置中干气-贫液换热器的主要作用是（　　）。

A. 降低干气出站温度　　B. 升高干气出站温度

C. 降低贫液入塔温度　　D. 升高贫液入塔温度

219. BC002 闪蒸分离器在天然气脱水装置中的作用,下列说法错误的是(　　)。

A. 防止甘醇被烃类气体带出精馏柱

B. 防止甘醇与天然气形成两相混合物的高速湍流引起的腐蚀

C. 防止形成过滤器“气锁”,甘醇循环不畅

D. 去除甘醇中的较大直径的固体颗粒

220. BC002 下列选项中,不属于提高甘醇贫液浓度的工艺方法是(　　)。

A. 减压再生　B. 共沸再生　C. 汽提再生　D. 催化再生

221. BC002 三甘醇脱水装置中甘醇循环系统的安全泄放装置宜选用(　　)。

A. 先导式安全阀　B. 弹簧式安全阀　C. 易熔塞　D. 爆破片装置

222. BC003 三甘醇脱水装置中,燃料气脱硫塔中脱硫剂的再生温度应控制在(　　)左右。

A. 40℃　B. 50℃　C. 65℃　D. 95℃

223. BC003 下列选项中,关于三甘醇脱水装置中有关燃料气要求正确的是(　　)。

A. 燃料气的露点可以不做要求

B. 燃料气的露点应低于-5℃

C. 燃料气气质必须达到Ⅱ类天然气标准

D. 燃料气不能是湿气

224. BC003 下列选项中,三甘醇脱水装置燃料气流程描述正确的是(　　)。

A. 湿气→换热器→节流→脱硫塔→过滤器→节流→计量→燃料气

B. 湿气→换热器→节流→脱硫塔→节流→过滤器→计量→燃料气

C. 湿气→节流→脱硫塔→换热器→过滤器→节流→计量→燃料气

D. 湿气→节流→换热器→脱硫塔→过滤器→节流→计量→燃料气

225. BC004 在工作压力下,《中华人民共和国化工行业标准》规定仪表风的露点应比环境温度下限至少低(　　)。

A. 1℃　B. 5℃　C. 10℃　D. 15℃

226. BC004 三甘醇脱水装置中,仪表风压力通常情况下应控制在(　　)。

A. 0.1~0.2MPa　B. 0.2~0.3MPa　C. 0.3~0.7MPa　D. 0.7~1.0MPa

227. BC005 三甘醇脱水装置开车操作中,甘醇质量分数达到(　　)即完成热循环。

A. 97%　B. 98%　C. 99%　D. 100%

228. BC005 在三甘醇脱水装置开车操作中,当重沸器温度达到(　　),且甘醇质量分数大于98%时,热循环合格。

A. 190℃　B. 195℃　C. 200℃　D. 202℃

229. BC005 三甘醇脱水装置开车操作中,进气时应在上位机上,用“手动”每分钟(　　)左右的速度打开背压调节阀,控制其开度。

A. 2%　B. 3%　C. 4%　D. 5%

230. BC006 出现电源中断、仪表风、甘醇循环泵故障、火灾等突发性事故时,三甘醇脱水装置紧急停车的步骤是(　　)。

A. 切断进出站阀→循环系统停车→联系调度通知关井→分析原因、处理异常→恢复生产

B. 联系调度通知关井→切断进出站阀→循环系统停车→恢复生产→分析原因、处理异常

C. 切断进出站阀→循环系统停车→联系调度通知关井→恢复生产→分析原因、处理异常
D. 联系调度通知关井→切断进出站阀→循环系统停车→分析原因、处理异常→恢复生产

231. BC006　三甘醇脱水装置停车后，吸收塔的液位变化趋势是（　　）。
A. 升高　B. 降低　C. 不变　D. 不能确定

232. BC006　三甘醇脱水装置正常检修停车操作，不需要回收甘醇的设备是（　　）。
A. 吸收塔　B. 再生器　C. 闪蒸分离器　D. 甘醇储罐

233. BC007　三甘醇脱水装置中，不属于板式吸收塔按塔盘结构类型分类的是（　　）。
A. 泡罩塔盘　B. 浮阀塔盘　C. 筛孔塔盘　D. 折流塔盘

234. BC007　下列选项中，不属于三甘醇脱水装置填料塔填料特性参数的是（　　）。
A. 比表面积　B. 空隙率　C. 单位体积填料数目　D. 堆积高度

235. BC008　三甘醇脱水装置中，闪蒸分离器排出的含硫闪蒸气，不宜用作（　　）。
A. 再生器的汽提气　B. 灼烧炉燃料气
C. 重沸器的燃料气　D. 缓冲罐的保护气

236. BC008　三甘醇脱水装置中，立式闪蒸分离器的液位宜控制在罐高的（　　）处。
A. 1/4　B. 1/3　C. 1/2　D. 2/3

237. BC009　三甘醇脱水工艺中，能最大限度提高甘醇浓度的方法是（　　）。
A. 汽提再生　B. 共沸再生　C. 减压再生　D. 高温再生

238. BC009　三甘醇脱水装置中，重沸器的火管形状一般为（　　）。
A. “L”形　B. “M”形　C. “N”形　D. “U”形

239. BC010　三甘醇脱水装置中，机械过滤器的工作压差应小于（　　）。
A. 0. 1MPa　B. 0. 2MPa　C. 0. 3MPa　D. 0. 4MPa

240. BC010　三甘醇脱水装置中，经过滤后的甘醇中固体杂质的质量浓度应低于（　　）。
A. 1%　B. 0. 1%　C. 0. 01%　D. 0. 001%

241. BC011　三甘醇脱水装置中，灼烧炉内有害物质的化学反应过程是（　　）。
A. 水→水蒸气　B. $2H_2S+3O_2 \rightarrow 2SO_2+2H_2O\uparrow$
C. $2SO_2+O_2 \rightarrow 2SO_3$　D. $CH_4+2O_2 \rightarrow CO_2+2H_2O\uparrow$

242. BC011　三甘醇脱水装置中，造成灼烧炉烟囱腐蚀的介质主要是（　　）。
A. H_2S　B. CO_2　C. H_2SO_4　D. H_2O

243. BC012　三甘醇脱水装置中，甘醇能量回收泵的主要动力来自（　　）。
A. 吸收塔内天然气的压能　B. 吸收塔内甘醇富液的势能
C. 缓冲罐内甘醇贫液的势能　D. 闪蒸分离器内天然气的压能

244. BC012　三甘醇脱水装置中，调节甘醇循环电泵排量的最佳方法是（　　）。
A. 手动调节泵进出口旁通阀开度　B. 调整泵电机的工作电流
C. 调整泵电机的工作电压　D. 使用变频器控制电机转速

245. BC013　单回路控制系统是由（　　）4 个环节组成。
A. 被控对象、测量变送器、调节器和执行机构
B. 被控对象、传感器、计算机和执行机构
C. 被控对象、测量送速器、计算机和执行机构

D. 被控对象、传感器、调节器和执行机构

246. BC013 自动调节仪表按调节规律不同,可分为(   )。

A. 比例调节器、比例积分调节器、比例微分调节器和比例积分微分调节器

B. 正作用调节器、比例积分调节器、比例微分调节器和比例积分微分调节器

C. 负作用调节器、比例积分调节器、比例微分调节器

D. 比例调节器、积分调节器、微分调节器

247. BC013 被调参数增加时,输出信号也增加的调节器是(   )。

A. 正作用调节器 B. 负作用调节器 C. 反作用调节器 D. 比例调节器

248. BC014 紫外光型火焰监测仪由(   )和控制电路组成。

A. 光敏管 B. 吸波器 C. 变送器 D. 转换电路

249. BC014 可以手动和自动点火的装置是(   )。

A. 燃烧器 B. 火嘴 C. 火炉 D. 火焰保护/点火装置

250. BC014 火焰检测仪在安装时应注意的关键点是(   )。

A. 安装要牢固 B. 符合防爆等级

C. 传感器要正对火焰 D. 要便于操作

251. BC015 含水分析仪测量的是天然气中的(   )。

A. 含硫量 B. 含水量 C. 含尘量 D. 含铁量

252. BC015 脱水装置上含水分析仪一般测量的是(   )的含水量。

A. 脱水前的原料气 B. 脱水后的原料气 C. 燃料气 D. 再生气

253. BC016 气开式薄膜调节阀没有仪表风供给时处于(   )状态。

A. 开启 B. 关闭 C. 不确定 D. 半开

254. BC016 开度为50%的气开式调节阀突然失去仪表风供给时,其开度将(   )。

A. 保持不变 B. 全开 C. 不确定 D. 回零

255. BC016 气动阀门的执行机构主要分为薄膜式和(   )两种。

A. 汽缸式 B. 冲击式 C. 气压式 D. 混合式

256. BC017 过滤减压器不具备的作用是(   )。

A. 过滤 B. 输出标准气信号 C. 减压 D. 调压

257. BC017 阀门的流量特性与(   )类型密切相关。

A. 阀芯 B. 阀座 C. 阀盖 D. 阀杆

258. BC018 仪表风压力不足将会使气动阀门出现(   )的现象。

A. 执行机构薄膜破裂 B. 开度为零

C. 动作加快 D. 开度不足

259. BC018 气源过滤减压器流通不畅,可能会导致气动阀门出现(   )的现象。

A. 动作缓慢 B. 执行机构薄膜破裂 C. 动作加快 D. 开度不够

260. BC018 控制系统给定80%的开阀指令,而现场气开式调节阀实际开度只有75%,则不可能的原因是(   )。

A. 仪表风压力不够 B. 电气转换器输出信号不准

C. 执行机构薄膜破裂 D. 执行机构和阀体连接不好

261. BC019　电动截断阀通常以(　　)作为驱动动力。

A. 直流电　B. 交流电　C. 电池电　D. 混合电

262. BC019　阀门按功能来分，主要包括调节阀和(　　)等。

A. 单座阀　B. 笼式阀　C. 截断阀　D. 电磁阀

263. BC019　电动调节阀的开度变化受(　　)控制电流的控制。

A. 4~20mA　B. 0~10mA　C. 0~5V　D. 1~5V

264. BC020　电动阀在使用中失去动力电源，则开度将(　　)。

A. 开大　B. 减小　C. 回零　D. 不变

265. BC020　俗称的电动头实际就是指(　　)。

A. 电动执行机构　B. 电动球阀　C. 电动调节阀　D. 电动截断阀

266. BC021　气液联动球阀操作完成后，手柄会(　　)。

A. 停留原处　B. 自动复位　C. 不停跳动　D. 发出动作信号

267. BC021　干线球阀正常运行时，球阀气液联动驱动装置进气阀处于(　　)状态。

A. 全关　B. 全开　C. 半开　D. 半关

268. BC022　脱水装置吸收塔甘醇液位控制回路中，测量变送装置是(　　)。

A. 甘醇流量计　B. 甘醇液位变送器　C. 压力变送器　D. 差压变送器

269. BC022　脱水装置重沸器温度控制回路中，当甘醇再生温度高于设定点时，则燃料气阀门开度将(　　)。

A. 不变　B. 开大　C. 减小　D. 回零

270. BC023　吸收塔液位控制连锁的作用是为了(　　)。

A. 使液位控制更准确　B. 使甘醇纯度更高

C. 避免高压气体串入低压系统　D. 使甘醇流量更合理

271. BC023　重沸器甘醇再生设置高温连锁的目的是(　　)。

A. 使温度控制更准确　B. 使甘醇纯度更高

C. 节约燃料气　D. 避免甘醇高温分解

272. BC023　重沸器甘醇再生设置低液位连锁的目的是(　　)。

A. 避免甘醇被烧干　B. 使甘醇纯度更高　C. 节约燃料气　D. 避免甘醇高温分解

273. BD001　下列选项中，说法正确的是(　　)。

A. 传感器就是变送器　B. 传感器可以输出标准信号

C. 传感器是变送器的一部分　D. 变送器不能输出标准信号

274. BD001　外壳上标有“断电后开盖”的仪表，其防爆形式为(　　)。

A. 隔爆型　B. 本安型　C. 安全火花型　D. 正压型

275. BD002　如果压力式温度变送器的温包漏气，则以下说法正确的是(　　)。

A. 仪表零点下降，测量范围减小　B. 仪表零点下降，测量范围增大

C. 仪表零点上升，测量范围减小　D. 仪表零点上升，测量范围增大

276. BD002　用热电阻测量温差时，在温度变送器桥路中应采用(　　)接法，两个热电阻引线长度应相等，布线位置的环境温度应一致，以免影响测量精度。

A. 四线制　B. 三线制　C. 二线制　D. 上述答案都正确

277. BD002 温度变送器在进行零位校准时，用电阻箱给出变送器对应量程0%的电阻值，调节调零电位器，使变送器输出为(   )。

A. 4mA B. 8mA C. 15mA D. 20mA

278. BD003 振弦式压力变送器主要由(   )、磁铁、激振器、膜片及测频率电路组成。

A. 谐振梁 B. 电容 C. 振弦 D. 硅油

279. BD003 单晶硅谐振式压力变送器的核心部件是(   )。

A. 电容 B. 硅谐振器 C. 振弦 D. 硅油

280. BD004 电容式差压变送器在零点不变的情况下，调整(   )会使测量范围变化。

A. 量程 B. 零点 C. 阻尼 D. 线性

281. BD004 电容式差压变送器硅油泄漏的处理方法是(   )。

A. 加硅油 B. 更换隔离膜片

C. 更换测量部分 D. 更换变送器

282. BD004 某差压变送器测量范围为(20~100)kPa，当输出电流为4mA，则测量值为(   )。

A. 20kPa B. 50kPa C. 80kPa D. 100kPa

283. BD005 当介质密度变大时，则浮筒式液位计的浮筒位置将会(   )。

A. 下降 B. 上升 C. 不变 D. 不确定

284. BD005 差压式液位计在(   )情况时，测量值会产生测量偏差。

A. 电源电压波动 B. 仪表检定 C. 平衡阀内漏 D. 调整量程

285. BD005 干簧管常用于(   )液位计的信号远传。

A. 磁浮子 B. 雷达式 C. 超声波 D. 扭力管

286. BD006 超声波流量计显示的流量变化太大的原因，下列说法错误的是(   )。

A. 下游用户因为故障或其他原因造成的流量大幅波动

B. 与流量计配套的温度或压力变送器电源部分接触不良

C. 用于给流量计供电的电源电压不稳

D. 探头电缆线接触不良

287. BD006 下列选项中，关于超声波流量计接收信号间断的故障原因，说法不正确的是(   )。

A. 探头电源部分接触不好 B. 外界强磁(声)场影响

C. 气体中有较多的液固杂质 D. 多探头型超声波流量计其中有一组探头已坏

288. BD007 现场超声波流量计与调压阀串联使用时，调压阀应安装在(   )。

A. 流量计的上游

B. 流量计的下游

C. 有两级调压时，流量计可安装在两台调压阀中间

D. 上下游均可

289. BD007 噪音会影响超声波流量计的计量准确度，下列关于输气站影响流量计的噪音来源说法不正确的是(   )。

A. 压力调节器 B. 整流器

C. 通过流量计的高速气流 D. 重力式分离器

290. BD008　UPS 电源极易遭受感应雷击造成损坏，因此必须加装（　　）。
A. 稳压保护器　B. 浪涌保护器　C. 互感器　D. 闪断器

291. BD008　UPS 电源长期运行在市电（　　）状态，可能造成输出功率下降，稳压器损坏。
A. 低电压　B. 电压不稳　C. 高电压　D. 低电流

292. BD008　UPS 电源与负载不匹配，（　　）运行是造成损坏的原因之一。
A. 长期负载功率过小　B. 长期负载时间过长
C. 短时间负载过大　D. 长期负载功率过大

293. BE001　采气时率的计算公式为（　　）。

A. $采气时率=\frac{采气井实际生产小时之和}{投产气井数\times日历时间(小时)}\times100\%$

B. $采气时率=\frac{采气井实际生产小时之和}{投产气井数\times日历时间(小时)-计划关井时间(小时)}\times100\%$

C. $采气时率=\frac{采气井实际生产小时之和}{投产气井数\times日历时间(天)-计划关井时间(天)}\times100\%$

D. $采气时率=\frac{采气井实际生产小时之和}{投产气井数\times日历时间(天)}\times100\%$

294. BE001　储采比是指（　　）剩余可采储量与当年井口产气量之比。
A. 上年底　B. 当年底　C. 下年底　D. 探明地质

295. BE002　相同条件下，天然气的相对密度是天然气（　　）与干燥空气密度的比值。
A. 能量　B. 体积　C. 压力　D. 密度

296. BE002　天然气流经节流装置时，气流的平均热力学温度偏离标准参比条件热力学温度而导出的修正系数，就是（　　）。
A. 流动温度系数　B. 流出系数　C. 可膨胀性系数　D. 超压缩系数

297. BE002　按照 GB/T21446—2008 计量标准，天然气的真实相对密度越大，则相对密度系数（　　）。
A. 越大　B. 越小　C. 不变　D. 不确定

298. BE003　天然气输差是指平衡商品天然气中间计量与交接计量之间流量的（　　）值。
A. 和　B. 差　C. 积　D. 商

299. BE003　防止（　　）和提高计量准确度是控制输差的主要措施。
A. 管道放空　B. 管道清管　C. 计量仪表损坏　D. 管道泄漏

300. BE004　下列选项中，输差计算与（　　）等因素有关。
A. 计算时间开始时的输入气量、计算时间结束时的输出气量、计算时间开始时的储存气量
B. 计算时间开始时的输出气量、计算时间结束时的输入气量、计算时间开始时的储存气量
C. 计算时间开始时的输入气量、计算时间结束时的输出气量、计算时间结束时的储存气量
D. 同一时间内的输入气量、输出气量、储存气量变化量

301. BE004　同一时间内，当输入气量、管线储存气量一定时，输出气量越大，输差的绝对值(　　)。

A. 越大　　B. 不变　　C. 越小　　D. 不能确定

302. BE005　清管器过盈量是指(　　)。

A. 清管器外径大于管道外径的差值与管道外径的百分比

B. 清管器外径大于管道外径的差值与管道内径的百分比

C. 清管器外径大于管道内径的差值与管道外径的百分比

D. 清管器外径大于管道内径的差值与管道内径的百分比

303. BE005　按《天然气管道运行规范》对直板清管器过盈量的规定，宜选用的是(　　)。

A. 2%　　B. 5%　　C. 8%　　D. 10%

304. BE006　清管器运行时间是运行距离与运行平均速度之(　　)。

A. 积　　B. 和　　C. 差　　D. 比

305. BE006　下列选项中，与清管器的运行时间无关的是(　　)。

A. 清管器运行距离　　B. 清管器运行平均速度

C. 管道公称尺寸　　D. 清管器后平均压力

306. BE007　用容积法计算清管球运行距离，下列公式表达正确的是(　　)。

A. $l_{估}=\dfrac{4\pi \cdot D^2 T_0 \bar{p}}{p_0 TZQ_{进}}$　　B. $l_{估}=\dfrac{4\bar{p} TZQ_{进}}{\pi \cdot D^2 T_0 p_0}$

C. $l_{估}=\dfrac{4p_0 TZQ_{进}}{\pi \cdot D^2 T_0 \bar{p}}$　　D. $l_{估}=\dfrac{4p_0 T_0 ZQ_{进}}{\pi \cdot D^2 T \bar{p}}$

307. BE007　清管过程中发生卡球时，可根据(　　)公式估算卡球位置。

A. 威莫斯　　B. 潘汉德　　C. 气体状态方程　　D. 经验

308. BE008　采用输气流量可计算下的清管器瞬时速度公式时，清管器的运行速度与(　　)无关。

A. 输气流量　　B. 管道内径横截面积

C. 运行距离　　D. 清管器后平均压力

309. BE008　清管球的运行速度主要由发球站输气流量控制，当其他参数不变时流量越大则球速(　　)。

A. 不变　　B. 越快　　C. 越慢　　D. 不能确定

310. BE009　三甘醇脱水装置压缩空气露点不合格，首先应(　　)。

A. 停运空压机　　B. 检查干燥机是否工作

C. 对空压机排液　　D. 对干燥机排液

311. BE009　三甘醇脱水装置仪表风压力超高，应停运空压机，检查空压机(　　)是否损坏。

A. 电动机　　B. 加压部件　　C. 传动轴　　D. 起停压力控制开关

312. BE010　当工具栏上的“剪切”和“复制”按钮颜色黯淡，不能使用时，表示(　　)。

A. 此时只能从“编辑”菜单中调用“剪切”和“复制”命令

B. 在文档中没有选定任何内容

C. 剪贴板已经有了要剪切或复制的内容

D. 选定的内容太长，剪贴板放不下

313. BE010　在 2007 版 Word 编辑状态中，进行 word 文档字数统计，需要使用的菜单是（　　）。

A. 文件　　B. 视图　　C. 审阅　　D. 工具

314. BE011　Excel 单元格中直接输入数字并按回车键确认后，默认采用（　　）对齐方式。

A. 居中　　B. 左　　C. 右　　D. 不动

315. BE011　Excel 中，如在单元格 A1 中有公式：=B1+B2，若将其复制到单元格 C1 中则公式为（　　）。

A. =D1+D2　　B. =D1+A2　　C. =A1+A2+C1　　D. =A1+C1

316. BE012　在 Powerpoint 中，可以通过（　　）菜单中的命令调出“绘图”工具栏。

A. 窗口　　B. 视图　　C. 格式　　D. 插入

317. BE012　下列选项中，属于 Powerpoint 文件扩展名的是（　　）。

A. ppt　　B. pps　　C. pot　　D. htm

318. BF001　定期清洗自力式调压阀指挥器、喷嘴等，可防止调压阀（　　）。

A. 损坏膜片　　B. 污物堵塞　　C. 振动　　D. 泄漏

319. BF001　Fisher 调压阀下游异常超压有可能损坏（　　）。

A. 阀体　　B. 阀芯　　C. 膜片　　D. 阀座

320. BF001　调压阀应定期进行维护保养，需拆卸调压阀时，不能（　　）作业。

A. 泄放　　B. 正常　　C. 负压　　D. 带压

321. BF002　设备设施维护保养参照（　　）作业内容，做到“一准，二灵，五不漏”。

A. 四字　　B. 六字　　C. 八字　　D. 十字

322. BF002　设备设施“润滑”维护保养应执行（　　）润滑制度。

A. “四定”　　B. “五定”　　C. “二定”　　D. “三定”

323. BF003　设备易松动部位的螺栓，应经常检查、（　　）。

A. 润滑　　B. 调整　　C. 紧固　　D. 防腐

324. BF003　含硫气井应按要求加注（　　），以减缓硫化氢对气井的腐蚀。

A. 缓蚀剂　　B. 起泡剂　　C. 防冻剂　　D. 消泡剂

325. BF004　天然气过滤分离器是通过重力分离、（　　）、丝网捕沫，去除气体中的固体杂质和液态杂质的高效净化装置。

A. 离心分离　　B. 过滤拦截

C. 冷凝拦截　　D. 凝聚分离

326. BF004　天然气进入过滤分离器筒体，撞击在（　　）上，避免滤芯损坏。

A. 捕雾网　　B. 滤芯内壁

C. 滤芯外壁　　D. 滤芯支撑管

327. BF005　开启锁环型快开盲板前，应放空设备内压力为零后，再拧出安全报警螺杆，最后取出（　　）。

A. 安全锁块　　B. 盲板　　C. 锁环　　D. 涨环

328. BF005 卡箍型快开盲板是通过( )的松开或箍紧,实现快速开启和关闭的一种快开盲板。

A. 勾圈 B. 卡箍 C. 锁环 D. 涨环

329. BF006 恒电位仪输出电流突然增大的原因可能是( )。

A. 管道绝缘层老化 B. 阳极电缆断开

C. 参比电极线断开 D. 保护管道与未保护管线搭接

330. BF006 恒电位仪输出电压变大,输出电流变小的原因可能是( )。

A. 阳极电缆断开 B. 参比电极断开 C. 阴极线断开 D. 阳极损耗

331. BF007 恒电位仪自检正常,但输出电压变大,输出电流变小,处理措施正确的是( )。

A. 检查阴极线连线 B. 检查零位接阴连线

C. 检查直流输出保险 D. 测量阳极接地电阻

332. BF007 恒电位仪自检正常,各连线正常,但输出电流、电压不稳定,处理措施正确的是( )。

A. 检查市电 B. 检查恒电位各保险

C. 测量阳极接地电阻 D. 沿管道测量通/断电位,查找干扰

333. BG001 某些可燃物质的自燃点很低,在常温下能发生自燃。下列物质不能在常温下自燃的是( )。

A. 黄磷 B. 磷化氢 C. 二氧化硫 D. 铁的硫化物

334. BG001 可燃气体与空气的混合物的自燃点随其组分变化而变化,当混合气体中氧的浓度( )时,自燃点将会降低。

A. 增高 B. 降低 C. 不变 D. 稳定

335. BG002 对采气管线加注( ),可减缓金属设备的内腐蚀。

A. 水合物抑制剂 B. 缓蚀剂 C. 三甘醇 D. 起泡剂

336. BG002 下列措施中,不能有效减少输气管道内硫化铁生成的措施是( )。

A. 定期清管 B. 天然气脱水 C. 加注三甘醇 D. 加注缓蚀剂

337. BG003 天然气的爆炸是瞬间产生高压、高温的燃烧过程,爆炸波速可达( )以上。

A. 1000m/s B. 2000m/s C. 3000m/s D. 5000m/s

338. BG003 在混合物中加入惰性气体,爆炸极限的范围会( )。

A. 减小 B. 扩大 C. 不变 D. 没有比例关系

339. BG004 防爆电气设备中,本安型用符号( )表示。

A. d B. i C. e D. s

340. BG004 在正常工作或规定的故障状态下,产生的电火花和热效应,均不能点燃规定的爆炸性气体或蒸汽的电气设备,称为( )设备。

A. 隔爆型 B. 本安型 C. 增安型 D. 浇封型

341. BG005 下列选项中,当禁火区发生化学危险品燃烧时,做法不正确的是( )。

A. 迅速报火警 B. 快速扑灭初期火灾

C. 切断燃烧物的供给 D. 沿着顺风向快速脱离火灾区

342. BG005　发生室外火灾时，下列措施错误的是(　　)。

A. 迅速报警　　B. 注意防烟

C. 选择正确的逃生路线　　D. 直接打开房门，迅速向户外撤离

343. BG006　受限空间内气体检测(　　)后，仍未开始作业，应重新进行检测。

A. 20min　　B. 30min　　C. 60min　　D. 120min

344. BG006　进入受限空间作业，应在受限空间内特定位置悬挂气体检测仪进行连续监测，监测位置应在(　　)中予以明确。

A. 作业方案　　B. 应急预案　　C. 作业许可证　　D. 工作前安全分析

345. BG007　下列选项中，属于防止坠落的最后措施是(　　)。

A. 安全带　　B. 安全绳　　C. 生命线　　D. 安全网

346. BG007　下列选项中，风险控制首要选择的措施是(　　)。

A. 个人劳动保护　　B. 采用合理的作业程序

C. 减少员工接触时间　　D. 消除风险

347. BG007　自动收缩式救生索应直接连接到安全带的背部 D 形环上，可供(　　)使用。

A. 1 人　　B. 2 人　　C. 3 人　　D. 4 人

348. BG008　进入室内对一氧化碳中毒者进行救护时，首先应(　　)。

A. 开窗通风　　B. 心肺复苏　　C. 拨打 120　　D. 呼救

349. BG008　心肺复苏术中，应在(　　)部位进行胸外按压。

A. 心尖　　B. 胸骨中段

C. 胸骨左缘第五肋间　　D. 双乳头之间胸骨正中

350. BG009　管壁厚度加倍时，噪声可下降(　　)。

A. 1~3dB　　B. 2~5dB　　C. 3~6dB　　D. 5~9dB

351. BG009　隔音罩或隔音套一般为(　　)，其中内层为吸声材料层。

A. 1 层　　B. 2 层　　C. 3 层　　D. 4 层

352. BG010　可燃气体检测仪浓度指示不回零，其可能的故障原因是(　　)。

A. 零点漂移　　B. 传感器失效　　C. 电压不足　　D. 传感器松脱

353. BG010　某固定式可燃气体检测仪量程为 100%LEL，当其输出电流为 8mA 时，则此时的测量值为(　　)。

A. 10%LEL　　B. 20%LEL　　C. 25%LEL　　D. 30%LEL

354. BG011　某固定式硫化氢气体检测仪量程为 $70mg/m^3$，当其输出电流为 7.2mA 时，则此时的测量值为(　　)。

A. $14mg/m^3$　　B. $20mg/m^3$　　C. $25mg/m^3$　　D. $31.5mg/m^3$

355. BG011　采用催化燃烧传感器的便携式气体检测仪，应尽量避免在(　　)环境下使用。

A. 低温　　B. 低湿度

C. 低浓度可燃气体　　D. 低含氧

356. BG012　正压式空气呼吸器所配备的碳纤维全缠绕式高压储气瓶，应每(　　)由具备相应资质的单位进行一次安全检验。

A. 1 年　　B. 2 年　　C. 3 年　　D. 5 年

357. BG012　滤毒盒内浸渍了特定化学试剂的活性炭,可与某些特殊物质发生化学反应,该反应也称为(　　)吸附。

A. 化学　B. 物化　C. 物理　D. 生物

358. BG013　利用破坏燃烧爆炸的基础原理,用阻燃剂对可燃材料进行阻燃处理,这样的方法称为(　　)。

A. 控制可燃物　B. 隔绝空气　C. 消除着火源　D. 阻止火势蔓延

359. BG013　利用破坏助燃条件的原理,密闭储存可燃介质的容器、设备等,这样的方法称为(　　)。

A. 控制可燃物　B. 隔绝空气　C. 消除着火源　D. 阻止火势蔓延

360. BG014　生产过程危险和有害因素共分为人的因素、物的因素、环境因素和(　　)4大类。

A. 物理性因素　B. 行为性因素　C. 生物性因素　D. 管理因素

361. BG014　为了确保环境因素评价的准确性,在识别环境因素时应考虑的三种时态是(　　)。

A. 过去、现在和将来　B. 开车、停机和检修

C. 正常、异常和紧急　D. 上升、下降和停止

362. BG015　生产经营单位应急预案体系的总纲是(　　)。

A. 综合应急预案　B. 专项应急预案

C. 现场处置方案　D. 应急处置卡

363. BG015　对于危险性较大的重点岗位,生产经营单位应当制定重点工作岗位的(　　)。

A. 综合应急预案　B. 专项应急预案

C. 现场处置方案　D. 应急处置卡

364. BG016　下列选项中,不属于一般事故的是(　　)。

A. 一次事故造成 3 人及以上死亡

B. 一次事故造成 1~2 人死亡

C. 一次事故造成直接经济损失 100 万元~1000 万元

D. 一次事故造成 1~9 人重伤

365. BG016　应急机制的基础是(　　),也是整个应急体系的基础。

A. 分级响应　B. 统一指挥　C. 公众动员机制　D. 以人为本

二、多项选择题(每题有 4 个选项,至少有 2 个是正确的,将正确的选项填入括号内)

1. AA002　下列选项中,根据渗流流线方向不同可分为(　　)。

A. 单向渗流　B. 径向渗流　C. 球向渗流　D. 垂直渗流

2. AA006　下列选项中,属于地层水的是(　　)。

A. 边水　B. 底水　C. 夹层水　D. 凝析水

3. AA007　下列选项中,关于非地层水的说法错误的是(　　)。

A. 非地层水一般不是在天然气形成过程中形成

B. 非地层水与天然气经历了相同的形成过程

C. 非地层水对气井开发的影响比地层水更严重
D. 非地层水是寻找油气的主要依据

4. AA008 下列选项中,属于凝析水主要特点的有（ ）。
A. 氯离子含量低 B. 矿化度低,钾离子或钠离子含量较少
C. 矿化度高,钾离子或钠离子含量较多 D. 杂质含量少

5. AA009 下列选项中,关于残酸水说法正确的有（ ）。
A. 经酸化作业后的气井才存在 B. 对气井生产没有影响
C. 对油管产生腐蚀 D. 对近井周围地层造成二次污染

6. AA010 下列选项中,关于钻井液说法正确的是（ ）。
A. 一般较混浊 B. 黏稠状 C. 固体杂质多 D. 氯离子含量高

7. AA011 下列选项中,关于外来水说法错误的是（ ）。
A. 和天然气处于同一地层的水 B. 化学特征差异可能很大
C. 产水量一般较小 D. 对气井生产无影响

8. AA012 下列选项中,关于地面水说法错误的是（ ）。
A. 和天然气处于同一地层的水 B. 每口气井都会产出地面水
C. 酸碱度一般呈中性 D. 不会对生产造成影响

9. AA017 下列选项中,稳定试井步骤描述正确的有（ ）。
A. 对气井进行放喷,净化井底 B. 关井测取稳定的气层中部压力
C. 需要改变几个工作制度生产 D. 取得每个工作制度下的稳定产量、压力值

10. AA018 确定稳定试井测试产量时还应考虑（ ）。
A. 最小产量大于等于气井正常携液流量
B. 最小产量下的井口气流温度高于水合物形成温度
C. 最大产量可以等于无阻流量
D. 最大产量不能破坏井壁的稳定性

11. AA019 下列选项中,关于压力恢复试井资料整理说法正确的有（ ）。
A. 绘制压力恢复曲线 B. 求取气井产气方程式
C. 计算井底流压 D. 计算井底压力

12. AA020 滴定氯离子操作时,需要用到的器具有（ ）。
A. 烧杯 B. 干燥剂 C. 滴定架 D. 移液管

13. AA021 气井油管、套管连通,油管生产,油管积液时对生产影响说法正确的是（ ）。
A. 采气曲线上表现为油压下降,产水量下降
B. 采气曲线上表现为油压上升,产水量上升
C. 采气曲线上表现为油压下降,产气量下降
D. 采气曲线上表现为套压变化不大,油压下降加快

14. AA022 下列选项中,流量计下游放空阀关闭不严,采气曲线特征表现错误的有（ ）。
A. 产量降低 B. 产量升高 C. 产量不变 D. 套压升高

15. AA023 下列选项中,关于气井无水采气阶段生产特征正确的有（ ）。
A. 氯离子含量高 B. 氯离子含量低

C. 套压差、油压差逐渐增大　　D. 井口压力、产气量相对稳定

16. AA024　下列选项中,属于气水同产井治水措施的有(　　)。

A. 控水采气　　B. 堵水采气　　C. 排水采气　　D. 注水采气

17. AB001　地层疏松的气井(如砂岩)宜选择(　　),在地层不出砂、井底不被破坏的条件下生产。

A. 定井底渗滤速度　　B. 定产量

C. 定井口压力　　D. 定井壁压力梯度

18. AB002　井下节流工艺气井的产量与(　　)有关。

A. 节流压差　　B. 输压　　C. 节流嘴直径　　D. 节流器类型

19. AB004　气水同产井垂直管流滑脱损失与(　　)有关。

A. 油管直径　　B. 气液比　　C. 流动形态　　D. 地层压力

20. AB005　起泡剂作用机理包括(　　)。

A. 泡沫效应　　B. 分散效应　　C. 消泡效应　　D. 减阻效应

21. AB006　柱塞排水工艺的气井自身能量不足时,可以结合(　　)实施复合排水。

A. 机抽　　B. 电潜泵　　C. 泡排　　D. 气举

22. AB007　气举排水采气工艺适用于(　　)。

A. 弱喷气水同产井　　B. 间喷气水同产井　　C. 水淹井复产　　D. 气藏排水井

23. AB008　抽油机排水采气深井泵根据它的装配和在井中安装的原理,可以分为(　　)两类。

A. 离心泵　　B. 杆式泵　　C. 管式泵　　D. 计量泵

24. AB009　电潜泵排水采气工艺复杂,成本高,适用于(　　)。

A. 大产水量间喷气井　　B. 气藏排水井

C. 自喷气水同产井　　D. 井深 4500m 以上的气水同产井

25. AB010　螺杆泵排水采气工艺适用条件有(　　)

A. 间喷、弱喷气水井　　B. 水淹停产井

C. 产水量>200.0m^3/d　　D. 气井积液井深>2000m

26. AB011　井下涡流工具尺寸大小根据油管尺寸进行选择,适用的油管内径有(　　)。

A. 76mm　　B. 62mm　　C. 50.7mm　　D. 100.8mm

27. AB012　储层酸化改造的主要作用有(　　)。

A. 提高井口压力　　B. 改善储层渗流条件

C. 恢复气井产能　　D. 提高气井产能

28. AB013　压裂液按不同施工阶段起着不同的作用,可分为(　　)。

A. 前置液　　B. 携砂液　　C. 顶替液　　D. 水基压裂液

29. AB014　下列选项中,属于多井常温集气流程优点的是(　　)。

A. 管理集中,方便单井气量调节和自动控制

B. 减少管理人员,节省管理费用

C. 可实现水、电、气和加热设备的一机多用,节省采气生产成本

D. 方便单井天然气的输送及调配

30. AB015　目前常用的清管工艺流程有(　　)。
A. 收球清管装置流程　　B. 发球清管装置流程
C. 带旁通清管阀流程　　D. 不带旁通清管阀流程

31. AB016　下列选项中,具有刚性骨架的清管器是(　　)。
A. 清管球　　B. 高密度泡沫清管器
C. 皮碗清管器　　D. 双向清管器

32. AB017　输送干气的管道不宜选用(　　)进行清管作业。
A. 橡胶清管球　　B. 泡沫清管器　　C. 皮碗清管器　　D. 双向清管器

33. AB018　金属腐蚀是指金属在周围介质的作用下,由于(　　)等作用而产生的破坏。
A. 化学变化　　B. 电化学变化　　C. 物理溶解　　D. 机械损伤

34. AB019　按腐蚀环境分类,可将金属腐蚀分为(　　)。
A. 化学介质腐蚀　　B. 大气腐蚀　　C. 海水腐蚀　　D. 土壤腐蚀

35. AB020　下列选项中,属于埋地钢质管道所用外防腐涂层的是(　　)。
A. 石油沥青　　B. 煤焦油瓷漆　　C. 溶结环氧粉末　　D. 三层 PE

36. AB021　天然气集输管道防腐措施通常采用(　　)阴极保护。
A. 外加电流　　B. 外防腐层　　C. 牺牲阳极　　D. 辅助阳极

37. AB022　下列阴极保护参数测量过程中,测试方法相同的是(　　)。
A. 自然电位　　B. 通电电位　　C. 瞬间断电电位　　D. 保护电流密度

38. AB023　在线腐蚀监测方法中,基于金属损失来评价管道腐蚀的是(　　)。
A. 腐蚀挂片法　　B. 氢探针法　　C. 电阻探针法　　D. 线性极化电阻法

39. AB024　油气田生产信息技术项目按(　　)和基础设施类实行分类组织、分级负责。
A. 经营管理类　　B. 生产运行类　　C. 办公管理类　　D. 人力资源类

40. AB025　油气田公司级生产信息数字化系统调度层包括(　　)。
A. 中心站监控室　　B. 作业区监控中心
C. 二级调度中心　　D. 油气田公司级调度中心

41. AB026　二级调度中心生产信息数字化系统的主要功能包括(　　)
A. 现场生产数据及图片一级汇聚　　B. 上传生产数据
C. 生产指挥调度　　D. 正常远程开关气井

42. AB027　生产过程自动化系统除了能够(　　)信息,还能自动调节自控设备。
A. 采集　　B. 处理　　C. 消除　　D. 停止

43. AB028　简单自动控制系统由(　　)组成。
A. 测量变送装置　　B. 调节器　　C. 执行机构　　D. 被控对象

44. AC001　在气田增压开采中,常用增压方式有(　　)。
A. 集中增压　　B. 单井增压　　C. 多井增压　　D. 注气增压

45. AC002　使用整体式燃气压缩机进行单井增压开采应具备(　　)工艺流程。
A. 天然气处理　　B. 启动气　　C. 天然气脱水　　D. 燃料气

46. AC003　为获取最大经济效益,避免盲目投资,实施增压开采应对气井或气田进行(　　)等方面充分论证。

A. 气井或气田剩余可采储量　　B. 天然气用气市场情况
C. 单井或集中增压方式　　D. 单级或多级增压工艺

47. AC004　整体式压缩机组,通过卧轴上的凸轮驱动的有(　　)。
A. 调速器　　B. 注塞泵　　C. 永磁交流发电机　　D. 启动分配阀

48. AC005　分体式燃气压缩机主要由(　　)、油加热器等组成。
A. 发动机　　B. 压缩机　　C. 联轴器　　D. 冷却器

49. AD001　天然气体积流量计算中,流量与(　　)成正比关系。
A. 差压　　B. 流动温度系数　　C. 流出系数　　D. 孔板外径

50. AD002　天然气体积流量计算中,流出系数与(　　)有关。
A. 差压　　B. 孔板上游侧静压力
C. 流量系数　　D. 渐进速度系数

51. AD003　按出现的规律,误差可分为(　　)。
A. 绝对误差　　B. 系统误差　　C. 随机误差　　D. 粗大误差

52. AD004　下列选项中,属于温度单位的是(　　)。
A. ℃　　B. ℉　　C. K　　D. A

53. AD005　弹簧管式一般压力表主要由(　　)、示数装置(指针和分度盘)、外壳等几部分组成。
A. 齿轮传动机构　　B. 弹簧管　　C. 波纹腔　　D. 膜片

54. AD006　按照其测量原理的不同,天然气流量测量的方法分为(　　)等。
A. 容积法　　B. 差压法　　C. 速度法　　D. 静态法

55. AD007　腰轮流量计不是(　　)流量计。
A. 差压式　　B. 速度式　　C. 质量式　　D. 容积式

56. AD008　下列选项中,属于差压传感器测试方法的有(　　)。
A. 高静压测试　　B. 轨迹测试　　C. 常压校准　　D. 高压校准

57. AD009　下列选项中,属于速度式流量计的有(　　)。
A. 旋进旋涡流量计　　B. 腰轮流量计　　C. 涡轮流量计　　D. 椭圆齿轮流量计

58. AD010　旋涡式流量计中,常见旋涡发生体有(　　)形。
A. 圆柱体　　B. 三角柱　　C. 方形柱　　D. 椭圆柱

59. AD011　在线互动式 UPS 的特点有(　　)。
A. 有较宽的输入电压范围　　B. 噪声低
C. 体积小　　D. 高弦波

60. AE001　电路最基本的的连接方式有(　　)。
A. 串联　　B. 并联　　C. 混联　　D. 直联

61. AE002　欧姆定律表示了(　　)之间关系。
A. 电容　　B. 电阻　　C. 电压　　D. 电流

62. AE003　按照人体触及带电体的方式和电流流过人体的途径,电击又可分为(　　)、跨步电压电击 3 类。
A. 单线电击　　B. 两线电击　　C. 三线电击　　D. 四线电击

63. AE004　下列选项中，属于减少静电产生的措施有（　　）。
A. 降低速度　　B. 增加压力　　C. 减少摩擦　　D. 减少接触频率

64. AE005　一个完整的防雷装置包括（　　）。
A. 接闪器　　B. 引下线　　C. 接地装置　　D. 测试桩

65. AF001　机械制图中，（　　）是零件尺寸标注的组成部分。
A. 尺寸界线　　B. 尺寸线　　C. 尺寸线终端　　D. 尺寸数字

66. AF002　机械制图中，剖视图的种类有（　　）视图。
A. 半剖　　B. 全剖　　C. 局部剖　　D. 复合剖

67. AF003　机械制图中“三视图”是指（　　）。
A. 主视图　　B. 俯视图　　C. 右视图　　D. 左视图

68. AF004　机械制图中，标注零件尺寸数字要求（　　）。
A. 线性尺寸的数字一般应注写在尺寸线的上方
B. 允许注写在尺寸线的中断处
C. 角度的数字一律写成水平方向
D. 尺寸数字可以注写在任何图线上

69. AF005　下列选项中，属于机械制图标题栏的内容有（　　）。
A. 名称　　B. 材料　　C. 尺寸　　D. 比例

70. AF006　下列选项中，属于平板阀安装图例的是（　　）。
A. 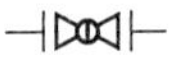　　B. 　　C. 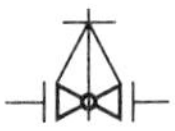　　D.

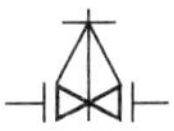

71. AA007　下列选项中，表示测量元件的图形有（　　）。
A. 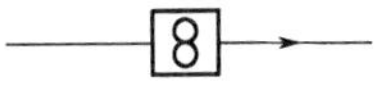　　B. 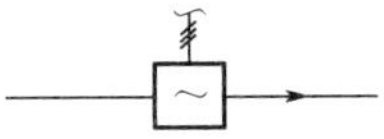
C. 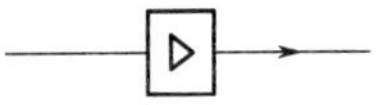　　D.

72. BA001　下列选项中，属于动态分析统计法的是（　　）。
A. 平均法　　B. 分级统计法　　C. 物质平衡法　　D. 对比统计法

73. BA002　下列选项中，天然气取样应遵循的原则有（　　）。
A. 均相原则　　B. 气密原则　　C. 安全原则　　D. 惰性原则

74. BA003　井口安全截断系统的截断阀异常关闭的可能原因有（　　）。
A. 高压感测压力超高　　B. 动力源管路泄漏
C. 动力源压力不足　　D. 低压感测压力过低

75. BA004　控制管路出现泄漏，易造成井下安全阀（　　）。
A. 无法打开　　B. 无法关闭　　C. 关闭不严　　D. 意外关闭

76. BA005　井下节流工艺气井处于临界流时产气量突然上升，可能原因有（　　）。
A. 输压下降　　B. 节流嘴被堵塞　　C. 节流器密封失效　　D. 节流器整体移位

77. BA006　空管通球作业适用于（　　）。
A. 新建管道竣工后或投产前　　B. 管道干燥

C. 管道气体置换　　D. 管道清洁

78. BA007　管道大修改造后进行的空管通球收球作业，下列叙述正确的是(　　)。

A. 湿气管道应先通过控制球筒排污阀进行收球作业

B. 干气管道应使用球筒放空阀进行收球作业

C. 当球速过快时，应控制一定的背压

D. 置换管道内的氮气时，可通过控制球筒引流阀进行收球

79. BA008　使用发球筒发送清管球，清管球未发送出去的原因可能有(　　)。

A. 球筒大小头平衡阀未关　　B. 过盈量不合适

C. 推球气量过大　　D. 干线生产阀未关

80. BA009　下列选项中，清管球发送不出去的处理方法正确的有(　　)。

A. 提高推球压力

B. 调整清管球过盈量

C. 重新将球放入球筒大小头处并卡紧

D. 检查球筒大小头处平衡阀是否关闭

81. BA010　集输场站发生影响正常生产的故障时，流程切换应遵循的原则有(　　)。

A. 先导通，后切断　　B. 先切断，后放空

C. 先关上游，后关下游　　D. 先切断，再导通

82. BA011　下列选项中，符合集气站场气体置换合格标准的有(　　)。

A. 氮气置换空气时出口气氧气含量低于 2%

B. 氮气置换空气时出口气氧气含量低于 5%

C. 天然气置换氮气时出口气质与进口气质一致

D. 天然气置换氮气时出口气含氧量低于 2%

83. BA012　下列选项中，PS—1 恒电位仪自检操作正确的有(　　)。

A. 自检前就先断开阳极线

B. 恒电位仪电源开关应选择“自检”状态

C. “工作方式”应选择“自动”状态

D. “测量选择”应选择“保护”状态

84. BA013　下列选项中，离心泵不上液的原因有(　　)。

A. 离心泵内有异物　　B. 泵的转速过低

C. 吸程太长　　D. 离心泵内有空气

85. BA014　往复泵不排液的可能原因有(　　)。

A. 泵转速过低　　B. 进口管线堵塞

C. 进口管线有气体　　D. 进口阀未开启

86. BA015　离心泵启动后不排出工作液体，下列处理方法中正确的有(　　)。

A. 排出进水管内的空气　　B. 检查维修电机

C. 检查维修离心泵　　D. 调整吸程

87. BA016　往复泵达不到规定的压力和流量，正确的处理方法有(　　)。

A. 调整电机转速　　B. 排出进口管道内空气

C. 更换磨损件　　D. 更换曲轴箱连杆密封填料

88. BB001　在低温分离回收凝析油工艺流程中,以下说法正确的有(　　)。

A. 利用原料气中各烃类组分冷凝温度不同的特点,将重烃组分从原料气中分离出来

B. 为了防止高压天然气因节流制冷生成水合物,节流前应注入水合物抑制剂

C. 从低温分离器顶部出来的冷天然气,部分进入换热器与温度较低的天然气进行换热后,与另一部分没有进行换热的冷天然气汇合,经换热器升温至常温后输出

D. 从低温分离器出来的油、水和乙二醇富液经换热、脱烃后进入三相分离器,分离出的凝析油进入计量罐,乙二醇富液经提浓后循环使用

89. BB002　下列选项中,属于低温分离工艺的主要参数有(　　)。

A. 二级节流后温度　　B. 天然气中的凝析油含量

C. 天然气产量　　D. 进气压力

90. BB003　以下属于低温分离站投产操作内容的有(　　)。

A. 检查锅炉设备、仪器仪表、管道阀门、消防设备、设施等设备是否完好

B. 进行站内流程切换,锅炉预热升温,平衡气、仪表风和自来水开始供给

C. 检查现场工位参数,其设定值、实测值和操作输出值是否正常

D. 做好天然气计量准备,启动乙二醇活塞泵

91. BB004　低温分离回收凝析油操作中,以下操作正确的是(　　)。

A. 调节一级节流阀开度大小,将低温分离温度控制在-25~-15℃之间

B. 调节低温分离器进气换热器旁通阀开度大小,将低温分离温度控制在-25~15℃之间,使天然气中的C4以上组分凝析成液态烃,在低温分离器中被分离出来

C. 调节低温分离器进气换热器旁通阀开度大小,将换热器温度控制在-25~-15℃之间,使天然气中的C4以上组分凝析成液态烃,在低温分离器中被分离出来

D. 调节低温分离器进气换热器旁通阀开度大小,将低温分离器进口天然气温度控制在-25~-15℃之间,使天然气中的C4以上组分凝析成液态烃,在低温分离器中被分离出来

92. BB005　在低温分离工艺的乙二醇回收流程中,以下描述正确的有(　　)。

A. 被分离出来的油和乙二醇富液最后从稳定塔上部进入稳定塔

B. 经稳定塔除去其中的杂质和部分轻质烃后,混合液从稳定塔底部流出,进入重沸器

C. 在重沸器内,混合液中的轻质烃从稳定塔中部返回稳定塔,最后从稳定塔顶部排出

D. 释放了轻质烃后的混合液经换热后,进入三相分离器

93. BB006　低温分离站乙二醇回收过程中,应保证(　　)等供给正常。

A. 蒸汽　　B. 仪表风　　C. 自来水　　D. 平衡气

94. BC001　三甘醇脱水装置中,属于天然气流程的设备有(　　)。

A. 过滤分离器　　B. 缓冲罐　　C. 吸收塔　　D. 干气贫液换热器

95. BC002　三甘醇脱水装置中,甘醇流程在(　　)等部位设置有换热盘管。

A. 富液精馏柱　　B. 缓冲罐　　C. 燃料气　　D. 水冷却器

96. BC003　三甘醇脱水装置中,(　　)设备需要使用燃料气。

A. 机械过滤器　　B. 重沸器　　C. 灼烧炉　　D. 缓冲罐

97. BC004　三甘醇脱水装置中(　　)需要使用仪表风。
A. 自动放空阀　B. 背压调节阀　C. 温度调节阀　D. 液位调节阀

98. BC005　三甘醇脱水装置开车前,装置管路和设备,应(　　)合格。
A. 吹扫　B. 置换　C. 升压　D. 升温

99. BC006　三甘醇脱水装置正常停车时,应将(　　)、机械过滤器、活性炭过滤器等设备内的三甘醇回收至三甘醇回收储罐。
A. 缓冲罐　B. 重沸器　C. 吸收塔　D. 闪蒸分离器

100. BC007　三甘醇脱水吸收塔主要有填料塔和板式塔,板式塔主要由(　　)、捕雾网等组成。
A. 升气管　B. 压板　C. 支撑板　D. 泡罩(浮阀)塔盘

101. BC008　三甘醇脱水装置中,闪蒸分离器由(　　)、排污口等组成。
A. 捕雾网　B. 富液入口挡板　C. 甘醇入口　D. 甘醇出口

102. BC009　三甘醇脱水装置中,重沸器主要由(　　)等组成。
A. 溢流堰板　B. U 形火管　C. 壳体　D. 换热盘管

103. BC010　三甘醇脱水装置中,机械过滤器的主要作用是除去富甘醇携带的(　　)。
A. 设备腐蚀产物　B. 固相杂质　C. 液相杂质　D. 烃类产物

104. BC011　三甘醇脱水装置中,灼烧炉主要由筒体、(　　)等组成。
A. 火头　B. 点火器　C. 烟囱　D. 压力变送器

105. BC012　三甘醇脱水装置中,目前使用较为广泛的三甘醇循环泵有(　　)。
A. 多级离心泵　B. 螺杆泵　C. 电动柱塞泵　D. 能量回收泵

106. BC013　下列选项中,属于自动控制系统的有(　　)。
A. 温度检测系统　B. 液位控制系统
C. 温度自动调节系统　D. 压力自动调节系统

107. BC014　下列选项中,属于火焰气体检测系统的特性有(　　)。
A. 可靠性　B. 独立性　C. 特异性　D. 安全性

108. BC015　在线露点仪的测试方法有(　　)、光学法、电容法、压电法(石英震荡法)等。
A. 冷镜面法　B. 电解法　C. 醋酸铅法　D. 碘滴定法

109. BC016　气动阀门不动作,可能的原因有(　　)。
A. 无气源　B. 气源压力不足　C. 执行机构故障　D. 调节器无输出信号

110. BC017　气动阀门的定位器可分为(　　)两种。
A. 电—气阀门定位器　B. 气动阀门定位器
C. 薄膜式　D. 活塞式

111. BC018　气动薄膜调节阀阀芯与(　　)卡死,会造成调节阀不动作。
A. 衬套　B. 阀座　C. 阀体　D. 法兰

112. BC019　电动调节阀的执行机构是由(　　)、手轮等组成。
A. 位置发送器　B. 减速器　C. 永磁式低速同步电机　D. 传感器

113. BC020　电动球阀在动作过程中开到 40%的开度时停止不动,可能的原因有(　　)。
A. 电动执行机构动力电丢失　B. 电动执行机构力矩设置偏小

C. 管道中没有压力　　D. 管道中有异物卡住阀门

114. BC021　在进行 GPO 气液联动执行机构维护操作时，先关闭气动进气线，然后对(　　)卸压。

A. 执行机构液压缸　　B. 控制器　　C. 阀体　　D. 管线

115. BC022　在脱水装置的简单控制回路中，不起最终执行控制作用的是(　　)

A. 调节阀　　B. 调节器　　C. 变送器　　D. 电脑

116. BC023　游离水脱除罐自动控制的目的不是调节(　　)。

A. 压力与界面　　B. 压力与温度　　C. 温度与界面　　D. 温度与差压

117. BD001　二线制的仪表共用(　　)。

A. 接地线　　B. 信号线　　C. 电源线　　D. 屏蔽线

118. BD002　温度变送器的硬件部分包括冷端温度的检测、(　　)、CPU、A/D 转换、电流、电压、数字输出及通信接口。

A. 输入回路　　B. 补偿回路　　C. 显示器　　D. 打印机

119. BD003　不属于电容式压力变送器的测量膜盒内的填充液的有(　　)。

A. 甘醇　　B. 硅油　　C. 甲基硫醇　　D. 稀盐酸

120. BD004　安装差压变送器时，取源部件的端部不应超出(　　)的内壁。

A. 工艺设备　　B. 工艺管道　　C. 阀门　　D. 引压管

121. BD005　差压式液位计是利用流体静力学原理测量液位高度，可以用来测量液位高度的仪器有(　　)。

A. 压力计　　B. 差压计　　C. 差压变送器　　D. 压力传感器

122. BD006　清洗超声波流量计探头时，可以用(　　)清洗探头端面和侧面。

A. 棉纱　　B. 毛巾　　C. 海绵　　D. 钨丝

123. BD007　下列选项中，关于超声波流量计不能正常计量的故障处理方法，错误的有(　　)。

A. 加装或清洗整流器　　B. 提高气体压力

C. 加装或清洗过滤器　　D. 检查换能器(探头)的接线

124. BD008　UPS 输出值小于额定值，出现逆变器超载报警，主要原因是(　　)。

A. UPS 主机坏　　B. 机内温度高　　C. IGBT 器件　　D. 驱动控制

125. BE001　采收率是指从探明地质储量中最终可采出的累积井口产气量，用百分数表示。考虑经济界限和工程技术条件，可分为(　　)。

A. 技术采收率　　B. 地质采收率

C. 经济采收率　　D. 最终采收率

126. BE002　下列选项中，关于 $q_{vn}=A_{vn}CEd^2F_G\varepsilon F_zF_T\sqrt{P_1\Delta p}$ 公式中的符号叙述正确的有(　　)。

A. Δp 表示气流流经孔板时产生的静压力差

B. P_1 表示孔板上游取压口测得的气流绝对压力

C. C 表示流出系数

D. E 表示出站压力

127. BE009　下列选项中，引起压缩空气露点不合格的原因正确的有(　　)。

A. 干燥机损坏　　B. 干燥机冷冻剂(冷冻式)不足

C. 压缩空气压力低　　D. 干燥机干燥剂(固体式)失效

128. BE010　下列选项中，关于“Word 文本行”说法不正确的是(　　)。

A. 输入文本内容到达屏幕右边界时，只有按回车键才能换行

B. Word 文本行的宽度与页面设置有关

C. 在 Word 中文本行的宽度就是显示器的宽度

D. Word 文本行的宽度用户无法控制

129. BE011　下列选项中，属于 Excel 分类汇总方式的有(　　)。

A. 求和　　B. 计数　　C. 求平均　　D. 求最大值

130. BE012　下列选项中，在 Powerpoint 中可以实现的功能有(　　)。

A. 制作用于计算机的电子幻灯片

B. 制作数据库文件

C. 制作用于幻灯片机的 35mm 的幻灯片或投影片

D. 播放制作完成的幻灯片

131. BF001　未动操作的情况下，TZ4LD 型轴流式调压阀阀后压力不断下降，可能的原因有(　　)。

A. 指挥阀喷嘴有污物堵塞　　B. 指挥阀膜片破裂漏气

C. 主阀体胶套破裂　　D. 指挥阀下游导压管堵塞

132. BF002　设备使用者应做到“四懂三会”，设备“四懂”通常是指(　　)。

A. 懂结构　　B. 懂原理　　C. 懂性能　　D. 懂用途

133. BF003　下列选项中，属于设备设施维护保养内容的有(　　)。

A. “四懂三会”　　B. 调整　　C. 紧固　　D. 润滑

134. BF004　过滤分离器启用前的检查内容包括(　　)。

A. 进口阀、出口阀和排污阀关闭状态

B. 快开盲板轴承

C. 放空阀开启状态

D. 筒体压力

135. BF005　安全联锁机构是快开盲板的关键组件，其具有的功能有(　　)。

A. 可通过安全联锁机构对设备进行放空泄压

B. 安全联锁机构装入后，容器形成密闭空间才能升压

C. 容器压力排放后，可通过安全联锁机构检查容器内余压状况

D. 头盖限位功能

136. BF006　恒电位仪输出电流、输出电压突然变小的故障原因可能有(　　)。

A. 零位接阴线断开　　B. 参比失效

C. 参比电极井干燥　　D. 阳极地床电阻较大

137. BF007　阳极输出电流减小，达不到保护电位时，处理措施正确的有(　　)。

A. 检查阳极连线　　B. 对阳极周围土壤进行湿润

C. 测试绝缘接头性能　　D. 检测阳极性能

138. BG001　根据可燃物状态分类，其燃烧的形式分为(　　)。

A. 固体燃烧　　B. 液体燃烧　　C. 气体燃烧　　D. 闪爆

139. BG002　下列选项中，可防止硫化铁自燃的措施有(　　)。

A. 湿式作业　　B. 氮气置换

C. 使用防爆工具　　D. 空气吹扫

140. BG003　下列选项中，关于爆炸极限的影响因素，说法正确的有(　　)。

A. 混合物的原始温度越高，则爆炸极限的范围越大

B. 一般情况下，当压力增加时，爆炸极限的范围扩大

C. 在混合物中加入惰性气体，爆炸极限的范围会缩小

D. 管道直径越小，爆炸极限的范围越大

141. BG004　防爆电器设备按防爆型式分为(　　)。

A. 隔爆型　　B. 本安型　　C. 增安型　　D. 浇封型

142. BG005　下列选项中，属于石油天然气生产中防火防爆措施的有(　　)。

A. 控制火源　　B. 火灾爆炸危险物的安全处理

C. 采用自动控制与安全防护装置　　D. 限制火灾爆炸的扩散蔓延

143. BG006　下列选项中，对急性化学中毒患者实施急救的方法，正确的有(　　)。

A. 中毒现场立即救治

B. 迅速脱去或剪去被毒物污染的衣物

C. 进入有毒环境急救的人员需戴防毒面具

D. 经口腔中毒者，毒物为非腐蚀性，应立即用催吐或洗胃方法清除

144. BG007　劳动防护用品按防护部位不同，分为九大类，以下属于防护用品的有(　　)。

A. 安全帽　　B. 呼吸护具　　C. 听力护具　　D. 防坠落护具

145. BG008　下列选项中，属于强酸的有(　　)。

A. 硫酸　　B. 盐酸　　C. 王水　　D. 碳酸

146. BG009　下列选项中，噪声防控的有效措施有(　　)。

A. 降低气体流速　　B. 采用薄壁管

C. 使用隔音罩　　D. 安装消声器

147. BG010　可燃气体检测仪对测试气体无反应，可能的原因有(　　)。

A. 传感器失效　　B. 传感器松脱　　C. 零点发生漂移　　D. 超过使用有效期

148. BG011　硫化氢气体检测仪分为(　　)。

A. 扩散式　　B. 传感式　　C. 泵吸式　　D. 交感式

149. BG012　下列选项中，属于正压式空气呼吸器减压组件的有(　　)。

A. 减压器　　B. 供气阀　　C. 压力表　　D. 气源余气警报器

150. BG013　下列选项中，引起火灾或爆炸的火源有(　　)。

A. 作业产生的火花　　B. 明火　　C. 静电　　D. 雷电

151. BG014　施工作业前，应重点对(　　)进行危害辨识。

A. 作业环境　　B. 作业对象　　C. 作业过程　　D. 作业时机

152. BG015　应急预案在应急救援中的作用有(　　)。
A. 明确了应急救援的范围和体系,使应急准备和管理有据可依,有章可循
B. 有利于做出及时的应急响应,降低事故后果
C. 是各类突发重大事故的应急基础
D. 当发生超过应急能力的重大事故时,便于与上级、外部应急部门协调

153. BG016　现场处置方案的主要内容包括(　　)。
A. 事故特征　　B. 应急处置
C. 应急组织与职责　　D. 应急物资与装备保障

154. BG016　演练组织单位在演练结束后应将(　　)、演练总结报告等资料归档保存。
A. 演练计划　　B. 演练记录　　C. 演练修订记录　　D. 演练评估报告

三、判断题(对的画"√",错的画"×")

(　　)1. AA001　地层中的孔隙或裂缝,不仅是天然气的储集空间,还是天然气从地层流向井底的流动通道。
(　　)2. AA002　流体流动时,质点相互混杂、流线紊乱的流动称为紊流。
(　　)3. AA003　对同一气井的不同生产阶段,无阻流量是一个变化值。
(　　)4. AA004　对同一气井相同的生产阶段,绝对无阻流量总是大于无阻流量。
(　　)5. AA005　用等高线平面投影,表示构造某岩层顶面或底面形态的图件称为构造图。
(　　)6. AA006　气藏的边水、底水都属自由水。
(　　)7. AA007　气田在开采中,从气井内产出的水,都是地层水。
(　　)8. AA008　相较于地层水,凝析水对气井生产的影响较小。
(　　)9. AA009　所有气井在生产过程中均会产出残酸水。
(　　)10. AA010　钻井液一般较混浊、黏稠状、不含固体杂质,氯离子含量高。
(　　)11. AA011　不是所有气井都存在外来水。
(　　)12. AA012　地面水是在井下措施作业过程中带入井筒,渗入到产层,随生产过程又被带出井口的水。
(　　)13. AA013　我国通常说的二级储量指的是探明储量。
(　　)14. AA014　控制储量是不同级别储量中最可靠的储量。
(　　)15. AA015　在我国通常说的三级储量指的是预测储量。
(　　)16. AA016　碳酸盐岩储集层为双重介质储层。
(　　)17. AA017　稳定试井步骤一般分为放喷、关井测压、稳定测试 3 个过程。
(　　)18. AA018　稳定试井测试产量一般取 2~3 个工作制度。
(　　)19. AA019　气井关井后压力的变化瞬时就会传播到整个地层。
(　　)20. AA020　用硝酸银滴定水样时,应缓慢摇动水样,控制滴定速度,接近滴定终点时应加快滴定速度。
(　　)21. AA021　气井油管、套管连通,生产时套压、油压、产气量均突然下降,可能的原因是井壁发生垮塌。
(　　)22. AA022　气井油管、套管连通,当生产针阀处发生冰堵时,采气曲线上表现为套

压、油压下降，产气量上升。

( )23. AA023 无水采气井采气曲线上井口压力、产气量下降很快时，可划分为递减阶段。

( )24. AA024 控水采气是通过控制气井临界流量或临界生产压差来实现的。

( )25. AB001 气井开采工作制度除与气井本身影响因素外，还受下游管网压力、用户用气等因素影响，在生产过程中应不断调整，选择合适的生产制度。

( )26. AB002 井下节流器下入深度可以随意确定。

( )27. AB003 气井垂直管流过程中随着压力、温度的不断降低，流体的流动形态随之发生变化，举升液体效果不一样。

( )28. AB004 同一口气水同产井，由于压力、温度的变化，不同井段可能出现不同的流态。

( )29. AB005 加入气井中的起泡剂，借助井筒积液的搅动，可以使积液生成大量低密度含水泡沫，从而将其带出到地面。

( )30. AB006 柱塞排水工艺井的生产制度一旦确定后就不能改变。

( )31. AB007 气举排水采气工艺是通过各级气举阀逐级卸载井筒内的积液实现排水采气的，一般情况下顶阀作为工作阀。

( )32. AB008 抽油机排水采气深井泵的柱塞是被油管带动作上、下往复运动的。

( )33. AB009 当井下电潜泵用于含酸性气体排水采气时，应选择耐 H_2S、CO_2 腐蚀的井下装置。

( )34. AB010 螺杆泵排水采气是通过油管传递动力给井下螺杆泵，使进入螺杆泵的井液得到能量，从而被排出到地面的。

( )35. AB011 单套井下涡流工具的有效作业深度约 2200.0m，对于深井或者是超深井，可采用几套井下涡流工具串联使用，达到排水采气的目的。

( )36. AB012 酸洗也称为表皮解堵酸化，主要用于解除储层孔隙空间内的颗粒以及其他堵塞物。

( )37. AB013 压裂形成的人工裂缝降低了井底附近地层中流体的渗流阻力，改变了流体的渗流状态，从而达到增产增注的目的。

( )38. AB014 集气站应在进站截断阀之前和出站截断阀之后设置泄压放空系统。

( )39. AB015 清管作业时，可在发送清管器后，再倒换收球端流程。

( )40. AB016 清管球都为空心球。

( )41. AB017 皮碗清管器在管道内运行时，保持着固定的方向，所以能够携带各种检测仪器和装置。

( )42. AB018 在自然条件下，如海水、土壤、地下水、潮湿大气、酸雨等，金属发生的腐蚀通常是化学腐蚀。

( )43. AB019 点腐蚀和缝隙腐蚀均属于全面腐蚀。

( )44. AB020 地面管道的外防腐涂料结构都包括底漆、中间漆、面漆三部分。

( )45. AB021 在阴极保护系统构成中，被保护管道作为阳极，氧化反应集中发生在阴极上，从而抑阻了被保护管道的腐蚀。

(　　)46. AB022　测试施加了阴极保护管道的自然电位时，应在阴极保护系统完全断电24h后再进行测量。

(　　)47. AB023　电阻探针法与挂片法腐蚀监测原理不同。

(　　)48. AB024　油气田生产信息化实行统一规划、统一标准、统一设计、统一投资、统一建设、统一管理，搭建集中统一信息系统平台，以便提高企业生产经营管理水平。

(　　)49. AB025　油气田公司级生产信息数字化系统调度层包括作业区级调度中心、二级调度中心和分公司级调度中心。

(　　)50. AB026　干线阀室主要采集流量、进阀室压力、出阀室压力、气体浓度(可燃或有毒有害)、流程切断阀阀位等数据。

(　　)51. AB027　自动信号连锁保护系统可以采用多种报警方式。

(　　)52. AB028　随动控制系统是不需要设定值的控制系统。

(　　)53. AC001　往复活塞式压缩机可以通过增大余隙容积、增加排气量，减小余隙容积、降低排气量。

(　　)54. AC002　气田增压站必须具备分离、冷却的基本工艺流程。

(　　)55. AC003　气田增压开采工艺中，为保证压缩机安全操作，出口管道上应安装止回阀，防止增压后的天然气回流。

(　　)56. AC004　整体式压缩机的发动机和压缩机共用一个机身、两根曲轴。

(　　)57. AC005　分体式燃气压缩机的发动机采用四冲程发动机作为动力源。

(　　)58. AD001　天然气的真实密度与组分有关。

(　　)59. AD002　天然气计量温度决定了流动温度系数的大小。

(　　)60. AD003　按误差出现的规律区分，仪表受环境条件变化造成的误差属于系统误差。

(　　)61. AD004　热电阻温度计与热电偶温度计在原理上是相同的。

(　　)62. AD005　二等活塞式压力计的准确度等级为0.1。

(　　)63. AD006　转子流量计中的流体流动方向是自上而下。

(　　)64. AD007　腰轮流量计润滑油位应适当，不能过高或过低。

(　　)65. AD008　节流装置前后的管壁处的流体静压力不会发生变化。

(　　)66. AD009　变面积流量计属于速度式流量计。

(　　)67. AD010　旋进旋涡流量计在投用时可以快速开启上游、下游阀门。

(　　)68. AD011　没有蓄电池，UPS系统也能正常工作。

(　　)69. AE001　并联电路中总电流等于各支路电流之和。

(　　)70. AE002　发电机原理是电磁感应定律，即左手定则。

(　　)71. AE003　安全用电应严格按照用电器安全操作规程进行操作，如切换电源操作必须遵循“先送电，后断电”的原则。

(　　)72. AE004　粉体、液体、气体在运输过程中由于摩擦会产生静电，因此，要采取增大流速、减少管道的弯曲来减少静电产生。

(　　)73. AE005　采用防雷技术安装防雷设施，如避雷针、避雷线、避雷网、避雷带、避雷

器,都是经常采用的防雷装置。

(　　)74. AF001　国家制图标准规定,图样中标注的尺寸数值为工件的最后完成尺寸。

(　　)75. AF002　机械制图中,半剖视图、局部剖视图标注方法与全剖视图相同。

(　　)76. AF003　组合体选主视图的原则是组合体的主要平面、主要轴线放置成平行或垂直位置。

(　　)77. AF004　机械制图中,角度尺寸数字一律按水平方向标注。

(　　)78. AF005　机械制图中,比例是指图样中图形与实物的相应要素尺寸之比。

(　　)79. AF006　工艺安装图中,标高用标高符号或英文加上数字进行表示。

(　　)80. AF007　工程制图中,图线的宽度分为粗、中粗和细三种,三种线的宽度比率为2.8∶2∶1。

(　　)81. BA001　干扰试井是在两口或两口以上气井之间进行的测试,主要用于判断井间连通状况。

(　　)82. BA002　储存天然气的取样容器不应与气体发生反应。

(　　)83. BA003　动力源管路泄漏会造成井口安全截断阀关闭。

(　　)84. BA004　按照《井下安全阀系统的设计、安装、修理和操作的推荐作法》要求,井下安全阀至少6个月操作一次,保持所有活动部件灵活,以利于其正常动作,并且有助于故障的早期发现。

(　　)85. BA005　井下节流工艺气井的产气量随输压波动而波动,可能原因是天然气通过节流嘴处于非临界流状态,这时可调整节流嘴直径,使天然气通过节流嘴处于临界流状态。

(　　)86. BA006　空管通球发球操作步骤与日常清管作业发球操作步骤一样。

(　　)87. BA007　管道大修施工作业后,通常采用空管通球方式进行空气置换,置换合格后,方可将收球流程与下游生产流程倒通。

(　　)88. BA008　天然气集输管道首次清管,清管球过盈量不宜过大。

(　　)89. BA009　清管球在运行过程中可能因管道变形,污物、水合物阻塞而被卡,可采取提高推球压力,增大推球压差的方式来解卡。

(　　)90. BA010　集输场站故障分析方法主要是采用对比法,即对比正常生产数据与异常生产数据,找出差异性,分析原因,判断故障出现的部位。

(　　)91. BA011　集气站场天然气工艺流程需要放空时,应与调度室联系,说明放空原因、位置和时间,并记录放空前后的压力和放空气量。

(　　)92. BA012　恒电位仪自检正常时,控制电位与保护电位值应相近。

(　　)93. BA013　离心泵长期使用,内部存在的异物容易引起离心泵振动。

(　　)94. BA014　柱塞计量往复泵吸入阀、排出阀内有杂物卡堵只会造成泵出口压力波动大。

(　　)95. BA015　离心泵进液管长期潜于工作液中,应做好防腐措施并定期检查维护。

(　　)96. BA016　往复泵超过负荷时应检查出口管线压力是否过高,出口管线是否堵塞,出口管线上阀门是否开启等。

(　　)97. BB001　低温分离凝析油采气工艺中,高压天然气经节流阀大幅度降压,温度急速降低，一般达-15～-10℃。

( )98. BB002 低温分离凝析油工艺关键参数是节流后的低温分离温度。

( )99. BB003 低温分离站投运时，当进站压力达到工作压力后，缓慢全开进站闸阀，调节一级节流阀开度，使一级节流后温度达到设计要求的工艺定值。

( )100. BB004 低温分离器分离出来的液态烃与乙二醇富液组成的混合液和闪蒸分离器分离出来的液体进入缓冲罐缓冲后，经换热器加热至5～10℃，进入稳定塔去除其中的杂质，再通过重沸器加热去除其中的气态烃后，液态烃与乙二醇富液在三相分离器中被分离出来。

( )101. BB005 低温分离工艺乙二醇回收流程中，油和乙二醇富液被分离出来后，进入缓冲罐缓冲并组成混合液，经换热器换热，再由流量调节阀调节流量，从稳定塔中部进入稳定塔。

( )102. BB006 低温分离工艺乙二醇回收流程中，当乙二醇浓度达到85%以上时，可以停止提浓。

( )103. BC001 三甘醇脱水装置中，含饱和水分的天然气进入到吸收塔顶部，在吸收塔内天然气自上而下流动。

( )104. BC002 三甘醇脱水装置中，甘醇入泵温度宜控制在65℃以下。

( )105. BC003 为了防止设备的腐蚀和损坏，三甘醇脱水装置重沸器的燃料气必须使用净化气。

( )106. BC004 仪表风系统中，干燥后的仪表风进入仪表风分配罐，由仪表风分配罐分配至各气动执行机构。

( )107. BC005 三甘醇脱水装置开车，应控制重沸器的升温速度，保持在每小时50℃以下，并在90℃、120℃、150℃时分别恒温30min，重沸器温度达到参数要求后，将温度控制回路投入自动控制。

( )108. BC006 脱水装置停车时间小于72h，应将重沸器再生温度设定至100℃，继续热循环。

( )109. BC007 三甘醇脱水吸收塔中，甘醇自上而下流动，天然气由吸收塔底部进入，脱水后的天然气由塔顶流出，吸水后的富甘醇由吸收塔底部流出，进入回收系统。

( )110. BC008 三甘醇脱水装置中，闪蒸分离器是利用溶解度的原理工作的。

( )111. BC009 三甘醇脱水装置中，重沸器的作用是提供热量，通过加热(利用水与甘醇沸点差)使甘醇与水分离。

( )112. BC010 三甘醇脱水装置中，机械过滤器的主要作用是除去富甘醇携带的固相杂质、设备腐蚀产物和烃类物质。

( )113. BC011 三甘醇脱水装置中，灼烧炉的作用是处理重沸器、闪蒸分离器等在甘醇再生过程中产生的有害物，降低对环境的污染。

( )114. BC012 三甘醇脱水装置中，能量回收泵的循环量是由吸收塔的压力决定的。

( )115. BC013 控制系统中，正、反作用方式一旦确定通常不会改变。

( )116. BC014 火焰检测系统可以实现自动点火。

(　　)117. BC015　含水分析仪采样系统中的过滤器应安装在传感器的上游。
(　　)118. BC016　没有仪表风供给时,气关式调节阀的开度为全关。
(　　)119. BC017　阀门定位器可以改变阀门的流量特性。
(　　)120. BC018　气动调节阀薄膜破裂不会影响阀门的动作。
(　　)121. BC019　电动阀门与气动阀门的执行机构是不相同的。
(　　)122. BC020　电动阀门执行机构的推力是可以改变的。
(　　)123. BC021　如果气液联动执行机构液压缸有油泄漏,则应进行密封件的清洗。
(　　)124. BC022　单回路系统是通过偏差来调节的。
(　　)125. BC023　连锁控制回路设置的主要目的是安全和报警。
(　　)126. BD001　仪表接地电阻不能用万用表测量。
(　　)127. BD002　温度变送器使用时,将热电偶的冷端直接引至温度变送器中,则其冷端温度亦为变送器所处环境温度。
(　　)128. BD003　常用的 EJA 压力变送器属于单晶硅谐振式压力变送器。
(　　)129. BD004　电动差压变送器中电磁反馈机构的作用是,将变送器输出的电流转换成为相应的负反馈力矩,并作用于副杠杆上,与测量部分的输入力矩相平衡。
(　　)130. BD005　启用分离器磁浮子液位计时,应先开启液位上部的控制阀。
(　　)131. BD006　超声波流量计不能正常工作的原因之一是因为接收信号幅度小。
(　　)132. BD007　多声道超声波流量计对气流流态要求较低,可测量脉动流。
(　　)133. BD008　计算机 UPS 电源可以将 36V 的直流电源逆变为 220V 的交流电。
(　　)134. BE001　气井开井率是气井开井数与全部已投产气井数之比,不用扣除计划关井数,用百分数表示。
(　　)135. BE002　计量单位不同,天然气的质量流量计量系数也不同。
(　　)136. BE003　输差从表示方式上分为绝对输差和相对输差。
(　　)137. BE004　管线输差值均为正值。
(　　)138. BE005　双向清管器外径是指清管器的导向盘外径。
(　　)139. BE006　当管道沿线有进气点时,清管器运行时间应分段进行计算。
(　　)140. BE007　清管器在运行过程中,因受管道内壁阻力、清管器泄漏量等因素的影响,清管器的实际运行距离比理论计算的运行距离要短。
(　　)141. BE008　《天然气管道运行规范》规定,清管过程中,清管器运行球速应控制在 5m/s 以内。
(　　)142. BE009　冷冻式干燥机制冷剂不足,可能造成仪表风压力偏低。
(　　)143. BE010　Word 文档编辑中,艺术字是作为图形进行处理的。
(　　)144. BE011　将 Excel 单元格设置为文本格式,若输入字符串“2012/1/1”之后,单元格显示为“2012/1/1”。
(　　)145. BE012　在 Powerpoint 中,设置文本的段落格式时,可以根据需要,把选定的图形也作为项目符号。
(　　)146. BF001　在巡回检查中,应检查调压阀各连接点有无漏气现象,工作时有无异常

声响,发现问题及时处理。

( )147. BF002　设备设施应采取定人、定质、定量、定期维护保养。

( )148. BF003　设备设施普通橡胶配件可以用汽油清洗。

( )149. BF004　过滤分离器排污时,应缓慢开启排污阀,控制排污压差,防止滤芯损坏。

( )150. BF005　锁环型快开盲板采用了整体式可伸缩锁环结构。

( )151. BF006　管道绝缘层破损严重及管道绝缘接头漏电,均会增加阴极保护系统的负荷,使恒电位仪电流输出较大。

( )152. BF007　管道绝缘层及阴极保护是管道外腐蚀防护最有效的两种措施。

( )153. BG001　控制可燃物质的温度在其燃点以上,就可以防止火灾的发生。

( )154. BG002　加注三甘醇不能有效减少管道和设备内硫化铁的生成。

( )155. BG003　在混合物中加入惰性气体,爆炸极限的范围会缩小。当惰性气体的浓度达到一定时,可完全避免混合物发生爆炸。

( )156. BG004　隔爆型防爆结构是将电路和接线端子全部放在隔爆表壳内。

( )157. BG005　采输气设备检修,在停产后和投运前,应用惰性气体对系统进行吹扫或置换,以防止事故发生。

( )158. BG006　处于有限空间的天然气生产装置,应在区域内装设相应的气体检测报警仪,对环境中有毒、有害气体浓度进行实时监控。

( )159. BG007　有限空间作业时,必须有人监控。

( )160. BG008　在含有硫化氢环境中的作业人员,均应接受教育培训,经考核合格,并经上岗前职业健康检查合格后方可持证上岗。

( )161. BG009　把产生噪声设备置于地下,可减少噪声对环境的污染。

( )162. BG010　H_2S 检测报警仪报警值 $15mg/m^3$ 为警告报警,$30mg/m^3$ 为危险报警。

( )163. BG011　常用的硫化氢气体检测仪有固定式和便携式两种。

( )164. BG012　正压式空气呼吸器佩戴和卸下过程中,操作应平稳,不得使各部件相互碰撞或与地面猛烈撞击。

( )165. BG013　隔离灭火法,是将正在燃烧的物质和周围未燃烧的可燃物质隔离或移开,中断可燃物质的供给,使燃烧停止。

( )166. BG014　地下火、地下水、冲击地压、水下作业供氧不当等均不属于环境影响危害因素。

( )167. BG015　综合应急预案是生产经营单位应急预案体系的总纲,主要从总体上阐述事故的应急工作原则。

( )168. BG016　现场处置措施应针对可能发生的火灾、爆炸、危险化学品泄漏、坍塌、水患、机动车辆伤害等,从人员救护、工艺操作、事故控制,消防、现场恢复等方面制定明确的应急处置措施。

四、简答题

1. AA002　按照渗流规律的不同可以将渗流分为哪两类?请简述它们的概念。

2. AA009　残酸水的主要化学特征是什么?

3. AA011　简述外来水的定义，其典型特征是什么？
4. AA018　如何用气井的无阻流量确定气井稳定试井测试产量？
5. AA023　气水同产井通常可以划分为哪几个生产阶段？
6. AB001　简述影响气井出水时间的因素。
7. AB002　简述井下节流工艺基本原理。
8. AB004　气水同产井井筒中的滑脱损失与哪些因素有关？
9. AB005　简述泡沫排水采气工艺原理。
10. AB006　简述柱塞排水采气工艺原理。
11. AB007　简述气举排水采气工艺原理。
12. AB012　简述气井酸化的基本原理。
13. AB013　简述气井压裂的基本原理。
14. AB014　简述集气站的定义。
15. AB015　简述收发球装置的作用。
16. AB017　简述常用清管器的类型及适用范围。
17. AB018　电化学腐蚀的主要特点是什么？
18. AB021　简述管道外加电流阴极保护的工作原理。
19. AC004　造成整体式压缩机组压缩缸排气温度升高的原因有哪些？
20. AC005　压缩机组排气量不足的主要原因有哪些？
21. AD010　旋进旋涡流量计定期维护的内容有哪些？
22. BA003　简述井下安全阀意外关闭的可能原因。
23. BA005　简述井下节流工艺气井产气量升高的可能原因。
24. BA008　采用橡胶清管球清管时，清管球密封不严的原因有哪些？
25. BA009　清管时清管器遇卡阻，如何处理？
26. BA016　简述往复泵排出管路剧烈脉动的原因及处理措施。

五、计算题

1. AD003　某差压表量程为 0~100kPa，在 50kPa 处计量测量值为 49.5kPa，求在 50kPa 处仪表示值的绝对误差、示值相对误差和示值引用误差？
2. AD005　某集气站出口压力为 2.5~2.8MPa，测量误差不得大于 0.1MPa，测量介质为高含硫气体。工艺要求就地观察，试选择一只压力表，优选其类型、准确度等级和量程。
3. AD010　已知一用户供气管线上压力表显示为 0.35MPa，日供气量为 800~3000m^3/d，旋涡流量计正常工作的供气低峰时最小瞬时流量为 500m^3/d，供气高峰时最大瞬时流量为 6000m^3/d，问选用公称通径为多大的旋涡流量计最合适（忽略气体压缩系数，取大气压力为 0.1MPa，保留 1 位小数，旋涡流量计的流量范围如下表所示）？

旋涡流量计的流量范围表

公称通径 DN,mm	20	25	32	50	80
工况流量范围,m^3/h	1.2~15	2.5~30	4.5~60	10~130	28~400

4. AD010 有一台 TDS—80 气体旋进旋涡流量计,其仪表修正系数 $K=1$,工作状态下气流的工作压力为 0.2MPa(表压),气流温度为 $t_1=20℃$,仪表的起始数为 150.2m^3(工况),经过一段时间后,流量计的读数为 300.2m^3(工况),则此段时间内的累积标况流量是多少(忽略气体压缩系数)?

5. BA001 某气藏的地质储量 $R_{地}$ 为 $401500×10^8m^3$,到 1997 年底该气藏已累计开采气量 R 为 $301125×10^8m^3$,求该气藏的采出程度 C?

6. BA001 某气藏地质储量 $R_{地}$ 为 $401500×10^8m^3$,当年采气 $Q_{年}$ 为 $4180.9×10^8m^3$,求该气藏当年的采气速度 v。

7. BA001 某井气层中部井深为 1650m,测压深度 1600m 处的压力为 14.84MPa,1500m 处的压力为 14MPa,试求气层中部压力。

8. BA001 已知某井地层压力 $p_R=43.0MPa$,稳定试井求得的二项式产气方程为 $p_R^2-p_{wf}^2=0.56q_g+0.0074q_g^2$。该井的绝对无阻流量 Q_v。

9. BE001 某气藏共投产 42 口气井,长期关气井 2 口,某月计划关井 3 口。请计算当月气藏气井利用率是多少?

10. BE001 某气藏某月有生产气井 30 口,配产生产天然气 $1.35×10^8m^3$,因管线故障某井临时关井 2 天,少生产天然气 $18.0×10^4m^3$,当月 30 口共生产天然气 $1.32×10^8m^3$,计算该气藏当月配产偏差率是多少?

11. BE002 其他条件不变,将天然气在 18℃下的体积流量换算成 0℃条件下的体积流量,计算体积流量变化率(不考虑压缩系数影响,精确到 0.1%)。

12. BE002 某压力变送器量程为 1MPa,计算机显示压力为 0.55MPa,经检查其零位显示为 0.04MPa,试计算因零位误差引起的流量测量误差(不考虑差压回路的误差,保留两位小数)。

13. BE004 某管道规格为 ϕ325mm×10mm,长 20km,某时刻,管道起点压力为 3.2MPa,终点压力为 3.1MPa,第二天同一时刻,管道起点压力为 3.4MPa,终点压力为 3.3MPa,该段时间内管道共进气量为 $60×10^4m^3$,输出气量为 $59.8×10^4m^3$,试计算该管道该段时间内的输差(压力均为绝压,温度 $t=18℃$,压缩因子系数为 1)。

14. BE005 某管道规格为 ϕ219mm×8mm,长 10km,清管球注水前外径为 204mm,注水后外径为 215mm,求该清管球的过盈量。

15. BE006 某管道规格为 ϕ426mm×13mm,长 50km,采用清管橡胶球进行清管作业,已知起点压力为 5.9MPa,终点压力为 5.2MPa,日输天然气 $250×10^4m^3/d$。清管球的漏失量为 10%,在管道压力降至 5.6MPa 的地方设置监听点,求清管球通过监听点所需的时间(当地大气压取 0.1MPa,管输天然气温度 20℃)。

16. BE007 某条管道规格为 ϕ325mm×6mm,长 20km 的输气干线,日输气量为 $80×10^4m^3$,

管道起点压力为 4. 4Mpa，终点压力为 3. 8MPa，在清管器运行 30min 时，管道起点压力开始上升，下游压力下降，输出气量明显减小，若此时清管器被卡，试估算球卡点位置（不考温度、压缩系数和清管器漏失量影响，当地大气压取 0. 1MPa）。

17. BE008 一条 ϕ325mm×10mm 的输气管线进行清管作业，已知输气量为 $120\times10^4m^3/d$，起点压力为 5. 5MPa（绝），终点压力 5. 2MPa（绝），不考虑其他因素影响，清管器平均运行速度是多少？

答　案

一、单项选择题

1. C	2. B	3. C	4. C	5. D	6. A	7. A	8. B	9. C	10. C
11. C	12. B	13. D	14. D	15. B	16. A	17. B	18. B	19. A	20. A
21. B	22. D	23. D	24. B	25. A	26. B	27. C	28. B	29. C	30. D
31. D	32. A	33. C	34. C	35. C	36. C	37. C	38. A	39. D	40. D
41. C	42. B	43. C	44. B	45. B	46. A	47. A	48. B	49. C	50. B
51. B	52. A	53. B	54. D	55. A	56. C	57. A	58. D	59. D	60. A
61. D	62. C	63. A	64. B	65. A	66. C	67. B	68. C	69. C	70. B
71. B	72. A	73. A	74. A	75. A	76. B	77. D	78. B	79. D	80. D
81. D	82. B	83. D	84. B	85. D	86. D	87. A	88. C	89. B	90. B
91. C	92. A	93. A	94. A	95. C	96. A	97. D	98. C	99. A	100. B
101. C	102. A	103. B	104. B	105. C	106. D	107. B	108. A	109. C	110. B
111. D	112. A	113. D	114. C	115. D	116. A	117. B	118. B	119. D	120. A
121. D	122. A	123. B	124. A	125. B	126. D	127. A	128. C	129. D	130. D
131. A	132. B	133. C	134. A	135. B	136. B	137. C	138. B	139. A	140. D
141. A	142. B	143. C	144. B	145. C	146. D	147. B	148. D	149. C	150. B
151. C	152. A	153. B	154. A	155. A	156. A	157. C	158. C	159. A	160. A
161. C	162. D	163. C	164. A	165. C	166. B	167. D	168. D	169. C	170. A
171. C	172. A	173. D	174. A	175. A	176. A	177. C	178. D	179. A	180. B
181. A	182. A	183. B	184. B	185. C	186. A	187. C	188. C	189. D	190. C
191. A	192. A	193. C	194. C	195. D	196. B	197. C	198. B	199. D	200. C
201. A	202. C	203. D	204. C	205. B	206. D	207. D	208. C	209. B	210. A
211. D	212. C	213. C	214. B	215. A	216. B	217. D	218. C	219. D	220. D
221. B	222. B	223. A	224. A	225. C	226. C	227. B	228. A	229. C	230. A
231. A	232. D	233. D	234. D	235. C	236. B	237. B	238. D	239. A	240. C
241. B	242. C	243. A	244. D	245. A	246. A	247. A	248. A	249. D	250. C
251. B	252. B	253. B	254. D	255. A	256. B	257. A	258. D	259. A	260. C
261. B	262. C	263. A	264. D	265. A	266. B	267. B	268. B	269. C	270. C
271. D	272. A	273. C	274. A	275. B	276. C	277. A	278. A	279. B	280. A
281. D	282. A	283. B	284. C	285. A	286. C	287. D	288. B	289. D	290. B
291. A	292. D	293. B	294. A	295. D	296. A	297. B	298. B	299. D	300. D
301. C	302. D	303. A	304. D	305. C	306. C	307. C	308. C	309. B	310. B

311. D　312. B　313. C　314. C　315. A　316. B　317. A　318. B　319. C　320. D
321. D　322. B　323. C　324. A　325. B　326. D　327. A　328. B　329. D　330. D
331. D　332. D　333. C　334. A　335. B　336. C　337. C　338. A　339. B　340. B
341. D　342. D　343. B　344. A　345. D　346. D　347. A　348. A　349. D　350. D
351. B　352. A　353. C　354. A　355. D　356. C　357. A　358. A　359. B　360. D
361. A　362. A　363. C　364. A　365. B

二、多项选择题

1. ABC　2. ABC　3. BCD　4. ABD　5. ACD　6. ABC　7. ACD
8. ABD　9. ABCD　10. ABD　11. ABD　12. ACD　13. ACD　14. ACD
15. BD　16. ABC　17. AD　18. AC　19. ABC　20. ABD　21. CD
22. ABCD　23. BC　24. AB　25. AB　26. ABC　27. BCD　28. ABC
29. ABC　30. ABCD　31. CD　32. BC　33. ABC　34. ABCD　35. ABCD
36. AC　37. ABC　38. AC　39. ABC　40. CD　41. ABC　42. AB
43. ABCD　44. ABC　45. ABD　46. ABCD　47. BD　48. ABCD　49. BC
50. CD　51. BCD　52. ABC　53. AB　54. ABC　55. ABC　56. ABC
57. AC　58. ABC　59. ABC　60. ABC　61. BCD　62. AB　63. ACD
64. ABC　65. ABCD　66. ABCD　67. ABD　68. ABC　69. ABD　70. AC
71. ABCD　72. ABD　73. ABD　74. BC　75. AD　76. CD　77. ABCD
78. ABC　79. ABD　80. ABCD　81. ABC　82. AC　83. ABC　84. BCD
85. BCD　86. ABCD　87. ABC　88. ABD　89. ABCD　90. ABCD　91. BD
92. BCD　93. ABCD　94. ACD　95. ABD　96. BC　97. ABCD　98. ABC
99. ABCD　100. AD　101. ABCD　102. ABC　103. AB　104. ABC　105. CD
106. BCD　107. ABC　108. AB　109. ABCD　110. AB　111. AB　112. ABC
113. ABD　114. AB　115. BCD　116. BCD　117. BC　118. AB　119. ACD
120. AB　121. ABC　122. ABC　123. ABC　124. BD　125. AC　126. ABC
127. ABD　128. ACD　129. ABCD　130. ACD　131. ABD　132. ABCD　133. BCD
134. ACD　135. BCD　136. ABC　137. ABD　138. ABC　139. AB　140. ABC
141. ABCD　142. ABCD　143. BCD　144. ABCD　145. ABC　146. ACD　147. AB
148. AC　149. ACD　150. ABCD　151. ABCD　152. ABCD　153. ABC　154. ABD

三、判断题

1. √　2. √　3. √　4. √　5. √　6. √　7. ×　正确答案：气田在开采中，从气井内产出的水，除地层水外还有非地层水。　8. √　9. ×　正确答案：气井经过酸化措施且措施液未返排干净时会产出残酸水。　10. ×　正确答案：钻井液一般较混浊、黏稠状、含较多固体杂质，氯离子含量低。　11. √　12. √　13. ×　正确答案：我国通常说的一级储量指的是探明储量。14. ×　正确答案：探明储量是不同级别储量中最可靠的储量。　15. √　16. ×

正确答案:碳酸盐岩储集层可分为单一介质储层和双重介质储层。 17. √ 18. × 正确答案:稳定试井测试产量一般取 3~5 个工作制度。 19. × 正确答案:由于天然气和储气层岩石具有弹性,气井关井后压力不能瞬时传播到整个地层,是按照一定的规律从井底开始逐渐向远处传播。 20. × 正确答案:用硝酸银滴定水样时,应缓慢摇动水样,控制滴定速度,接近滴定终点时更应减缓滴定速度。 21. √ 22. × 正确答案:气井油管、套管连通,当针阀处发生冰堵时,采气曲线上表现为套压、油压上升,产气量下降。 23. √ 24. √ 25. √ 26. × 正确答案:井下节流器下入深度应保证节流后天然气的温度至少高于水合物形成温度。 27. √ 28. √ 29. × 正确答案:加入气井中的起泡剂,借助天然气的搅动,可以使积液生成大量低密度含水泡沫,从而将其带出到地面。 30. × 正确答案:柱塞排水工艺井的生产制度可以根据气井生产情况进行动态调整。 31. × 正确答案:气举排水采气工艺是通过各级气举阀逐级卸载井筒内的积液实现排水采气的,一般情况下底阀作为工作阀。 32. × 正确答案:抽油机排水采气深井泵的柱塞是被抽油杆带动作上、下往复运动的。 33. √ 34. × 正确答案:螺杆泵排水采气是通过抽油杆传递动力给井下螺杆泵,使进入螺杆泵的井液得到能量,从而被排出到地面。 35. √ 36. × 正确答案:酸洗也称为表皮解堵酸化,主要用于储层的表皮解堵及疏通射孔孔眼。 37. √ 38. √ 39. × 正确答案:清管作业时,应先检查、倒换收球端流程合格后,再发送清管器。 40. × 正确答案:当管径 DN<100mm 时清管球为实心球,而当管径 DN≥100mm 时清管球为空心球。 41. √ 42. × 正确答案:在自然条件下,如海水、土壤、地下水、潮湿大气、酸雨等,金属发生的腐蚀通常是电化学腐蚀。 43. × 正确答案:点腐蚀和缝隙腐蚀均属于局部腐蚀。 44. × 正确答案:地面管道的外防腐涂层分底漆、中间漆、面漆三部分,根据不同的使用温度、用途等选择使用不同的涂料结构。 45. × 正确答案:在阴极保护系统构成的电池中,被保护管道作为阴极,氧化反应集中发生在阳极上,从而抑阻了被保护管道的腐蚀。 46. √ 47. × 正确答案:电阻探针法与挂片法腐蚀监测原理相同,只是电阻探针法可以实时测量数据。 48. √ 49. × 正确答案:油气田公司级生产信息数字化系统调度层包括二级调度中心和分公司级调度中心。 50. × 正确答案:干线阀室主要采集进阀室压力、出阀室压力、气体浓度(可燃或有毒有害)、流程切断阀阀位等数据。 51. √ 52. × 正确答案:随动控制系统是需要设定值的控制系统。 53. × 正确答案:往复活塞式压缩机可以通过增大余隙容积、降低排气量,减小余隙容积、增加排气量。 54. × 正确答案:气田增压站必须具备分离、增压、冷却的基本工艺流程。 55. √ 56. × 正确答案:整体式压缩机的发动机和压缩机共用一个机身、一根曲轴。 57. √ 58. √ 59. √ 60. √ 61. × 正确答案:热电阻温度计与热电偶温度计在原理上是不相同的。 62. × 正确答案:二等活塞式压力计的准确度等级为 0.05 级。 63. × 正确答案:转子流量计中的流体流动方向是自下而上。 64. √ 65. × 正确答案:节流装置前后的管壁处的流体静压力会发生变化。 66. √ 67. × 正确答案:旋进旋涡流量计在投用时应缓慢开启上游、下游阀门。 68. × 正确答案:没有蓄电池,UPS 系统不能正常工作。 69. √ 70. × 正确答案:发电机是利用了右手定则。 71. × 正确答案:严格按照用电器安全操作规程进行操作,如切换电源操作必须遵循“先断电,后送电”的原则。 72. × 正确答案:粉体、液体、气体在运输过程中由于摩擦会产生静电,因此,要采取限制流速、减少管道的弯曲、增大直径、避免振动等措施

来减少静电产生。 73. √ 74. √ 75. √ 76. √ 77. √ 78. × 正确答案：机械制图中，比例是指图样中图形与实物的相应要素线性尺寸之比。 79. √ 80. √ 81. √ 82. √ 83. √ 84. √ 85. √ 86. × 正确答案：空管通球发球操作步骤与日常清管作业发球操作步骤有区别，空管通球时，球筒无须平压。 87. √ 88. √ 89. √ 90. √ 91. √ 92. √ 93. √ 94. × 正确答案：柱塞计量往复泵吸入阀、排出阀内有杂物卡堵可能造成泵出口压力波动大，也可能造成无流量或流量不足。 95. √ 96. √ 97. × 正确答案：低温分离凝析油采气工艺中，高压天然气经节流阀大幅度降压，温度急速降低，一般达 -15～-25℃。 98. √ 99. × 正确答案：低温分离站投运时，当进站压力达到工作压力时，缓慢全开进站闸阀，调节一级节流阀开度，使一级节流后压力达到设计要求的工艺定值。100. √ 101. × 正确答案：低温分离工艺乙二醇回收流程中，油和乙二醇富液被分离出来后，进入缓冲罐缓冲并组成混合液，经换热器换热，再由流量调节阀调节流量，从稳定塔上部进入稳定塔。102. √ 103. × 正确答案：三甘醇脱水装置中，含饱和水分的天然气进入到吸收塔底部，在吸收塔内天然气由下向上流动。 104. √ 105. √ 106. √ 107. × 正确答案：三甘醇脱水装置开车，控制重沸器的升温速度，保持在每小时 35℃ 以下，并在 90℃、120℃、150℃ 时分别恒温 30 分钟，重沸器温度达到参数要求后，将温度控制回路投入自动控制。 108. × 正确答案：三甘醇脱水装置停车时间小于 72h，应将重沸器再生温度设定至 120℃，继续热循环。 109. × 正确答案：三甘醇脱水吸收塔中，甘醇自上而下流动，天然气由吸收塔底部进入，脱水后的天然气由塔顶流出，吸水后的富甘醇由吸收塔底部流出，进入再生系统。 110. √ 111. √ 112. × 正确答案：三甘醇脱水装置中，机械过滤器的主要作用是除去富甘醇携带的固相杂质、设备腐蚀产物。 113. √ 114. × 正确答案：三甘醇脱水装置中，能量回收泵的循环量是由速度控制阀的开度决定的。 115. √ 116. √ 117. √ 118. × 正确答案：没有仪表风供给时，气关式调节阀的开度为全开。 119. √ 120. × 正确答案：气动调节阀薄膜破裂会影响阀门的动作。 121. √ 122. √ 123. × 正确答案：如果气液联动执行机构液压缸有油泄漏，则应对密封件进行更换。 124. √ 125. √ 126. √ 127. √ 128. √ 129. √ 130. √ 131. √ 132. √ 133. × 正确答案：计算机 UPS 电源可以将 24V 的直流电源逆变为 220V 的交流电。 134. × 正确答案：气井开井率是气井开井数与全部已投产气井数（扣除计划关井数）之比，用百分数表示。135. √ 136. √ 137. × 正确答案：管线输差值可能为正值也可能为负值。 138. × 正确答案：双向清管器外径是指清管器的密封盘直径。 139. √ 140. √ 141. √ 142. × 正确答案：冷冻式干燥机制冷剂不足，可能造成仪表风露点不合格。 143. √ 144. √ 145. √ 146. √ 147. × 正确答案：设备设施应采取定人、定位、定责、定期维护保养。148. × 正确答案：设备设施普通橡胶配件严禁用汽油清洗。 149. √ 150. √ 151. √ 152. √ 153. × 正确答案：控制可燃物质的温度在其燃点以下，就可以防止火灾的发生。154. √ 155. √ 156. √ 157. √ 158. √ 159. √ 160. √ 161. √ 162. √ 163. √ 164. √ 165. √ 166. × 正确答案：地下火、地下水、冲击地压、水下作业供氧不当等均属于环境影响危害因素。 167. √ 168. √

四、简答题

1. 答案:①按照渗流规律的不同,可以将渗流分为线性渗流和非线性渗流。②线性渗流:当渗流速度较低时,流体质点呈平行状流动,渗流规律符合达西渗流定律。③非线性渗流:当渗流速度较高时,流体质点互相混杂,渗流规律不符合达西定律。

评分标准:答对①占 20%,答对②③各占 40%。

2. 答案:①残酸水的主要化学特征是呈酸性,②pH<7,③氯离子含量高,④矿化度高。

评分标准:答对①②③④各占 25%。

3. 答案:①气层以外进入到井筒的水称为外来水。②根据其来源不同,水型不一致,微量元素含量不同。

评分标准:答对①②各占 50%。

4. 答案:用气井的无阻流量确定气井稳定试井测试产量的原则是:①对已测试过的气井,最小产量为气井无阻流量的 10%,②最大产量为气井无阻流量的 75%,③再在最小产量和最大产量之间选择 2~3 个产量作为测试产量;④测试产量按由小到大的顺利递增。

评分标准:答对①②各占 20%,答对③④各占 30%。

5. 答案:①按气井产出地层水的时间,可划分为无水采气阶段和气水同产阶段。②如气井投产时就产出地层水,不划分无水采气阶段。③其中无水采气阶段进一步可划分为净化阶段、稳产阶段、递减阶段;④气水同产阶段可划分为稳产阶段、递减阶段、低压生产阶段、措施排水采气阶段。⑤在生产现场还可根据气井动态生产特征,划分其他生产阶段。

评分标准:答对①占 30%,答对②③④各占 20%,答对⑤占 10%。

6. 答案:气井出水时间早迟主要受以下 4 个因素影响:①井底距原始气水界面的高度;②生产压差,③气层渗透性及气层孔缝结构,④边水、底水水体的能量与活跃程度。

评分标准:答对①②③④各占 25%。

7. 答案:①井下节流工艺就是将节流油嘴置于井下生产管柱上某一位置,实现井下节流降压的一种开采工艺。②高压气井采用井下工艺可以达到有效防治水合物、简化地面工艺流程的目的。③当气井产量不满足配产需求或井下节流器故障时,可以调整节流嘴直径或更换节流嘴。

评分标准:答对①占 40%,答对②③各占 30%。

8. 答案:气水同产井井筒滑脱损失与流动形态、油管直径、气液比有关。①流动形态:气泡流>段塞流>环雾流>雾流。②油管直径:油管内径越大,滑脱现象越严重,滑脱损失越大。③气液比:举升一定量的流体,气量越大,滑脱损失越小。

评分标准:答对①②各占 30%,答对③④各占 20%。

9. 答案:①泡沫排水采气工艺是往井里加入起泡剂的一种助排工艺。②向井内注入一定数量的起泡剂,井底积水与起泡剂接触以后,借助天然气流的搅动,③使积液生成大量低密度的含水泡沫,从而降低了积液的密度,④井筒积液随气流从井底携带到地面,达到清除井底积液的目的。

评分标准:答对①④各占 30%,答对②③各占 20%。

10. 答案:①柱塞排水采气是间歇生产的一种特殊形式,是将柱塞作为气液之间的机械界面，②利用气井地层和套管积蓄的天然气能量推动柱塞从井底运行到井口，③从而把柱塞之上的液体排出到地面，达到排水采气的目的。

评分标准：答对①③各占30%，答对②占40%。

11. 答案：①气举排水采气就是向产水气井注入高压气源（高压气井、压缩天然气、氮气），②借助高压气源的压力逐级打开井下气举阀，③排除井筒内积液，恢复气井的生产能力的一种排水采气工艺。

评分标准：答对①③各占30%，答对②占40%。

12. 答案：①气井酸化的基本原理是通过地面高压设备经泵组管线，按照一定顺序向地层注入一定类型、浓度的配方酸液，②溶蚀地层岩石中部分矿物、胶结物或孔隙、裂缝内的堵塞物，③提高地层或裂缝渗透性，改善渗流条件，恢复或提高油气井产能的一种增产措施。

评分标准：答对①②各占30%，答对③占40%。

13. 答案：①气井压裂的基本原理是利用地面设备将具有一定黏度的压裂液挤入油（气）层，使油（气）层产生裂缝或扩大原有裂缝，②然后再挤入支撑剂，使裂缝不闭合，③从而改善渗流条件，提高油（气）层的渗流能力，达到恢复或提高油气井产能（或注入井注入能力）的目的。

评分标准：答对①②各占30%，答对③占40%。

14. 答案：①把几口单井的采气流程集中在气田某一适当位置，②进行集中采气和管理的流程，称为多井集气流程，③具有这种流程的站称为集气站。

评分标准：答对①③各占30%，答对②占40%。

15. 答案：①收发球装置用于管道清管作业，清除管道中的污物；②用于管道内检测，检测管道泄漏、变形、腐蚀等。

评分标准：答对①②各占50%。

16. 答案：①常用清管器有清管球、泡沫清管器、双向清管器。②清管球及泡沫清管器，通常适用于含水量较多的湿气管道的清管作业；③双向清管器除适合上述情况外，更有利于对管道内的稠状污物及粉尘的清洁。

评分标准：答对①占40%，答对②③各占30%。

17. 答案：①电化学腐蚀的主要特点是在腐蚀过程中同时存在两个相对独立的反应过程，②即阳极反应和阴极反应，③并有电流产生。

评分标准：答对①占20%，答对②占30%，答对③占50%。

18. 答案：①管道外加电流阴极保护的工作原理是：通过外加直流电以及辅助阳极，②对被保护金属施加电流，使被保护金属阴极化，③从而抑阻被保护金属发生电化学腐蚀。

评分标准：答对①③各占30%，答对②占40%。

19. 答案：造成整体式压缩机组压缩缸排气温度升高的原因有：①进气阀、排气阀损坏或阀垫泄漏；②环境温度升高；③压比升高；④级间冷却系统故障。

评分标准：答对①②③④各占25%。

20. 答案：压缩机组排气量不足的主要原因有：①压缩缸进气阀、排气阀损坏或阀垫泄漏；②压缩缸活塞窜气；③填料漏气；④压比增大；⑤余隙容积过大。

评分标准：答对①②③④⑤各占20%。

21. 答案：旋进旋涡流量计定期维护的内容有：①定期采样分析气质组分，更换气质参数；②定期清洗过滤器、旋涡发生器等；③根据实际情况，检查流量计上游、下游管道内是否有沉积物。

评分标准：答对①②各占 30%，答对③占 40%。

22. 答案：①井下安全阀意外关闭的可能原因有控制管路压力不足、②控制管路泄漏，③或井口油压升高而安全阀的控制压力没有及时同步升高。

评分标准：答对①②各占 30%，答对③占 40%。

23. 答案：①井下节流工艺气井产气量升高的可能原因有节流嘴被冲蚀直径变大，②节流器密封件失效，③天然气流经节流嘴处于非临界流时输压降低产气量增加。

评分标准：答对①③各占 30%，答对②占 40%。

24. 答案：①清管球被异物垫起，气流从缝隙中通过，不能形成足够的推球压差；②管线变形，清管球过盈量较小，不能完全密封；③清管球质量较差，堵头脱落，清水漏出，过盈量变小并失去部分弹性而不能完全密封；④清管球经过管线三通时，部分三通没有安装挡条或挡条安装不合格，使清管球位置向支管线方发生偏移形成密封不严。

评分标准：答对①②各占 20%，答对③④各占 30%。

25. 答案：①及时调整运行参数，调整流程；②通过计算判断大致卡阻位置，分析原因；③增加清管器前后压差（不得超过管道设计压力）；④反推清管器；⑤正推、反推均不能接卡，则切管取球，清除堵塞物。

评分标准：答对①②③④⑤各占 20%。

26. 答案：往复泵排出管路剧烈脉动原因分析：①供液量不足；②吸入管路过滤器堵塞；③吸入管路直径偏小或损坏；④进液阀组、排液阀组损坏。处理措施：⑤加大供液量；⑥清洗过滤器；⑦更换吸入管路；⑧更换进液阀组、排液阀组。

评分标准：答对①③⑤⑥⑦⑧各占 10%，答对②④各占 20%。

五、计算题

1. 解：仪表示值的绝对误差 = 50−49.5 = 0.5（kPa） （0.3）

$$仪表示值的相对误差 = \frac{0.5}{50} \times 100\% = 1\% \quad (0.3)$$

$$仪表示值的引用误差 = \frac{0.5}{100} \times 100\% = 0.5\% \quad (0.3)$$

答：在 50kPa 处仪表的示值绝对误差为 0.5kPa，相对误差为 1%，引用误差为 0.5%（0.1）。

2. 解：由题意，根据选表原则，压力波动较大选仪表上限值为：

$$p_{上限} = p_{大} \times 2 = 2.8 \times 2 = 5.6 \text{（MPa）} \quad (0.1)$$

根据就地观察要求，可选择压力表的测量范围为 0～6MPa。 （0.1）

检验 $$\frac{1}{3} \times 6 = 2 \text{（MPa）} \quad (0.1)$$

因为 2MPa<2.5MPa，故被测压力最小值 2.5MPa 不低于量程的 $\frac{1}{3}$，能保证准确度等级

要求。（0.1）

根据测量误差要求，计算允许误差 δ：

$$\delta=\frac{\Delta}{p_M}\times100\% \quad (0.2)$$

$$=\frac{0.1}{6}\times100\% \quad (0.1)$$

$$=1.67\% \quad (0.1)$$

应选择准确度等级为 1.6 级的表。（0.1）

答：按要求应该选择量程为 0~6MPa，准确度等级为 1.6 级的耐硫弹簧管压力表(0.1)。

3. 解：①由已知，用气绝对压力 $p=0.35+0.1=0.45$(MPa)（0.1）

$$p_0=0.101325\text{MPa}$$

②在不考虑压缩系数和温度的情况下，气态方程为：

$$PV=P_0V_0 \quad (0.3)$$

可得 $V=\frac{P_0V_0}{P}$

③则供气低峰时，$V_0=500/24$(m^3/h)

$$\text{供气低峰时工况流量 } V_1=\frac{0.101325\times500}{0.45\times24}=4.7(m^3/h) \quad 0.2)$$

④供气高峰时，$V_0=6000/24=$(m^3/h)

$$\text{供气低峰时工况流量 } V_2=\frac{0.101325\times6000}{0.45\times24}=56.3(m^3/h) \quad (0.2)$$

⑤对照旋涡流量计的流量范围表，则选 DN=32mm 的旋涡流量计最合适。（0.2）

答：选 DN=32mm 的旋涡流量计最合适。

4. 解：①求此段时间内的累积工况流量 Q_S

$$Qs=300.2-150.2=150(m^3) \quad (0.3)$$

②求 p_1、T_1

$$p_1=p_1+p_a=0.2+0.1=0.3(\text{MPa}) \quad (0.1)$$

$$T_1=273.15+t_1=273.15+20=293.15(\text{K}) \quad (0.1)$$

③求此段时间内的累积标况流量 Q_n

$$Q_n=\frac{1}{K}\cdot\frac{293.15}{T_1}\cdot\frac{P_1}{P_0}\cdot Q_s \quad (0.2)$$

$$=\frac{1}{1}\times\frac{293.15}{293.15}\times\frac{0.3}{0.1}\times1501 \quad (0.1)$$

$$=450(m^3) \quad (0.1)$$

答：此段时间内通过流量计的标况流量为 450m^3。（0.1）

5. 解：$C=R/R_{地}\times100\%$（0.5）

$=301125/401500\times100\%$（0.2）

$=75\%$（0.3）

答：该气藏的采出程度是 75%。

6. 解：$v=Q_{年}/R_{地}\times100\%$　(0.5)

$=4180.9/401500\times100\%$　(0.2)

$=1.04\%$　(0.3)

答：该气藏当年的采气速度为 1.04%。

7. 解：首先求出 1500—1600m 处的压力梯度 $p_{梯}$：

根据压力梯度公式：

$$p_{梯}=\frac{p_M-p_N}{L_M-L_N}\times100 \quad (0.3)$$

$$=\frac{14.84-14}{1600-1500}\times100 \quad (0.2)$$

$$=0.84(\text{MPa}/100\text{m}) \quad (0.1)$$

计算气层中部(1650m 处)压力 p_s 为：

$$p_s=\frac{(1650-1600)\times0.84}{100}+14.84 \quad (0.2)$$

$$=15.26(\text{MPa}) \quad (0.1)$$

答：该井气层中部压力为 15.26MPa。　(0.1)

8. 解：由题意知 $A=0.56, B=0.0074$　(0.1)

$$Q_v=\{-A+[A^2+4B(p_R^2-0.1^2)]^{1/2}\}/(2B) \quad (0.3)$$

$$=\{-0.56+[0.56^2+4\times0.0074\times(43.0^2-0.1^2)]^{1/2}\}/(2\times0.0074) \quad (0.2)$$

$$=496.0940(10^4\text{m}^3/\text{d}) \quad (0.3)$$

答：该井的绝对无阻流量是 $496.0940\times10^4\text{m}^3/\text{d}$。　(0.1)

9. 解：根据题意可知该气藏当月实际开井数是 37 口　(0.3)

$$气井利用率=\frac{实际开井数}{已投产井数-计划关井数}\times100\% \quad (0.4)$$

$$气井利用率=\frac{37}{42-3}\times100\%$$

$$=94.87\% \quad (0.2)$$

答：该气藏当月气井利用率为 94.87%。　(0.1)

10. 解：根据配产偏差率计算公式

$$配产偏差率=\frac{气藏实际产气量-气藏配产气量}{气藏配产气量}\times100\% \quad (0.5)$$

$$配产偏差率=\frac{1.32-1.35}{1.35}\times100\% \quad (0.2)$$

$$=-2.22\% \quad (0.2)$$

答：该气藏当月配产偏差率是-2.22%。　(0.1)

11. 解：由状态方程$\frac{p_0Q_0}{T_0Z_0}=\frac{p_{18}Q_{18}}{T_{18}Z_{18}}$得： (0.2)

$$Q_0=\frac{p_{18}Q_{18}T_0Z_0}{T_{18}Z_{18}p_0} \quad (0.1)$$

因其他条件不变、不考虑压缩系数影响，即 $p_{18}=p_0$，$Z_{18}=Z_0$ (0.1)

所以
$$Q_0=\frac{Q_{18}T_0}{T_{18}} \quad (0.2)$$

$$\delta=\frac{Q_0-Q_{18}}{Q_{18}}\times100\%$$

$$=(\frac{T_0}{T_{18}}-1)\times100\% \quad (0.2)$$

$$=\left(\frac{273.15}{273.15+18}-1\right)\times100\%$$

$$=-6.2\% \quad (0.1)$$

答：体积流量变化率为-6.2%。 (0.1)

12. 解：设变送器在 0.55MPa 处的示值误差就等于零位误差，

则修正后的压力真值为：0.55-0.04=0.51(MPa) (0.1)

$$\Delta Q=\frac{Q_{示}-Q_{真}}{Q_{真}}\times100\% \quad (0.2)$$

因为：$Q\propto\sqrt{p}$ (0.2)

所以：$\Delta Q=\left(\sqrt{\frac{p_{示}}{p_{真}}}-1\right)\times100\%$ (0.2)

$=\left(\sqrt{\frac{0.55}{0.51}}-1\right)\times100\%$ (0.1)

$=3.85\%$ (0.1)

答：因零位误差引起的流量测量误差为 3.85%。 (0.1)

13. 解：

已知：计算开始时，管道起点压力 $p_1=3.2$MPa(绝)，终点压力 $p_2=3.1$MPa(绝)；

计算终了时，管道起点压力 $p_1=3.4$MPa(绝)，终点压力 $p_2=3.3$MPa(绝)；

该段时间内管道进气量 $Q_{进}=60\times10^4\text{m}^3$，管道出气量 $Q_{出}=59.8\times10^4\text{m}^3$；

管容量为：$V=\pi r^2l=3.14\times\left(\frac{325-10\times2}{2\times1000}\right)^2\times20\times1000=1460.5(\text{m}^3)$ (0.2)

则计算开始及计算终了时管线平均压力分别为：

$$p_{cp始}=\frac{2}{3}\left(p_1+\frac{p_2{}^2}{p_1+p_2}\right)=\frac{2}{3}\times\left(3.2+\frac{3.1^2}{3.2+3.1}\right)=3.15(\text{MPa}) \quad (0.2)$$

$$p_{cp终}=\frac{2}{3}\left(p_1+\frac{p_2{}^2}{p_1+p_2}\right)=\frac{2}{3}\times\left(3.4+\frac{3.3^2}{3.4+3.3}\right)=3.35(\text{MPa}) \quad (0.2)$$

则管线储气量变化为：

$$Q_{变}=\frac{VT_0}{pT}\left(\frac{p_{cp终}}{Z_2}-\frac{p_{cp始}}{Z_1}\right)=\frac{1460.5\times293.15}{0.101325\times(273.15+18)}\times(3.35-3.15)=2902.6(m^3) \quad (0.2)$$

根据输差公式有：

$$Q_{差}=Q_{入}-Q_{出}-Q_{变}=60\times10^4-59.8\times10^4-2902.6=-902.6(m^3) \quad (0.2)$$

答：该管道该段时间内的输差为$-902.6m^3$。

14. 解：清管球过盈量

$$\varepsilon=\frac{d-D}{D}\times100\% \quad (0.3)$$

$$=\frac{215-(219-8\times2)}{219-8\times2}\times100\% \quad (0.3)$$

$$=5.9\% \quad (0.3)$$

答：该清管球的过盈量为5.9%。 (0.1)

15. 解：

① 计算监听点距离： (0.2)

$$p_x=\sqrt{p_1^2-(p_1^2-p_2^2)\frac{x}{L}}$$

$$(5.6+0.1)=\sqrt{(5.9+0.1)^2-[(5.9+0.1)^2-(5.2+0.1)^2]\frac{x}{50}}$$

$$x=22.19(km)$$

② 计算起点至监听点的管线容积： (0.2)

$$V=\pi r^2L=3.14\times\left(\frac{426-13\times2}{2000}\right)^2\times22.19\times1000=2787(m^3)$$

③ 计算起点至监听点间管道平均压力为： (0.2)

$$p_{cp}=\frac{2}{3}\left(p_1+\frac{p_2^2}{p_1+p_2}\right)=\frac{2}{3}\times\left[(5.9+0.1)+\frac{(5.6+0.1)^2}{(5.9+0.1)+(5.6+0.1)}\right]=5.85(MPa)。$$

④ 计算起点至监听点间管线内天然气标准状况下的体积： (0.2)

$$V_0=\frac{p_{cp}V}{T}\cdot\frac{T_0}{P_0}=\frac{5.85\times2787\times293.15}{(273.15+20)\times0.1}=163039.5(m^3)$$

⑤ 计算球过监听点所需时间： (0.2)

$$t=\frac{V_0}{Q\times(1-10\%)}\times24=\frac{163039.5}{250\times10000\times(1-10\%)}\times24=1.74(h)$$

答：清管球发出后1.74h通过监听点。

16. 解：根据状态方程：

$$\frac{p_0\cdot V_0}{T_0}=\frac{p_1\cdot V_1}{T_1}$$，不考虑温度及压缩系数影响 (0.3)

$$p_0V_0=p_1V_1\Rightarrow p_0\times\frac{Q}{24}\times\frac{30}{60}=\frac{p_1\times3.14\times D^2\times L}{4} \quad (0.3)$$

$$L=\frac{4p_0\times\frac{Q}{24}\times0.5}{3.14\times p_1\times D^2}=\frac{4\times0.1\times800000\times0.5}{24\times3.14\times(4.4+0.1)\times0.313^2}=4815(\mathrm{m})\qquad(0.3)$$

答：卡点位置离发球站距离约为 4815m。（0.1）

17. 解：

① 求管道平均压力

根据 $p_{cp}=\frac{2}{3}(p_1+\frac{p_2^2}{p_1+p_2})=\frac{2}{3}\times(5.5+\frac{5.2^2}{5.5+5.2})=5.35(\mathrm{MPa})$（0.2）

② 求清管器平均运行速度

根据理想气体状态方程：$\frac{p_0\cdot V_0}{T_0}=\frac{p_{cp}\cdot V}{T}$（0.2）

$$p_0V_0=p_{cp}V\Rightarrow p_0\times\frac{Q}{24}\times t=\frac{p_{cp}\times3.14\times D^2\times L}{4}\qquad(0.3)$$

$$\bar{v}=\frac{L}{t}=\frac{4p_0\times Q}{24P_{cp}\times3.14\times D^2}=\frac{4\times0.1\times120\times10000}{24\times5.35\times3.14\times0.305^2}=12.8(\mathrm{km/h})\qquad(0.3)$$

答：该清管器平均运行速度为 12.8km/h。

技师理论知识练习题及答案

一、单项选择题(每题有4个选项,只有1个是正确的,将正确的选项填入括号内)

1. AA001 当渗流速度较低时,流体质点呈平行状流动,渗流规律符合达西定律,称为(　　)。
   A. 稳定渗流　B. 层流　C. 线性渗流　D. 非线性渗流
2. AA001 渗流速度较低时,流体质点呈平行状流动,渗流规律符合(　　),称为线性渗流。
   A. 达西定律　B. 非达西定律　C. 二项式采气方程　D. 指数式采气方程
3. AA002 渗流速度较高时,流体质点相互混杂,不符合达西定律的渗流,称为(　　)。
   A. 稳定渗流　B. 层流　C. 线性渗流　D. 非线性渗流
4. AA002 下列选项中,关于非线性渗流说法错误的是(　　)。
   A. 渗流速度较高　B. 流体质点呈平行状流动
   C. 不符合达西定律　D. 流体质点相互混杂,流线紊乱
5. AA003 渗流系统中,每一空间点的运动参数不随时间改变的流动,称为(　　)。
   A. 稳定渗流　B. 层流　C. 线性渗流　D. 非线性渗流
6. AA003 下列选项中,关于稳定渗流说法错误的是(　　)。
   A. 每一空间点的流速不随时间改变
   B. 每个质点在某一瞬间占据着一定的空间点
   C. 每一空间点的运动参数只有流速
   D. 每一空间点的压力不随时间改变
7. AA004 渗流系统中,每一空间点的运动参数随时间而改变的流动,称为(　　)。
   A. 稳定渗流　B. 不稳定渗流　C. 线性渗流　D. 非线性渗流
8. AA004 下列选项中,关于不稳定渗流说法错误的是(　　)。
   A. 每一空间点的流速随时间改变
   B. 每个质点在某一瞬间占据着一定的空间点
   C. 每一个空间点的流速和压力不随时间改变
   D. 每一空间点的压力随时间改变
9. AA005 下列选项中,不是影响气井出水时间因素的是(　　)。
   A. 井底距离原始气水界面的高度　B. 生产时的套油压差
   C. 边底水水体的能量大小　D. 边底水水体的活跃程度
10. AA005 下列选项中,关于气井出水时间快慢说法正确的是(　　)。
    A. 井底距离气水边界越近,地层水达到井底时间越长
    B. 生产压差越大地层水到达井底的时间越短
    C. 气层渗透性越好,底水到达井底的时间越长

D. 边底水能量越小，气井见水时间越短

11. AA006 根据边水、底水在气藏中活动及渗滤特征，出水类型可分为阵发性出水、（ ）出水。

A. 水锥型 B. 断裂型 C. 水窜型 D. 上述答案都正确

12. AA006 产层通道以断层及大裂缝为主，边水沿大裂缝窜入井底，称为（ ）出水。

A. 水锥型 B. 断裂型 C. 水窜型 D. 阵发性

13. AA007 下列选项中，不属于水锥型出水气井渗滤特征的是（ ）。

A. 储层渗透性较均匀 B. 储渗空间以微裂缝、孔隙为主

C. 产层通道以大裂缝为主 D. 水流向井底表现为锥进

14. AA007 慢性水锥型出水可通过（ ）措施，延长无水采气期。

A. 控水采气 B. 堵水 C. 带水采气 D. 排水采气

15. AA008 气井断裂型出水初期可通过（ ）措施，增加单位压降采气量。

A. 控水采气 B. 堵水 C. 带水采气 D. 排水采气

16. AA008 下列选项中，关于断裂型出水说法错误的是（ ）。

A. 产层中有大裂缝

B. 储层通常存在断层

C. 地层水主要是通过大裂缝窜入井底

D. 气井出水量缓慢增加

17. AA009 下列选项中，不属于水窜型出水渗滤特征的是（ ）。

A. 产层渗透性均质性差

B. 产层中裂缝-孔隙局部发育

C. 见水时间长短只与水体活跃程度相关

D. 边水横向侵入井底

18. AA009 气井水窜型出水可通过（ ）措施，减少水影响。

A. 增大生产压差 B. 封堵窜水层 C. 提高产量生产 D. 压低产量生产

19. AA010 气井阵发性出水可通过（ ），减少水影响。

A. 放喷 B. 封堵水层 C. 封堵出水段 D. 临时调整产量

20. AA010 下列选项中，关于阵发性出水说法正确的是（ ）。

A. 出水对气井的采收率影响很大 B. 出水量阵发性增加

C. 气井产水量稳定 D. 气井产水量大

21. AA011 气井产出地层水时存在三个明显的阶段，预兆阶段的特点是（ ）。

A. 氯离子含量开始上升，压力、气产量、水产量无明显变化

B. 水量开始上升，井口压力无变化

C. 水量开始上升，产气量大幅度下降

D. 氯离子含量明显上升，压力、气产量无明显变化，产水量增加

22. AA011 气井产出地层水时存在三个明显的阶段，显示阶段的特点是（ ）。

A. 氯离子含量明显上升，压力、气产量、水产量无明显变化

B. 氯离子含量持续上升，产水量开始上升，井口压力、产气量波动

C. 气井出水增多,井口压力、产气量大幅度下降

D. 产水量开始上升,井口压力、产气量大幅度下降

23. AA012　气井产出地层水,出水显示阶段表现特征正确的是(　　)。

A. 产水量开始上升,井口压力、产气量波动

B. 产水量不变,井口压力、产气量下降

C. 产水量开始上升,井口压力、产气量上升

D. 产水量不变,产气量不变

24. AA012　气井出水阶段表现特征正确的是(　　)。

A. 地层水氯离子含量降低,产气量波动

B. 产水量不变,井口压力上升

C. 气井出水量增多,井口压力、产气量下降

D. 气井出水量增多,井口压力不变

25. AA012　气井出水后单井压降储量曲线会偏离直线段,曲线变化正确的是(　　)。

A. 曲线下弯　　B. 曲线上翘　　C. 曲线不变　　D. 无规律变化

26. AA013　下列选项中,气井稳产阶段,采气曲线井口压力与产气量关系描述正确的是(　　)。

A. 产气量增大,井口压力下降速度加快

B. 产气量增大,井口压力下降速度变慢

C. 随着井口压力的降低,产气量也一定会降低

D. 产气量不变,井口压力也不会下降

27. AA013　下列选项中,采气曲线上各曲线的表现特征说法错误的是(　　)。

A. 纯气井表现为压力和产气量缓慢下降

B. 气水同产井表现为随压力和产量的下降,产水量上升,套、油压差明显

C. 气水同产井稳产阶段,随着产气量的增加,产水量也上升,气水比相对稳定

D. 气水同产井递减阶段,压力和产量下降不明显,产水量上升明显

28. AA014　下列选项中,判断气井是否产出边(底)水的说法错误的是(　　)。

A. 首先要确定气藏是否存在边底水

B. 井身结构是否完好,排除外来水的可能性

C. 对比气井产出水与气藏边底水的性质是否相同

D. 根据井口压力及产量可以判断

29. AA014　下列选项中,气井产出边(底)水后生产特征描述错误的是(　　)。

A. 加快气井的产能递减　　B. 增加井筒压力损失

C. 减缓气井井口压力下降速度　　D. 降低气藏的最终采收率

30. AA014　下列选项中,气井产出边(底)水后生产特征描述正确的是(　　)。

A. 随着水锥高度的升高,产水量逐渐减少

B. 随着底水锥进速度加快,产气量增大

C. 随生产压差的增大,底水锥进速度加快

D. 气井产出边底水后,应加大产量带水生产

31. AA015　下列选项中，气井产出外来水后说法错误的是（　　）。
A. 气层上面或下面有水层存在　B. 气井的水性与气藏的边底水一致
C. 气井固井质量不合格　D. 水性及产水量可能突然发生变化

32. AA015　下列选项中，气井是否产出外来水的说法错误的是（　　）。
A. 井身结构是否完好
B. 若气层上、下地层不存在水层，可以排除外来水的可能性
C. 通常产出水与气藏边底水的性质不相同
D. 若固井质量合格，就能排除外来水的可能性

33. AA016　绘制气藏采气曲线时，不需要收集的资料是（　　）。
A. 各井的产气量资料　B. 各井的产水量资料
C. 各井的投产时间　D. 各井的完钻时间

34. AA016　下列选项中，绘制气藏采气曲线的说法正确的是（　　）。
A. 最小的时间单位通常为天　B. 最小的时间单位通常为月
C. 最小的时间单位通常为半年　D. 最小的时间单位通常为年

35. AA017　控水采气的原理是通过控制合理的（　　）来实现对水的控制。
A. 套压差、油压差　B. 生产压差　C. 产水量　D. 产气量

36. AA017　下列选项中，气井出水后适用控水采气的是（　　）。
A. 慢型水锥型出水　B. 能量衰竭井
C. 横向水窜型出水　D. 产水量大的井

37. AA018　堵水采气原理是通过（　　）来实现对水的控制。
A. 封堵出水层段　B. 控制产水量　C. 排水采气　D. 控制生产压差

38. AA018　下列选项中，气井出水后适用堵水采气的是（　　）。
A. 能量衰竭井　B. 断裂型出水　C. 横向水窜型出水　D. 产水量大的井

39. AA019　下列选项中，不适用排水采气措施的是（　　）。
A. 储量枯竭井　B. 低产低压井　C. 断裂型出水井　D. 产水量大的井

40. AA019　下列选项中，不属于排水采气措施的是（　　）。
A. 优选管柱　B. 气举排水　C. 泡沫排水　D. 封堵水层

41. AA020　利用计算机技术，对不稳定试井资料进行试井模型的建立和试井曲线的图版拟合解释，以获得测试层和测试井的特性参数的方法，称为（　　）。
A. 试井　B. 现代试井　C. 现代测井　D. 测井

42. AA020　下列选项中，不属于现代试井技术内容的是（　　）。
A. 用高精度测试仪表测取准确的试井资料
B. 用现代试井解释软件解释试井资料，得到更可靠的解释结果
C. 测试过程控制、资料解释和试井报告编制计算机化
D. 可用来判断产出、注入、漏失层位

43. AA021　下列选项中，关于现代试井解释说法错误的是（　　）。
A. 准确测量压力降落期间的压力值及对应的开井时间
B. 准确测量压力恢复期间的压力值及对应的开井时间

C. 准确测量压力开井前的井底静压

D. 准确测量关井前的井底流动压力

44. AA021 下列选项中,现代试井解释原理,描述错误的是( )。

A. 把气藏和被测试井看作是一个系统

B. 不同系统,施加相同输入将得到相同的输出

C. 产气量及对应的井底压力即为系统的输入和输出信号

D. 试井的过程就是记录产气量和对应的井底压力变化值

45. AA022 采用磁性定位、井壁超声成像、管子分析仪等工艺技术,实施对井下技术状况的监测的是( )。

A. 工程测井 B. 生产测井 C. 现代试井 D. 地球物理测井

46. AA022 通过工程测井不能达到的目的是( )。

A. 掌握井下管柱位置 B. 产液性质识别

C. 套管接箍和套管的损伤、腐蚀、变形 D. 评价压裂酸化和封堵效果

47. AA023 下列选项中,磁法射孔孔眼位置检测测井原理描述错误的是( )。

A. 套管壁上腐蚀孔眼处的地方,磁力线不发生畸变

B. 套管壁上射孔孔眼处的地方,磁力线发生畸变

C. 套管壁上腐蚀孔眼处的地方,磁力线发生畸变

D. 均匀套管中磁通源发生的磁通均匀流过套管壁,磁力线不会发生畸变

48. AA023 下列选项中,管子分析仪测井原理的描述错误是( )。

A. 测量漏磁通和涡流两个量 B. 适用于套管变形大的井

C. 每个漏磁通感应出一个电流 D. 在所测套管的缺陷附近,磁力线发生畸变

49. AA024 下列选项中,不属于工程测井技术的是( )。

A. 磁性定位 B. 流量测井 C. 声幅测井 D. 井壁超声波成像

50. AA024 下列选项中,属于工程测井技术的是( )。

A. 温度测井 B. 压力测井 C. 噪声测井 D. 流体识别测井

51. AA025 用稳定试井资料求取指数式产气方程时,需要的数据是( )。

A. $\lg P_f^2 - \lg P_{wf}^2$ B. $\lg(P_f^2 - P_{wf}^2)$ C. $\lg q_g^2$ D. q_g^2

52. AA025 下列选项中,关于稳定试井资料处理说法正确的是( )。

A. 以$(P_f^2 - P_{wf}^2)/q_g$为横坐标,q_g为纵坐标绘制曲线,曲线在纵坐标轴上截距就是摩擦阻力系数A的值

B. 以$(P_f^2 - P_{wf}^2)/q_g$为纵坐标,q_g为横坐标绘制曲线,曲线的斜率就是惯性阻力系数B的值

C. 以$\lg(P_f^2 - P_{wf}^2)$为纵坐标,以$\lg q_g$为横坐标绘制关系曲线,曲线在横坐标上的截距即使采气指数C

D. 以$\lg(P_f^2 - P_{wf}^2)$为纵坐标,以$\lg q_g$为横坐标绘制关系曲线,曲线的斜率就是渗流指数n

53. AA026 下列选项中,用来表示压力恢复试井资料中关井时间的符号是( )。

A. Δt B. t C. T D. ΔT

54. AA026　压力恢复试井资料中，用来表示关井前稳定生产时间的符号是（　　）。

A. Δt　　B. t　　C. T　　D. ΔT

55. AA027　下列选项中，求取产气二项式方程说法错误的是（　　）。

A. 以$({P_R}^2-{P_{wf}}^2)/q_g$为纵坐标，q_g为横坐标建立坐标系

B. 将各个稳定点对应的$({P_R}^2-{P_{wf}}^2)/q_g$、q_g值点到坐标系中

C. 直线在纵坐标上的截距为系数B

D. 将各点回归成一条直线

56. AA027　下列选项中，二项式产气方程说法正确的是（　　）。

A. 以$({P_R}^2-{P_{wf}}^2)/q_g$为横坐标，q_g为纵坐标建立坐标系

B. $({P_R}^2-{P_{wf}}^2)/q_g \sim q_g$回归直线，在纵轴上的截距为系数$B$值

C. $({P_R}^2-{P_{wf}}^2)/q_g \sim q_g$回归直线，在纵轴上的截距为系数$A$值

D. $({P_R}^2-{P_{wf}}^2)/q_g \sim q_g$回归直线的斜率就是系数$A$值

57. AA028　下列选项中，计算压降法储量说法错误的是（　　）。

A. 用地层压力和累计采气量作关系曲线

B. 用视地层压力和累计采气量作关系曲线

C. 舍去偏离直线较多的数据点

D. 尽可能使最多的点在一条直线上，或者均匀分布在直线两侧

58. AA028　下列选项中，计算压降法储量说法正确的是（　　）。

A. 有地层水的气藏不能用压降法求取储量

B. 任何气藏都可以用压降法计算储量

C. 准确计算压降储量要求气藏的采出程度大于10%

D. 压降法计算储量是实际生产中最常用的计算气藏静态储量的方法

59. AA029　下列选项中，（　　）是二项式采气方程计算气井绝对无阻流量公式。

A. $q_{AOF}=\dfrac{\sqrt{B^2+4A(p_\varepsilon^2-0.101^2)}-B}{2A}$

B. $q_{AOF}=\dfrac{\sqrt{A^2+4B(p_\varepsilon^2-0.101^2)}-A}{2B}$

C. $q_{AOF}=\dfrac{\sqrt{A^2-4B(p_\varepsilon^2-0.101^2)}-A}{2B}$

D. $q_{AOF}=\dfrac{\sqrt{B^2-4A(p_\varepsilon^2-0.101^2)}-B}{2A}$

60. AA029　下列选项中，用指数式采气方程计算气井绝对无阻流量公式正确的是（　　）。

A. $q_{AOF}=n(p_\varepsilon^2-0.101^2)^c$　　B. $q_{AOF}=c(p_\varepsilon^2-0.101^2)^n$

C. $q_{AOF}=n(0.101^2-p_\varepsilon^2)^c$　　D. $q_{AOF}=c(0.101^2-p_\varepsilon^2)^n$

61. AA030　气藏的采出程度是指（　　）的比值（百分数）。

A. 气藏的年产气量与地质储量

B. 气藏的年产气量与历年累计采气量

C. 气井的历年采气量与气藏的历年采气量

D. 气藏的历年累计采气量与地质储量

62. AA030　下列选项中，计算气藏采出程度不需要的参数是(　　)。

A. 气藏内各气井的历年累计采气量　　B. 气藏内各气井的测试产量

C. 气藏的容积法储量　　D. 气藏的动态储量

63. AA031　下列选项中，计算气藏配产偏差率公式是(　　)。

A. $配产偏差率=\frac{气藏采气量-气藏配产气量}{气藏配产气量}\times100\%$

B. $配产偏差率=\frac{气藏采气量-气藏配产气量}{气藏采气量}\times100\%$

C. $配产偏差率=\frac{气藏配产气量-气藏采气量}{气藏配产气量}\times100\%$

D. $配产偏差率=\frac{气藏配产气量-气藏采气量}{气藏采气量}\times100\%$

64. AA031　下列选项中，气井利用率计算公式正确的是(　　)。

A. $气井利用率=\frac{计划开井数}{已投产井数-实际井数}\times100\%$

B. $气井利用率=\frac{实际开井数}{已投产井数-计划关井数}\times100\%$

C. $气井利用率=\frac{实际开井数}{计划关井数-实际开井数}\times100\%$

D. $气井利用率=\frac{计划开井数}{计划关井数+实际开井数}\times100\%$

65. AA032　下列选项中，延长气井无水采气期途径错误的是(　　)。

A. 控制气井在临界产量下生产，有利于延长无水采气期

B. 控制气井的钻开程度，可延长无水采气期

C. 对于气水同层的气井，实施堵水可延长无水采气期

D. 合理控制生产压差，可延长无水采气期

66. AA032　下列选项中，提高气驱气藏采收率说法错误的是(　　)。

A. 较高的采气速度生产可提高采收率

B. 改善储层渗滤条件可提高采收率

C. 增压开采可提高采收率

D. 高低压分输可提高采收率

67. AA033　下列选项中，不能用来判断气藏连通关系的是(　　)。

A. 原始折算地层压力的对比　　B. 地质储量

C. 流体性质　　D. 井间干扰

68. AA033　下列选项中，气藏连通性说法正确的是(　　)。

A. 流体性质相同的气井连通性好　　B. 井间干扰明显的气井连通性好

C. 属于同一个压力系统的气井连通性好　D. 地层压力相同的气井连通性好

69. AA034　气藏压力系数为1.8，该气藏为(　　)。

A. 异常高压气藏　B. 异常低压气藏

C. 常压气藏　D. 超高压气藏

70. AA034　驱动天然气的主要动力是气体的弹性能和地层水的弹性能的气藏是(　　)。

A. 纯气藏　B. 气驱气藏　C. 弹性水驱气藏　D. 刚性水驱气藏

71. AA035　下列选项中，水锥型出水气井生产动态说法错误的是(　　)。

A. 无水采气期相对较长，出水后氯离子稳定

B. 产水量一般不大

C. 关井后水能够全部退回地层

D. 出水显示阶段氯离子含量逐步上升

72. AA035　下列选项中，断裂出水气井生产动态说法错误的是(　　)。

A. 出水显示阶段较短　B. 出水后产水量较大

C. 出水后产气量下降较快　D. 关井后水不能全部退回地层

73. AA035　下列选项中，横向水窜型出水说法错误的是(　　)。

A. 气井出水后水量一般稳定，氯离子稳定

B. 可采取堵水措施将出水层封堵

C. 水淹后的气井可用作排水井

D. 气井出水对气井产能无明显影响

74. AA036　下列选项中，反映气井周围渗透性变好的压力恢复曲线是(　　)。

A. $p^2_{ws(t)}$ — $\lg\Delta t$

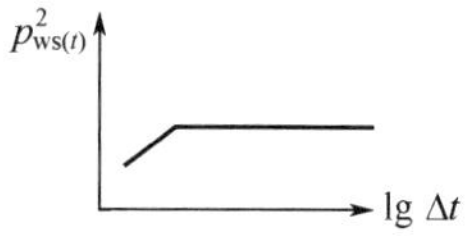

B. $p^2_{ws(t)}$ — $\lg\Delta t$

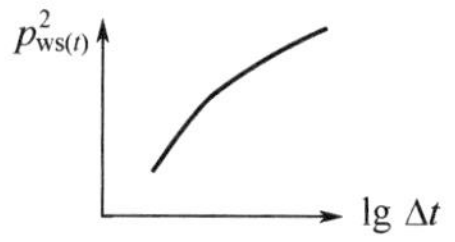

C. $p^2_{ws(t)}$ — $\lg\Delta t$

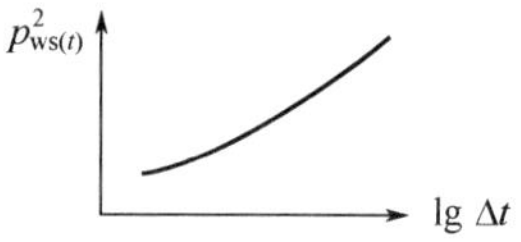

D. $p^2_{ws(t)}$ — $\lg\Delta t$

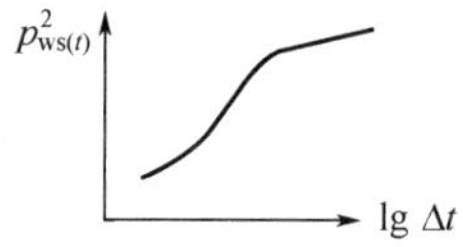

75. AA036　对于孔隙性均质地层的压力恢复曲线，一般可分为(　　)。

A. 一段　B. 二段　C. 三段　D. 四段

76. AA036　压力恢复曲线直线段的斜率，应用(　　)求得。

A. 一点式　B. 两点式　C. 三点式　D. 压力公式

77. AA037　下列选项中，气水同产井“三稳定”制度说法错误的是(　　)

A. 气井压力相对稳定　B. 气井产气量相对稳定

C. 产水量相对稳定　D. 气水比相对稳定

78. AA037　下列选项中，气水同产井管理说法错误的是(　　)。

A. 生产压差太小，产气量小不利于带水

B. 生产压差太大，产气量大有利于带水

C. 生产压差太大，产气量不一定相应增加，还可能减少

D. 合理的生产压差能使气井的压力、产气量和气水比相对稳定

79. AA037　下列选项中,气水同产井管理说法错误的是(　　)。

A. 气水同产井不宜随意改变产量

B. 开关井要少、稳、慢,避免过多过猛地激动气井

C. 一般不宜关井,最好连续生产

D. 关井后应尽快开井,防止水退回地层

80. AB001　井筒液相成为液滴分散于流动的气相中,并且有薄层液相沿管壁流动,这时呈现的流态是(　　)。

A. 气泡流　B. 段塞流　C. 环雾流　D. 雾流

81. AB001　右图中的井筒垂直流动形态表示的是(　　)。

A. 气泡流　B. 段塞流　C. 环雾流　D. 雾流

82. AB001　井筒垂直管流流动形态滑脱损失顺序正确的是(　　)。

A. 气泡流>段塞流>环雾流>雾流

B. 气泡流>环雾流>段塞流>雾流

C. 段塞流>气泡流>环雾流>雾流

D. 雾流气>环雾流>段塞流>泡流

83. AB002　泡沫排水采气工艺是向(　　)加入一定数量的起泡剂,井筒积液与起泡剂接触,被天然气气流带出到地面的一种排水采气工艺。

A. 起泡剂平衡罐　B. 消泡剂平衡罐　C. 分离器　D. 气井

84. AB002　既可以从套管加入又可以从油管加入气水井的起泡剂是(　　)。

A. 棒状固体起泡剂　B. 球状固体起泡剂

C. 液体起泡剂　D. 上述答案都正确

85. AB002　适用于气田边远、无加注装置,或者需要临时加注起泡剂的加注工艺是(　　)。

A. 车注　B. 泵注　C. 平衡罐注　D. 棒状投注

86. AB003　柱塞举升排水采气是间歇生产的一种特殊形式,气井自动开、关是通过(　　)实现的。

A. 柱塞　B. 防喷总成　C. 井口三通总成　D. 气动薄膜阀

87. AB003　柱塞举升排水采气用于产水量较大的气井时可以与(　　)排水工艺组合,提高排水采气效果。

A. 泡沫　B. 电潜泵　C. 抽油机　D. 螺杆泵

88. AB004　油管柱内部无单流阀、外部无封隔器的气举排水采气工艺是(　　)。

A. 开式气举　B. 半闭式气举　C. 闭式气举　D. 连续气举

89. AB004　正注、反注气举排水采气工艺是按(　　)分类的。

A. 气举装置　B. 注气通道　C. 生产制度　D. 气举阀安装方式

90. AB004　高压气从(　　)注入,井液从(　　)产出的生产方式是反注气举。

A. 套管　油管　B. 套管　套管　C. 油管　套管　D. 油管　油管

91. AB005　通过抽油杆柱带动井下深井泵的柱塞运动,将进入泵筒内的液体不断排出到地面的工艺是(　　)排水采气。

A. 电潜泵　B. 螺杆泵　C. 抽油机　D. 柱塞

92. AB005　抽油机排水采气的能量传递流程是(　　)。
A. 抽油机—深井泵—井液　　B. 抽油机—井液—深井泵
C. 深井泵—井液—抽油机　　D. 深井泵—抽油机—井液

93. AB006　将地面电力传递给井下潜油电机,电机带动离心泵高速旋转,从而将进入离心泵内的井液排出到地面的工艺是(　　)排水采气。
A. 电潜泵　　B. 螺杆泵　　C. 抽油机　　D. 柱塞

94. AB006　电潜泵排水采气装置中传递电力的是(　　)。
A. 潜油电动机　　B. 电缆　　C. 变频控制器　　D. 多级离心泵

95. AB007　地面驱动螺杆泵排水采气装置中传递动力的是(　　)。
A. 抽油杆　　B. 螺杆泵　　C. 电缆　　D. 油管

96. AB007　螺杆泵排水采气装置中用来分离处理气液比较高的井液,提高泵效的是(　　)。
A. 抽油杆　　B. 螺杆泵　　C. 气水分离器　　D. 油管锚

97. AB008　通过井下工具改变井筒流体流态,降低最小临界携液流量,利用气井自身能量实现排水采气的工艺是(　　)排水采气。
A. 涡流　　B. 螺杆泵　　C. 抽油机　　D. 柱塞

98. AB008　井下涡流工具一般通过(　　)安装到井筒设计深度。
A. 连续油管传输　　B. 电缆传输　　C. 钢丝绳索作业　　D. 修井

99. AB009　当自喷气井井筒滑脱损失较严重、带水生产困难时,优先采用的组合排水工艺是(　　)。
A. 泡排+抽油机　　B. 泡排+电潜泵　　C. 泡排+优选管柱　　D. 气举+优选管柱

100. AB009　当气举排水采气井产水量较大、注入高压气量有限的情况下,优先采用的组合排水工艺是(　　)。
A. 气举+井口增压　　B. 气举+泡排　　C. 气举+柱塞　　D. 气举+优选管柱

101. AB010　采用物理方法除去气田水中的悬浮物,使气田水初步净化的处理方法是(　　)。
A. 一级处理　　B. 二级处理　　C. 三级处理　　D. 深度处理

102. AB010　气田水通过(　　)处理,可以除去90%左右的可降解有机物和90%~95%的固体悬浮物。
A. 一级　　B. 二级　　C. 三级　　D. 深度

103. AB011　酸化施工程序中影响酸岩反应效果的是(　　)。
A. 洗井　　B. 低压替酸　　C. 高压挤酸　　D. 关井反应时间

104. AB011　土酸酸化工艺中的(　　)能溶蚀地层中的碳酸盐类及铁铝等化合物,(　　)能溶蚀地层中的黏土质和硅酸盐类。
A. 盐酸　醋酸　　B. 醋酸　盐酸　　C. 盐酸　氢氟酸　　D. 氢氟酸　盐酸

105. AB012　利用高压水力作用使油气层形成裂缝,然后挤入支撑剂的储层改造工艺称为(　　)。
A. 酸洗　　B. 基质酸化　　C. 压裂　　D. 酸化压裂

106. AB012　压裂工艺中用来将支撑剂带入裂缝，并将支撑剂充填到预定位置的是(　　)。
A. 前置液　　B. 携砂液　　C. 顶替液　　D. 酸液

107. AB013　储层改造时当泵压(　　)、排量(　　)，说明储层堵塞解除或压开了地层。
A. 下降增加　　B. 增加　下降　　C. 下降　下降　　D. 增加　增加

108. AB013　对比气井措施前后，在相同(　　)压力下的日产量增产倍数，即可确定增产效果。
A. 输压　　B. 井口压力　　C. 井底流动　　D. 地层压力

109. AB014　从腐蚀机理的角度来讲，可以把金属腐蚀过程分为(　　)两种主要的机理。
A. 化学腐蚀、电化学腐蚀　　B. 化学腐蚀、阳极溶解
C. 阳极溶解、电化学腐蚀　　D. 阳极溶解、氢致开裂

110. AB014　下列选项中，金属因原电池作用而发生的腐蚀是(　　)。
A. 化学腐蚀　　B. 电化学腐蚀　　C. 物理腐蚀　　D. 全面腐蚀

111. AB015　干燥环境中的金属腐蚀一般属于(　　)。
A. 化学腐蚀　　B. 电化学腐蚀　　C. 物理腐蚀　　D. 均匀腐蚀

112. AB015　大气环境中的金属腐蚀一般属于(　　)。
A. 化学腐蚀　　B. 电化学腐蚀　　C. 物理腐蚀　　D. 均匀腐蚀

113. AB016　按照金属的腐蚀机理，管道防腐的首选措施是(　　)。
A. 选用好的防腐层、外加电流阴极保护
B. 牺牲阳极保护、外加电流阴极保护
C. 正确选材、金属钝化
D. 外壁防腐、内壁防腐

114. AB016　按照缓蚀剂对电极过程所产生的主要影响，可以分为(　　)。
A. 阳极型缓蚀剂、阴极型缓蚀剂
B. 阳极型缓蚀剂、阴极型缓蚀剂、混合型缓蚀剂
C. 含硫气井用缓蚀剂、输气管线用缓蚀剂
D. 阴极型缓蚀剂、混合型缓蚀剂

115. AB017　在线腐蚀监测技术中的腐蚀挂片法，其实质是(　　)。
A. 失重法　　B. 电阻探针法　　C. 线性极化电阻法　　D. 氢探针法

116. AB017　按《钢质管道内腐蚀控制规范》规定，当管道内腐蚀监测年平均腐蚀率(　　)时，腐蚀程度为严重腐蚀。
A. 小于 0.025mm　　B. 0.025~0.12mm　　C. 0.13~0.25mm　　D. 大于 0.25mm

117. AC001　往复活塞式压缩机的工作部件包括气缸、活塞组件及(　　)等。
A. 气阀　　B. 曲轴　　C. 连杆　　D. 十字头

118. AC001　气缸是往复活塞式压缩机的重要部件之一，其作用是(　　)。
A. 控制气体吸入排出　　B. 压缩气体
C. 构成气体工作容积　　D. 防止内泄漏

119. AC002　往复活塞式压缩机主要由(　　)、工作机构与机身三大部分组成。
A. 运动机构　　B. 冷却机构　　C. 控制机构　　D. 点火机构

120. AC002　整体式压缩机组的辅助系统包括(　　)、润滑系统、冷却系统等。
A. 仪表控制系统　B. 机身部件　C. 传动机构　D. 压缩系统

121. AC003　整体式压缩机组运行时，压缩缸排气温度一般控制在(　　)。
A. ≤150℃　B. ≤155℃　C. ≤160℃　D. ≤400℃

122. AC003　整体式压缩机组运行时，动力缸夹套水温要求控制在(　　)，压缩缸夹套水温要求控制在(　　)。
A. 55~80℃　50~75℃　B. 55~85℃　50~80℃
C. 60~80℃　55~75℃　D. 60~85℃　55~80℃

123. AC004　含有固体杂质的天然气进入压缩机，易造成压缩机的(　　)损坏。
A. 气阀　B. 曲轴　C. 连杆　D. 注油泵

124. AC004　过滤分离器过滤段和分离段压差突然为零，不可能的原因是(　　)。
A. 过滤段滤芯穿孔　B. 仪表故障
C. 分离段捕雾网冲出堵塞管路　D. 捕雾网损坏

125. AD001　公式 $q_{vn}=A_{vn}CEd^2F_G\varepsilon F_zF_T\sqrt{P_1\Delta p}$ 是天然气在标准参比条件下的(　　)流量计算实用公式。
A. 能量　B. 体积　C. 质量　D. 密度

126. AD001　下列选项中，属于天然气日流量单位的是(　　)。
A. m^3　B. m^3/d　C. m^3/s　D. m^3/h

127. AD002　天然气的相对密度与天然气的(　　)相关。
A. 能量　B. 体积　C. 组分　D. 密度

128. AD002　因天然气流经节流装置时，气流的平均热力学温度 T_1 偏离标准参比条件热力学温度而导出的修正系数，是(　　)。
A. 流动温度系数　B. 流出系数　C. 可膨胀性系数　D. 超压缩系数

129. AD002　某计量系统采用 GB/T21446—2008 计量标准，如果将标准参比条件的温度值确定为 0℃，则其流动温度系数会比正确值(　　)。
A. 偏高　B. 偏低　C. 不变　D. 不确定

130. AD003　用标准孔板流量计测量天然气流量标准中，天然气真实相对密度是指在相同参比条件下天然气密度与(　　)密度之比。
A. 湿空气　B. 干空气　C. 氮气　D. 氧气

131. AD003　用标准孔板流量计测量天然气流量标准中，确定天然气等熵指数时，是用(　　)的比热容来代替天然气的比热容。
A. 氧气　B. 氮气　C. 空气　D. 甲烷

132. AD003　用标准孔板流量计测量天然气流量标准中，比热容的单位正确的是(　　)。
A. 千焦每千克摄氏度　B. 千焦每克摄氏度
C. 焦耳每千克摄氏度　D. 焦耳每克摄氏度

133. AD004　当压力变送器出现无输出故障时，处理措施错误的是(　　)。
A. 正确连接电源极性
B. 检查变送器的电源电压，保证供给电源电压应小于 12V

C. 更换表头

D. 检查电源接线端子

134. BB004 压力变送器的导压管路温度过高,会导致变送器(   )。

A. 无输出 B. 输出≥20mA C. 输出≤4mA D. 压力指示不正确

135. AD005 电容式差压变送器受压室进油,会出现(   )。

A. 测量误差增大 B. 压差增大 C. 压差减小 D. 不受影响

136. AD005 电容式差压变送器线路接触不良,会造成(   )。

A. 输出增大 B. 测量误差增大

C. 电压增大 D. 仪表损坏

137. AD006 关于测温热电阻所使用的金属材料,说法正确的是(   )。

A. 金属材料的盐碱密度越高对测温越有利

B. 金属材料的强度超高对测温越有利

C. 合金材料掺杂越均匀对测温越有利

D. 金属纯度越高对测温越有利

138. AD006 温度变送器输出超过上限值,其故障原因是(   )。

A. 短路 B. 断路 C. 断电 D. 漏电

139. AD007 下列仪表中,用于检测气体浓度的是(   )。

A. 压力表 B. 硫化氢监测仪 C. 温度计 D. 流量计

140. AD007 下列选项中,属于安全防护仪表的是(   )。

A. 压力表 B. 流量计 C. 温度计 D. 可燃气体监测仪

141. AD008 下列选项中,属于一般压力仪表特点的是(   )。

A. 响应快 B. 滞后大 C. 反应缓慢 D. 价格昂贵

142. AD008 下列选项中,属于热电阻温度仪表特点的是(   )。

A. 响应快 B. 滞后大 C. 反应迅速 D. 价格昂贵

143. AD009 天然气体积流量测量,当压力一定时,温度越低,流量(   )。

A. 不变 B. 越小 C. 越大 D. 不确定

144. AD009 流量计选型最基本的原则是(   )。

A. 流量计测量范围应能覆盖实际流量的范围

B. 价格便宜

C. 压力等级高

D. 准确度高

145. AD009 工作压力越高,旋进旋涡流量计的起步流量(   )。

A. 不变 B. 越小 C. 越大 D. 不确定

146. AE001 变压器是根据(   )的原理,将某一等级的交流电压和电流转换成同频率的另一等级电压和电流的设备。

A. 基尔霍夫电路定律 B. 电热效应 C. 电磁感应 D. 欧姆定律

147. AE001 空气开关脱扣方式有热动、电磁和(   )3 种。

A. 直接脱扣 B. 电动脱扣 C. 复式脱扣 D. 机械脱扣

148. AE002　一般状态下,物体内部所带正、负电荷数量是(　　)的。

A. 相等　B. 不相等　C. 按比例分布　D. 没有联系

149. AE002　当两种不同物体接触或(　　)时,物体间发生了电荷的转移,就会产生静电。

A. 通电　B. 导电　C. 摩擦　D. 连接

150. AE003　下列选项中,不属于静电预防措施的是(　　)。

A. 设备接地　B. 穿防静电鞋

C. 安装静电释放桩　D. 操作台铺设绝缘垫

151. AE003　产生静电的原因,主要有摩擦起电、压电效应、感应起电、(　　)等几类。

A. 电路通电　B. 吸附带电　C. 设备连接　D. 接触电流

152. AE004　接地体是物体与大地之间的导体,能使雷电能量迅速泄入大地,分为人工接地体与(　　)。

A. 直接接地体　B. 金属接地体　C. 间接接地体　D. 自然接地体

153. AE004　等电位连接是指将分开的金属物体直接用连接导体或经电涌保护器连接到防雷装置上,以(　　)雷电流引发的电位差。

A. 增大　B. 减小　C. 平衡　D. 调节

154. AE005　闪电放电时,在附近导体上产生的静电感应和(　　),能使金属部件之间产生电火花。

A. 电热效应　B. 电磁感应　C. 热效应　D. 光效应

155. AE005　为了防止跨步电压伤人,接地装置距建筑物的出入口和人行道的距离不应小于(　　)。

A. 3m　B. 5m　C. 8m　D. 10m

156. AF001　机械制图中,螺纹的轮廓在螺纹轴线剖面上的形状,称为螺纹的(　　)。

A. 导程　B. 直径　C. 牙型　D. 螺距

157. AF001　同一条螺旋线上相邻两牙在中径线上对应两点的轴向距离,称为(　　)。

A. 导程　B. 直径　C. 牙型　D. 螺距

158. AF002　机械制图中,螺纹的牙底线用(　　)表示。

A. 实线　B. 轴线　C. 细实线　D. 虚线

159. AF002　绘制螺纹时,螺纹小径按大径的(　　)绘制。

A. 0.80 倍　B. 0.85 倍　C. 0.90 倍　D. 0.95 倍

160. AF003　下面符号表示中心标高的是(　　)。

A. ▽　B. ▼　C. ▼　D. ▼

161. AF003　工艺安装图中,新建可见主要管道用(　　)绘制。

A. 粗实线　B. 中粗线　C. 细实线　D. 粗双点划线

162. AF004　管道和设备安装图样应按(　　)绘制。

A. 侧面投影法　B. 正投影法　C. 对称法　D. 反投影法

163. AF004　绘制工艺安装图时,对称图形可只画出该图形的一半,两个方向均对称时可只画出该图形的(　　)。

A. 1/2　B. 1/3　C. 1/4　D. 1/6

164. AF005　尺寸数字不宜在(　　)斜线区注写,当无法避免时,可以引出注写。

A. 90°　　B. 60°　　C. 45°　　D. 30°

165. AF005　工艺安装图中,尺寸线用(　　)绘制,并应与被标注的线段平行,且不超出尺寸界线,图样的任何图线不得作尺寸线。

A. 粗实线　　B. 粗虚线　　C. 细实线　　D. 细虚线

166. AF006　下图例表示的是(　　)。

S

A. 电磁阀　　B. 电动阀　　C. 气液联动阀　　D. 泄压阀

167. AF006　管道轴测图中的标高符号为(　　),指向标注位置。

A. 三角形　　B. 实心箭头　　C. 空心箭头　　D. 粗斜线

168. AF007　自动控制系统标识中“PA”表示(　　)。

A. 温度调节　　B. 压力报警　　C. 流量指示　　D. 液位记录

169. AF007　自动控制系统标识中“FC”表示(　　)。

A. 流量调节　　B. 压力指示　　C. 温度记录、调节　　D. 液位变送

170. BA001　站内工艺管道系统用空气吹扫时,吹扫气流速度应大于(　　)。

A. 5m/s　　B. 10m/s　　C. 15m/s　　D. 20m/s

171. BA001　站内工艺管道系统用水冲洗时,宜以最大流量进行冲洗,且流速不应小于(　　)。

A. 1m/s　　B. 1.5m/s　　C. 3m/s　　D. 5m/s

172. BA002　站内工艺管道系统空气置换时,管道内气体速度不宜大于(　　)。

A. 1m/s　　B. 1.5m/s　　C. 5m/s　　D. 20m/s

173. BA002　站内工艺管道系统空气置换时,管道末端放空管口气体含氧量不大于(　　)时即可认为置换合格。

A. 1%　　B. 1.5%　　C. 2%　　D. 5%

174. BA003　站内设备(　　)试验应以洁净水为试验介质,特殊情况下,可用空气为试验介质。

A. 严密性　　B. 强度　　C. 可靠性　　D. 完整性

175. BA003　站内设备水压试验应安装两块压力表,试验压力以(　　)压力表读数为准。

A. 底部　　B. 中部

C. 顶部　　D. 接近设备的管道上

176. BA004　阀门强度试验压力应为设计压力的(　　),稳压时间应大于5min。

A. 1倍　　B. 1.15倍　　C. 1.25倍　　D. 1.5倍

177. BA004　阀门严密性试验压力应为设计压力的1倍,稳压时间应大于(　　)。

A. 5min　　B. 10min　　C. 15min　　D. 30min

178. BA005　站内工艺管道强度试压应以(　　)作为介质,严密性试压宜采用(　　)进行试验。

A. 洁净水　空气　　B. 洁净水　天然气

C. 空气　洁净水　　D. 天然气　洁净水

179. BA005　站内工艺管道采用洁净水作为试压介质时，强度试验压力为设计压力的（　　），严密性试验压力设计压力的（　　）。

A. 1倍　1.5倍　　B. 1.5倍　1倍　　C. 1.15倍　1倍　　D. 1倍　1.15倍

180. BA006　气田集输管道位于三级、四级地区的管段及阀室应采用（　　）作试压介质。

A. 天然气　　B. 氮气　　C. 洁净水　　D. 压缩天然气

181. BA006　气田集输管道强度试验，应缓慢升压，压力分别升至（　　）的30%、60%时，各稳压30min。

A. 试验压力　　B. 设计压力　　C. 工作压力　　D. 运行压力

182. BA007　气井试采是（　　）评价阶段获取气藏动态资料、尽早认识气藏开发特征、确定开发规模的关键环节。

A. 开发前期　　B. 开发中期　　C. 开发后期　　D. 二次开发

183. BA007　对于一般气藏应连续试采（　　）以上，对于大型的特殊类型气藏应连续试采（　　）以上，以获取可靠的动态资料。

A. 1年　半年　　B. 2年　1年　　C. 半年　1年　　D. 1年　2年

184. BA008　选择气井合理工作制度，应保证（　　）最大，并使整个生产过程中（　　）最小。

A. 产气量　压力损失　　B. 压力损失　产气量

C. 产水量　压力损失　　D. 压力损失　产水量

185. BA008　有水气藏开采初期，气井宜选用（　　）工作制度，尽量延长无水采气的时间。

A. 定产量　　B. 定生产压差　　C. 定井口压力　　D. 定井壁压力梯度

186. BA009　气井入井液投入使用之前，应进行室内（　　）实验，确保入井液与气井储层、产出流体相匹配。

A. 先导性　　B. 配伍性　　C. 实用性　　D. 可靠性

187. BA009　同一气藏或气井，原则上应使用同一（　　）的入井液产品。

A. 品牌　　B. 型号　　C. 厂家　　D. 适用条件

188. BA010　气井生产过程中应开展相关试井工作，建立气井产能方程式，用来评价气井的（　　）。

A. 产气量　　B. 压力　　C. 生产工艺　　D. 生产潜力

189. BA010　通过气井生产分析，可以预测气井（　　）压力、产量的变化，及见水、水淹的时间等。

A. 早期　　B. 初期　　C. 未来　　D. 当前

190. BA011　下列选项中，不属于集输管道巡检“五清”内容的是（　　）。

A. 管道运行状况　　B. 管道腐蚀情况

C. 管道规格　　D. 管道三桩

191. BA011　下列选项中，不属于管道巡检“七无”内容的是（　　）。

A. 测试桩、里程桩无缺损　　B. 管道两侧5m内无深根植物

C. 管线内无积水　　D. 管道无腐蚀

192. BA011 无特殊情况，在穿越河流管道线路中心线两侧各（ ）范围内严禁抛锚、拖锚、挖砂、挖泥、采石、水下爆破。

A. 50m B. 100m C. 200m D. 500m

193. BA012 集输管道清管过程中，应随时掌握（ ）。

A. 清管压差及变化 B. 清管效率 C. 管道通过能力 D. 管道运行时间

194. BA012 清管器运行过程中，下列监听点的设置不合理的是（ ）。

A. 线路阀室 B. 穿跨越位置

C. 管道沿线具体情况 D. 按每 5km 进行设置

195. BA013 作业计划书的编制内容主要包括两大部分，一是工程概况说明，二是详细的（ ）。

A. 工程概况 B. HSE 管理 C. 流程倒换方案 D. 作业计划书

196. BA013 作业计划书（ ）必须在现场对参加作业的人员进行全面的技术交底，熟悉掌握施工作业的要点和安全措施。

A. 实施前 B. 实施中 C. 实施后 D. 编制完成后

197. BA013 下列选项中，不属于作业计划书 HSE 管理的内容是（ ）。

A. 工作前安全分析 B. 启动前安全分析

C. 上锁挂牌 D. 工艺流程示意图

198. BA014 站内工艺管道施工时应按介质流向确定阀门的安装方向，安全阀应按轴线（ ）方向安装。

A. 水平 B. 垂直 C. 倾斜 D. 随意

199. BA014 站内工艺管道回填时管顶以上（ ）内应采用人工回填，其余部分可采用机械回填。

A. 100mm B. 200mm C. 300mm D. 500mm

200. BA014 站内工艺管道法兰连接应保持平行，对角拧紧螺栓，拧紧后应露出螺母以外（ ）个螺距。

A. 1~2 B. 0~3 C. 2~3 D. 2~4

201. BA015 油气田集输管道不包括（ ）。

A. 采气管道 B. 井口至用户门站的管线

C. 净化厂至配气站的管线 D. 注采主干线

202. BA015 油气田集输管道焊接时根部焊缝同一部位应只返修（ ），其他焊缝同一部位返修次数不得超过（ ）。

A. 2 次 1 次 B. 1 次 2 次 C. 0 次 2 次 D. 1 次 3 次

203. BA016 高含硫气田集输场站、管道施工规范，不适用于天然气中 H_2S 体积含量小于或等于（ ）的气田集输管道的施工。

A. 5% B. 3% C. 2% D. 1%

204. BA016 高含硫气田集输场站设备、管道安装施工时，要求同一焊工连续出现（ ）道以上返修口，则取消该焊工在工程上的上岗资格。

A. 1 B. 2 C. 3 D. 4

205. BB001　单体设备进场安装前，应对型号、规格、外观及配件等进行检查验收，表面应(　　)及外力冲击破损。

A. 光滑　B. 无划伤　C. 涂漆　D. 涂润滑油

206. BB001　单体设备进场时资料应齐全，“三证”指的是出厂合格证、使用说明书和(　　)。

A. 质量证明书　B. 标准设备制造总图

C. 设计图　D. 质量保证书

207. BB002　板式塔和填料塔设备的内件安装应在塔体(　　)合格并清扫干净后进行。

A. 焊接　B. 安装　C. 压力试验　D. 置换

208. BB002　机泵类单体设备整体应(　　)安装，泵的进、出管道应有各自的支架，泵不得直接承受管道的重量。

A. 水平　B. 竖直　C. 倾斜　D. 垂直

209. BB003　泵试运转时连续运转时间应根据泵的(　　)进行确定，特殊要求的泵按规定执行。

A. 尺寸　B. 功率　C. 排压　D. 排量

210. BB003　管式加热炉试运行时，使本体和附件在设计参数下连续运行(　　)，各部件运行参数达到额定值为合格。

A. 12h　B. 24h　C. 48h　D. 72h

211. BB004　从表及里、从外到内是(　　)应遵循的思路。

A. 设备分析　B. 设备监测　C. 设备检测　D. 设备管理

212. BB004　设备运行动态分析主要是辨识系统中潜在的危险、有害因素，确定其(　　)等级，并制定相应的安全对策措施。

A. 有害　B. 危险　C. 风险　D. 完好

213. BB005　设备(　　)评价一般可以用设备的可靠性来衡量，可以采用故障树和灰度关联相结合的方法来评价。

A. 经济性　B. 安全性　C. 适用性　D. 适应性

214. BB005　设备(　　)评价是评价设备在经济运行的条件下是否能够完成所要求的核心功能及程度，通常利用价值工程的分析方法来进行评价。

A. 经济性　B. 安全性　C. 适用性　D. 适应性

215. BB006　某气井出站管线设计压力 8.4MPa，因处于后期开采，管线工作压力为 2.5MPa，调校安全阀时预定压力设置正确的是(　　)。

A. 2.75MPa　B. 2.68MPa　C. 2.625MPa　D. 8.4MPa

216. BB006　某气井地层压力 10.0MPa，生产管柱内径 62.0mm，生产油压 6.3MPa，出站管线工作压力在 5.8~6.2MPa 波动，产气量已由 $6.0\times10^4m^3/d$ 逐渐下降到 $4.5\times10^4m^3/d$，以下生产措施建议正确的是(　　)。

A. 实施泡排工艺　B. 实施增压开采

C. 修井优化油管　D. 关井复压

217. BB007　对井口平板阀，一般开关(　　)左右向腔内注入密封脂 1 次；很少开关的阀门,应半年注入密封脂1次。

A. 50次　B. 30次　C. 20次　D. 10次

218. BB007　站场设备日常维护保养应保证在(　　)压力下,设备不得有跑、冒、滴、漏现象。

A. 工作　B. 最高试验　C. 严密性试验　D. 强度试验

219. BB008　设备故障诊断分简易诊断和精密诊断,以下不属于简易诊断的主要内容是(　　)。

A. 识别有无故障　B. 确定故障原因　C. 明确故障严重程度　D. 故障趋势分析

220. BB008　设备故障诊断分简易诊断和精密诊断,以下不属于精密诊断的主要内容是(　　)。

A. 确定故障部位　B. 确定故障原因　C. 识别有无故障　D. 提出维修建议

221. BB008　设备故障诊断通常结合介质工况监测参数和设备状态检测参数开展分析,以下不属于介质工况参数的是(　　)。

A. 压力　B. 温度　C. 流量　D. 振动

222. BB009　通过设备运行情况分析,对存在问题的设备应(　　)。

A. 继续使用　B. 及时维修　C. 周期检修　D. 报废

223. BB009　设备周期维修就是按预订的时间间隔或检修周期对设备作维修、调整和更换备件,主要作用是(　　)。

A. 防止设备二次损坏　B. 降低危害性

C. 延长检修周期　D. 延长使用寿命

224. BB009　设备报废处理应由(　　)组织有关单位做出全面技术鉴定,重大设备报主管部门批准,安全部门备案。

A. 施工单位　B. 设计单位　C. 使用单位　D. 监管单位

225. BB010　PS—1恒电位仪主要由(　　)、自动控制部分、辅助电路三个部分组成。

A. 交流电源　B. 稳压电源　C. 极化电源　D. 控制台

226. BB010　PS—1恒电位仪控制面板采用数字显示,显示的参数有恒电位仪的输出电压、输出电流及(　　)值。

A. 保护电位或控制电位　B. 直流电压

C. 直流电流　D. 交流电压

227. BB011　恒电位仪的控制电位调节过程是(　　)完成的。

A. 连续　B. 随机　C. 间断　D. 自动

228. BB011　恒电位仪主要是将被保护的金属(　　),使其达到保护的目的。

A. 阳极化　B. 阴极化　C. 正极　D. 负极

229. BB012　下列选项中,PS—1恒电位"自检"操作错误的是(　　)。

A. 自检前,应先断开现场阳极线

B. 工作方式开关应扳至自动挡

C. 电源开关应扳至自检挡

D. 测量选择开关应先扳至保护挡

230. BB012　PS—1 恒电位仪“自检”时，应(　　)旋钮，将控制电位调到欲控值上。

A. 顺时针旋动输出调节　　B. 顺时针旋动控制调节

C. 逆时针旋动输出调节　　D. 逆时针旋动控制调节

231. BB013　若 PS—1 型恒电位仪有输出电压，无输出电流，仪器自检正常，故障原因可能是(　　)。

A. 阴极线断开　　B. 输出保险管熔断

C. 零位接阴线断开　　D. 参比电极线断开

232. BB013　若 PS—1 型恒电位仪有输出电压，无输出电流，仪器自检也不正常，故障原因可能是(　　)。

A. 阴极线断开　　B. 输出保险管熔断

C. 零位接阴线断开　　D. 参比电极线断开

233. BB014　若 PS—3G 恒电位仪输出电流、电压值比正常偏低，室内保护电位大于通电点电位，仪器工作正常。根据故障现象，可采取的措施是(　　)。

A. 更换直流输出保险管　　B. 更换交流输入保险管

C. 更换分路交流输入保险管　　D. 连接零位接阴线

234. BB014　若 PS—3G 恒电位仪电源电压无显示，有输出电压，输出电流为零，保护电位小于控制电位，报警，自动恒流，恒流时有输出电压、输出电流为零，保护电位为自然电位。则根据故障现象，可采取的措施是(　　)

A. 更换直流输出保险管　　B. 更换交流输入保险管

C. 更换分路交流输入保险管　　D. 更换参比电极或重新连线

235. BB015　为使腐蚀过程停止，金属经阴极极化后所必须达到的电位称为(　　)。

A. 最大保护电位　　B. 最小保护电位

C. 自然电位　　D. 管地电位

236. BB015　金属管道相对饱和硫酸铜，其最小保护电位为(　　)。

A. -850Mv　　B. -1200mV　　C. -1250mV　　D. -1500mV

237. BB016　在被保护的金属管道上联接一种电位更负的金属或合金，形成一个新的腐蚀原电池，使整个管道成为阴极，这种阴极保护方法称为(　　)。

A. 阳极保护　　B. 牺牲阳极阴极保护

C. 外加电流阴极保护　　D. 强制电流保护

238. BB016　一般情况下棒状阳极埋设深度以阳极顶部距地面不小于(　　)为宜。

A. 0. 5m　　B. 1m　　C. 1. 5m　　D. 2m

239. BB017　管地电位测试法中，为消除阴极保护电位中的 IR 降影响，宜采用(　　)测试管道的保护电位。

A. 地表参比法　　B. 近参比法　　C. 远参比法　　D. 断电法

240. BB017　使用地表参比法测试管道保护电位时，参比电极应放在(　　)地表潮湿土壤上，并保证参比电极与土壤接触良好。

A. 管道气流方向左边　　B. 管道气流方向右边

C. 管道顶部正上方　　D. 测试桩边

241. BB018 管道防腐层电阻率是反映防腐层技术状态的(   )指标。
A. 综合 B. 单一 C. 特殊 D. 普通

242. BB018 下列选项中,不是用来测试绝缘法兰(接头)绝缘性能的方法是(   )。
A. 兆欧表法 B. 电位法 C. 漏电电阻测试法 D. 等距法

243. BC001 下列选项中,不属于自动控制系统的是(   )。
A. 温度检测系统 B. 液位检测控制系统
C. 电压自动调节系统 D. 压力自动调节系统

244. BC001 下列选项中,属于自动控制系统的是(   )。
A. 压力测量系统 B. 界面调节系统 C. 差压变送系统 D. 温度显示系统

245. BC001 由(   )和控制对象组成的系统称为自动控制系统。
A. 受控量 B. 控制量 C. 控制装置 D. 受控对象

246. BC002 工作存储器通常由(   )组成,用来保存现场信号信息、操作设定值和控制参数等重要信息。
A. ROM 和 EPROM B. RAM 和 EPROM
C. ROM 和 EPRAM D. RAM 和 EPRAM

247. BC002 在基本控制器中存储器可分为程序存储器和工作存储器两部分,程序存储器一般由(   )组成。
A. ROM B. RAM C. EPRAM D. EPROM

248. BC003 游离水脱除罐自动控制系统的目的是调节(   )。
A. 压力与界面 B. 压力与温度 C. 温度与界面 D. 温度与差压

249. BC003 直流发电机自动调节系统,自动控制的目的是实现(   )。
A. 电流恒定 B. 电压恒定 C. 电压变换 D. 电流变换

250. BC004 比例控制适用于干扰(   ),对象滞后(   ),控制精度要求(   )。
A. 较小且不频繁 较小而时间常数较大 不高
B. 较大且不频繁 较小而时间常数较大 不高
C. 较小且不频繁 较大而时间常数较大 不高
D. 较大且不频繁 较大而时间常数较大 不高

251. BC004 调节器的积分作用是靠(   )实现的。
A. 比例负反馈电路 B. 微分电路 C. 积分负反馈电路 D. 开方负反馈电路

252. BC005 当对控制质量有更高要求时,就需要在比例控制的基础上,再加上能消除余差的(   )控制作用。
A. 双位 B. 积分 C. 比例 D. 微分

253. BC005 积分时间 T_I 越短,积分速度 K_I 越(   ),积分作用越(   )。
A. 大 强 B. 小 强 C. 大 弱 D. 小 弱

254. BC006 PID 控制中,I 是指(   )作用
A. 比例 B. 微分 C. 积分 D. 显示

255. BC006 PID 控制中,PD 是指(   )作用
A. 纯比例 B. 比例微分 C. 比例积分 D. 积分微分

256. BC006 PID 控制回路中，当偏差为（　　）时，则调节器的输出将不变。
A. 0　B. 正值　C. 负值　D. 最大值
257. BC007 在 SCADA 站控系统的维护保养中，应保持机房清洁，常用干毛巾擦除设备外表灰尘，如显示器屏有指纹或其他脏迹应用（　　）轻擦，切忌用水擦洗。
A. 去污剂　B. 酒精　C. 碱性肥皂　D. 蒸馏液
258. BC007 在 SCADA 站控系统的维护保养中，环境条件不好的站场，至少一年由专业人员对计算机（　　）进行一次清扫。
A. 外表　B. 环境　C. 内部尘埃　D. 电路部分
259. BC008 井口安全系统截断阀气缸下方的呼吸阀有气流流出，则可能的原因是（　　）。
A. 截断阀气缸活塞有损伤　B. 进入气缸的执行气压力较高
C. 气缸上的安全阀损坏　D. 井口压力升高
260. BC008 下列选项中，与井口安全截断系统稳定运行无关的是（　　）。
A. 系统气路的严密性　B. 导阀的稳定性
C. 系统气路的畅通程度　D. 天然气管道中气流的压力
261. BC009 脱水装置吸收塔甘醇液位控制回路，如果液位变送器故障，致使测量的液位长时间保持在设定值以下，则液位调节阀开度将会（　　）。
A. 不变　B. 持续增大　C. 持续减小　D. 上下波动
262. BC009 脱水装置甘醇再生温度控制回路，如果参与控制的铂电阻温度计突然断线，则回路中燃料气调节阀开度将会（　　）。
A. 不变　B. 持续增大　C. 迅速减小　D. 上下波动
263. BC009 在控制回路处于手动状态时，如果更改了 PID 参数，则调节器的输出将（　　）。
A. 不变　B. 持续增大　C. 减小　D. 与更改同时变化
264. BC010 脱水装置吸收塔甘醇液位控制回路，如果液位变送器出现故障，致使测量的液位长时间保持在设定值以下，则液位调节阀开度将会（　　）。
A. 不变　B. 持续增大　C. 持续减小　D. 上下波动
265. BC010 脱水装置甘醇再生温度控制回路，如果参与控制的铂电阻温度计突然断线，则回路中燃料气调节阀开度将会（　　）。
A. 不变　B. 持续增大　C. 迅速减小　D. 上下波动
266. BC011 三甘醇脱水装置检修过程中，气动薄膜调节阀无弹簧一端薄膜上有液态水，是因为（　　）造成的。
A. 雨水　B. 仪表风露点高
C. 管路泄漏　D. 弹簧损坏
267. BC011 三甘醇脱水装置中，（　　）会造成仪表风压力低或空压机启动频繁。
A. 仪表风管线破裂　B. 仪表风管线堵塞
C. 干燥机损坏　D. 仪表风露点不合格
268. BC012 国产三甘醇脱水装置处理量范围在设计处理量的（　　）。
A. 80%～100%　B. 80%～120%　C. 100%～120%　D. 110%～120%

269. BC012 三甘醇脱水装置处理量超负荷会引起(　　)。
A. 甘醇损失量增大　B. 吸收塔超压　C. 循环量降低　D. 吸收塔液位升高

270. BC013 脱水站上游清管作业时,可以通过(　　),防止游离水进入脱水装置。
A. 多点排污　B. 提高球运行速度
C. 提高吸收塔压力　D. 降低吸收塔压力

271. BC013 三甘醇脱水装置重沸器火管结垢,会降低传热效率,造成(　　),应定期对火管表面进行检查清理。
A. 火管损坏　B. 贫液精馏柱温度上升
C. 主火开关频率上升　D. 甘醇浓度升高

272. BC014 三甘醇发泡造成甘醇损失量增加,应加入(　　)。
A. 阻泡剂　B. pH 值调节剂　C. 缓蚀剂　D. 除垢剂

273. BC014 加强系统巡回检查,防止三甘醇脱水装置因(　　)造成甘醇损失量增加。
A. 天然气温度升高　B. 外漏　C. 起泡　D. 盘管堵塞

274. BD001 用二项式采气方程计算气井绝对无阻流量的公式是(　　)。

A. $q_{\mathrm{AOF}}=\dfrac{\sqrt{A^2-4B(p_e^2-0.101^2)}-A}{2B}$　B. $q_{\mathrm{AOF}}=\dfrac{\sqrt{B^2+4A(p_e^2-0.101^2)}-B}{2A}$

C. $q_{\mathrm{AOF}}=\dfrac{\sqrt{A^2+4B(p_e^2-0.101^2)}-A}{2B}$　D. $q_{\mathrm{AOF}}=\dfrac{\sqrt{B^2-4A(p_e^2-0.101^2)}-B}{2A}$

275. BD001 绝对无阻流量是指气井井底流压为(　　)时的气井产量。
A. 0.01MPa　B. 1bar　C. 一个工程大气压　D. 一个标准大气压

276. BD002 增加气藏气井的(　　)有利于实现气藏均衡开采。
A. 配产偏差率　B. 气井利用率　C. 测压率　D. 录取资料次数

277. BD002 配产偏差率是气藏实际采气量与气藏配产气量的(　　)与气藏配产气量之比。
A. 比值　B. 乘积　C. 和值　D. 差值

278. BD003 气藏年产气量与地质储量的比值(百分数)是指(　　)。
A. 气藏采气速度　B. 采气速度　C. 采出程度　D. 压降产气量

279. BD003 气藏采气速度是指(　　)与地质储量的比值(百分数)。
A. 气藏历年累计采气量　B. 气藏年产气量
C. 容积法储量　D. 动态储量

280. BD004 计算气藏的采出程度不需要的数据是(　　)。
A. 气藏内各气井的历年累计采气量
B. 气藏的动态储量
C. 气藏内各气井的测试产量
D. 气藏的容积法储量

281. BD004 气藏(　　)的采出程度越高表明气藏开发效果越好。
A. 试采期　B. 开采初期　C. 开采中期　D. 开采末期

282. BD005　当气井（　　）不变时，可利用气井单位压降产气量，预测气井经过一段时间后的井底压力。

A. 井口针阀开度　B. 气产量　C. 水产量　D. 起泡剂加注量

283. BD005　绘制气井关井压力恢复曲线时，压力恢复后期出现井口压力下降现象，可能是因（　　）造成的。

A. 温度效应　B. 液柱回落井底　C. 产层堵塞　D. 油管穿孔

284. BD006　静气柱近似计算井底压力公式 $p'_s = p_c \cdot e^{1.251\times10^{-4}GL}$ 中，e 的取值一般为（　　）。

A. 1.278　B. 2.187　C. 2.781　D. 2.718

285. BD006　用静气柱计算井底压力，当井深小于（　　）时，可以只进行一次计算。

A. 500m　B. 1000m　C. 1500m　D. 1800m

286. BD007　某气井在 1500m 处测得压力是 13.5MPa，1550m 处测得压力是 14.2MPa，该井此段压力梯度是（　　）。

A. 0.7MPa/100m　B. 1.4MPa/100m

C. 1.42MPa/100m　D. 1.52MPa/100m

287. BD007　某气井井深是 2642.5m，射孔段是 2544.2～2557.4m，该井产层中部深度是（　　）m。

A. 13.2m　B. 2550.8m　C. 2593.5m　D. 2599.9m

288. BD008　若井筒中存在液—气两相流体时，由于流体密度差异，（　　）就会发生改变。

A. 气体组分　B. 液体组分　C. 流相　D. 压力梯度

289. BD008　当油管存在液柱时，绘制井筒压力与井深关系曲线就会出现（　　）不同的两条线段，这两条线段的交点对应的井深，就是气—液界面。

A. 斜率　B. 波长　C. 拐点　D. 振幅

290. BD009　当管道沿线相对高差（　　）时，可采用威莫斯公式计算管道的通过能力。

A. $\Delta h \leqslant 100$m　B. $\Delta h \leqslant 200$m　C. $\Delta h \leqslant 10$m　D. $\Delta h \leqslant 20$m

291. BD009　管道通过能力计算公式（威莫斯）中的 d，表述正确的是（　　）。

A. 管道内径，单位 cm　B. 管道内径，单位 m

C. 管道外径，单位 cm　D. 管道外径，单位 m

292. BD010　油气集输管道直管段的钢管壁厚计算式中温度折减系数 t，当温度小于 120℃时，t 值取（　　）。

A. 0　B. 1　C. 2　D. 3

293. BD010　油气集输管道直管段的钢管壁厚计算式中钢管焊缝系数 ϕ，当选用无缝钢管时，ϕ 值取（　　）。

A. 0　B. 1　C. 2　D. 3

294. BD011　沿管线中心线两侧各 200m 范围内，任意划分成长度为 2km，并能包括最大聚居户数的若干地段，按划定地段内的户数将管道所经地区划分为（　　）个等级。

A. 一　B. 二　C. 三　D. 四

295. BD011　输气管道的强度设计系数按一级二类地区设计时，强度设计系数 F 取值为(　　)。

A. 0.8　　B. 0.72　　C. 0.6　　D. 0.5

296. BD012　管道输送效率是指(　　)，用百分数表示。

A. 管道实际输送气量与在同一工况下管道设计输送气量之比

B. 管道实际输送气量与在同一工况下管道计算输送气量之比

C. 管线计算输送气量与在同一工况下管道实际输送气量之比

D. 管线设计输送气量与在同一工况下管道实际输送气量之比

297. BD012　实际生产过程中，常采用(　　)来提高管道的输送效率。

A. 减少输气量　　B. 清管作业　　C. 增大输气量　　D. 管道内涂

298. BD013　管道储气量计算公式 $Q_{储}=\frac{VT_0}{p_0T}(\frac{p_{1m}}{Z_1}-\frac{p_{2m}}{Z_2})$ 中的 p_{1m}，p_{2m} 分别指的是(　　)。

A. 管道计算段内气体的最高压力和最低压力(绝)

B. 管道计算段内气体的最高压力和最低压力

C. 管道计算段内气体的最高平均压力和最低平均压力(绝)

D. 管道计算段内气体的最高平均压力和最低平均压力

299. BD013　其他参数不变，当管径增大时，管道储气量将(　　)。

A. 增加　　B. 减小　　C. 不变　　D. 不确定

300. BE001　气藏动态分析方法应遵循的原则是(　　)。

A. 从地面到井筒，再到地层；从单井到井组，再到全气藏

B. 从地层到井筒，再到地面；从单井到井组，再到全气藏

C. 从地层到井筒，再到地面；从井组到单井，再到全气藏

D. 从地面到井筒，再到地层；从全气藏分析到单井

301. BE001　下列选项中，不属于气藏分析主要技术的是(　　)。

A. 地震技术　　B. 地球物理测井监测技术

C. 地球化学检测技术　　D. 水动力学和气藏数值模拟

302. BE002　气藏动态分析程序是(　　)。

A. 收集资料、了解现状、找出问题、查明原因、制定措施

B. 收集资料、了解现状、查明原因、找出问题、制定措施

C. 收集资料、找出问题、了解现状、查明原因、制定措施

D. 了解现状、查明原因、找出问题

303. BE002　气井系统分析把气流从地层到用户的流动作为一个研究对象，是对全系统的(　　)进行综合分析。

A. 压力损耗　　B. 产量损耗　　C. 流量分配　　D. 能量守恒

304. BE003　无水采气是有水气藏开采的最佳采气方式，而气井出水后最经济的采气方式是(　　)。

A. 泡沫排水　　B. 高压气举排水

C. 电潜泵排水　　D. 利用气井自身能量带水采气

305. BE003　一口未受水侵影响的纯气井生产过程中，当气产量增加时，井口气流温度（　　），水气比将（　　）。

A. 增加　增加　　B. 不变　增加　　C. 不变　不变　　D. 增加　不变

306. BE003　在采气生产中，井口油套压和产气量均同时出现上升而产水量及氯离子不变的原因是（　　）。

A. 油管在井下断落或穿孔；　　B. 井底或近井产层污物堵塞得到解除；

C. 油管内解堵或积液被带出；　　D. 边（底）水水驱前沿已接近井底。

307. BE004　采出程度应达到（　　），计算的压降储量才具有可靠性。

A. 10%～30%　　B. 15%～30%　　C. 5%～20%　　D. 10%～15%

308. BE004　在现有技术、经济条件下，可以采出的最终油气总和叫（　　）。

A. 经济可采储量　　B. 技术可采储量

C. 地质储量　　D. 可采储量

309. BE005　不稳定试井目前在现场多采用的方法是（　　）。

A. 关井压力恢复试井法　　B. 干扰试井法

C. 水文勘探试井法　　D. 等时距试井法

310. BE006　按一般规定，管道输送效率不应低于（　　）。

A. 70%　　B. 80%　　C. 90%　　D. 95%

311. BE006　集输管道输差一般不超过±（　　）%，如果输差突然增大，应及时查找原因。

A. 2　　B. 3　　C. 4　　D. 5

312. BE007　下列选项中，不属于稳定试井应收集的静态资料是（　　）。

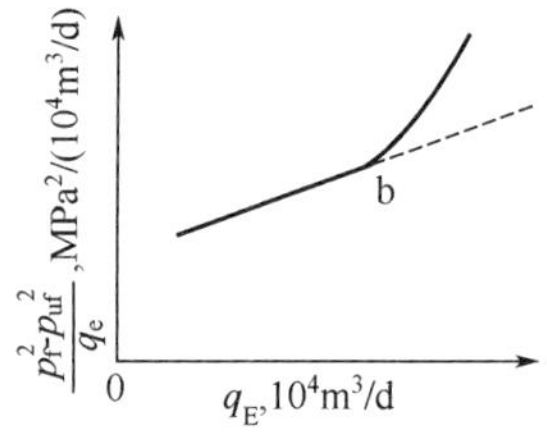

A. 井底流动压力

B. 气层中部井深

C. 最大关井压力

D. 天然气相对密度

313. BE007　右图试井指示曲线反映的是（　　）。

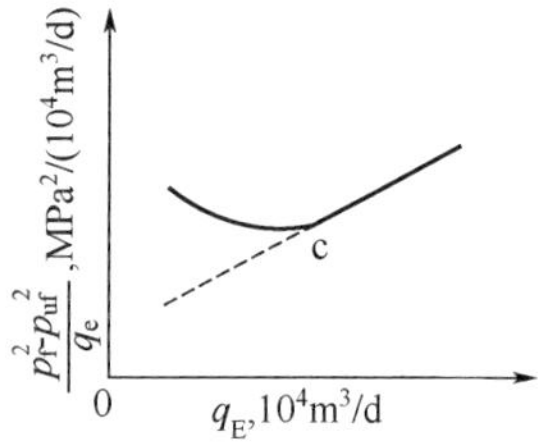

A. 小产量气井

B. 大产量气井

C. 有水气井

D. 无水气井

314. BE007　右图试井曲线反映的是（　　）。

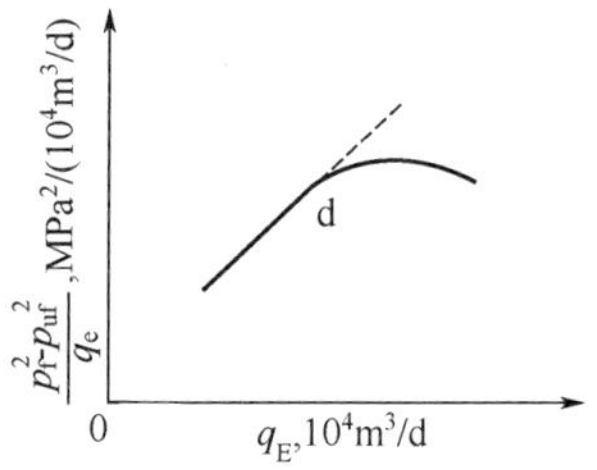

A. 小产量气井

B. 大产量气井

C. 有水气井

D. 无水气井

315. BE008　采气曲线是生产数据与时间的关系曲线，下列不属于采气曲线内容的是（　　）。

A. 井口压力　　B. 产气量　　C. 产水量　　D. 地层压力

316. BE008 某气井在生产过程中突然出现产量变化,分析时应首先看(　　)影响。
A. 井筒积液　B. 地层渗透性　C. 流量仪表　D. 气流温度

317. BE008 右图采气曲线反应的是(　　)。
A. 高产气井　B. 低产气井
C. 中产气井　D. 有水气井

318. BE009 编制气田开发、建设投资决策和分析依据的是(　　)。
A. 探明储量　B. 控制储量　C. 预测储量　D. 可采储量

319. BE009 折算地层压力是将气层各点的压力,折算到同一平面(基准面)上,从而消除(　　)的影响。
A. 构造因素　B. 井深结构　C. 构造形态　D. 地理位置

320. BE010 三甘醇脱水装置天然气处理量突然增大与(　　)无关。
A. 上游气井加大产量　B. 背压调节阀关联变送器掉电
C. 上游管线破裂　D. 上游清管作业

321. BE010 三甘醇脱水装置天然气处理量突然降低的原因是(　　)。
A. 上游气井加大产量　B. 背压调节阀关联变送器掉电
C. 下游管线破裂　D. 上游管线堵塞

322. BE011 天然气甘醇脱水装置冷却循环水系统中循环泵宜选用(　　)。
A. 柱塞泵　B. 多级离心泵　C. 螺杆泵　D. 自吸泵

323. BE011 天然气甘醇脱水装置冷却循环系统中,冷却效果较好的方式是(　　)。
A. 翅片大气冷却　B. 盘管水浴冷却
C. 管壳强制冷却　D. 强制通风冷却

324. BF001 Word 编辑状态下,执行两次“剪切”操作,则剪贴板中(　　)。
A. 仅有第一次被剪切的内容
B. 仅有第二次被剪切的内容
C. 有两次被剪切的内容
D. 无内容

325. BF001 Word 编辑状态下,添加页码操作应使用的菜单是(　　)。
A. 编辑　B. 插入　C. 格式　D. 工具

326. BF002 设在 B1 单元格存有公式“=A $ 5”,将其复制到 D1 后,公式变为(　　)。
A. =D $ 5　B. =D $ 1　C. =C $ 5　D. 不变

327. BF002 在 Excel 窗口编辑栏中,“名称框”里面显示的是当前单元格的(　　)。
A. 值　B. 位置　C. 填写内容　D. 名字或地址

328. BF003 Powerpoint2003 中,若想将作者名字添加在所有的幻灯片中同一位置,应将其加入(　　)中。
A. 幻灯片母版　B. 标题母版　C. 备注母版　D. 讲义母版

329. BF003 Powerpoint2003 通过(　　)对话框,完成幻灯片方向设置。
A. 选项　B. 页面设置　C. 自定义　D. 版式

330. BF004 AutoCAD 绘图中,若要将图形中的所有尺寸都标注为原有尺寸数值的 2 倍,应通过设定(　　)完成。

A. 文字高度　B. 使用全局比例　C. 测量单位比例　D. 换算单位

331. BF004 AutoCAD 图层管理器中,影响图层显示的操作是(　　)。

A. 锁定图层　B. 新建图层　C. 删除图层　D. 冻结图层

332. BF005 下列选项中,对收发邮件双方的描述正确的是(　　)。

A. 不必同时打开计算机

B. 必须同时打开计算机

C. 在邮件传递的过程中必须都是开机的

D. 应约定收发邮件的时间

333. BF005 在上网发邮件时,一般需要进行以下操作①输入收件人地址;②单击工具栏上的“写信”;③编写邮件内容;④点“发送”。通过以上操作发送邮件顺序正确的是(　　)。

A. ①②③④　B. ④②①③　C. ②①③④　D. ③④②①

334. BG001 在教案设计编制课程计划时,一般应根据培训对象实现(　　)方面的教学目的。

A. 1 个　B. 2 个　C. 3 个　D. 4 个

335. BG002 合理化建议是企业员工个人或团队参与(　　)、生产经营,为改善生产管理和生产经营以及企业发展提出的建设性的改善意见。

A. 生产管理　B. 员工培训　C. 技术交流　D. 技术革新

336. BG004 技术论文常用来指进行文化学术领域的研究和描述学术研究成果的文章,它应具备(　　)、论据、论证、结论等要素。

A. 论点　B. 关键词　C. 标题　D. 内容提要

337. BG005 根据设计要求,当输气干线超过一定长度时,应在输气干线约(　　)范围内应设置阀室。

A. 5~10km　B. 10~15km　C. 20~30km　D. 30~50

338. BH001 天然气火灾属(　　)火灾。

A. A 类　B. B 类　C. C 类　D. D 类

339. BH001 干粉灭火器型号 MF(L)8 中,F 表示(　　)。

A. 干粉　B. 灭火器　C. 气体火灾　D. 灭火剂特征代号

340. BH002 易燃易爆环境作业应优先选用(　　)工具。

A. 铁质　B. 钢质　C. 铜质　D. 合金钢质

341. BH002 在防爆区域内设置的电气设备,应按要求采用(　　)的电气产品。

A. 本安型防爆　B. 隔离型防爆

C. 具有相应防爆级别　D. 高于现有防爆级别

342. BH003 含硫天然气放空应进行点火的主要原因是(　　)。

A. 可通过火焰观察放空气量变化

B. 可通过火焰观察放空是否完毕

C. 硫化氢燃烧后臭味消失

D. 避免人员中毒

343. BH003 当吸入(　　)物质的蒸汽时,会导致眼睛刺激甚至失明。

A. 醇类　　B. 烃类　　C. 酚类　　D. 硫类

344. BH004 进行风险评价时,危险度可用生产系统中事故发生的(　　)进行确定。

A. 可能性与本质安全性　　B. 本质安全性与危险性

C. 危险性与危险源　　D. 可能性与严重性

345. BH004 风险评价是运用(　　)的方法对系统中存在的危险因素进行评价和预测的过程。

A. 人机工程　　B. 环境工程　　C. 管理工程　　D. 系统安全工程

346. BH005 风险评价方法按结果类型,可分为(　　)和定量评价法。

A. 定性评价法　　B. 综合评价法

C. LEC 评价法　　D. 风险矩阵评价法

347. BH005 作业条件危险性评价法(LEC 法),其中 L 表示事故发生的(　　)。

A. 危险性　　B. 可能性　　C. 频繁程度　　D. 后果严重性

348. BH006 加强安全生产工作,防止和减少生产安全事故,保障人民群众(　　)安全,是制定《安全生产法》的目的之一。

A. 生命　　B. 财产　　C. 生命和财产　　D. 生命和健康

349. BH006 《安全生产法》规定的安全生产管理方针是(　　)。

A. 坚持安全发展

B. 安全生产人人有责

C. 安全为了生产,生产必须安全

D. 安全第一、预防为主、综合治理

350. BH007 国家对严重危及生产安全的工艺、设备实行(　　)。

A. 审核制度　　B. 考评制度　　C. 淘汰制度　　D. 监控制度

351. BH007 易燃易爆生产场所应设置(　　)警示标志。

A. 严禁逗留　　B. 严禁烟火　　C. 严禁携带香烟　　D. 严禁酒后上岗

352. BH008 《环境保护法》所称的环境,是指影响人类生存和发展的(　　)。

A. 各种天然因素的总体

B. 各种自然因素的总和

C. 各种天然的和经过人工改造的自然因素的总体

D. 各种天然的和经过人工改造的自然因素的总和液体火灾

353. BH008 目前对气井产出的地层水常用的处理方式可分为(　　)、综合利用和达标排放。

A. 化学处理　　B. 物理处理　　C. 回注地层　　D. 直接排放

354. BH009 采气生产过程中排污操作时,含有(　　)的天然气直接排放,会严重污染环境甚至导致人员中毒发生。

A. 甲烷　　B. 乙烷　　C. 硫化氢　　D. 二氧化碳

355. BH009　为了减少天然气外泄对环境的影响，分离器排污操作应（　　），并及时关闭排污阀门。

A. 快速、准确　B. 平稳、缓慢　C. 定时、定量　D. 减少排放频次

356. BH010　现场处置方案的内容主要包括（　　）、应急工作职责、应急处置和注意事项等。

A. 应急指挥职责　B. 岗位操作程序　C. 事故风险分析　D. 应急响应

357. BH010　生产经营单位应根据风险评估、（　　）以及危险性控制措施，组织本单位现场作业人员及相关专业人员共同进行现场处置方案的编制。

A. 保障措施　B. 岗位操作程序

C. 应急预案管理　D. 应急指挥机构和职责

358. BH011　应急预案编制完成后，应由（　　）组织评审。

A. 生产经营单位　B. 上级生产管理部门

C. 生产办负责人　D. 应急管理人员

359. BH011　生产经营单位应依据（　　）评估结果，组织编制应急预案。

A. 风险　B. 应急能力

C. 资源评估　D. 风险评估与应急能力

360. BH012　生产经营单位应当制定本单位的应急预案演练计划，（　　）至少组织一次综合应急预案演练或专项应急预案演练。

A. 每季度　B. 每半年　C. 每年　D. 每两年

361. BH012　一次完整的应急演练活动要包括计划、准备、实施、（　　）和改进等 5 个阶段。

A. 筹备　B. 点评　C. 检查　D. 评估总结

362. BH013　危害因素辨识的目的是（　　）

A. 提升企业社会形象

B. 提高企业生产管理能力

C. 降低事故、事件对社会的影响

D. 控制风险和预防事故的发生

363. BH013　下列选项中，不属于起重伤害的是（　　）。

A. 起重机的电线老化，造成的触电伤害

B. 员工在起重机操作室外不慎坠落

C. 起重机的吊物坠落造成的伤害

D. 起重机由于地基不稳突然倒塌造成的伤害

二、多项选择题（每题有 4 个选项，至少有 2 个是正确的，将正确的选项填入括号内）

1. AA001　下列选项中，关于线性渗流描述正确的有（　　）。

A. 渗流速度较低　B. 符合达西定律

C. 流体质点呈平行状流动　D. 层流是线性渗流

2. AA002　下列选项中，描述非线性渗流正确的有（　　）。

A. 非线性渗流流态为紊流

B. 渗流速度与压力梯度成曲线

C. 惯性附加阻力也是主要的渗流阻力

D. 只有摩擦阻力是渗流阻力

3. AA003　下列选项中,正确描述稳定渗流的有(　　)。

A. 实际生产中,气井压力和产量在一定时间内保持不变可视为稳定流

B. 地层中天然气的流动大多数是稳定渗流

C. 地层中天然气在流动时,稳定渗流是很少的、相对的和暂时的

D. 气井生产压力变化较大时,不是稳定渗流

4. AA004　下列选项中,关于不稳定渗流说法正确的有(　　)。

A. 实际生产中,气井压力和产量随时间变化

B. 地层中天然气的流动大多数是不稳定渗流

C. 地层中天然气的不稳定渗流是很少的、相对的和暂时的

D. 实际生产中,压力或产量不随时间变化

5. AA005　下列选项中,关于裂缝形状影响气井出水时间快慢说法错误的有(　　)。

A. 气层纵向大裂缝越发育,底水达到井底的时间越短

B. 气层横向大裂缝越发育,底水达到井底的时间越短

C. 放射状裂缝越发育,底水达到井底的时间越短

D. 同心状裂缝越发育,底水达到井底的时间越短

6. AA006　下列选项中,关于存在边(底)水气藏气井出水说法正确的有(　　)。

A. 气藏存在边(底)水,气井生产制度不合理,会加快出水时间

B. 气藏有底水气井就会出水

C. 气藏有边水,气井就会出水

D. 气藏有边(底)水存在且边(底)水活跃,气井才可能会出水

7. AA007　下列选项中,属于水锥型出水气藏渗滤特征的有(　　)。

A. 气藏渗透性较均匀　　B. 气藏渗透性非均匀性强

C. 储渗空间以微裂缝、孔隙为主。　　D. 水流向井底表现为锥进

8. AA008　下列选项中,关于断裂型出水说法错误的有(　　)。

A. 地层水沿大裂缝窜入井底

B. 地层水沿局部裂缝-孔隙发育区域侵入气井

C. 气井表现为锥进形出水

D. 气藏渗透性均匀

9. AA009　下列选项中,属于水窜型出水气井渗滤特征的有(　　)。

A. 产层渗透性均质性好

B. 产层中裂缝-孔隙局部发育

C. 见水时间长短只与水体活跃程度相关

D. 边水横向侵入井底

10. AA010　下列选项中,关于阵发性出水说法正确的有(　　)。

A. 地层水体能量有限　　B. 阵发性出水对气井生产影响小

C. 气井见水时间很短　　D. 出水前后氯离子含量的变化较大

11. AA011　下列选项中，属于气井产出地层水阶段的有（　　）。

A. 预兆阶段　　B. 显示阶段　　C. 出水阶段　　D. 低压阶段

12. AA012　气井（气藏）产出地层水，主要危害有（　　）。

A. 降低气藏最终采收率　　B. 气井产量迅速下降

C. 增大油管柱内的压力损失　　D. 对气藏开采无影响

13. AA013　下列选项中，可利用采气曲线进行分析的有（　　）。

A. 井口压力与产气量关系

B. 气水比与产量变化的关系

C. 气井的气水边界情况

D. 井底渗透性与压力、产量变化的规律

14. AA014　下列选项中，气井产出边底水后生产特征描述正确的是（　　）。

A. 气井产边水、底水后会加快气井的产能递减

B. 利用边水、底水的能量能缓解气井井口压力下降速度

C. 增加开采难度

D. 降低气藏的采收率

15. AA015　下列选项中，关于气井产出外来水后说法正确的有（　　）。

A. 套管破裂，给外来水窜入提供了条件

B. 产水量的大小与水层渗透性有关

C. 若流入井中的水能完全带出地面，则对生产的影响较小

D. 外来水没有边水、底水对气井生产的影响程度大

16. AA016　下列选项中，有关气藏采气曲线的作用说法正确的有（　　）。

A. 反映气井的采出程度情况

B. 反映气藏投产至某一生产阶段的生产动态

C. 反映气藏的采出程度情况

D. 可用来分析气藏的开采状况

17. AA017　下列选项中，关于控水采气说法错误的有（　　）。

A. 受气井能量大小限制　　B. 可以提高采气速度

C. 是水锥型出水的唯一治水手段　　D. 只适用于气井出水后

18. AA018　堵水采气是常用的治水措施，其关键要搞清楚（　　）。

A. 产水量　　B. 出水类型　　C. 出水层段　　D. 出水时间

19. AA019　下列选项中，有关排水采气说法正确的有（　　）。

A. 气举排水需要外加能量

B. 泡沫排水受气井能量的限制

C. 不能提高气井的最终采收率

D. 只适用于气井出水后

20. AA021　下列选项中，属于现代试井解释方法内容的有（　　）。

A. 先选出一种或多种气藏和气井的理论模型

B. 求解相应的微分方程或方程组

C. 现代试井解释的实测试井曲线必须用手工绘制

D. 在双对数坐标纸上绘制实测压力变化曲线，与解释图版相拟合

21. AA023 下列选项中，关于工程测井说法错误的有（ ）。

A. 可为气井井下作业和修井作业提供大量的可靠资料

B. 分为温度测井、压力测试、流量测井等

C. 又叫地球物理测井

D. 又叫生产测井

22. AA024 下列选项中，通过工程测井能够达到的有（ ）。

A. 确定产液层位

B. 掌握井下管柱位置

C. 套管接箍和套管的损伤

D. 检查射孔质量和水泥胶结质量

23. AA024 下列选项中，通过工程测井不能达到的有（ ）。

A. 确定管柱位置

B. 确定地温梯度

C. 确定产气层位

D. 确定产液层位

24. AA024 检测完井质量和套管腐蚀情况的常用工程测井技术有（ ）。

A. 磁法孔眼位置检测测井　　B. 管子分析仪测井

C. 噪声测井　　D. 压力测井

25. AA025 下列选项中，关于稳定试井资料处理说法错误的有（ ）。

A. 以$(P_f{}^2-P_{wf}{}^2)/q_g$为横坐标，q_g为纵坐标绘制关系曲线，曲线在纵坐标轴上截距就是摩擦阻力系数A的值

B. 以$\lg(P_f{}^2-P_{wf}{}^2)$为纵坐标，以$\lg q_g$为横坐标绘制关系曲线，曲线在横坐标上的截距即使采气指数C

C. 以$(P_f{}^2-P_{wf}{}^2)/q_g$为纵坐标，q_g为横坐标绘制关系曲线，曲线的斜率就是惯性阻力系数B的值

D. 以$\lg(P_f{}^2-P_{wf}{}^2)$为纵坐标，以$\lg q_g$为横坐标绘制关系曲线，曲线的斜率就是渗流指数n

26. AA026 下列选项中，不稳定试井资料处理说法错误的有（ ）。

A. 利用压力恢复试井资料以P_{wf}^2为横坐标，$\lg(\Delta t/(\Delta t+t))$为纵坐标绘制关系曲线，曲线在纵坐标轴上截距就是摩擦阻力系数A的值

B. 利用压力恢复试井资料以P_{wf}^2为横坐标，$\lg(\Delta t/(\Delta t+t))$为纵坐标绘制关系曲线，曲线在纵坐标轴上截距就是摩擦阻力系数Aq_g的值

C. 利用压力恢复试井资料以P_{wf}^2为纵坐标，$\lg\Delta t$为横坐标绘制关系曲线，利用曲线的斜率可以求取地层参数

D. 利用压力恢复试井资料以P_{wf}^2为纵坐标，$\lg\Delta t$为横坐标绘制关系曲线，曲线在纵坐

标轴上截距就是摩擦阻力系数 A 的值

27. AA027　下列选项中,关于求取指数式产气方程说法正确的有(　　)。

A. 以 $\lg(P_R^2-P_{wf}^2)$ 为纵坐标、$\lg q_g$ 为横坐标建立坐标系

B. 直线与横轴的截距为采气指数 C 的值

C. 绘制各测点于坐标系中

D. 回归各测点为一条直线

28. AA028　下列选项中,有关计算压降法储量说法正确的有(　　)。

A. 用视地层压力和累计采气量作关系曲线

B. 用地层压力和累计采气量作关系曲线

C. 尽可能使最多的点在一条直线上,或者均匀分布在直线两侧

D. 舍去偏离直线较多的数据点

29. AA029　下列选项中,计算气井绝对无阻流量正确的方法有(　　)。

A. 利用二项式产气方程计算绝对无阻流量

B. 利用指数式产气方程计算绝对无阻流量

C. 一点法经验公式计算绝对无阻流量

D. 经验曲线求取绝对无阻流量

30. AA030　下列选项中,有关气藏的采出程度描述正确的有(　　)。

A. 用以评价气藏开发的合理性

B. 确定气藏开发状况的重要参数

C. 开采末期的采出程度越高,表明气藏开发效果越好

D. 采气速度越高,表明气藏开发效果越好

31. AA031　下列选项中,说法正确的有(　　)。

A. 气藏在试采期间的配产偏差率应小于 1%

B. 配产偏差率无须扣除指令性加减的气量

C. 采气时率反映气井在规定时间内的利用程度

D. 当月生产在 24h 以上的气井视为生产井

32. AA032　下列选项中,提高水驱气藏采收率途径正确的有(　　)。

A. 开发早期应尽量延长无水采气期

B. 排水采气是提高最终采收率的主要措施

C. 控水采气是开采后期的主要措施

D. 无水采气期越长采收率越高

33. AA033　下列选项中,可用来判断气藏连通关系的有(　　)。

A. 地质储量　　B. 原始折算地层压力的对比

C. 流体性质　　D. 井间干扰

34. AA034　下列选项中,属于根据气藏的渗透性能来划分气藏类型的有(　　)。

A. 高渗透气藏　　B. 中渗透气藏　　C. 低渗透气藏　　D. 非均质气藏

35. AA035　下列选项中,有关阵发性出水说法正确的有(　　)。

A. 氯离子含量阵发性增加　　B. 日产水量波动大

C. 出水过程中应防止井底积液　　D. 气井出水对气井产能影响明显

36. AA036　根据下图压力恢复曲线图所示分析,准确描述气井地层特征的有(　　)。

lg Δt

A. 曲线有上翘点、拐点和直线段,一般反映井壁附近地层有堵塞

B. 上翘的时间与幅度,反映堵塞区距离与堵塞程度

C. 上翘点出现早,说明堵塞区距井底近

D. 拐点出现早,说明裂缝区距井底近

37. AA037　气水同产井开关井要(　　),避免过多过猛地激动气井;

A. 少　　B. 快　　C. 稳　　D. 缓慢

38. AB001　气水同产井井底流压与(　　)因素有关。

A. 地层压力　　B. 井口压力　　C. 渗流阻力　　D. 输压

39. AB002　下列选项中,属于泡沫排水采气的主要作用有(　　)。

A. 降低液气比　　B. 降低气液混合物密度

C. 减少井筒滑脱损失　　D. 改善储层渗透性

40. AB003　排水采气的井下柱塞工作特性包括(　　)。

A. 耐磨性　　B. 密封性　　C. 灵活性　　D. 下落阻力小

41. AB004　气举阀按控制压力可以分为(　　)。

A. 波纹管气举阀　　B. 弹簧气举阀　　C. 套管压力操作阀　　D. 油管压力操作阀

42. AB005　抽油机排水采气工艺装置主要由(　　)、泵下附件和井口装置等部分组成。

A. 抽油机　　B. 深井泵　　C. 抽油杆　　D. 柱塞

43. AB006　电潜泵排水采气装置的变频控制器用于自动控制电潜泵的(　　)及电机和电缆系统的自动保护。

A. 启动　　B. 停机　　C. 输出电流　　D. 检修

44. AB007　螺杆泵排水采气装置中螺杆泵的组成包括(　　)。

A. 扶正器　　B. 定子　　C. 转子　　D. 单流阀

45. AB008　涡流排水采气工艺的优点有(　　)。

A. 成本低　　B. 操作简单

C. 适用于不同内径的油管　　D. 适用于水淹停产井

46. AB009　通常情况下,可以与泡沫排水采气组合的工艺有(　　)。

A. 电潜泵　　B. 气举　　C. 柱塞　　D. 优选管柱

47. AB010　下列选项中,满足气田水回注井要求的有(　　)。

A. 固井质量合格　　B. 井身结构完好　　C. 管柱材质抗腐蚀　　D. 回注层渗透性好

48. AB011　影响酸岩反应速度的因素包括(　　)。

A. 压力、温度　　B. 岩石类型

C. 酸液类型、浓度及流速　　D. 同离子效应

49. AB012　压裂工艺施工程序包括(　　)。
A. 注压裂液　　B. 注携砂液　　C. 注顶替液　　D. 关井、排液求产

50. AB013　对储层改造井应加强施工管理,控制好(　　),确保改造效果。
A. 酸液用量　　B. 反应时间　　C. 排液速度　　D. 施工时间

51. . AB014　下列选项中,金属腐蚀描述正确的是(　　)。
A. 化学腐蚀和电化学腐蚀均发生氧化反应
B. 化学腐蚀过程中会产生电流
C. 电化学腐蚀过程中会产生电流
D. 上述答案均正确

52. AB015　金属的电化学腐蚀是管道腐蚀的主要类型,腐蚀过程包括(　　)。
A. 阳极反应　　B. 阴极反应　　C. 电子转移　　D. 氧化还原反应

53. AB016　下列选项中,属于管道外腐蚀防护措施的有(　　)。
A. 加注缓蚀剂　　B. 在线腐蚀监测
C. 阴极保护　　D. 杂散电流干扰排除

54. AB017　下列选项中,属于工业上常用的在线腐蚀监测技术的有(　　)。
A. 腐蚀挂片法　　B. 电阻探针法　　C. 线性极化电阻法　　D. 氢探针法

55. AC001　活塞式压缩机调节系统的功能是调节压缩机(　　)。
A. 轴功率　　B. 转速　　C. 排气量　　D. 级间压力

56. AC002　压缩机网状气阀主要由(　　)、螺栓、螺母等组成。
A. 阀片　　B. 弹簧　　C. 升程限制器　　D. 阀盖+

57. AC003　整体式压缩机因压力超高限自动停机,可能原因是(　　)压力超高限。
A. 进气　　B. 润滑油　　C. 燃料气　　D. 排气

58. AC004　多井增压时,产量突然减少可能的原因有(　　)。
A. 开井　　B. 关井　　C. 进气管线泄漏　　D. 进气管线堵塞

59. AC004　整体式天然气压缩机组常用的工况调节方式主要有(　　)。
A. 调节转速　　B. 改变压缩缸作用方式
C. 改变压缩缸串并联　　D. 调节压缩缸余隙容积

60. AD001　下列选项中,天然气秒能量流量单位不正确的有(　　)。
A. MJ　　B. MJ/d　　C. MW/s　　D. MJ/s

61. AD002　GB/T21446—2008 计量标准规定,只要不以任何形式干扰测量横截面处的流动分布,就可以采用任何方法确定流体的(　　)值。
A. 实际密度　　B. 静压　　C. 温度　　D. 差压

62. AD003　GB/T21446—2008 计量标准规定,当测量含腐蚀性天然气时,隔离器常用的隔离液有(　　)。
A. 甲基硅油　　B. 乙二醇　　C. 变压器油　　D. 乙醇

63. AD004　电容式压力变送器电源电压过低,会出现(　　)。
A. 输出电流低于测量值　　B. 无输出
C. 线性不好　　D. 输出不稳定

64. AD005　差压变送器输出信号偏高的原因有(　　)。

A. 负压引压管渗漏　　B. 正压引压管渗漏

C. 零位偏高　　D. 压力高

65. AD006　下列选项中,《用标准孔板流量计测量天然气流量》对温度测量安装描述正确的有(　　)。

A. 温度计插入深度应让感测元件位于测量管中心,同时插入长度不小于 75mm。温度计套管设置位置应避免谐振

B. 温度计插入方式可直插或斜插。斜插应顺气流,并与测量管轴线成 45°角

C. 温度计插入长度不能满足要求时,应安装扩大管

D. 温度计插入处开孔内壁边缘应修圆,无毛刺、无焊瘤突入测量管内表面

66. AD007　按测量方式的不同,测温仪表可分为(　　)。

A. 接触式　　B. 非接触式　　C. 压力式　　D. 弹簧管式

67. AD008　下列选项中,关于气体检测仪的说法错误的有(　　)。

A. 气体检测都是利用化学检测方式检测

B. 气体检测都是利用物理检测方式检测

C. 气体检测仪不需要定期校准

D. 气体检测仪需要定期校准

68. AD009　智能旋进旋涡流量计选型,主要考虑的因素有(　　)。

A. 流量范围　　B. 压力等级　　C. 介质温度　　D. 压缩因子

69. AE001　空气开关的脱扣方式有(　　)。

A. 直接脱扣　　B. 热动脱扣　　C. 复式脱扣　　D. 电磁脱扣

70. AE002　下列选项中,可能导致静电产生并聚集的原因有(　　)。

A. 凝析油装车　　B. 设备表面冲洗

C. 天然气管道输送　　D. 衣服与皮肤间的摩擦

71. AE003　下列选项中,属于静电泄放措施的有(　　)。

A. 设备接地　　B. 穿防静电鞋　　C. 设备通风干燥　　D. 接触静电释放桩

72. AE004　下列选项中,属于防雷电措施的有(　　)。

A. 安装避雷针　　B. 设备接地

C. 触摸静电释放器　　D. 雷雨天大树下避雨

73. AE005　当在野外遇到雷雨天气时,以下做法正确的有(　　)。

A. 尽量不要奔跑　　B. 远离山顶或高处

C. 尽量不使用金属器物　　D. 迅速转移到大树下避雨

74. AF001　螺纹的基本要素包括(　　)、螺距和导程等。

A. 线数　　B. 直径　　C. 牙型　　D. 旋向

75. AF002　下列选项中,关于外螺纹画法描述正确的有(　　)。

A. 小径和螺纹终止线用粗实线表示

B. 小径用细实线表示

C. 螺纹小径按大径的 0.85 倍绘制

D. 外螺纹的大径用粗实线表示

76. AF003　工艺安装图中，尺寸起止符号可采用（　　）绘制，但同一张图中应采用一种。

A. 箭头　　B. 圆点　　C. 粗斜线　　D. 细斜线

77. AF004　工艺安装图中，剖视图及剖（断）面按剖切方法绘制的有（　　）。

A. 用一个剖切面剖切

B. 用两个或两个以上平行的剖切面剖切

C. 用两个或两个以上相交的剖切面剖切

D. 上述答案都不正确

78. AF005　工艺安装图中，尺寸标注应包括（　　）。

A. 尺寸界　　B. 尺寸线　　C. 尺寸起止符号　　D. 尺寸数字

79. AF006　下列选项中，不是工艺安装图标高规定使用的单位是（　　）

A. km　　B. m　　C. cm　　D. mm

80. AF007　下列选项中，自动控制系统标识“LT”表示正确的有（　　）。

A. L—液位　　B. L—流量　　C. T—温度　　D. T 传送

81. BA001　站内工艺管道系统吹扫前应将（　　）拆除，用短接连接。

A. 节流阀　　B. 闸阀　　C. 球阀　　D. 调节阀

82. BA002　用天然气置换站内工艺管道系统内氮气的要求有（　　）。

A. 管道末端甲烷含量达到 80%

B. 连续监测甲烷含量 3 次

C. 甲烷含量有增无减

D. 管道末端氧气含量小于 2%

83. BA003　站内单体设备压力试验包括（　　）试验。

A. 强度　　B. 氮气　　C. 严密性　　D. 洁净水

84. BA004　阀门进行强度和密封性试验时应考虑介质流向的阀门有（　　）。

A. 球阀　　B. 截止阀　　C. 闸阀　　D. 止回阀

85. BA005　站内工艺管道采用洁净水进行严密性试验时，试压要求及合格标准有（　　）。

A. 管道无渗漏　　B. 试验压力为设计压力

C. 稳压时间 24h　　D. 压降小于或等于试验压力的 1%

86. BA006　气田集输管道试压时，应在试压管段的首、末端分别安装一只（　　）。

A. 流量计　　B. 差压计　　C. 压力表　　D. 温度计

87. BA007　气井试采期间应取全取准各项资料，包括（　　）等资料。

A. 静态资料　　B. 生产动态资料　　C. 异常情况　　D. 邻井资料

88. BA008　定生产压差工作制度是常用的工作制度，可以用于（　　）等类型的气井。

A. 储层岩石不致密、易坍塌　　B. 无边底水

C. 有边底水　　D. 凝析气井

89. BA009　开展气井入井液室内配伍性试验，主要目的及作用是（　　）。

A. 优选入井液型号　　B. 确定入井液技术指标

C. 确定入井液厂家　　D. 推荐现场加注制度

90. BA010　气井动态分析的主要方法包括数理统计法、(　　)和渗流力学等方法。

A. 图解法　　B. 对比法　　C. 物质平衡法　　D. 类比法

91. BA011　下列选项中,属于管道巡检内容的有(　　)。

A. 管道阴极保护情况　　B. 管道一定范围内的违章作业

C. 穿越河流管段　　D. 明管跨越管段

92. BA012　按天然气管道运行规范要求,应根据管道输送的(　　)确定合理的清管周期。

A. 气质情况　　B. 输送效率　　C. 输送压差　　D. 调度指令

93. BA013　作业计划书包括封面、(　　)、附件等要素。

A. 审批表　　B. 目录　　C. 正文　　D. 过程受控记录卡

94. BA014　当阀门与管道以(　　)方式连接时,阀门应在关闭状态下安装。

A. 对焊　　B. 承插焊　　C. 法兰　　D. 螺纹

95. BA015　下列选项中,油气田集输管道组对要求正确的有(　　)。

A. 管道焊缝上不得开孔

B. 直管相邻环焊缝间距应大于管径的 1.5 倍,且不应小于 100mm

C. 管道转角大于 3°时应采用弯头(管)连接

D. 同沟敷设时先大管道、后小管道施工工序

96. BA016　下列选项中,高含硫气田集输管道安装施工完毕后,吹扫清理要求正确的有(　　)。

A. 清管及试压长度以 35km 为宜

B. 清管球过盈量应为管内径的 5%~8%

C. 清管时压力一般在 0.1~0.5MPa

D. 清管器清扫污物时速度应控制在 4~5km/h

97. BB001　阀门类单体设备安装前,应进行强度和密封性试验检验,检验合格后应排除内部积水、(　　),填写阀门试压记录。

A. 密封面涂保护层　　B. 关闭阀门　　C. 封闭出入口　　D. 开启阀门

98. BB002　下列选项中,应在试运转合格后方可进行交接验收的设备有(　　)。

A. 机泵类　　B. 塔类　　C. 容器类　　D. 炉类

99. BB003　机泵试运行过程中应检查(　　)等各部分符合相关要求。

A. 润滑油的压力、温度

B. 吸入和排出介质温度、压力

C. 轴承温度、振动

D. 电动机电流、电压、温度

100. BB004　设备运行过程中不得(　　)运行。

A. 超速　　B. 超压　　C. 超温　　D. 超负荷

101. BB005　设备评价的作用包括(　　)等。

A. 提高设备运行的安全性,降低设备运行风险

B. 降低企业的运行成本,提高企业经济效益

C. 考察管理的适用性,减少投资失误

D. 提高设备维护效率，降低故障率

102. BB006　位于气藏边部的某有水气井，生产中后期产出地层水，井筒积液较为严重，为了减少地层水对该井生产的影响，以下调整生产制度措施建议正确的是（　　）。

A. 控水采气　　B. 优化管柱　　C. 实施排水采气　　D. 降低井口回压

103. BB007　设备设施应采取（　　）维护保养制度。

A. 定人　　B. 定位　　C. 定责　　D. 定期

104. BB008　设备监测与故障诊断的目的包括（　　）。

A. 监测与保护　　B. 分析与诊断　　C. 处理与预防　　D. 检修维修设备

105. BB009　通过设备运行情况分析，设备报废的条件包括（　　）。

A. 不能降压使用　　B. 无修理价值　　C. 进口设备无配件　　D. 设备厂家倒闭

106. BB010　下列选项中，关于恒电位仪接线端子描述正确的有（　　）。

A. 正接线端　　B. 负接线端　　C. 零位接阴端　　D. 阴极接线端

107. BB011　下列选项中，关于恒电位仪接线端与现场连线叙述正确的有（　　）。

A. 正极端与阳极地床连接　　B. 参比端与参比电极连接

C. 零位接阴端与大地相连　　D. 负极端与管道相连

108. BB013　若 PS—1 型恒电位仪自检不正常，但手动工作状态正常且输出调节有效，由此可判断恒电位仪（　　）。

A. 主回路工作正常　　B. 稳压电源工作正常

C. 触发电路工作正常　　D. 现场连线正常

109. BF014　恒电位仪超负荷运行时，根据不同的原因，下列采取处理措施正确的有（　　）。

A. 绝缘层检测及修复　　B. 更换更大功率的恒电位仪

C. 增加恒电位联合保护　　D. 增加阳极地床数量

110. BB015　外加电流阴极保护系统主要由（　　）等组成。

A. 直流电源　　B. 辅助阳极　　C. 被保护体　　D. 附属设施

111. BB016　棒状牺牲阳极的埋设方式包括（　　）两种。

A. 立式　　B. 水平式　　C. 单支　　D. 组合

112. BB017　测量管地电位时，数字万用表的接线端连接正确的是（　　）

A. 负极与管道相连　　B. 负极与参比电极相连

C. 正极与管道相连　　D. 正极与参比电极相连

113. BB018　下列选项中，不适用于未安装在管道上的绝缘法兰（接头）绝缘性能测试的方法是（　　）。

A. 兆欧表法　　B. 电位法　　C. 漏电电阻测试法　　D. PCM 法

114. BC001　下列选项中，属于基本控制器特征的有（　　）。

A. 带有固化软件

B. 算法可以组态，形成高级控制算法

C. 可与上级计算机配合，完成高级控制功能

D. 功能不可变，基本控制方案无法改变

115. BC002 基本控制器具有( )的功能。
A. 控制 B. 接口 C. 远传 D. 外部总线

116. BC003 游离水脱除罐自动控制系统控制的参数主要有( )等。
A. 液位 B. 压力 C. 温度 D. 出油量

117. BC004 实际应用中,比例度的大小应视具体情况而定,比例度太小,控制作用太弱,不利于系统克服扰动,( ),也没有什么控制作用。
A. 余差太大 B. 控制质量差 C. 余差太小 D. 控制质量好

118. BC005 比例积分控制器对于多数系统都可采用,可调整的参数有( )。
A. 比例度 B. 微分时间 C. 积分时间 D. 放大倍数

119. BC006 PID 控制器参数的自动调整是通过智能化调整或( )来实现的。
A. 自校正 B. 自适应算法 C. 微分 D. 反比例

120. BC007 在 RTU 站控系统的维护保养中,站场应配备足够的墨盒或色带、打印纸、( )等易耗器材。
A. 电气熔断丝管 B. 酒精 C. 毛巾 D. 扳手

121. BC008 井口安全截断系统中,易熔塞的触发与( )无关。
A. 天然气着火后的温度 B. 井口气流温度
C. 井口压力 D. 输气压力

122. BC009 下列选项中,不是温度控制回路的特点有( )。
A. 响应迅速 B. 滞后大 C. 周期短 D. 容易控制

123. BF010 连锁控制回路的现场传感器单元一般采用( )等。
A. 变送器 B. 可燃气体检测探头
C. 温度检测探头 D. 火灾报警探头

124. BC011 三甘醇脱水装置,仪表风系统常见故障有( )。
A. 空气滤芯堵塞 B. 仪表风压力低
C. 空压机启动频繁 D. 空压机机油不足

125. BC012 下列选项中,属于三甘醇脱水装置天然气露点不合格的处理措施有( )。
A. 降低重沸器温度 B. 调整处理量
C. 提高吸收塔天然气入口温度 D. 降低吸收塔天然气入口温度

126. BC013 三甘醇脱水装置贫甘醇浓度偏低,可能是( )、换热盘管穿孔短路等造成的。
A. 甘醇循环量过大 B. 富甘醇精馏柱温度低
C. 重沸器温度高 D. 重沸器火管结垢

127. BC014 下列选项中,属于三甘醇损耗量超标处理措施的有( )。
A. 泡排井及时加注消泡剂 B. 降低天然气入塔温度
C. 降低甘醇入塔温度 D. 加密排污

128. BD006 计算井底压力的方法有( )。
A. 用输压计算 B. 用井口套压计算
C. 用井口油压计算 D. 用原始地层压力计算

129. BD006　用井口压力计算气井目前地层压力时，应注意的事项有（　　）。

A. 关井井口压力是否稳定　　B. 井筒是否有液柱

C. 井筒是否有堵塞　　D. 输压是否稳定

130. BD007　气井中部压力获得方式有（　　）。

A. 用井口压力计算　　B. 用压力梯度计算

C. 下压力计实测　　D. 下温度计实测

131. BD009　下列选项中，有关威莫斯公式 $Q=5033.11d^{8/3}\sqrt{\frac{p_1^2-p_2^2}{\Delta TZL}}$ 表述正确的是（　　）。

A. d 表示管道内径，单位为 mm　　B. Δ 表示气体相对密度

C. L 表示管道长度，单位为 km　　D. T 表示气体平均温度，单位为℃

132. BD010　下列选项中，有关管道直管段钢管壁厚计算公式 $\delta=\frac{PD}{2\sigma_s F\varphi t}+C$ 表述正确的有（　　）。

A. D 表示管道外径　　B. ϕ 钢管最低屈服强度

C. F 表示华氏温度　　D. C 表示管道腐蚀裕量

133. BD011　下列选项中，关于管道强度设计系数 F 与所经地区等级的叙述正确有（　　）。

A. 一级二类地区，F 取 0.7　　B. 二级地区，F 取 0.6

C. 三级地区，F 取 0.5　　D. 四级地区，F 取 0.4

134. BD012　下列选项中，关于管道输送效率描述正确的有（　　）。

A. 管道输送效率即管道输送能力利用率

B. 降低起点压力可以有效提高输送效率

C. 管道输送效率越高实际输送气量越多

D. 清管有利于提高管道输送效率

135. BD013　下列选项中，关于管道储气量的描述正确的有（　　）。

A. 管道的储气量即管道的容积

B. 当压力一定时，管径越大管道的储气量越大

C. 同一规格管道，最大允许操作压力越大储气量越大

D. 管道的储气量是指储气管段内气体在工况下的体积

136. BE001　气藏动态分析中，常用的技术有（　　）。

A. 地震技术　　B. 地球物理测井监测技术

C. 地球化学检测技术　　D. 水动力学和气藏数值模拟

137. BE002　下列选项中，符合气井生产系统的协调条件有（　　）。

A. 每个过程衔接处的质量流量相等

B. 每个过程衔接处的体积流量相等

C. 上一过程的剩余压力足以克服下一过程的压力损耗

D. 下一过程的剩余压力足以克服上一过程的压力损耗

138. BE003　下列选项中，影响同一气藏气井出水时间早迟的主要因素有（　　）

A. 井底距气水界面越近，气层水到达井底的时间越短

B. 生产压差越大,气层水到达井底的时间越短

C. 气层纵向大裂缝越发育,底水达到井底的时间越短

D. 边底水水体的能量与活跃程度

139. BE003　下列选项中,属于气井出水后的危害有(　　)。

A. 分割气藏,形成死气区

B. 降低气相渗透率,产气量下降,递降期提前

C. 产层和油管内形成气水两相流动,压力损失增大

D. 增加天然气开采成本

140. BE004　下列选项中,压降储量曲线为直线的气藏特点有(　　)

A. 气藏储层的孔隙度和渗透率一般较高

B. 开发中未形成较大的地层压降漏斗

C. 水对气藏开发影响小

D. 水对气藏开发影响大

141. BE005　图中,上翘型气藏压降储量曲线反映的特点有(　　)。

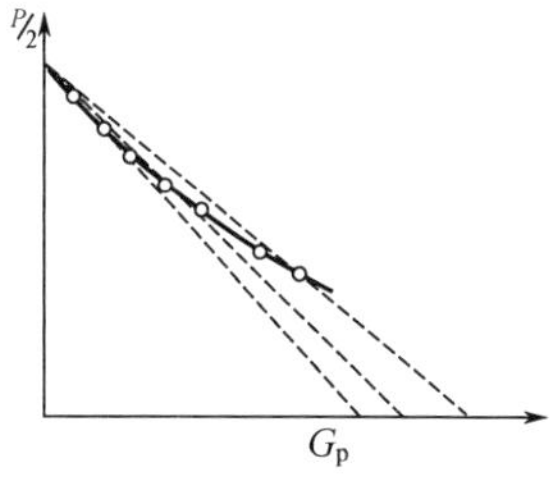

p/Z

G_p

A. 低渗透区气量补充

B. 刚性水体的侵入

C. 低渗气藏储层改造

D. 异常高压气藏

142. BE006　通过管道运行分析,能够及时发现和处理管道(　　)等异常情况。

A. 堵塞　　B. 超压　　C. 壁厚减薄　　D. 泄漏

143. BE006　管道进行技术改造投运一段时间后,应对(　　)等生产运行参数进行对比分析。

A. 输送效率　　B. 管道长度　　C. 管道厚度　　D. 输差

144. BE007　气井产能试井主要目的是确定气井产能方程中的(　　)。

A. A 值　　B. B 值　　C. C 值　　D. n 值

145. BE008　下列选项中,可用于判断气藏连通性分析的有(　　)。

A. 各井流体性质　　B. 干扰试井　　C. 气藏压力剖面　　D. 各井产气量

146. BE008　下列选项中,属于气井合理产量确定原则的有(　　)。

A. 气藏保持合理采气速度

B. 气井出水期晚,不造成早期突发性水淹

C. 气井井身结构不受破坏

D. 平稳供气

147. BE009　下列选项中,地质储量分级说法正确的有(　　)。

A. 一级储量又称探明储量　　B. 一级储量又称控制储量

C. 三级储量又称预测储量　　D. 二级储量又称控制储量

148. BE010　下列选项中,属于三甘醇脱水装置常见故障的有(　　)。

A. 仪表风压力偏低　　B. 入口分离器泄漏

C. 甘醇损失量增大　　D. 天然气露点不达标

149. BE011　三甘醇脱水装置甘醇冷却的目的有(　　)。

A. 降低循环水温度　　B. 降低三甘醇入泵温度

C. 降低三甘醇入塔温度　　D. 降低过滤器温度

150. BF001　Word 默认情况下,输入了错误的英文单词时,不会出现的现象有(　　)。

A. 系统响铃,提示出错

B. 在单词下有绿色下划波浪线

C. 在单词下有红色下划波浪线

D. 自动更正

151. BF001　在 Microsoft Office Word 文档中,对文档文件进行重命名说法不正确的有(　　)。

A. 在文档编辑状态下执行该文件重命名操作

B. 在文档关闭状态下执行该文件重命名操作

C. 在所有文档关闭状态下执行该文件重命名操作

D. 在 Microsoft Office Word 软件关闭状态下执行该文件重命名操作

152. BF002　在 Microsoft Office Excel 工作簿中,对工作表 Sheet1 进行重命名操作方法有(　　)。

A. 选中工作表 Sheet1 标签,鼠标右击标签执行“重命名”命令,输入工作表名

B. 鼠标左键双击工作表 Sheet1 标签,输入工作表名

C. 鼠标右击工作表 Sheet1 标签,输入工作表名

D. 选中工作表 Sheet1 所有单元格,输入工作表名

153. BF002　Microsoft Office Excel 工作表单元格格式设置包括(　　)等内容。

A. 数字分类　　B. 对齐方式

C. 背景填色　　D. 字体、字形、字号

154. BF003　Powerpoint2003 中能够实现(　　)区域的同步编辑。

A. 菜单区　　B. 大纲区　　C. 幻灯片区　　D. 备注区

155. BF003　Microsoft Office PowerPoint 文件打印内容为幻灯片时,说法错误的有(　　)。

A. 每页只能单张打印　　B. 每页可以多张打印

C. 每页可以选择偶数张打印　　D. 每页可以选择奇数张打印

156. BF004　关于 AutoCAD 软件,描述不正确的是(　　)。

A. AutoCAD 是计算机文字数字处理软件

B. AutoCAD 是计算机音、视频处理软件

C. AutoCAD 是计算机辅助学习处理软件

D. AutoCAD 是计算机辅助设计处理软件

157. BF004　AutoCAD 软件,可以用于(　　)。

A. 平面绘图　　B. 三维绘图　　C. 三维设计　　D. 编辑图形

158. BF005　电子邮件系统由邮件用户代理 MUA 和邮件传输代理 MTA 两部分组成。下列选项中,属于邮件传输代理的是(　　)。

A. Outlook Express　　B. Foxmail　　C. Exchange　　D. Sendmail

159. BG001　编写教案应遵循的原则有(　　)。
A. 普遍性　B. 科学性　C. 创新性　D. 差异性

160. BG002　合理化建议应具有的特点有(　　)
A. 超前性　B. 可行性　C. 效益性　D. 统一性

161. BG003　技术工作总结的特性包括(　　)。
A. 自我性　B. 回顾性　C. 客观性　D. 主观性

162. BG004　技术工作论文具有的特点有(　　)。
A. 科学性　B. 创造性　C. 理论性　D. 技术适应性

163. BG005　输气首站的工艺流程一般包括(　　)。
A. 收球流程　B. 发球流程　C. 越站流程　D. 调压流程

164. BH001　当打开房门闻到很浓的燃气气味时,以下做法正确的有(　　)。
A. 严禁开、关电器　B. 立即开启门窗通风
C. 使用打火机查找泄漏点　D. 立即开启门窗并开启排风扇

165. BH001　下列选项中,属于隔离法灭火的措施有(　　)
A. 阻止已燃物质的流散
B. 阻止可燃物质进入燃烧区
C. 转移火源附近的可燃、易燃、易爆和助燃物品
D. 拆除与火源相毗连的易燃建筑物,形成防止火势蔓延的空间地带

166. BH002　新建采输气设备在投运前,可用于对系统进行置换的气体有(　　)。
A. 空气　B. 惰性气体　C. 氮气　D. 氧气

167. BH002　下列选项中,可能导致天然气火灾爆炸事故发生的作业有(　　)。
A. 清管作业　B. 设备打开作业
C. 新建管道焊接作业　D. 脱硫剂更换作业

168. BH003　生产站场发生天然气泄漏时,以下处理措施正确的有(　　)。
A. 设置警示区域
B. 熄灭周边火源
C. 流程切换,关闭漏点气源
D. 为尽快消除隐患,在有人监护的情况下,应立即带压进行整改

169. BH004　下列选项中,属于定性评价法优点的有(　　)。
A. 简单
B. 直观
C. 容易掌握
D. 可以清楚地表达出设备、设施或系统的当前状态

170. BH004　风险评价方法中的定性评价是根据经验对生产中的设备、设施或系统等从工艺、(　　)等方面进行定性判断。
A. 人员　B. 设备　C. 环境　D. 管理

171. BH005　常用风险评价方法有(　　)。
A. 事故树分析法　B. 指数矩阵法

C. 现场安全抽检法　　D. 作业条件危险性评价法

172. BH005　风险评价矩阵法将风险事件发生的可能性分为在行业内未听说过、(　　)等几个级别。

A. 在行业内发生过　　B. 在公司内发生过

C. 在公司内每年多次发生　　D. 在基层经常发生

173. BH006　下列选项中,属于有毒气体的有(　　)。

A. 烷烃类　　B. 硫化氢　　C. 一氧化碳　　D. 铁的硫化物

174. BH006　按可能导致生产过程中危险和有害因素的性质进行分类,下列属于“管理因素”的有(　　)。

A. 室内作业场所狭窄、杂乱

B. 事故应急预案及响应缺陷

C. 职业安全卫生组织机构不健全

D. 建设项目“三同时”制度未落实

175. BH007　下列选项中,属于动火作业的有(　　)。

A. 放空火炬点火

B. 干气管线清管作业

C. 生产区污水罐焊接补漏

D. 油气生产场所使用电动工具除锈

176. BH007　下列选项中,属于设备不安全状态的有(　　)。

A. 设备超压运行

B. 安全阀校验过期

C. 压力表指示值位于满量程$^1/_3$以下

D. 未按规定巡检周期进行设备巡检

177. BH008　污染土壤的途径主要有(　　)。

A. 大气沉降　　B. 水体排放

C. 固体废弃物　　D. 危化品挥发

178. BH0082　下列选项中,属于天然气生产过程中防止大气污染措施的有(　　)。

A. 减少天然气放空气量

B. 放空天然气应进行点火燃烧

C. 加强设备维护保养,杜绝渗漏

D. 分离器手动排液时,应排尽容器内液体,以减少排液次数

179. BH009　天然气生产中,控制噪声的方法有(　　)。

A. 降低气流速度

B. 提高气流温度

C. 降低设备运行压力

D. 对噪音产生部位采用隔音材料包裹

180. BH009　下列选项中,属于放射性污染物的有(　　)。

A. α 射线　　B. β 射线　　C. 红外线　　D. γ 射线

181. BH010 综合应急预案的主要内容包括生产经营单位的应急组织机构及职责、( )、保障措施、应急预案管理等。

A. 应急预案体系 B. 事故风险描述 C. 预警及信息报告 D. 应急响应

182. BH010 应急预案在应急救援中的作用有( )。

A. 有利于提高风险防范意识

B. 有利于做出及时的应急响应,降低事故后果

C. 当发生超过应急能力的重大事故时,便于与上级、外部应急部门协调

D. 明确应急救援的范围和体系,使应急准备和管理有据可依,有章可循

183. BH011 应急预案可为控制事故预先做出科学而有效的( )。

A. 处置程序 B. 人员安排 C. 物资储备 D. 响应程序

184. BH011 应急预案演练的目的有( )。

A. 检验预案 B. 完善准备 C. 锻炼队伍 D. 科普宣教

185. BH012 应急预案演练应遵循的原则有( )。

A. 结合实际、合理定位 B. 着眼实战、讲求实效

C. 精心组织、确保安全 D. 统筹规划、厉行节约

186. BH012 下列选项中,属于应急预案演练准备阶段任务的有( )

A. 完成演练策划,编制演练总体方案及其附件

B. 为演练评估总结收集信息

C. 进行必要的培训和预演,做好各项保障工作安排

D. 按照改进计划,由相关单位实施落实

187. BH013 下列选项中,属于人的行为性危险和有害因素的有( )。

A. 指挥错误 B. 操作错误 C. 监护失误 D. 健康状况异常

188. BH013 下列选项中,属于人的心理、生理性危险和有害因素的有( )。

A. 监护失误 B. 心理异常 C. 辨识功能缺陷 D. 从事禁忌作业

三、判断题(对的画"√",错的画"×")

( )1. AA001 达西定律又称线性渗流定律。

( )2. AA002 非线性渗流的惯性附加阻力可以忽略。

( )3. AA003 地层中天然气的稳定渗流是很少的、相对的和暂时的。

( )4. AA004 实际生产中,产量保持不变,压力随时间变化的流动是不稳定渗流。

( )5. AA005 气井出水迟早主要受井底距原始气水界面的高度、生产压差、气层渗透性及气层孔隙结构、边底水水体的能量与活跃程度等因素的影响。

( )6. AA006 储渗空间以微裂缝、孔隙为主的均质气藏,气井出水类型通常为断裂型出水。

( )7. AA007 水锥型出水可采取适当提高人工井底,封堵井底出水层段,减少地层水对气井生产的影响。

( )8. AA008 断裂型出水可以通过加大产量排水采气。

( )9. AA009 气藏中水沿局部裂缝-孔隙较发育的区域或层段横向侵入气井,称为水

窜型出水。

(　　)10. AA010　气井阵发性出水后,必须采取治水措施来减少地层水对生产的影响。

(　　)11. AA011　气井产出地层水一般分为预兆阶段、显示阶段、出水阶段。

(　　)12. AA012　气井出水阶段表现特征是出水量增多,井口压力、产气量大幅下降。

(　　)13. AA012　气井出水显示阶段表现特征是产水量开始上升,井口压力、产气量波动。

(　　)14. AA013　利用气井采气曲线可以分析井口压力与产量的关系,了解气井生产动态。

(　　)15. AA013　气水同产井的产水量曲线上升,气水比曲线没有明显变化,说明产水对气井影响不大,因此产气量曲线也随产水量曲线上升。

(　　)16. AA014　气井的井身结构完好,就可以排出气井外来水窜入气井的可能性。

(　　)17. AA015　气层上层或下层存在水层,则一定产出外来水。

(　　)18. AA016　当气藏井数少,开采过程中各井产能和压力差异较大时,可以用气藏中产能最大的气井压力来代表气藏的压力,绘制气藏采气曲线。

(　　)19. AA017　控水采气的合理压差通常是经过现场生产实验得到,并随生产情况的变化不断调整。

(　　)20. AA018　堵水采气是常用的治水措施。

(　　)21. AA019　在气藏水活跃区钻排水井或改水淹井为排水井,加强排水,能够降低水层压力,减少水向主力气井流动。

(　　)22. AA020　使用地面直读电子压力计测试时,可用计算机处理资料、绘制图件进行实时解释。

(　　)23. AA021　现代试井解释原理就是通过用不同系统对于一定输入信号的反应来识别系统本身。

(　　)24. AA021　现代试井解释的实测试井曲线必须用手工绘制。

(　　)25. AA023　工程测井主要是采用一种或多种仪器手段实施对井下技术状况的监测。

(　　)26. AA024　声波变密度测井可用来测量套管外水泥胶结情况、检测固井质量。

(　　)27. AA025　稳定试井资料处理包括绘制指示曲线、求取产气方程、计算无阻流量等内容。

(　　)28. AA025　稳定试井的指示曲线主要是绘制 $\lg(P_f^2-P_{wf}^2)\sim q_g$ 和 $(P_f^2-P_{wf}^2)/q_g\sim q_g$ 两条关系曲线。

(　　)29. AA026　利用压力降落试井资料可以求取气井控制储量。

(　　)30. AA026　利用压力降落试井资料可以求取气井探明储量。

(　　)31. AA027　利用稳定试井资料可以求取二项式产气方程和指数式产气方程。

(　　)32. AA027　求取产气方程的回归直线的相关系数越高,求出的产气方程反映的渗流规律越接近实际渗流状态。

(　　)33. AA028　边水不活跃的气藏也可以用压降法计算动态储量。

(　　)34. AA029　计算气井绝对无阻流量时,井底流动压力的取值为 1 个标准大气压。

(　　)35. AA030　气藏以合理的采气速度开采,可以提高气藏最终采收率。

(　　)36. AA031　计划关井是指气藏因关井复压关井或指令性关井。

(　　)37. AA032　排水采气是提高水驱气藏最终采收率的主要措施。
(　　)38. AA032　气驱气藏的采收率与储层物性密切无关。
(　　)39. AA033　是否属于同一压力系统是划分气藏连通关系的充分条件。
(　　)40. AA033　井间干扰情况是确定井间连通状况的最直接证明。
(　　)41. AA034　驱动天然气从地层流出井口的主要动力是气体的弹性能的气藏称为气驱气藏。
(　　)42. AA035　断裂型出水气井的明显特征是出水量突然大量增加,出水时井底压力很高,关井后水能退回地层。
(　　)43. AA035　阵发性出水期间即使没有形成井底积液,出水对气井产能影响也十分明显。
(　　)44. AA036　凹型压力恢复曲线反映井底和地层内的渗透性良好。
(　　)45. AA036　凹型压力恢复曲线关井压力上升缓慢,压力长时间不能稳定,一般反映井周围相当远的范围内渗透率低。
(　　)46. AA037　气水同产井一般不宜关井,应连续生产防止水淹。
(　　)47. AB001　在气井生产中,随着压力、温度的逐渐降低,气体不断膨胀、冷凝、分离,井筒就形成了各种不同的流动形态。
(　　)48. AB001　气水同产井井筒多相流为雾流时摩擦阻力损失最小。
(　　)49. AB002　固体起泡剂适用于产水量较大且连续的气水同产井。
(　　)50. AB003　柱塞举升排水采气工艺可与泡排或电潜泵工艺组合,提高排水采气的效果。
(　　)51. AB004　连续气举排水采气工艺的气井必须具备高压气的循环通道。
(　　)52. AB004　当气举排水采气工艺井带水生产困难时,可以和柱塞排水工艺结合,以减少井筒滑脱损失。
(　　)53. AB005　抽油机按其结构和工作原理的不同,可以分为游梁式抽油机、无梁式抽油机和液压抽油机。目前国内油气田广泛使用的是无梁式抽油机。
(　　)54. AB006　电潜泵排水采气用的多级离心泵叶轮的型号决定泵的排量,级数决定泵的扬程。
(　　)55. AB007　目前螺杆泵排水采气泵挂深度不宜大于 2000m。
(　　)56. AB008　一口气井只能安装一套井下涡流工具。
(　　)57. AB009　当气举排水采气井地层压力较低,注入的高压气对井底产生的回压影响较严重时,可以采取气举+井口增压工艺,降低井口及井底回压,达到排水采气的目的。
(　　)58. AB010　对气田水采用物理、化学方法或生物方法等进行深度处理,可以使水质达到国家有关工业污水排放标准。
(　　)59. AB011　酸化施工程序一般为起下油管—洗井—高压挤酸—低压替酸—关井反应—排液求产。
(　　)60. AB012　压裂工艺选井除考虑储层本身特征外,还应考虑工艺井距边水、底水、气顶、断层的距离和遮挡层条件等。

(   )61. AB013 储层改造井投产初期应选择与措施前相同的针阀开度进行较长时间的生产,对比措施效果。
(   )62. AB014 钢管在潮湿的空气中所发生的腐蚀属于电化学腐蚀。
(   )63. AB015 硫化氢溶液中所含的分子、离子对金属的腐蚀是氢去极化过程。
(   )64. AB016 管道缓蚀剂预膜是利用清管工艺将缓蚀剂均匀地涂敷在管道内壁上形成保护膜,抑制腐蚀,达到保护输气管道内壁的目的。
(   )65. AB017 线性极化电阻法是通过测量电流来计算腐蚀速率的。
(   )66. AC002 移动式车载天然气压缩机的原动机只能用柴油机。
(   )67. AC003 额定工况是指机组在给定设计时的进、排气压力、吸气温度和排气量的条件下机组的运行状况。
(   )68. AC004 当进机压力和气量变化大,超出压缩机的许可范围,必须对压缩机进行工况调节。
(   )69. AD001 天然气的组分不变,超压缩系数也不变。
(   )70. AD002 某系统中,当天然气压力最高,温度最低时,对压缩因子的影响最小。
(   )71. AD003 天然气发热量可以采用直接测量方法也可采用间接测量方法获得。
(   )72. AD004 若压力变送器现场指示与上位机显示不符,检查时应保证计算机设置的量程与压力变送器的量程一致。
(   )73. AD005 电容式差压变送器线路接触不良,会造成测量误差增大。
(   )74. AD006 温度变送器电源极性接反,变送器将无输出。
(   )75. AD007 物位就是指液位。
(   )76. AD008 环境温度超出仪表使用范围,应考虑采用隔离措施。
(   )77. AD009 智能旋进旋涡流量计具备远传功能。
(   )78. AE001 开关是控制电路通断的器件,用字母“S”表示。
(   )79. AE002 粉尘在高速运动中,粉尘与粉尘之间、粉尘与管道壁之间相互碰撞或摩擦不会导致静电产生。
(   )80. AE003 凝析油在流动过程中与管线设备发生摩擦,存在产生静电的可能性。
(   )81. AE004 当贮存易燃油品的油罐,其顶板厚度大于 4mm 时,应装设防直击雷的设备。
(   )82. AE005 雷电对架空线路或金属管道发生雷电波侵入作用时,雷电波会沿着电器线路或金属管线侵入到室内,危及人身安全或损坏设备。
(   )83. AF001 国家标准对螺纹的牙型、大径和螺距做了统一规定,这三项要素均符合国家标准的螺纹称为标准螺纹。
(   )84. AF002 螺栓连接的紧固件包括螺母、螺栓、垫圈等。
(   )85. AF003 工艺安装图中,可选用折断线或轮廓线作为尺寸界线。
(   )86. AF004 绘制工艺安装剖视图及剖(断)面图时,应按一个剖切面的剖切方法绘制。
(   )87. AF005 工艺安装图中,尺寸起止符号应用箭头或粗斜线绘制,但同一张图中应采用一种符号。

(　　)88. AF006　绘制工艺安装图遇管线交叉时，应遵循竖断横不断的原则。

(　　)89. AF007　在生产过程中，自动信号连锁保护系统是一种安全保护装置。

(　　)90. BA001　站内工艺管道用洁净水吹扫清洗时，对流量、流速没有具体要求。

(　　)91. BA002　站内工艺管道置换空气时，当管道末端放空管口气体含氧量不大于5%时即可认为置换合格。

(　　)92. BA003　单体设备水压试验时必须将空气排净，试验后应将水排掉。冬季施工时要采取防冻措施。

(　　)93. BA004　止回阀应按逆流向做强度试验、顺流向做密封试验。

(　　)94. BA005　站内工艺管道强度试验应以洁净水为试验介质，不能采用空气试验。

(　　)95. BA006　油气田集输管道验收（SY4204—2007）时水压强度试验的压力应为设计压力的1.5倍，气压强度试验的压力应为设计压力的1.15倍。

(　　)96. BA007　试采是二次开发阶段获取气藏动态资料、尽早认识气藏开发特征、确定开发规模的关键环节。

(　　)97. BA007　异常高压气藏是指压力系数大于1.2的气藏。

(　　)98. BA008　有水气藏的气井如油、套压差过大，易引起边底水进入气藏内部，影响气井产量，严重时“淹死”气井。

(　　)99. BA008　选择气井工作制度时应考虑套管内压力，生产时最低套压不能低于套管被挤毁时的允许压力，以防套管被挤坏。

(　　)100. BA009　部分气井若需同时加注几个品牌的入井液，应综合考虑入井液的适用条件、性能参数和加注制度，并进行不同药剂的配伍性实验。

(　　)101. BA010　生产动态分析的流程应从地面→井筒→地层，从气藏→区块→井组→单井。

(　　)102. BA011　明管跨越管段每5年应对明管跨越及金属结构进行一次外涂层防腐层大修。

(　　)103. BA011　管道应定期进行全面检测，新建管道应当在投产后1年内进行检测，以后视管道的运行安全状况确定检测周期，最多不超过8年。

(　　)104. BA012　集输管道首次清管前，应进行管道状况调查，对不符合清管要求的管道及设施应进行整改后再进行清管作业。

(　　)105. BA013　作业计划书应根据现场施工情况及生产管理要求进行分级，合理划分方案的编制和审核的级别，然后进行方案的分级编制和分级审核。

(　　)106. BA013　作业计划书执行过程中，因现场生产实际情况变化，确需改动作业计划书所要求的技术程序时，现场作业人员可以直接改动执行。

(　　)107. BA014　站内工艺管道焊缝表面余高应为0～2.0mm，局部不大于3mm且长度不大于50mm；管道开孔边缘与焊缝的距离应大于100mm。

(　　)108. BA014　站内工艺管道吹扫前可以不拆除节流孔板、调节阀。

(　　)109. BA015　当大气相对湿度超过90%时油气田集输管道施工不得进行。

(　　)110. BA016　高含硫气田集输管道安装时同一部位的焊缝只可返修1次，一次返修不合格的焊缝应采用机械方法切除；根焊缺陷不得返修。

(　　)111. BB001　机泵类、塔类等单体设备开箱检查时应清点设备零部件、备件、密封件等。

(　　)112. BB002　机泵类、塔类等单体设备安装前建设单位应组织施工单位、监理单位和主要设备供应商对设备进行开箱检验,检验以装箱单为依据。

(　　)113. BB003　炉类设备烘炉过程中应实测炉内温度,测温点应不少于两处,升温时每15min 测一次温度,恒温和自然冷却时每 30min 测一次温度。

(　　)114. BB004　设备动态分析是建立在设备状态监测和故障诊断基础上的,通过设备定期或不定期的监测运行情况进行对比分析,提前对设备进行维修维护,以消除故障及隐患。

(　　)115. BB005　设备安全评价主要包括故障因素和危害性因素评价,分别对故障概率和危害大小进行考察,最后评价设备的安全性。

(　　)116. BB006　某气田有两个主力产层,两个产层处于不同开发阶段,井口产出气进入同一集输系统,当气井生产受输压影响严重时,可采取高低压分输,以提高采收率。

(　　)117. BB007　采输场站电器设备如果有外层残缺和漏电现象,应采取有效措施,并保证站场防雷接地保护好。

(　　)118. BB008　设备运行时,介质工况参数和设备状态参数均正常,可以不进行检修。

(　　)119. BB008　设备简易诊断是由设备诊断人员在现场进行,识别有无故障,明确故障严重程度,做出故障趋势分析。

(　　)120. BB009　通过设备运行情况分析,设备需要报废时由使用单位根据分析结果批准即可。

(　　)121. BB009　进口设备因费用高,当缺少配件只要用规格型号相同的国产配件替换即可。

(　　)122. BB010　从恒电位仪接线端引出的零位接阴线与阳极线应都连接到被保护管道上的同一点。

(　　)123. BB011　零位线与阴极线都连接在被保护体上的一点,因此在实际安装过程中,可使用一根一股多芯电缆线进行连接。

(　　)124. BB012　恒电位仪自检前,必须断开阳极线,才能开始自检。

(　　)125. BB013　PS—1 型恒电位仪的移相触发器可根据输入误差控制信号的大小,改变输出电压的大小,但不能改变输出电流的大小。

(　　)126. BF014　PS—1 仪器故障的检查与维修应根据电路工作原理进行。在排除故障时应按稳压电源、过流报警、比较放大、触发电路的顺序查找。

(　　)127. BB015　强制电流阴极保护中的电流方向是电源负极—导线—阳极地床—土壤—管道—导线—电源正极。

(　　)128. BB016　棒状牺牲阳极只能安装在管道的一侧。

(　　)129. BB017　测量已施加了外加电流阴极保护管道的自然电位时,应在恒电位仪完全断电 24h 后再进行测量。

(　　)130. BB018　管道外防腐层对地的绝缘性越好,则保护效果越好。

(　　)131. BC001　控制系统按被控变量不同可分为温度控制系统、压力控制系统、物位控制系统、流量控制系统等。

(　　)132. BC002　基本控制器中的程序存储器主要是用来保存现场信号信息、操作设定值、中间运算结果和控制参数等重要信息。

(　　)133. BC003　自动控制系统就是进行检测偏差、纠正偏差的工作。

(　　)134. BC004　积分饱和现象发生在调节器处于闭环状态和偏差存在时。

(　　)135. BC004　微分作用对过渡滞后或容量滞后效果是显著的。

(　　)136. BC005　积分控制器组成控制系统可以达到无余差。

(　　)137. BC006　PID 回路中的积分过程就是一个累加的过程。

(　　)138. BC007　冬季如发现仪表受冻,值班人员应及时维修处理。

(　　)139. BC008　井口安全截断系统的导阀需要定期校验,截断阀不需要定期检修。

(　　)140. BC009　控制系统如果死机,将会影响所有控制回路。

(　　)141. BC010　控制系统如果死机,将会影响所有控制回路。

(　　)142. BC011　三甘醇脱水装置中,仪表风管路进水可能造成空压机启动频繁。

(　　)143. BC012　进口三甘醇脱水装置处理量 70%~130%。

(　　)144. BC013　三甘醇脱水装置缓冲罐温度远低于正常工作温度,可能是循环量大造成的。

(　　)145. BC014　三甘醇黏度变小,会造成甘醇损失量增大。

(　　)146. BD001　绝对无阻流量是指气井井底流压为一个标准大气压时的气井产量。

(　　)147. BD002　天然气生产自耗率是在报告期内生产天然气放空的气量与同期生产的天然气量之比。

(　　)148. BD003　气田(气藏)年采气量与地质储量的比值(百分数),叫气田(气藏)的采气速度。

(　　)149. BD004　当气井所控制的储量一定时,采气速度大,所消耗的能量就大,气井递减也就快。

(　　)150. BD005　当井下封隔器解封后,井口套压也可以运用来计算井底压力。

(　　)151. BD006　用静气柱计算井底压力,当井深小于 1500m 时,可以只进行一次计算。

(　　)152. BD007　计算气井产层中部压力时,运用的压力梯度是纯气柱的压力梯度。

(　　)153. BD008　利用测试资料准确确定的井筒液面深度是动液面深度。

(　　)154. BD009　其他条件不变时,管道输气量随起点压力的增加而增加,随终点压力的减小而减小。

(　　)155. BD010　管道腐蚀裕量应根据管道所处环境不同取值,对于轻微腐蚀环境,管道腐蚀裕量取值不应大于 1mm,对于较严重腐蚀环境应根据实际情况而定。

(　　)156. BD011　按油气集输管道设计规范,当管道输送含 H_2S 等酸性天然气时,强度设计系数 F 取值不得低于二级。

(　　)157. BD012　管道输送效率即管道通过能力利用率。

(　　)158. BD013　从管道储气量计算公式可以看出,储气量与管道的长度无关。

(　　)159. BE001　气井工作制度是指适应气井产层地质特征和满足生产需要时，气井产量和生产压差应遵循的关系。

(　　)160. BE002　气井节点系统分析时，节点的流入动态和油管动态曲线的交点是协调点。

(　　)161. BE003　某井在生产过程中突然产水量明显增加，Cl^-值也明显升高，但不一定是产出地层水。

(　　)162. BE003　根据《碳酸岩盐气藏开发设计》规定，无水和边水不活跃的气驱气藏的采气速度一般控制在 5%~7%。

(　　)163. BE004　压力恢复曲线中的凸型曲线一般反映了井周围渗透性变好。

(　　)164. BE004　地层压力是指同一气藏的气井全部关井平稳后，测得的井口压力。

(　　)165. BE005　单井压降储量累积法适用于所有气藏。

(　　)166. BE006　管道运行分析可分为半年分析和年度分析。

(　　)167. BE007　气井合理产量就是有相对较高的产量，在该产量下有一定稳产时间。

(　　)168. BE007　正常气井稳定试井指示曲线一般都呈直线，符合二项式渗流规律。

(　　)169. BE008　疏松的砂岩地层，为防止流速过大、地层出砂，应采取定井底压差制度。

(　　)170. BE008　二项式产气方程，它表示气体从气层流到井底的总压降，由克服气流沿流程的黏滞摩擦阻力和克服气流沿流程产生的惯性附加阻力两部分组成。

(　　)171. BE009　岩石孔隙中含水量越多，水流动越容易。

(　　)172. BE010　三甘醇脱水装置入泵前管线堵塞，是造成甘醇循环量突然减小的主要原因。

(　　)173. BE010　分析判断三甘醇脱水装置处理量异常波动的常用方法是首先核实上游产量是否变化。

(　　)174. BE011　风冷式换热器冷却是利用富甘醇与贫甘醇进行热交换，将贫甘醇进行冷却，提高富甘醇进入重沸器再生的温度，有利于降低甘醇再生的燃料气消耗。

(　　)175. BF001　删除表格内字符的方法是将整个表格选定，按 Delete 键。

(　　)176. BF002　若在 Excel 单元格 C2 中输入公式“=A2 * B $ 2”，然后将该公式复制粘贴到单元格区域 C3:C5，则单元格 C5 中的公式为“=A5 * B $ 2”。

(　　)177. BF003　Powerpoint2003 中，对幻灯片的标题设置动画效果可以使用“动画方案”进行操作。

(　　)178. BF004　AutoCAD 中范围缩放可以显示图形范围，并使所有对象最大显示。

(　　)179. BF005　当电子信箱中有新邮件时，应当先查看发件人的名字和邮件主题，对来历不明的邮件不要轻易打开。

(　　)180. BG001　教学重点是指本节课主要讲授的内容，不同的教师讲授同一节课的内容时，解释语言不尽相同，教学重点可不同。

(　　)181. BG002　合理化创新技术（成果）建议的效益，主要是指通过改进后的工艺与原有工艺技术、方法的对比，所达到的技术指标、工艺水平以及经济效益

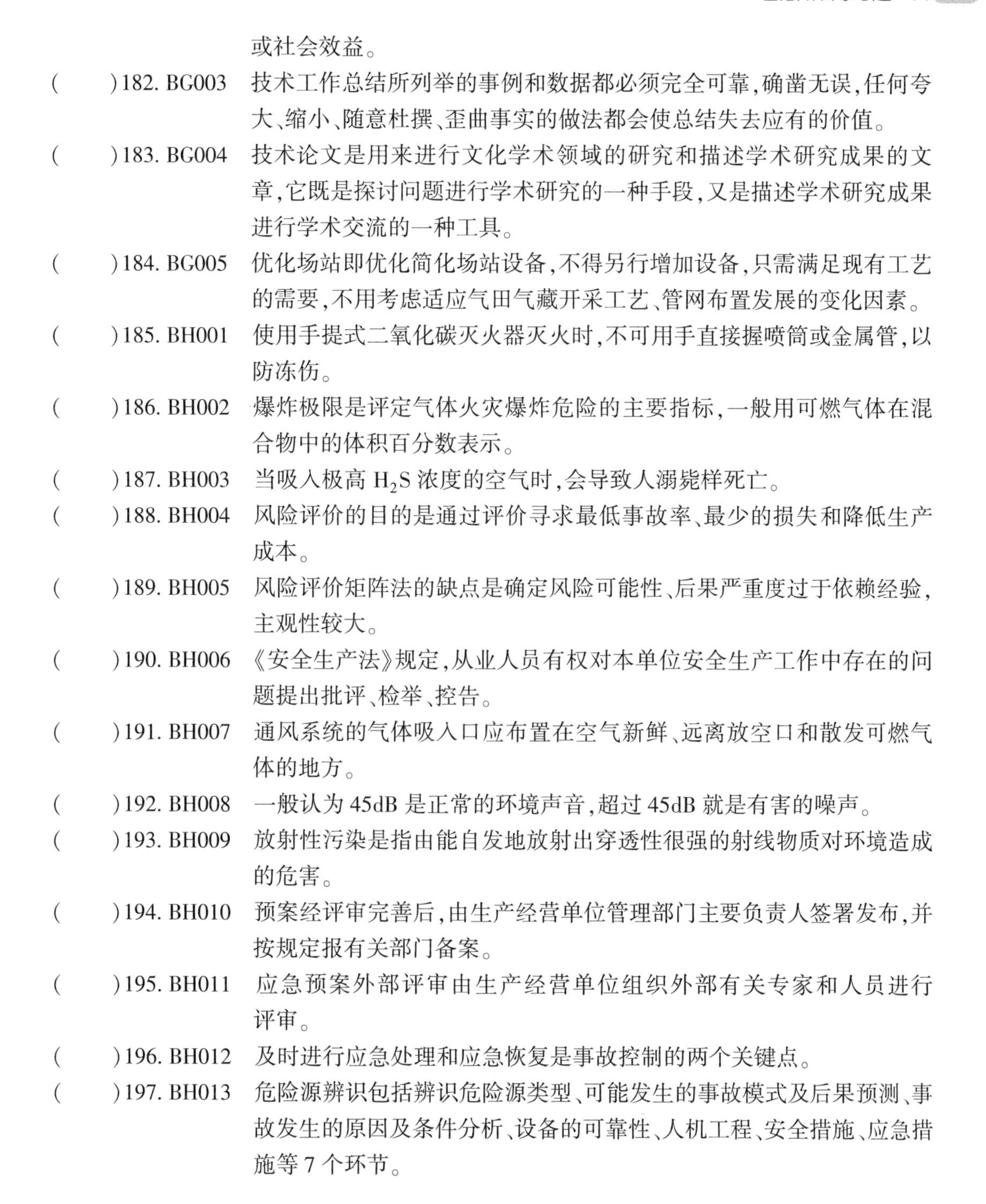

或社会效益。

(　　)182. BG003　技术工作总结所列举的事例和数据都必须完全可靠,确凿无误,任何夸大、缩小、随意杜撰、歪曲事实的做法都会使总结失去应有的价值。

(　　)183. BG004　技术论文是用来进行文化学术领域的研究和描述学术研究成果的文章,它既是探讨问题进行学术研究的一种手段,又是描述学术研究成果进行学术交流的一种工具。

(　　)184. BG005　优化场站即优化简化场站设备,不得另行增加设备,只需满足现有工艺的需要,不用考虑适应气田气藏开采工艺、管网布置发展的变化因素。

(　　)185. BH001　使用手提式二氧化碳灭火器灭火时,不可用手直接握喷筒或金属管,以防冻伤。

(　　)186. BH002　爆炸极限是评定气体火灾爆炸危险的主要指标,一般用可燃气体在混合物中的体积百分数表示。

(　　)187. BH003　当吸入极高 H_2S 浓度的空气时,会导致人溺毙样死亡。

(　　)188. BH004　风险评价的目的是通过评价寻求最低事故率、最少的损失和降低生产成本。

(　　)189. BH005　风险评价矩阵法的缺点是确定风险可能性、后果严重度过于依赖经验,主观性较大。

(　　)190. BH006　《安全生产法》规定,从业人员有权对本单位安全生产工作中存在的问题提出批评、检举、控告。

(　　)191. BH007　通风系统的气体吸入口应布置在空气新鲜、远离放空口和散发可燃气体的地方。

(　　)192. BH008　一般认为 45dB 是正常的环境声音,超过 45dB 就是有害的噪声。

(　　)193. BH009　放射性污染是指由能自发地放射出穿透性很强的射线物质对环境造成的危害。

(　　)194. BH010　预案经评审完善后,由生产经营单位管理部门主要负责人签署发布,并按规定报有关部门备案。

(　　)195. BH011　应急预案外部评审由生产经营单位组织外部有关专家和人员进行评审。

(　　)196. BH012　及时进行应急处理和应急恢复是事故控制的两个关键点。

(　　)197. BH013　危险源辨识包括辨识危险源类型、可能发生的事故模式及后果预测、事故发生的原因及条件分析、设备的可靠性、人机工程、安全措施、应急措施等 7 个环节。

四、简答题

1. AA011　边水、底水气藏气井出水早晚,主要受哪些因素影响?
2. AA011　气井过早出水,产层受地层水伤害,会造成哪些不良后果?
3. AA014　如何根据气井生产资料判断边底水侵入气井?
4. AA015　如何根据气井生产特征判断外来水侵入气井?

5. AA033　简述确定气藏压力系统的分析内容。
6. AA037　制定合理的气藏采气速度，应满足的条件是什么？
7. AB002　简述泡沫排水采气工艺使用注意事项。
8. AB003　简述柱塞举升排水采气工艺柱塞运行过程。
9. AB003　简述气举阀的主要用途。
10. AB013　简述气井酸化压裂施工效果分析常用方法。
11. AB016　防止管道腐蚀的措施主要有哪些？
12. BA001　简述站内工艺系统吹扫清洗要求。
13. BA002　简述站内工艺系统置换要求。
14. BA004　简述阀门试验压力、验漏的相关要求。
15. BA005　简述站内工艺管道系统投入使用前采用气压试验的相关要求。
16. BA006　简述气田集输管道试压的相关要求。
17. BA007　简述气井试采期间的配产原则。
18. BA010　何谓气井的生产分析？
19. BB011　简述恒电位仪工作原理？
20. BB013　排除恒电位仪故障时应注意哪些事项？
21. BC007　即使过程控制系统采用了 DCS/PLC，在那些情况下仍需采用独立的信号报警系统？
22. BD011　输气管道的强度设计系数根据管道所经地区等级如何取值？
23. BE003　简述无水气藏气井和边底水不活跃气井的开采特征？

五、计算题

1. AA025　某气藏是一个边水活动较为活跃的含硫气藏，实测原始地层压力为 35.638MPa，仅有 B 井 1 口生产气井，于 2010 年 1 月投产。B 井产层中部井深 $L=3452$m，裸眼完井，完井油管管串结构为 76mm×1420m+62mm×3312m。原始地层温度为 83.5℃，气井常年平均井口温度为 20℃，大气压为 0.099MPa。天然气的相对密度为 $\Delta=0.583$。2013 年 2 月关井复压最高井口压力为 26.248MPa（完全稳定），2013 年 3 月 1 日—3 月 3 日进行稳定试井，求得 B 井二项式产能方程为 $p_R^2-p_{wf}^2=10.1554Q_g+0.2234Q_g^2$（天然气平均压缩因子统一取 $\overline{Z}=0.872$）。
请根据 2013 年 3 月稳定试井求得的二项式产能方程计算 B 井在 2013 年 3 月的绝对无阻流量。
2. AC003　已知某单级压缩机组，进气压力为 1.2MPa（表），排气压力为 3.5MPa（表），求该机组的压比为多少？（当地大气压为 0.096MPa）。
3. AD003　某用户某天温度计出现故障，显示温度 70℃，温度计出故障前计算机累计产量 10000m^3，第二天产量累计值为 50000m^3，相同情况下前五天工作温度 10℃，请计算校正温度后的日产量。
4. AD004　一台量程范围为 0~6.0MPa 的电动压力变送器，用于天然气管线压力测量。现在用更高精度数字电流表测得变送器输出为 15.600mA。试计算此时该管线压力为多少?

5. AD005 某差压变送器量程为100kPa,计算机显示压力为55kPa,经检查其零位显示为2.0kPa,试计算因零位误差引起的流量测量误差(不考虑静压回路的误差,保留两位小数)。

6. AD009 已知一台TDS-50智能旋进旋涡流量计显示:Rate:446;P:315;t:18.0,假设天然气在标准状态下的压缩因子$Z=1$,在工况条件下的压缩因子$Z_1=1$,当地大气压=0.1MPa,则此时通过流量计的工况流量是多少?流量计是否超范围?(TDS-50智能旋进旋涡流量计流量范围:$10m^3/h-120m^3/h$)。

7. BA006 某输气管线ϕ325mm×10mm,长45km,投产前采用空气做试验介质,试压开始时气体温度20.0℃、压力7.80MPa,试压结束时气体温度21.0℃、压力7.76MPa,判断该管线试压压降是否合格(当地大气压力为0.1MPa)?

8. BD003 A井是某边水气藏的一口生产井,2009年1月投产,产层中部井深为4400m,裸眼完井,完井油管管串结构为76mm×4348m。地质储量为$3.42\times10^8m^3$,数值模拟预测该气藏的气井最大产水量在$15\sim20m^3/d$之间。2014年12月底累计采气$13256.4\times10^4m^3$,2015年12月底累计采气$14857.6\times10^4m^3$,请计算A井2015年的采气速度及2015年底时的采出程度。

9. BD004 某井气层中部井深$L=2528m$,天然气的相对密度$\Delta=0.573$,井口常年平均温度$t_0=18℃$,地热增温率$M=41.5m/℃$,井筒天然气平均压缩因子$Z=0.86$,原始地层压力$p_0=26.988MPa$(绝)。生产一年后,关井稳定的井口压力为$p_{wh}=20.44MPa$(绝),该井年累计采气$14381.5\times10^4m^3$,该气藏的地质储量为$22.6\times10^8m^3$,试计算该气藏生产一年后的地层压力,该井区的单位压降采气量(单位压降取1MPa),当年的采气速度及采出程度。

10. BD005 C气藏是一个边水气藏,地质探明储量为$17.21\times10^8m^3$,技术可采储量为$11.18\times10^8m^3$,至2011年底共有2口投产气井,A1井位于构造低部位,A2井位于构造高点处于稳产阶段,两口井连通关系好。

2012年应用数值模拟软件预测,若A1井排水强度能够保持$250m^3/d$以上,气藏的最终采收率可提高7.14%。若A1井的排水量能够一直维持在$250m^3/d$以上,试计算C气藏的最终采收率(计算结果保留两位小数)。

11. BD005 某气田某气藏是一个边水活动较为活跃的含硫气藏,实测原始地层压力为35.638MPa,H_2S含量为$20.375g/m^3$,地层水氯离子含量约为16000mg/L左右,仅有B井1口生产气井,于2010年1月投产。

B井产层中部井深$L=3452m$,射孔完井,完井油管管串结构为76mm×1420m+62mm×2012m。原始地层温度为83.5℃,气井常年平均井口温度为20℃,大气压为0.099MPa。天然气的相对密度为$\Delta=0.583$。2013年2月关井复压最高井口压力为26.962MPa(绝),2013年3月井口套压为25.2MPa(绝),井口油压为23.3MPa(绝),日产气量为$25.8\times10^4m^3/d$。试计算2012年3月的生产压差(天然气平均压缩因子统一取$\overline{Z}=0.872$,计算结果保留2位小数)。

12. BD006　某气井井深 $L=2750\text{m}$，油管采气。套管压力 $p_c=19.500\text{MPa}$（绝），天然气相对密度 $\Delta=0.57$。求近似井底压力？

13. BD006　某气井井深 $L=2000\text{m}$，油管采气。套管压力 $p_c=18\text{MPa}$（绝），地热增温率 $M=41.5\text{m/℃}$，天然气井口温度 $t_0=15$，井筒天然气平均压缩因子 $Z=0.8113$，天然气相对密度 $\Delta=0.57$，求井深 2000m 处的压力？

14. BD007　某井气层中部井深为 2000m，测压深度 1600m 处的压力为 14.48MPa，1500m 处的压力为 14.02MPa，井深 1800m 以下为纯液柱，试求气层中部压力（已知液体密度为 $1.0\times10^3\text{kg/m}^3$，$g=9.8\text{N/kg}$）。

15. BD008　B 井产层中部井深 $L=3452\text{m}$，射孔完井，完井油管管串结构为 $76.2\text{mm}\times1420\text{m}+63.5\text{mm}\times2012\text{m}$。原始地层温度为 83.5℃，气井常年平均井口温度为 20℃，大气压为 0.099MPa。天然气的相对密度为 $\Delta=0.583$。2012 年 2 月关井复压最高井口压力为 26.962MPa（完全稳定），2015 年 12 月关井期间下压力计实测数据见下表（天然气平均压缩因子统一取 $\overline{Z}=0.872$）。请计算 B 井 2015 年 12 月液面深度。

B 井井下压力测试原始数据记录表

测压时间（2015.12.28）	井深，m	压力，MPa	备注
10：00	0	15.527	压力为绝对压力
10：20	500	16.607	
10：40	1000	17.702	
11：00	1500	18.807	
11：20	2000	19.887	
11：40	2800	21.631	压力为绝对压力
12：00	3000	22.455	
12：20	3350	25.927	

16. BD009　某输气管道规格为 $\phi325\text{mm}\times6\text{mm}$，长 40km，起点压力 3.0MPa（绝），终点压力 2.8MPa（绝），天然气相对密度 $\Delta=0.6$，温度为 $t=15℃$，$Z=1$，试计算该管道的通过能力。

17. BD010　新建一条管道等级为 L245 的无缝钢管，已知管道设计压力为 7.8MPa，试计算应至少选用多大壁厚的管道（已知设计系数为 0.72，腐蚀裕量为 2mm）。

18. BD012　某输气管道规格为 $\phi273\text{mm}\times11\text{mm}$，长 30km，已知管道起点压力为 3.0MPa（绝），终点压力为 2.4MPa（绝），日输气量为 $60\times10^4\text{m}^3$，其相对密度 $\Delta=0.6$，温度 $t=15℃$，压缩系数 $Z=0.98$，求该管道的管输效率？

19. BB013　某输气管道规格为 $\phi406\text{mm}\times12\text{mm}$，长 42km，已知管道达到最大输送气量时，起点压力为 6.1MPa（绝），终点压力为 5.7MPa（绝），温度 $t=15℃$，压缩系数 $Z=0.98$，计算管道最大储气量为多少（当地大气压取 0.1MPa）？

答　　案

一、单项选择题

1. C	2. A	3. D	4. B	5. A	6. C	7. B	8. C	9. B	10. B
11. D	12. B	13. C	14. A	15. A	16. D	17. C	18. B	19. D	20. B
21. A	22. B	23. A	24. C	25. B	26. A	27. D	28. D	29. C	30. C
31. B	32. D	33. D	34. B	35. B	36. A	37. A	38. C	39. A	40. D
41. B	42. D	43. B	44. B	45. A	46. B	47. A	48. B	49. B	50. C
51. B	52. B	53. A	54. B	55. C	56. C	57. A	58. C	59. B	60. B
61. D	62. B	63. A	64. B	65. C	66. A	67. B	68. B	69. A	70. C
71. C	72. D	73. D	74. B	75. C	76. B	77. C	78. B	79. D	80. C
81. D	82. A	83. D	84. C	85. A	86. D	87. A	88. A	89. B	90. A
91. C	92. A	93. A	94. B	95. A	96. C	97. A	98. C	99. C	100. B
101. A	102. B	103. D	104. C	105. C	106. B	107. A	108. C	109. A	110. B
111. A	112. B	113. C	114. B	115. A	116. D	117. A	118. C	119. A	120. A
121. A	122. B	123. A	124. D	125. B	126. B	127. C	128. A	129. B	130. B
131. D	132. A	133. B	134. D	135. A	136. B	137. D	138. B	139. B	140. D
141. A	142. B	143. C	144. A	145. C	146. C	147. C	148. A	149. C	150. D
151. B	152. D	153. B	154. B	155. A	156. C	157. A	158. C	159. B	160. D
161. A	162. B	163. C	164. D	165. C	166. A	167. B	168. B	169. A	170. D
171. B	172. C	173. C	174. B	175. C	176. D	177. C	178. A	179. B	180. C
181. A	182. A	183. C	184. A	185. B	186. B	187. A	188. D	189. C	190. A
191. D	192. D	193. A	194. D	195. D	196. A	197. D	198. B	199. C	200. B
201. C	202. B	203. A	204. C	205. B	206. A	207. C	208. A	209. B	210. D
211. A	212. B	213. B	214. C	215. A	216. B	217. D	218. A	219. B	220. C
221. D	222. B	223. D	224. C	225. C	226. A	227. A	228. B	229. D	230. B
231. A	232. B	233. D	234. B	235. B	236. A	237. B	238. B	239. D	240. C
241. A	242. D	243. A	244. B	245. C	246. B	247. A	248. A	249. B	250. A
251. C	252. B	253. A	254. C	255. B	256. A	257. B	258. C	259. A	260. D
261. C	262. C	263. A	264. C	265. C	266. B	267. A	268. B	269. A	270. A
271. A	272. A	273. B	274. C	275. D	276. B	277. D	278. A	279. B	280. C
281. D	282. B	283. A	284. D	285. B	286. B	287. B	288. D	289. A	290. B
291. A	292. B	293. B	294. D	295. B	296. B	297. B	298. C	299. A	300. A
301. A	302. A	303. A	304. D	305. D	306. B	307. D	308. D	309. A	310. C

311. B　312. A　313. C　314. A　315. D　316. C　317. C　318. A　319. A　320. C
321. D　322. D　323. C　324. B　325. B　326. C　327. D　328. A　329. B　330. C
331. D　332. A　333. C　334. C　335. A　336. A　337. C　338. C　339. A　340. C
341. C　342. D　343. A　344. D　345. C　346. A　347. B　348. C　349. D　350. C
351. B　352. C　353. C　354. C　355. B　356. C　357. B　358. A　359. D　360. C
361. D　362. D　363. B

二、多项选择题

1. ABC　2. ABC　3. ACD　4. AB　5. BCD　6. AD　7. ACD
8. BCD　9. BD　10. ABD　11. ABC　12. ABC　13. ABD　14. ACD
15. ABC　16. BD　17. BCD　18. BC　19. ABD　20. ABD　21. BCD
22. BCD　23. BCD　24. ABC　25. ABD　26. ABD　27. ACD　28. ACD
29. ABCD　30. ABC　31. ACD　32. ABD　33. BCD　34. ABC　35. ABC
36. ABCD　37. ACD　38. ABC　39. BC　40. ABD　41. CD　42. ABC
43. ABC　44. BCD　45. ABC　46. BCD　47. ABCD　48. ABCD　49. ABCD
50. ABC　51. AC　52. ABCD　53. CD　54. ABCD　55. ACD　56. ABCD
57. AD　58. BCD　59. ABCD　60. ABC　61. ABC　62. ABCD　63. AB
64. AC　65. ACD　66. AB　67. ABC　68. ABC　69. BCD　70. ACD
71. ABD　72. AB　73. ABC　74. ABCD　75. BCD　76. AC　77. ABC
78. ABCD　79. ACD　80. AD　81. AD　82. ABC　83. AC　84. BD
85. BCD　86. CD　87. ABC　88. AC　89. ABD　90. ABC　91. ABCD
92. ABC　93. ABC　94. CD　95. ABCD　96. ABCD　97. ABC　98. AD
99. ABCD　100. ABCD　101. ABC　102. BCD　103. ABCD　104. ABC　105. AB
106. ABC　107. ABD　108. ABCD　109. ABC　110. ABCD　111. AB　112. BC
113. BCD　114. ABC　115. AB　116. ABD　117. AB　118. AC　119. AB
120. AB　121. BCD　122. ACD　123. ABCD　124. ABC　125. BD　126. ABD
127. AC　128. BC　129. ABC　130. ABC　131. BC　132. AD　133. BCD
134. CD　135. BC　136. BCD　137. AC　138. ABCD　139. ABCD　140. ABC
141. AC　142. ABCD　143. AD　144. ABCD　145. ABC　146. ABCD　147. ACD
148. ACD　149. BC　150. ABD　151. ACD　152. ABC　153. ABCD　154. BCD
155. BCD　156. ABC　157. ABCD　158. CD　159. BCD　160. ABC　161. ABC
162. ABCD　163. ABCD　164. AB　165. ABCD　166. BC　167. ABD　168. ABC
169. ABCD　170. ABCD　171. ABD　172. ABCD　173. BC　174. BCD　175. CD
176. AB　177. ABC　178. ABC　179. AD　180. ABD　181. ABCD　182. ABCD
183. ABCD　184. ABCD　185. ABCD　186. AC　187. ABC　188. BCD

三、判断题

1. √　2. ×　正确答案:非线性渗流的惯性附加阻力和摩擦阻力都是主要的渗流阻力。

3. √ 4. √ 5. √ 6. × 正确答案：储渗空间以微裂缝、孔隙为主的均质气藏，位于底水气藏的气井，出水类型通常为水锥型出水。 7. √ 8. × 正确答案：断裂型出水初期一般控制气井在合理产量下生产，可增加单位压降采气量。 9. √ 10. × 正确答案：气井阵发性出水，应注意对比出水前后氯离子含量、产水量的变化，通过调整产量带水或维持原制度生产。 11. √ 12. √ 13. √ 14. √ 15. √ 16. √ 17. × 正确答案：气层上层或下层存在水层，不一定产出外来水。 18. √ 19. √ 20. √ 21. √ 22. √ 23. √ 24. × 正确答案：现代试井解释的试井曲线和样板曲线的绘制和拟合都可以由计算机完成。 25. √ 26. √ 27. √ 28. × 正确答案：稳定试井的指示曲线主要是绘制 $\lg(P_f^2-P_{wf}^2)\sim\lg q_g$ 和 $(P_f^2-P_{wf}^2)/q_g\sim q_g$ 两条关系曲线。 29. √ 30. × 正确答案：利用压力降落试井资料可以求取气井控制储量。 31. √ 32. √ 33. √ 34. √ 35. √ 36. √ 37. √ 38. × 正确答案：气驱气藏的采收率与储层物性密切相关。 39. × 正确答案：井间连通关系是划分气藏是否为同一压力系统的充分条件。 40. √ 41. √ 42. √ 43. × 正确答案：阵发性出水期间没有形成井底积液，出水对气井产能无明显影响。 44. × 正确答案：凹型压力恢复曲线一般反映气井边远地带渗透率低。 45. √ 46. √ 47. √ 48. × 正确答案：气水同产井井筒多相流为雾流时滑脱损失最小。 49. × 正确答案：固体起泡剂适用于产水量较小或间隙产水的气井。 50. × 正确答案：柱塞举升排水采气工艺可与泡排或气举工艺组合，提高排水采气的效果。 51. √ 52. √ 53. × 正确答案：抽油机按其结构和工作原理的不同，可以分为游梁式抽油机、无梁式抽油机和液压抽油机。目前国内油气田广泛使用的是游梁式抽油机。 54. √ 55. √ 56. × 正确答案：单套井下涡流工具的有效作业深度约 2200m，对于深井或者是超深井，可以根据气井生产情况安装几套井下涡流工具，串联使用同样可以收到较好效果。 57. √ 58. √ 59. × 正确答案：酸化施工程序一般为洗井—起下油管—低压替酸—高压挤酸—关井反应—排液求产。 60. √ 61. √ 62. √ 63. √ 64. √ 65. √ 66. × 正确答案：移动式车载天然气压缩机的原动机可用柴油机，也可用天然气发动机或双燃料发动机。 67. √ 68. √ 69. × 正确答案：天然气的组分不变，超压缩系数会随着温度和压力的变化而变化。 70. × 正确答案：某系统中，当天然气压力最高，温度最低时，对压缩因子的影响最大。 71. √ 72. √ 73. √ 74. √ 75. × 正确答案：物位包括液位。 76. √ 77. √ 78. √ 79. × 正确答案：粉尘在高速运动中，粉尘与粉尘之间、粉尘与管道壁之间相互碰撞或摩擦会导致静电产生。 80. √ 81. × 正确答案：当贮存易燃油品的油罐，其顶板厚度小于 4mm 时，应装设防直击雷的设备。 82. √ 83. √ 84. √ 85. × 正确答案：工艺安装图中，可选用中心线或轮廓线作为尺寸界线。 86. × 正确答案：绘制工艺安装剖视图及剖（断）面图时，可按一个剖切面的剖切方法，也可用两个或两个以上相交的剖切面，或用两个或两个以上平行的剖切面剖切方法绘制。 87. √ 88. × 正确答案：绘制工艺安装图遇管线交叉时，应遵循在下方或后方的管线断开的原则。 89. √ 90. × 正确答案：站内工艺管道用洁净水吹扫清洗时，宜以最大流量进行清洗，且流速不应小于 1.5m/s。 91. × 正确答案：站内工艺管道置换空气时，当管道末端放空管口气体含氧量不大于 2%时即可认为置换合格。 92. √ 93. × 正确答案：止回阀应按逆流向做密封试验、顺流向做强度试验。 94. × 正确答案：站内工艺管道强度试验应以洁净水为试验介质，特殊情况下，可用空气为试验介质。 95. √ 96. × 正确答案：试采是开发前期评价阶段获取气藏动态资料、尽早认识气藏开发特征、确定开发规模的关键环节。 97. × 正确答案：异常高压气藏是指压力系数大于 1.8 的气藏。 98. × 正确答案：有水气藏的气井如生产压差过大，易引起边底水进入气藏内部，影响气井产量，严重时“淹死”气井。 99. √ 100. √ 101. × 正确答案：生产动态分析的流程应从地面→井筒→地层，从单井→井组→区块→全气藏。 102. √ 103. × 正确答案：管道应定期进行全面检测，新建管道应当在投产后 3 年内进行检测，以后视管道的运行安全状况确定检测周期。 104. √ 105. √ 106. × 正确答案：作业计划书执行过程中，因现场生产实际情况变化，确需改动作业计划书所要求的技术程序时，须经请示有关主管部门同意，实施变更管理后方可执行。 107. √ 108. × 正确答案：站内工艺管道吹扫前应将节流孔板、调节阀拆除。 109. × 正确答案：当大气相对湿度超过 90%，未采取有效防护措施时油气田集输管道施工不得进行。 110. √ 111. √ 112. √ 113. √ 114. √ 115. √ 116. √ 117. × 正确答案：采输场站电器设备不得有外层残缺和漏电现象，并保证站场防雷接地保护好。 118. × 正确答案：设备运行时，介质工况参数和设备状态参数均正常，在规定检修周期内可以不进行检修。 119. × 正确答案：设备简易诊断是由设备维修人员在现场进行，识别有无故障，明确故障严重程度，做出故障趋势分析。 120. × 正确答案：通过设备运行情况分析，设备需要报废时应由使用单位组织有关单位做出全面技术鉴定，重大设备报主管部门批准，安全部门备案。 121. × 正确答案：进口设备因费用高，当缺少配件用规格型号相同的国产配件替换时，必须保证在设备安全的前提下方可进行。 122. × 正确答案：从恒电位仪接线端引出的零位接阴线与阴极线应都连接到被保护管道上的同一点。 123. × 正确答案：零位线与阴极线都连接在被保护体上的一点，但在实际安装过程中，两根电缆线应分开进行连接。 124. × 正确答案：因恒电位仪设计不同，有的可不用断开阳极线，便能进行自检。 125. × 正确答案：PS—1 型恒电位仪的移相触发器可根据输入误差控制信号的大小，改变输出电压、输出电流的大小。 126. × 正确答案：PS—1 仪器故障的检查与维修应根据电路工作原理进行。在排除故障时应按稳压电源、触发电路、过流报警、比较放大的顺序查找。 127. × 正确答案：强制电流阴极保护中的电流方向是电源正极—导线—阳极地床—土壤—管道—导线—电源负极。 128. × 正确答案：棒状牺牲阳极可安装在管道同侧，也可安装在管道两侧。 129. √ 130. √ 131. √ 132. × 正确答案：基本控制器中的程序存储器用于存放基本控制器的管理、监控程序和标准算法程序。 133. √ 134. × 正确答案：积分饱和现象发生在调节器处于开环状态和偏差存在时。 135. √ 136. √ 137. √ 138. × 正确答案：冬季如发现仪表受冻，值班人员应及时填写事故报告，并通知相关部门。 139. × 正确答案：井口安全系统的导阀需要定期校验，截断阀也需要定期检修。 140. √ 141. √ 142. × 正确答案：三甘醇脱水装置中，空压机压力控制开关设定值不合理可能造成空压机启动频繁。 143. × 正确答案：进口三甘醇脱水装置处理量为设计处理量的 75%～125%。 144. × 正确答案：三甘醇脱水装置缓冲罐温度远低于正常工作温度，可能是换热盘管穿孔造成的。 145. × 正确答案：三甘醇黏度变大，会造成甘醇损失量增大。 146. √ 147. × 正确答案：天然气生产自耗率是在报告期内生产天然气所消耗的天然气量与同期生产的天然气量之比。 148. √ 149. √ 150. × 正确答案：井下封隔器解封后，井口套压也不能运用来计算井底压力，可用最高关井油压来计算井底压力。 151.× 正确答案:用静气柱计算井底压力,当井深小于1000m时,可以只进行一次计算。 152.× 正确答案:计算气井产层中部压力时,运用的压力梯度是实测的最后段压力梯度。 153.× 正确答案:利用测试资料只能准确确定井筒的静液面深度。 154.× 正确答案:其他条件不变时,管道输气量随起点压力的增加而增加,随终点压力的增加而减小。 155.√ 156.√ 157.× 正确答案:管道输送效率即管道实际输送气量与在同一工况下管道计算输送气量之比。 158.× 正确答案:从管道储气量计算公式可以看出,储气量与管道的长度有关。 159.√ 160.× 正确答案:气井节点系统分析时,节点的流入动态和流出动态曲线的交点是协调点。 161.√ 162.√ 163.√ 164.× 正确答案:地层压力是指同一气藏全部气井关井平稳后,气层中部的压力。 165.× 正确答案:单井压降储量累积法不是所有气藏都适用。 166.× 正确答案:管道运行分析可分为实时分析、日分析、周分析、月分析、年度分析等。 167.√ 168.√ 169.× 正确答案:疏松的砂岩地层,为防止流速过大、地层出砂,应采取定井底渗滤流速制度。 170.√ 171.√ 172.× 正确答案:三甘醇脱水装置循环泵故障,是造成甘醇循环量突然减小的主要原因。 173.√ 174.× 正确答案:板式换热器冷却是利用富甘醇与贫甘醇进行热交换,将贫甘醇进行冷却,提高富甘醇进入重沸器再生的温度,有利于降低甘醇再生的燃料气消耗。 175.√ 176.√ 177.√ 178.√ 179.√ 180.× 正确答案:教学重点是指本节课主要讲授的内容,不同的教师讲授同一节课的内容时,解释语言可不同,教学重点应相同。 181.√ 182.√ 183.√ 184.× 正确答案:优化场站可增加或减少设备,即优化简化,满足现有工艺需要的同时,还应考虑适应气田气藏开采工艺、管网布置发展的变化。 185.√ 186.√ 187.× 正确答案:当吸入极高 H_2S 浓度的空气时,会导致人电击样死亡。 188.× 正确答案:风险评价的目的是通过评价寻求最低事故率、最少的损失和最优的安全投资效益。 189.√ 190.√ 191.√ 192.× 正确答案:一般认为40dB是正常的环境声音,超过40dB就是有害的噪声。 193.√ 194.√ 195.√ 196.× 正确答案:及时进行应急处理和减轻事故所造成的损失是事故控制的两个关键点。 197.√

四、简答题

1. 答:①井底距原始气水界的高度。在相同条件下,井底距气水界面越近,气层水到井底的时间越短。②气井生产压差 Δp 随着大压差生产,气层水到达井底的时间越短。③气层渗透性及气层孔缝结构。如气层纵向大裂缝越发育,底水达到井底的时间越短。④边底水水体的能量与活跃程度。

评分标准:答对①②③④各占25%。

2. 答:①加速产量递减。气层的一部分渗流通道被水占据,单相流变为两相流,增大了气体渗流阻力,使产气量大幅度下降,递减加快。②地层水沿裂缝、高渗透带窜进,气体被水分割、遮挡,气体流动受阻,部分区块形成死气区,使采收率降低。③气井出水后水气比增加,造成油管中两相流动,使压力损失增加,井口生产压力下降,严重时会造成井筒积液,产气量下降,甚至造成气井过早停喷,大大缩短了气井寿命。

评分标准:答对①占40%,答对②③各占30%。

3. 答:应弄清以下几个方面:①气藏是否有边底水;②井身结构是否完好,排除外来水的可能性；③产出的水性是否与边底水的水性一致；④随着生产压差的增加产水量是否增加；⑤试井指示曲线上的上翘点的压差较以往的试井资料是否逐渐减小。

评分标准：答对①②③④⑤各占 20%。

4. 答：可根据以下几个方面判断：①气层上、下地层是否有水层；②井身结构是否完好，固井质量是否合格，套管下入深度是否合适，套管在生产过程中是否发生破裂，以确定外来水的窜入通道；③产出的水性是否与边底水的水性一致，外来水通常与边底水有区别；④产水量是否有规律，地层水水性是否稳定。

评分标准：答对①②③④各占 25%。

5. 答：①气藏压力系统又称水动力学系统，在同一压力系统中，任何一点的压力变化都会传播到整个系统。②气藏压力系统应从以下方面分析：一是气藏压力系数；③二是气井原始折算地层压力的对比；④三是天然气性质分析；⑤四是井间连通状况分析。

评分标准：答对①②③④⑤各占 20%。

6. 答：①气藏能保持较长时间稳产。稳产时间的长短不仅与气藏储量和产量的大小有关，还与气藏是否有边底水，边底水活跃与否等其他因素有关。②气藏压力均衡下降。可以避免边底水舌进、锥进，这对有水气藏的开采十分重要。③气井无水采气期长。此阶段采气量高，气井无水采气期长，资金投入相对少，管理方便，采气成本低。

评分标准：答对①占 40%，答对②③各占 30%。

7. 答：①气井油管鞋一般下到气层中部，使产出的水全部能进入油管，不在井底聚积；②油管柱严密不漏、无破裂，防止起泡剂短路，流不到井底；③加注起泡剂的时机要恰当，最佳时机是开井时井内无积液时加入，气井产水便能排出；④起泡剂加注浓度要合适，浓度过小排水效果差，浓度过大消泡困难；⑤消泡剂加注位置应尽量远离分离器进口，保证消泡剂与含水泡沫充分接触，确保消泡效果。

评分标准：答对①②③④⑤各占 20%。

8. 答：①柱塞举升排水采气是间歇生产的一种特殊形式，②是将柱塞作为气液之间的机械界面，利用聚集在套管和柱塞下方的天然气能量推动柱塞从井底运行到井口，从而把柱塞之上的液体排出到地面；③当气井的能量下降，气井自动关井，重新聚集能量，同时柱塞在重力作用下回落至井下，井底积液通过柱塞与油管的间隙上升到柱塞上方。④当能量聚集到一定程度，气井自动开井，这样柱塞在油管内进行周期地举升液体，达到排水采气的目的。

评分标准：答对①占 20%，答对②③各占 20%，答对④占 20%。

9. 答：气举阀的主要用途有两个：①一是让高压气体从油管柱的不同部位注入井筒，卸去井筒内液体载荷，达到排水采气的目的；②二是控制卸载和正常举升时的注气量。③其中用于卸载的气举阀称为卸载阀，用于正常举升排水的气举阀称为工作阀。

评分标准：答对①②占 40%，答对③占 20%。

10. 答：气井酸化压裂施工效果分析常用方法如下：①利用施工综合曲线分析，如泵压下降、排量增加、吸收指数上升，则说明堵塞解除或压开了储层；②利用措施前后的压力恢复曲线进行分析，如果施工后的压力恢复曲线直线段斜率比施工前减小，说明堵塞解除（或压开了储层）；③利用措施前后的产量增产倍数或增产量进行分析。

评分标准：答对①占 40%，答对②③各占 30%。

11. 答:防止管道腐蚀的主要措施有:①正确选择管道材质,②对管道进行外防腐涂层保护、③施加阴极保护,④对输送介质进行脱水、脱硫处理,⑤加注适宜的缓蚀剂。

评分标准:答对①②③④⑤各占20%。

12. 答:站内工艺系统吹扫清洗要求如下:①管道吹扫前,有节流孔板的应取出,有调节阀或节流阀的应拆除;②吹扫冲洗应先干线,后支线,管道内的水应排净;③吹扫冲洗应用洁净水或空气进行,用空气吹扫时吹扫气流速度应大于20m/s,用水冲洗时宜以最大流量进行清洗,且流速不应小于1.5m/s。

评分标准:答对①②各占30%,答对③占40%。

13. 答:站内工艺系统置换要求如下:①置换空气的气体应采用氮气或其他惰性气体;②置换空气时,氮气或惰性气体的隔离长度应保证到达置换管线末端内空气与天然气不混合;③置换过程中管道内气体速度不宜大于5m/s;④氮气置换空气时,当管道末端放空管口气体含氧量不大于2%时即可认为置换合格;⑤天然气置换氮气或惰性气体时,当管道末端放空管口气体甲烷含量达到80%,连续监测3次,甲烷含量有增无减,则认为置换合格。

评分标准:答对①②③④⑤各占20%。

14. 答:阀门试验验漏的相关要求如下:①阀门应用洁净水为介质进行强度和密封性试验。②强度试验压力应为设计压力的1.5倍,③稳压时间应大于5min,④壳体、垫片、填料等不渗漏、不变形、无损坏,压力不降为合格;⑤密封性试验压力为设计压力,稳压15min,不内漏、压力不降为合格。

评分标准:答对①②③④⑤各占20%。

15. 答:站内工艺管道系统投入使用前采用气压试验的相关要求:①当采用气压试验并用发泡剂检漏时,分段进行。②升压应缓慢,系统可先升到0.5倍强度试验压力,进行稳压验漏,③无异常、无泄漏时再按强度试验压力的10%逐级升压,每级应进行稳压并验漏合格,直至升至强度试验压力,④经检查合格后再降到设计压力进行严密性试验,进行检查。⑤每次稳压时间应根据所用发泡剂检漏工作需要时间而定。

评分标准:答对①②③④⑤各占20%。

16. 答:气田集输管道试压的相关要求如下:①气田集输管道强度试验,应缓慢升压,压力分别升至试验压力的30%、60%时,各稳压30min,②检查管道无问题后继续升至强度试验压力,稳压4h,管道无断裂、目测无变形、无渗漏为合格;③然后降至严密性试验压力,稳压24h,当管道无渗漏、压降率不大于试验压力值的1%且不大于0.1MPa时为合格。

评分标准:答对①②各占30%,答对③占40%。

17. 答:气井试采期间的配产原则如下:①气驱气藏或地层水不活跃的气藏,以气井绝对无阻流量20%~25%配产,最大不超过30%;②气水边界附近的气井或压裂投产井,以气井绝对无阻流量15%~20%进行配产;③底水活跃的气藏,以气井绝对无阻流量15%~20%进行配产,还应不引起底水锥进。

评分标准:答对①②各占30%,答对③占40%。

18. 答:①气井生产分析是气井生产管理的重要手段,②它是利用气井的静态资料、动态资料,结合气井的生产史及目前生产状况,③用数理统计法、图解法、对比法、物质平衡法和渗流力学等方法,④分析气井的各项生产参数(地层压力、井底流动压力、油压、套压、输压、流量计静压、差压、油气比、水气比、日产气量、日产油量、日产水量及气井出砂量等）它们之间变化的原因，⑤从而制定相应的措施，以便充分利用地层的能量，使气井保持稳产高产，提高气藏的采收率。

评分标准：答对①占 10%，答对②③⑤各占 20%，答对④占 30%。

19. 答：①当仪器处于“自动”工作状态时，机内给定信号或外控给定信号和经阻抗变换器隔离后的参比信号一起送入比较放大器，②经比较放大后，输出误差控制信号，③此信号经移相触发器，改变输出电压、电流的大小，④使保护电位等于设定的给定电位，从而实现恒电位保护。

评分标准：答对①③各占 30%，答对②④各占 20%。

20. 答：①要严格按照操作步骤进行检查；②注意安全用电；③更换损坏元件时，规格型号要匹配；④对发现的问题要记录、归档，属于产品质量问题或其他重要缺陷，要联系厂方要求解决。

评分标准：答对①②③各占 20%，答对④占 40%。

21. 答：①对于关键的过程参数需要经常监视其状态，或某些能够引起其他参数报警的过程参数；②装置停车或 DCS/PLC 失效后仍需监视的参数，如可燃性/毒性气体报警等。

评分标准：答对①②各占 50%。

22. 答：①一级一类地区 F 取 0.8，②一级二类地区 F 取 0.72；③二级地区 F 取 0.6；④三级地区 F 取 0.5；⑤四级地区 F 取 0.4。

评分标准：答对①②③④⑤各占 20%。

23. 答：开采特征：①气井开采可分上升阶段、稳产阶段、递减阶段。②上升阶段气井处于调整工作制度和井底产层净化的过程，产量、无阻流量随着井下渗透条件的改善而上升；③稳产阶段产量基本保持不变，压力缓慢下降；④递减阶段气井能量不足以克服地层的流动阻力、井筒油管的摩阻和输气管道的摩阻时，产量开始递减。

评分标准：答对①②各占 30%，答对③④各占 20%。

五、计算题

1. 解：(1) 计算 2013 年 2 月的关井稳定地层压力 p_R：

$$p_R = (p_{wh}+0.099)e^{\frac{0.03415\Delta L}{\overline{ZT}}} \quad (0.2)$$

$$= (26.248+0.099)e^{\frac{0.03415\times0.583\times3452}{0.872\times\left(\frac{20+83.5}{2}+273.15\right)}} \quad (0.1)$$

$$= 33.58(\text{MPa}) \quad (0.1)$$

(2) 计算 2013 年 3 月稳定试井绝对无阻流量由二项式产能方程 $p_R^2-p_{wf}^2=10.1554Q_g+0.2234Q_g^2$ 知：$A=10.1554$，$B=0.2234$

$$q_{AOF} = \frac{-A+\sqrt{A^2-4B(p_R^2-0.1^2)}}{2B} \quad (0.2)$$

$$= \frac{-10.1554+\sqrt{10.1554^2-4\times0.2234\times(33.58^2-0.1^2)}}{2\times0.2234} \quad (0.2)$$

$=51.86(10^4 m^3/d)$ (0.1)

答:B井在2013年3月的绝对无阻流量为$51.86\times10^4 m^3/d$。 (0.1)

2. 解:

$$\varepsilon=\frac{p_{d_{绝}}}{p_{s_{绝}}}$$ (0.4)

$$=\frac{3.5+0.096}{1.2+0.096}$$ (0.3)

$$=2.77$$ (0.2)

答:压缩机组的压比为2.77。 (0.1)

3. 解:温度影响产量的百分比=|计算机显示温度-日均温度|×0.17% (0.2)

=|+70-10|×0.17%

=10.2% (0.1)

校正温度出现故障后影响的产量=计算机产量×温度影响产量的百分比 (0.1)

=(50000-10000)×10.2% (0.1)

$=4080(m^3)$ (0.1)

校正温度后的实际气量=计算机产量+校正温度出现故障后影响的产量 (0.1)

=50000+4080 (0.1)

$=54080(m^3)$ (0.1)

答:校正温度后的日产量为$54080m^3$。 (0.1)

4. 解:根据压力变送器输出的电流信号值与压力的关系可得:

$$\frac{p_M}{20-4}=\frac{p}{16.8-4}$$ (0.4)

$$p=\frac{4\times(16.8-4)}{20-4}$$ (0.3)

$$=3.2(\text{MPa})$$ (0.2)

答:此时该管线压力为3.2MPa。 (0.1)

5. 解:设变送器在55kPa处的示值误差等于零位误差,

则修正后的差压真值为:55-2.0=53.0(kPa) (0.1)

因为:$Q\propto\sqrt{\Delta p}$ (0.2)

$$\Delta Q=\frac{Q_{示}-Q_{真}}{Q_{真}}\times100\%$$ (0.2)

$$=\left(\sqrt{\frac{\Delta p_{示}}{\Delta p_{真}}}-1\right)\times100\%$$ (0.1)

$$=\left(\sqrt{\frac{55}{53.0}}-1\right)\times100\%$$ (0.2)

$$=1.87\%$$ (0.1)

答:因零位误差引起的流量测量误差为1.87%。 (0.1)

6. 解：

① 温度 $T_1=t+273.15=18+273.15=291.15(\mathrm{K})$ (0.3)

② 工况流量 $Q_1=\dfrac{QpT_1Z_1}{p_1TZ}=\dfrac{446\times0.1\times291.15\times1}{0.315\times293.15\times1}=142.48(\mathrm{m^3/h})$ (0.4)

③ 因为 $Q_1>120\mathrm{m^3/h}$，所以该智能旋进旋涡流量计已超过其流量范围。 (0.2)

答：此时通过智能旋进旋涡流量计的工况流量是 142.48m³/h；该智能旋进旋涡流量计已超过其流量范围。 (0.1)

7. 解：

$$\Delta p=\left(1-\frac{p_z\cdot T_s}{p_s\cdot T_z}\right)\times100\% \quad (0.3)$$

$$\Delta p=\left[1-\frac{(7.76+0.1)\times(273.15+20)}{(7.80+0.1)\times(273.15+21)}\right]\times100\% \quad (0.2)$$

$$\Delta p=0.84\% \quad (0.2)$$

因为 $\Delta p=0.84\%<1\%$，且压力下降（0.04MPa）小于 0.1MPa，所以压降合格。 (0.2)

答：该管道试压压降合格。 (0.1)

8. 解：(1) 计算 2015 年的采气速度。

$$2015\text{年采气速度}=\frac{2015\text{年产气量}}{\text{地质储量}}\times100\% \quad (0.2)$$

$$=\frac{(14857.6-13256.4)\times10^{-4}}{3.42}\times100\% \quad (0.1)$$

$$=\frac{0.16012}{3.42}\times100\% \quad (0.1)$$

$$=4.68\% \quad (0.1)$$

(2) 计算 2015 年底的采出程度。

$$2015\text{年底彩出程度}=\frac{2015\text{年累计产气量}}{\text{地质储量}}\times100\% \quad (0.2)$$

$$=\frac{1.48576}{3.42}\times100\% \quad (0.1)$$

$$=43.44\% \quad (0.1)$$

答：该井 2015 年采气速度为 4.68%，2015 年底时采出程度为 43.44%。 (0.1)

9. 解：(1) $\bar{T}=t_0+\dfrac{L}{2M}+273=18+\dfrac{2528}{2\times41.5}+273=321.5(\mathrm{K})$ (0.1)

$$s=0.03415\,\frac{\Delta\cdot L}{\bar{Z}\cdot\bar{T}}=\frac{0.03415\times0.573\times2528}{0.86\times321.5}=0.1789 \quad (0.1)$$

生产一年后的地层压力：

$$p_f=p_{wh}\cdot e^{s} \quad (0.2)$$

$$p_f=20.44\cdot e^{0.1789}$$

$$=24.444(\mathrm{MPa}) \quad (0.1)$$

(2) 气藏的单位压降采气量 $=\dfrac{\sum Q}{\Delta p}$ (0.2)

$$=\frac{\sum Q}{p_0-p_f}=\frac{14381.5}{26.988-24.444}=5653.1(10^4\text{m}^3/\text{MPa}) \quad (0.1)$$

(3) $$\text{采气速度}=\frac{\text{年采气总量}}{\text{地质储量}}=\frac{14381.5}{22.6\times10000}=6.4\% \quad (0.1)$$

$$\text{采出程度}=\frac{\text{累计采气总量}}{\text{地质储量}}=\frac{14381.5}{22.6\times10000}=6.4\% \quad (0.1)$$

答:该气藏生产一年后的地层压力为 24.444MPa(绝),该井区的单位压降采气量为 $5653.1\times10^4\text{m}^3/\text{MPa}$,当年的采气速度为 6.4%,采出程度为 6.4%。 (0.1)

10. 解:

$$\text{最终采收率}=\frac{\text{可采储量}}{\text{地质储量}}\times100\%+\text{措施采气增加的采收率} \quad (0.4)$$

$$=\frac{11.18}{17.21}\times100\%+7.14\% \quad (0.4)$$

$$=72.10\% \quad (0.1)$$

答:C 气藏最终采收率为 72.10%。 (0.1)

11. 解:(1)计算 2013 年 2 月关井的稳定地层压力:

$$p_s=p_c e^s \quad (0.2)$$

而 $$S=\frac{0.03415\Delta L}{\overline{ZT}} \quad (0.1)$$

$$=\frac{0.03415\times0.583\times3452}{0.872\times[(83.5+20)/2+273.15]}$$

$$=0.2426 \quad (0.1)$$

$$p_s=26.962\times e^{0.2426}$$

$$=34.36(\text{MPa}) \quad (0.1)$$

(2)计算 2013 年 3 月井底流动压力。

该井油管生产,通过 3 月井口套压计算得到井底压力,即可视为 3 月井底流压,同上计算 2012 年 3 月井底流动压力

$$p_s'=25.2\times e^{0.2426} \quad (0.1)$$

$$=32.19(\text{MPa}) \quad (0.1)$$

(3)2013 年 3 月生产压差为:

$$\Delta p=p_s-p_s' \quad (0.1)$$

$$=34.36-32.19$$

$$=2.17(\text{MPa}) \quad (0.1)$$

答:2013 年 3 月气井生产压差为 2.17MPa。 (0.1)

12. 解:因 $L=2750\text{m} > 1680\text{m}$,所以 $p_{wf}=p_{wh}e^{1.293\times10^{-4}\times\Delta\times L}$ (0.5)

油管采气视套管压力为井口压力,即 $P_{wh}=19.500\text{MPa}$

$$p_{wf}=19.5\times e^{0.203} \quad (0.2)$$

$$=23.881(\text{MPa}) \quad (0.2)$$

答：该井近似井底压力为 23.881MPa。 (0.1)

13. 解：(1)求井筒平均温度。

$$\bar{T}=t_0+\frac{L}{2M}+273.15 \quad (0.1)$$

$$\bar{T}=15+\frac{2000}{2\times41.5}+273.15 \quad (0.1)$$

$$=312.25(\text{K}) \quad (0.1)$$

(2)求 s。

$$s=\frac{0.03415\Delta L}{\bar{T}\cdot\bar{Z}} \quad (0.1)$$

$$s=\frac{0.03415\times0.57\times2000}{312.25\times0.8113}=0.1537 \quad (0.1)$$

(3)计算井底压力。

因油管采气，所以 $p_{wh}=p_c=18.0(\text{MPa})$ (0.1)

$$p_{wf}=p_{wh}\times e^s \quad (0.2)$$

$$=18.0\times e^{0.1537}$$

$$=20.99\text{MPa}(绝) \quad (0.1)$$

答：该井井深 2000m 处的压力为 20.99MPa。 (0.1)

14. 解：首先求出 1500～1600m 处的压力梯度 $p_{梯}$：

$$p_{梯}=(14.84-14.02)/(1600-1500)\times100 \quad (0.2)$$

$$=0.82(\text{MPa}/100\text{m}) \quad (0.1)$$

井深 1600～1800m 计算按 1500～1600m 的压力梯度计算，则井深 1800m 处的压力 p_1 为：

$$p_1=14.84+(1800-1600)\times0.82/100 \quad (0.2)$$

$$=16.48(\text{MPa}) \quad (0.1)$$

气层中部 2000m 处的压力 p_2 为：

$$p_2=16.48+1.0\times10^3\times9.8\times(2000-1800)/10^6 \quad (0.2)$$

$$=18.44(\text{MPa}) \quad (0.1)$$

答：该井气层中部压力为 18.44MPa。 (0.1)

15. 解：(1)计算压力梯度：

$$M=(p_m-p_n)/(L_m-L_n)\times100$$

L_m、L_n——m、n 点井深，m，$m>n$；

p_m、p_n——井深 m、n 点对应的压力，MPa。

根据该公式计算各段压力梯度结果如下表。

测点序号	井深，m	压力，MPa	压力梯度，MPa/100m	备注
1	0	15.527		压力为绝对压力
2	500	16.607	0.216	
3	1000	17.702	0.219	
4	1500	18.807	0.221	
5	2000	19.887	0.216	
6	2800	21.631	0.218	
7	3000	22.455	0.412	
8	3350	25.927	0.992	

根据压力梯度数据初步判断液面在3000～2800m。 (0.4)

(2)计算液面井深：

采用第6点、第8点计算，第6点作为纯气点，第8点作为纯液点。 (0.1)

液面深度＝[纯液深度×纯液梯度－纯气深度×纯气梯度－(纯液压力－纯气压力)×100]÷(纯液梯度－纯气梯度) (0.2)

＝[3350×0.992－2800×0.218－(25.927－21.631)}×100)]÷(0.992－0.218)

＝2949.87(m) (0.2)

答：该井2015年12月液面深度为2949.87m。 (0.1)

16. 解：根据威莫斯公式

$$Q=5033.11d^{8/3}\sqrt{\frac{p_1^2-p_2^2}{\Delta TZL}} \quad (0.4)$$

$$=5033.11\times(\frac{325-6\times2}{10})^{8/3}\sqrt{\frac{3.0^2-2.8^2}{0.6\times(273.15+15)\times1\times40}} \quad (0.3)$$

$$=5036991(m^3/d) \quad (0.2)$$

答：该管道通过能力为5036991m^3/d。 (0.1)

17. 解：由管道直管段壁厚计算式：

$$\delta=\frac{pD}{2\sigma_s F\varphi t}+C \quad (0.4)$$

$$=\frac{7.8\times159}{2\times245\times0.72\times1\times1}+2=5.5(mm) \quad (0.3)$$

向上圆整至标准壁厚选取6mm。 (0.2)

答：应至少选用6mm壁厚的管道。 (0.1)

18. 解：(1)计算当前工况条件下管道的计算输气量：

$$Q=5033.11d^{8/3}\sqrt{\frac{p_1^2-p_2^2}{\Delta TZL}} \quad (0.3)$$

$$=5033.11\times\left(\frac{273-2\times11}{10}\right)^{8/3}\times\sqrt{\frac{3^2-2.4^2}{0.6\times(273.15+15)\times0.98\times30}} \quad (0.2)$$

$$=68.6\times10^4(m^3) \quad (0.1)$$

(2)计算管输效率:

$$\eta=\frac{Q_{实}}{Q_{计}}=\frac{60\times10^4}{68.6\times10^4}\times100\% \qquad (0.2)$$

$$=87.2\% \qquad (0.1)$$

答:该输气管道的管输效率为87.2%。 (0.1)

19. 解:

(1)计算管道最高平均压力和最低平均压力(绝)。

管道最高平均压力:$p_{1m}=\frac{2}{3}\left(p_1+\frac{p_2{}^2}{p_1+p_2}\right)$ (0.2)

$$=\frac{2}{3}\times\left(6.1+\frac{5.7^2}{6.1+5.7}\right)=5.9(\mathrm{MPa}) \qquad (0.1)$$

(2)计算管容积:

$$V=\frac{\pi}{4}d^2L \qquad (0.1)$$

$$=\frac{3.14}{4}\times\left(\frac{406-12\times2}{1000}\right)^2\times42\times1000$$

$$=4811.1(\mathrm{m}^3) \qquad (0.1)$$

(3)计算管道最大储气量:

由储气量计算公式 $Q_{储}=\frac{VT_0}{p_0T}(\frac{p_{1m}}{Z_1}-\frac{p_{2m}}{Z_2})$ (0.2)

$$=\frac{4811.1\times293.15}{0.1\times288.15}\left(\frac{5.9}{0.98}-\frac{0.1}{1}\right)$$

$$=289779.3(\mathrm{m}^3) \qquad (0.2)$$

答:目前生产情况下,管道最大储气量为289779.3m^3。 (0.1)

附 录

附录1　职业资格等级标准

1. 工种概况

1.1　工种名称

采气工

1.2　工种定义

操作并管理天然气气井和天然气采气、集气等工艺设备，将地层中天然气采集到井口，经过保温、分离、计量、脱水等工艺，输送到下游的操作人员。

1.3　工种等级

本工种共设五个等级，分别为：初级（国家职业资格五级）、中级（国家职业资格四级）、高级（国家职业资格三级）、技师（国家职业资格二级）、高级技师（国家职业资格一级）。

1.4　工种环境

室内、室外作业，易燃、易爆、有毒、高压、噪声。

1.5　工种能力特征

身体健康，具有一定的理解、表达、计算、分析、判断能力，具有形体知觉（触觉、听觉、味觉、嗅觉）能力、色觉能力，动作协调灵活。

1.6　基本文化程度

高中毕业（或同等学力）。

1.7　培训要求

1.7.1　培训期限

全日制职业学校教育根据其培养目标和教学计划确定期限。晋级培训：初级不少于120标准学时；中级不少于180标准学时；高级不少于210标准学时；技师不少于180标准学时；高级技师不少于180标准学时。

1.7.2　培训教师

培训初级、中级、高级的教师，应具有本工种高级及以上职业资格证书或中级及以上专业技术职称；培训技师、高级技师的教师，应具有本工种高级技师职业资格证书或中级及以上相应专业技术职称。

1.7.3　培训场地设备

理论知识培训应具有可容纳30名以上学员的教室；技能操作培训应有相应的工艺设备、仪器、仪表、工具、安全设施等完善的场地；设备设施应随着培训需求进行更新。

1.8　鉴定要求

1.8.1　适用对象

采、配气作业各岗位的人员。

1.8.2　申报条件

——初级（具备以下条件之一者）

（1）从事本工种工作1年以上。

（2）各类中等职业学校及以上本专业毕业生。

（3）经职业培训，达到规定标准学时，并取得培训合格证书。

——中级（具备以下条件之一者）

（1）从事本工种工作5年以上，并取得本职业（工种）初级职业资格证书。

（2）各类中等职业学校本专业毕业生，从事本工种工作3年以上，并取得本职业（工种）初级职业资格证书。

（3）大专（含高职）及以上本专业（职业）或相关专业毕业生，从事本工种工作2年以上。

——高级（具备以下条件之一者）

（1）从事本工种工作14年以上，并取得本职业（工种）中级职业资格证书。

（2）各类中等职业学校本专业毕业生，从事本工种工作12年以上，并取得本职业（工种）中级职业资格证书。

（3）大专（含高职）及以上本专业（职业）毕业生，从事本工种工作5年以上，并取得本职业（工种）中级职业资格证书。

——技师（具备以下条件之一者）

（1）取得本职业（工种）高级职业资格证书3年以上。

（2）大专（含高职）及以上本专业毕业生，取得本职业（工种）高级资格证书2年以上。

——高级技师

取得本职业（工种）技师职业资格证书3年以上。

1.8.3　鉴定方式

初、中、高级鉴定采用理论知识考试和技能操作考试两种方式。

理论知识考试采取闭卷方式（笔试或计算机答题），实行百分制，成绩达60分以上（含60分）为合格。

技能操作考试采取笔试、现场模拟操作、现场实际操作等方式，单项实行百分制，成绩均达60分以上（含60分）为合格。

参加技师鉴定除理论知识考试和技能操作考试合格外还需提交个人技术工作总结并回答提问，综合考评分在60分以上（含60分）为合格。

参加高级技师鉴定除理论知识考试和技能操作考试合格外还需提交个人技术论文并进行答辩，综合考评分在60分以上（含60分）为合格。

1.8.4 考评人员与考生配比

理论知识考试监考人员与考生配比为 1∶20,且每间教室监考人员不少于 2 名;技能操作考试考评人员与考生配比为 1∶5,且每个项目不少于 3 名考评人员;技师、高级技师技术工作总结问答和高级技师论文答辩考评人员不少于 5 人。

1.8.5 鉴定时间

理论知识考试时间为 90min;技能操作考试笔试时间根据项目要求确定,但不应少于 60min;现场实际操作考试时间根据具体项目确定;技术工作总结回答问题时间为 30min;论文答辩时间为 40min。

1.8.6 鉴定场所设备

室内项目鉴定考室满足以下要求:

(1)考室内所保留的文字信息应不涉及考题知识;

(2)考位应满足考生一人一桌椅,桌椅安放稳固,表面光洁、平整、干净,不能张贴、存放任何与考试内容有关的信息;

(3)桌椅摆放行、列之间距离大致相等,考位间间距不小于 80cm;

(4)考室内温度适宜,光照亮度充分,环境噪声应低于 50dB;

(5)进出考室通道无障碍,地面干燥、清洁;

(6)无安全隐患。

室外项目鉴定场所、设备应满足以下要求:

(1)现场整洁有序,地面平整、干燥、清洁;

(2)通道畅通无障碍,现场无安全隐患;

(3)现场应根据项目配备必要的安防设备设施;

(4)现场应配备必要的防冻、防中暑物资(如急救箱、饮用水等);

(5)实际操作的设备应无缺陷、运行状况良好、阀门开关灵活;

(6)工具、材料配置完整,使用可靠;

(7)现场设备、流程应与考试项目匹配。

2. 基本要求

2.1 职业道德

(1)爱岗敬业,自觉履行职责;

(2)忠于职守,严于律己;

(3)吃苦耐劳,工作认真负责;

(4)勤奋好学,刻苦钻研业务技术;

(5)谦虚谨慎,团结协作;

(6)安全生产,严格执行生产操作规程;

(7)文明作业,质量环保意识强;

(8)文明守纪,遵纪守法。

2.2 基础知识

2.2.1 天然气基础知识

(1)天然气的组成和分类。

(2)天然气的物理、化学性质。

(3)天然气的状态方程。

2.2.2 开发地质及气藏工程

(1)气藏地质基础。

(2)气层流体特性。

(3)流体流动基本规律。

(4)气井试井。

(5)气井、气藏动态分析及异常情况处理。

(6)合理采气。

2.2.3 气井及采气设备

(1)气井。

(2)采气设备。

(3)机泵及压缩机。

2.2.4 采气工程

(1)气井开采。

(2)天然气矿场集输。

(3)天然气脱水。

(4)气井增产措施。

(5)腐蚀与防腐。

2.2.5 天然气计量

(1)计量基础知识。

(2)测量仪表及原理。

(3)天然气流量计量标准。

2.2.6 信息数字化系统基础知识

(1)计算机及常用办公软件。

(2)自动化控制系统。

(3)信息数字化系统概述、组成及功能。

2.2.7 制图基础

(1)制图基本知识。

(2)工艺流程图及安装图绘制方法。

2.2.8 电学常识

(1)电学基础知识。

(2)常用电力设备。

(3)安全用电常识。

2.2.9 生产管理

(1)气井生产管理。

(2)设备设施管理。

(3)集输管道管理。

(4)施工作业管理。

(5)员工培训管理。

2.2.10 油气生产场所安全、环保知识

(1)防火、防爆、防中毒、防雷电、防静电知识。

(2)常用安防器材的选用。

(3)岗位危害因素辨识。

(4)生产场所风险评价与控制。

(5)应急预案编制与演练。

(6)环境保护。

3. 工作要求

本《标准》对初级、中级、高级、技师、高级技师的要求依次递进,高级别包括对低级别的要求。

3.1 初级

职业功能	工作内容	技能要求	相关知识
一、操作维护设备	(一)操作采气设备	1. 能开、关气井 2. 能启、停加热炉 3. 能调节控制天然气生产压力、温度及流量 4. 能排污 5. 能放空 6. 能操作常用阀门 7. 能加注缓蚀剂、防冻剂、起泡剂、消泡剂等药剂 8. 能操作配电箱(屏)控制面板上的控制开关 9. 能进行生产工艺流程切换操作 10. 能操作井口安全截断系统 11. 能清洗孔板节流装置 12. 能识别和使用常用工具 13. 能配合清管操作	1. 气井开、关操作规程 2. 加热炉结构、原理,启停操作规程 3. 常用阀门的结构、工作原理及操作规程 4. 分离器的结构、原理及排污操作规程 5. 放空操作规程 6. 常用阀门操作规程 7. 缓蚀剂、防冻剂、起泡剂、消泡剂的作用机理及加注操作规程 8. 常用电器、机泵、灯具的启停规程和安全用电常识 9. 采气生产工艺流程切换操作要点 10. 井口安全截断系统操作规程 11. 孔板阀结构及维护规程 12. 常用工具基础知识及使用注意事项 13. 清管操作规程
	(二)操作保养采气设备	能对采气设备进行"十字"作业(清洁、润滑、调整、紧固、防腐)	1. 常用阀门维护保养方法 2. 工具使用方法 3. 外防腐材料及使用方法
	(三)操作仪器、仪表	1. 能检查、更换压力表 2. 能启、停流量计 3. 能检查流量计零位 4. 能使用便携式气体检测仪 5. 能检查变送器零位 6. 能启动关闭调压阀	1. 压力表种类、结构、原理及使用规范 2. 流量计的结构、工作原理及启停流量计的操作方法 3. 流量计零位检查方法 4. 便携式气体检测仪使用方法 5. 变送器零位检查方法 6. 调压阀的性能、结构、原理及使用方法

续表

职业功能	工作内容	技能要求	相关知识
二、整理分析生产资料	（一）录取资料	1. 能录取气井（站）、设备生产运行数据 2. 能采集气样、水样、油样	1. 数据录取方法 2. 气样、水样、油样采集操作规程
	（二）计算参数	能计算气井气、油、水产量	天然气、油、水产量计算方法
	（三）填写报表	1. 能填写生产报表 2. 能填写生产、设备运行记录	1. 填写生产报表的要求及方法 2. 生产、设备运行记录填写要求及方法
	（四）识图与绘图	1. 能绘制气井采气曲线图 2. 能看懂井身结构图 3. 能看懂工艺流程图	1. 绘制采气曲线图的要求和方法 2. 气井井身结构的组成 3. 工艺流程图例标准
	（五）判断异常情况	能根据压力、流量、温度等参数变化初步判断地面设备、仪器仪表异常情况	气井生产时压力、流量、温度等参数变化规律
	（六）操作计算机	1. 能查看计算机采集的数据、图表、参数设置 2. 能通过计算机冻结、解冻流量 3. 能运用计算机进行文字、数据处理 4. 能打印资料 5. 能利用视频监控系统监视生产设备运行情况 6. 能利用远程控制系统进行开关井、远程控制阀门的操作	1. 计算机基本操作 2. 常用参数的运行范围 3. 视频监控系统监控操作方法 4. 远程控制系统操作方法
三、安全生产	（一）安全防护与控制	1. 能辨识岗位危害因素，掌握控制措施 2. 能辨识作业风险，掌握控制措施 3. 能检查和使用安全防护器材、消防器材	1. 天然气组成及主要危险有害因素 2. 天然气采气场、采气站主要设备及其危险有害因素 3. 防火、防爆、防中毒常识 4. 安全用电常识 5. 特种设备的技术要求，操作使用基础知识 6. 天然气采气场、采气站主要的安全防护器材及使用方法
	（二）应急处理	1. 掌握场站应急处置程序 2. 能进行现场紧急救护 3. 掌握现场逃生方法	1. 应急处置措施及方法 2. 现场紧急救护方法

3.2 中级

	工作内容	技能要求	相关知识
一、操作维护设备	（一）操作采气设备	1. 能进行排水采气操作 2. 能启停机泵，计算、调节流量 3. 能解除水合物堵塞 4. 能进行清管器收发操作 5. 能操作自动排污设备 6. 发电机启、停及倒供电操作	1. 排水采气工艺措施、工艺流程及操作方法 2. 机泵的结构、工作原理及操作方法，泵注流量计算及调节方法 3. 水合物的生成机理和解除方法 4. 清管器收发操作程序 5. 自动排污设备结构、原理及操作方法 6. 发电机操作规程

续表

	工作内容	技能要求	相关知识
一、操作维护设备	（二）操作脱水装置	1. 能倒换空压机、甘醇泵（三甘醇脱水） 2. 能进行三甘醇脱水装置重沸器、灼烧炉启停操作 3. 能进行分子筛脱水吸附、加热、冷却、切换操作 4. 能录取脱水装置运行数据 5. 能检测脱水剂浓度、测定甘醇 pH 值、检测干气含水量 6. 清洗更换机械过滤器、活性炭过滤器滤芯	1. 空压机、甘醇泵结构、工作原理、操作规程 2. 脱水装置机泵、重沸器、灼烧炉、加热炉的操作规程 3. 脱水装置生产相关操作规程 4. 脱水装置生产数据录取要求 5. 脱水剂浓度、pH 值、干气含水量检测及计算方法 6. 过滤器更换操作规程
	（三）低温分离回收凝析油操作	1. 能启、停防冻剂注入泵 2. 能启、停低温分离器 3. 能启、停凝析油稳定及防冻剂回收再生装置 4. 能启、停控制仪表 5. 能调节设备运行参数	1. 防冻剂注入泵的工作原理及操作方法 2. 低温分离器的结构及操作方法 3. 凝析油稳定及防冻剂回收装置的工艺流程、操作规程及方法 4. 控制登记表的知识及操作规程 5. 工艺参数的设定和调节方法
	（四）操作仪器、仪表	1. 能启、停仪器仪表 2. 能检查、清洗、更换孔板 3. 能操作天然气计量系统 4. 能操作井下安全截断系统 5. 能清洗检查磁浮子液位计	1. 仪器仪表的操作规程 2. 孔板节流装置的结构原理及清洗、更换孔板的操作规程 3. 天然气计量标准和方法 4. 井下安全截断系统的结构原理、操作规程 5. 磁浮子液位计结构、工作原理及操作维护方法
	（五）操作保养采气设备	1. 能更换法兰密封件 2. 能更换阀门 3. 能检查、清洗过滤器滤芯 4. 能保养各类药剂加注设备 5. 能排除设备跑、冒、滴、漏	1. 密封件的种类、适用条件 2. 阀门结构、原理及维护保养 3. 过滤器的结构和滤芯的检查、清洗方法 4. 设备检查维修操作方法
二、整理分析生产资料	（一）控制参数	1. 能控制采气工艺设备节点压力、流量、温度 2. 能控制防冻剂、脱水剂提浓温度 3. 能调节换热器进口、出口温度 4. 能控制天然气输出露点 5. 能修改常用报警参数 6. 能掌握气井生产变化对上下游场站的影响及控制措施	1. 水合物生成的预测方法和防止生成水合物的原理 2. 防冻剂的物理性质、化学性质和脱水剂提浓方法 3. 换热器的结构原理 4. 天然气输出露点控制方法 5. 常用报警参数的修改方法及要求 6. 气井生产集输系统参数变化规律及调节、控制方法
	（二）计算参数	1. 能计算水气比、油气比 2. 能计算防冻剂、脱水剂耗量	1. 油、气、水测量方法和计算方法 2. 防冻剂、脱水剂耗量的计算方法
	（三）分析参数	1. 能利用单井采气曲线分析气井生产状况 2. 能对机动设备运行状态进行分析 3. 能根据压力、流量、温度等参数变化判断地面设备、仪器仪表异常情况	1. 采气曲线分析气井生产动态的方法 2. 机动设备运行状态分析方法 3. 设备、仪器仪表常见故障的判断
	（四）识图与绘图	1. 能绘制单井采气工艺流程图 2. 能绘制井身结构图 3. 能识别常见地层层序符号	1. SY/T 0003—2012《石油天然气工程制图标准》 2. 工艺流程图的绘制要求及方法 3. 井身结构图的绘制要求及方法 4. 地层层序符号及表示方法 5. 工艺设计常用规范

续表

	工作内容	技能要求	相关知识
二、整理分析生产资料	（五）操作计算机	1. 能操作自动控制系统计算机 2. 能使用文字、图表、演示软件 3. 能进行网络页面安全设置	1. 自动控制系统计算机操作方法 2. 计算机办公软件应用 3. 网络页面安全设置方法
三、安全生产	（一）安全防护与控制	1. 能对安全防护器材、消防器材进行检查和维护保养 2. 能识别风险作业及掌握控制措施	1. 安全防护器材、消防器材的种类、技术要求及维护保养方法 2. 风险作业相关内容及控制措施
	（二）应急处理	能对生产场所危害因素进行识别，并采取相应的处理或防范措施	采气场、站危害因素的识别方法，应急处置措施

3.3 高级

职业功能	工作内容	技能要求	相关知识
一、操作维护设备	（一）操作管理气井	1. 能切换集输站流程 2. 能判断处理清管作业异常情况 3. 能进行氯离子滴定 4. 能判断分析井下节流器工艺气井工作状况	1. 井站工艺流程及操作规程 2. 清管工艺流程、操作方法及操作程序 3. 氯离子滴定及计算方法 4. 井下节流器结构原理及常见故障分析
	（二）操作脱水装置	1. 能启停脱水装置 2. 能分析脱水装置操作参数 3. 能操作脱水站压力、液位、温度控制回路 4. 能初步判断处理脱水装置异常情况	1. 脱水装置启停车操作规程 2. 脱水工艺操作参数变化及调节 3. 脱水装置主要控制回路 4. 脱水装置常见故障及处理
	（三）低温站的操作、管理	1. 能进行低温分离回收凝析油站的试运行 2. 能开、停低温站和调整低温站运行状态 3. 能回收混合液 4. 能回收凝析油	1. 低温分离站的工艺流程、工艺参数和操作程序 2. 低温分离回收凝析油的工艺原理、工艺流程及操作方法 3. 混合液、凝析油回收工艺流程和操作程序
	（四）处理故障	1. 能判断、处理气井生产的异常情况 2. 能判断、处理集输气系统压力异常情况 3. 能判断、分析机泵的常见故障 4. 能判断常用流量计常见故障 5. 能判断、分析井口安全截断系统常见故障 6. 能分析处理疏水阀故障	1. 气井常见异常情况 2. 集气系统的操作参数及控制方法 3. 机泵常见故障的判断和排除方法 4. 常用流量计常见故障 5. 井口安全截断系统常见故障及分析方法 6. 疏水阀的结构原理、维护保养方法和故障处理方法
	（五）操作保养采气设备	1. 能更换过滤分离器滤芯 2. 能维护保养注剂泵 3. 能更换调压阀膜片 4. 能维护换热器	1. 过滤分离器结构原理及维护保养方法 2. 维修设备的有关规定及操作方法 3. 调压阀的维修方法 4. 换热器的结构原理及维护方法
	（六）操作仪器、仪表	1. 能操作自动控制仪表 2. 能操作分析仪器、仪表	1. 自动控制仪表的分类及操作方法 2. 分析仪器、仪表的操作使用方法

续表

职业功能	工作内容	技能要求	相关知识
二、整理分析采气资料	(一)计算参数	1. 能计算天然气流量参数 2. 能计算采气井管理指标 3. 能计算采气能耗指标 4. 能计算清管参数 5. 能计算输差	1. GB/T 21446—2008《用标准孔板流量计测量天然气流量》 2. 气井管理指标的定义、用途和计算方法 3. 消耗指标及计算方法 4. 清管作业相关计算方法 5. 输差计算方法
	(二)分析参数	1. 能根据气井水样氯离子含量变化情况、判断气井出水异常 2. 能分析计量误差、输差产生原因 3. 能划分气井生产阶段	1. 不同类型气井水的氯离子含量变化特征及所代表的意义 2. 计量误差、输差分析方法 3. 气井生产阶段特征
	(三)识图与绘图	1. 能根据现场流程绘制站场工艺流程图 2. 能绘制简单零件图 3. 能识别安装图	1. 工艺流程图绘图要求及方法 2. 机械制图标准及方法 3. 安装图基础
	(四)操作计算机	1. 能处理文字、数据、图表 2. 能传输文件 3. 能进行计算机病毒清除、软件安装升级操作	计算机基础及操作方法
三、安全生产	(一)安全防护与控制	1. 能对生产场所危害因素辨识,并提出相应的削减或控制措施 2. 能进行工作前安全分析	1. 危害因素辨识和评价方法及应急处置措施 2. 工作前分析方法
	(二)应急处理	1. 能对设备故障进行应急处理 2. 能组织本站场应急处置演练	1. 站场应急处置措施程序 2. 班组应急演练程序和目的
四、培训	(一)理论培训	能对初级、中级采气工进行理论培训	培训方法
	(二)技能培训	能对初级、中级采气工进行技能培训	

3.4 技师

职业功能	工作内容	技能要求	相关知识
一、生产管理	(一)实施方案	1. 能按照新井投产方案组织气井投产 2. 能执行气井试井方案 3. 能组织实施设备、管道检维修方案	1. 站场设计规范 2. 投产方案的内容及有关规定 3. 施工及验收规范 4. 试井设计、原理和程序
	(二)管理生产设备	1. 能验收、检查井站单体设备,并组织试运行 2. 能调整井站设备工况 3. 能对设备进行动态分析,参与制定维修保养制度 4. 能看懂设备装配图 5. 能按设备装配图拆装和检查	1. 设备操作规程 2. 设备的维修规程 3. 机械设计原理与机械制图基础

续表

职业功能	工作内容	技能要求	相关知识
一、生产管理	（三）管理控制设备	1. 能投运控制设备 2. 能按操作参数检查控制回路 3. 能处理控制设施的现场故障 4. 能组织新建或大修后的脱水装置投运	1. 控制设备的原理和操作维护方法 2. 脱水装置投（复）运管理
	（四）处理故障	1. 能判断和排除站场运行中发生的故障 2. 能维修常用设备 3. 能根据采气流程中各个节点参数的变化判断和排除异常情况 4. 能处理施工作业时造成的生产异常情况 5. 能分析判断脱水装置各种故障并提出处理措施	1. 管线及设备常见故障判断、处理方法 2. 天然气采气过程中各节点参数间的关系 3. 施工作业方案的编写和实施 4. 脱水装置故障分析处理
二、整理分析采气资料	（一）计算参数	能计算产能方程相关参数	1. 工艺参数的计算方法 2. 气井（藏）的相关计算方法
	（二）分析参数	1. 能分析气井增产措施效果 2. 能根据天然气露点资料分析脱水装置运行参数的合理性 3. 能根据生产参数分析判断集输管网的运行情况	1. 增产措施效果分析 2. 脱水工艺综合运行分析 3. 管网运行相关要求、规范
	（三）识图与绘图	1. 能识别工艺设备安装图 2. 能识别工艺流程控制图	1. SY/T 0003—2012《石油天然气工程制图标准》 2. 自动化控制设备原理
	（四）编写方案	1. 能参与编写气井投产方案 2. 能参与编写井站和集气管线的投产方案 3. 能参与编写井站、管线的大修方案 4. 能编写阶段性生产总结和技术总结 5. 能编写检维修方案、清管作业方案	1. 编写投产方案的要求及方法 2. 编写井站、管线大修的要求及方法 3. 编写技术工作总结的方法 4. 维修作业操作规程的编写方法
	（五）操作计算机	1. 能利用计算机进行文字、数据、图表处理 2. 能编制多媒体课件 3. 能用计算机绘制本工种相关图件	1. 计算机基础知识及操作方法 2. 常用办公软件应用 3. 计算机绘图软件应用
	（六）动态分析	1. 能根据气井资料进行动态分析，提出调整气井工作制度建议并对效果实施评估 2. 能对集气管线进行动态分析，确定管线运行、作业制度	1. 气井综合动态分析方法 2. 集气管线输送效率分析
三、安全生产	（一）安全防护与控制	1. 能组织开展工作前安全分析 2. 能组织开展工作循环分析 3. 能制定风险削减、控制措施	1. QHSE 管理体系工具方法应用 2. 安全防护与风险控制措施
	（二）应急处理	1. 能编写站场、集气管线应急演练预案 2. 能处置突发事件	应急预案编写要求

续表

职业功能	工作内容	技能要求	相关知识
四、培训	(一)理论培训	能对初级、中级、高级采气工进行理论培训	培训组织和实施
	(二)技能培训	能对初级、中级、高级采气工进行技能培训	

3.5 高级技师

职业功能	工作内容	技能要求	相关知识
一、生产管理	(一)施工作业	1. 能解决气井、集气站、脱水站、联合站运行中的问题 2. 能依据投产方案实施联合站和管道投产 3. 能组织或配合气井措施作业现场施工	1. 控制系统的结构和运行参数 2. 气井措施作业原理、程序和方法
	(二)管理生产设备	1. 能评价井站单体设备的运行情况 2. 能对采气站场运行设备进行评价分析 3. 能根据采气生产的变化,提出采气工艺适应性改造的建议 4. 能指导站场工艺设备改造和辅助设施的检修施工作业	1. 评价采气设备的要求及方法 2. 采气设备优选的条件及要求 3. 国家和行业相关设计安装及验收标准
	(三)新工艺新技术应用	1. 能组织或参与组织新工艺、新技术的现场应用 2. 能开展新工艺、新设备适应性评估	新工艺、新技术应用
二、整理分析采气资料	(一)计算参数	1. 能计算各种采气工艺操作参数 2. 能计算气井动态、静态参数	1. 井站、管线工艺设备的各类参数计算方法 2. 计算气井动态储量的方法 3. 试井资料整理及求取产气方程的方法
	(二)分析参数	1. 能利用生产参数对集输系统故障进行分析 2. 能根据气藏井间干扰关系分析气藏的连通性,提出调整气井生产制度的建议	1. 采气综合分析程序和方法 2. 开发地质
	(三)编写方案	1. 能编写气井、站场投产方案 2. 能编写井站、管线的维修方案及施工配合方案 3. 能编制集输站、联合站、管道大修的施工配合方案 4. 能撰写技术论文	1. 相关标准、规范 2. 集气流程及运行状况
	(四)识图与绘图	能绘制工艺流程安装图	SY/T 0003—2012《石油天然气工程制图标准》
	(五)动态分析	1. 能根据气井开采阶段提出提高采收率的建议 2. 能根据动态、静态资料进行气藏动态分析	1. 试井理论及程序 2. 采气工程基础 3. 开发地质基础 4. 提高采收率途径和措施
	(六)操作计算机	根据工作需要,能熟练运用计算机	计算机软硬件、网络基本常识

续表

职业功能	工作内容	技能要求	相关知识
三、安全生产	（一）安全防护与控制	1. 能根据站场、管线安全状况提出隐患整改措施 2. 能对生产单元及设施进行危害因素识别及提出控制措施	危险源、危害因素识别方法
	（二）应急处理	能审查修订应急预案	应急预案审查要求
四、培训	（一）理论培训	能对本工种初级、中级、高级及技师进行理论培训	培训组织、方法、技巧
	（二）技能培训	能对本工种初级、中级、高级及技师进行技能培训	
	（三）编写教材	1. 能参与培训教材修订、编写 2. 能参与题库的修订、开发	

4. 比重表

4.1 理论知识

项目			初级 %	中级 %	高级 %	技师 %	高级技师 %
基本要求		基础知识	35	35	35	35	35
相关知识	操作维护设备	操作采气设备	20	20			
		操作仪器仪表	10	10	5		
		维护保养设备	20	10	15		
		操作井站干法脱硫装置		5			
		操作脱水装置		5	5		
	生产管理	操作管理气井			15	12	12
		操作管理低温站			5		
		管理生产设备				10	10
		管理控制设备				10	10
	整理分析资料	整理分析资料	10	10	15		
		计算天然气生产参数				5	5
		生产分析				10	10
		操作计算机				5	5
	安全生产	安全与环境保护	5	5	5	8	8
	培训	培训与指导				5	5
合计					100	100	100

4.2 操作技能

<table>
<tr><th colspan="3">项目</th><th>初级
%</th><th>中级
%</th><th>高级
%</th><th>技师
%</th><th>高级技师
%</th></tr>
<tr><td rowspan="9">技能要求</td><td rowspan="5">操作技能</td><td>基本技能</td><td>55</td><td>30</td><td></td><td></td><td></td></tr>
<tr><td>资料整理及分析</td><td>10</td><td>15</td><td>20</td><td></td><td></td></tr>
<tr><td>设备维护及保养</td><td>20</td><td>30</td><td>35</td><td>15</td><td>10</td></tr>
<tr><td>故障判断及处理</td><td>10</td><td>15</td><td>25</td><td>25</td><td>20</td></tr>
<tr><td>动态分析及生产维护、调控</td><td></td><td>5</td><td>10</td><td>10</td><td>10</td></tr>
<tr><td rowspan="4">综合能力</td><td>操作计算机</td><td>5</td><td>5</td><td>10</td><td>10</td><td>10</td></tr>
<tr><td>培训指导</td><td></td><td></td><td></td><td>5</td><td>10</td></tr>
<tr><td>施工工艺编制、绘图</td><td></td><td></td><td></td><td>25</td><td>25</td></tr>
<tr><td>技术论文及答辩</td><td></td><td></td><td></td><td>10</td><td>15</td></tr>
<tr><td colspan="3">合计</td><td>100</td><td></td><td>100</td><td>100</td><td>100</td></tr>
</table>

附录 2　中级工理论知识鉴定要素细目表

行业:石油天然气　　工种:采气工　　等级:中级工　　鉴定方式:理论知识

行为领域	代码	鉴定范围（重要程度比例）	鉴定比重	代码	鉴定点	重要程度	备注
基础知识 A（35%）	A	采气地质（24：5：2）	10%	001	试井概念	X	
				002	试井目的	X	
				003	试井分类	X	
				004	稳定试井概念	Y	
				005	稳定试井目的	Y	
				006	稳定试井分类	Y	
				007	不稳定试井概念	Y	
				008	压力恢复试井概念	Z	
				009	气藏高度概念	Z	
				010	含气面积概念	X	
				011	气水界面概念	X	
				012	沉积相概念	X	
				013	沉积相分类	X	
				014	沉积盆地概念	Y	
				015	边水概念	X	
				016	底水概念	X	
				017	夹层水概念	X	
				018	自由水概念	X	
				019	间隙水概念	X	
				020	天然气含水量概念	X	
				021	天然气饱和含水量概念	X	
				022	天然气相对湿度概念	X	
				023	天然气溶解度概念	X	
				024	气体状态方程	X	
				025	天然气黏度概念	X	
				026	临界温度和临界压力概念	X	
				027	压缩因子概念	X	
				028	采气压差概念	X	
				029	地温级率概念	X	
				030	井筒平均温度概念	X	
				031	地温梯度概念	X	

续表

行为领域	代码	鉴定范围（重要程度比例）	鉴定比重	代码	鉴定点	重要程度	备注
基础知识A（35%）	B	采气工程（64：13：4）	10%	001	气井概念	X	
				002	气井分类	X	
				003	气井完井方法	X	
				004	气井井身结构	X	
				005	油管柱组成	X	
				006	油管柱作用	X	
				007	套管柱作用	X	
				008	井下安全阀系统组成	X	
				009	井下安全阀的工作原理	X	
				010	井下节流器结构和作用	X	
				011	井下封隔器的分类	X	
				012	井下封隔器的结构和作用	X	
				013	井口装置组成	X	
				014	井口装置作用	X	
				015	采气树组成	X	
				016	采气树各部分作用	X	
				017	井口安全截断系统组成	X	
				018	井口安全截断系统工作原理	Y	
				019	天然气水合物生成机理	X	
				020	天然气水合物解除方法	X	
				021	优选管柱排水采气原理	Y	
				022	泡沫排水采气原理	X	
				023	柱塞排水采气原理	X	
				024	气举排水采气原理	X	
				025	抽油机排水采气原理	Y	
				026	电潜泵排水采气原理	Z	
				027	螺杆泵排水采气原理	Z	
				028	涡流排水采气原理	Z	
				029	多井集气流程概念	X	
				030	天然气加热方法	X	
				031	水套加热炉结构	X	
				032	水套加热炉加热原理	X	
				033	天然气分离设备分类	X	
				034	常见分离器结构	X	
				035	常见分离器工作原理	X	
				036	自动排液系统结构及工作原理	X	

续表

行为领域	代码	鉴定范围（重要程度比例）	鉴定比重	代码	鉴定点	重要程度	备注
基础知识 A（35%）	B	采气工程（64：13：4）	10%	037	疏水阀结构及工作原理	X	
				038	阀门分类方法	X	
				039	阀门型号标注方法	X	
				040	楔式闸阀结构	X	
				041	阀门密封分类	X	
				042	阀门密封工作原理	X	
				043	楔式闸阀工作原理	X	
				044	截止阀结构	X	
				045	截止阀工作原理	X	
				046	节流阀结构	X	
				047	节流阀工作原理	X	
				048	节流截止阀结构	X	
				049	节流截止阀工作原理	X	
				050	蝶阀结构	X	
				051	蝶阀工作原理	X	
				052	球阀结构	X	
				053	球阀工作原理	X	
				054	旋塞阀结构	X	
				055	旋塞阀工作原理	X	
				056	安全阀结构	X	
				057	安全阀工作原理	X	
				058	调压阀结构	X	
				059	调压阀工作原理	X	
				060	止回阀结构	X	
				061	止回阀工作原理	X	
				062	常用管件	X	
				063	钢管规格型号	X	
				064	集输管网概念	X	
				065	集输管网分类	X	
				066	集输气管线工艺参数计算	X	
				067	清管工艺计算	X	
				068	过滤器结构	X	
				069	低温分离概念	Y	
				070	低温分离回收凝析油工艺流程	Y	
				071	天然气脱水的作用	Z	
				072	天然气脱水方法分类	Y	

续表

行为领域	代码	鉴定范围（重要程度比例）	鉴定比重	代码	鉴定点	重要程度	备注
基础知识A（35%）	B	采气工程（64：13：4）	10%	073	三甘醇脱水原理	Y	
				074	三甘醇脱水装置系统组成	X	
				075	分子筛脱水原理	Y	
				076	分子筛脱水装置系统组成	Y	
				077	焦耳—汤姆逊阀脱水原理	Y	
				078	焦耳—汤姆逊阀脱水系统	Y	
				079	常用离心泵结构及工作原理	X	
				080	常用往复泵结构及工作原理	Y	
				081	油气田信息数字化系统基础知识	Y	
	C	天然气压缩机增压开采（2：1：0）	3%	001	天然气压缩机增压开采原理	Y	
				002	天然气压缩机单井增压开采流程	X	
				003	天然气压缩机多井增压开采流程	X	
	D	天然气计量知识（19：4：1）	4%	001	测量	X	
				002	测量方法	X	
				003	压力测量仪表	X	
				004	测量范围	X	
				005	测量结果	X	
				006	误差定义	X	
				007	误差分类	X	
				008	误差来源	X	
				009	修正值	X	
				010	有效数字	X	
				011	数字修约规则	X	
				012	标准孔板流量计	X	
				013	容积式流量计	X	
				014	涡轮流量计	Y	
				015	超声波流量计	Y	
				016	旋进旋涡流量计	X	
				017	转子流量计	X	
				018	质量流量计	Y	
				019	靶式流量计	X	
				020	液位仪表	X	
				021	电磁流量计	Y	
				022	双波纹管差压计	Z	
				023	天然气计量系统	X	
				024	孔板检查方法	X	

续表

行为领域	代码	鉴定范围（重要程度比例）	鉴定比重	代码	鉴定点	重要程度	备注
基础知识A（35%）	E	安全用电知识（8：2：0）	4%	001	电工基础知识	Y	
				002	供配电基础知识	Y	
				003	用电安全检查	X	
				004	触电急救方法	X	
				005	静电产生的原因	X	
				006	静电的危害	X	
				007	静电安全防护措施	X	
				008	雷电分类	X	
				009	防雷措施	X	
				010	防雷检查	X	
	F	识图与绘图（3：1：0）	4%	001	三视图基础知识	X	
				002	工艺流程图	X	
				003	井身结构图	X	
				004	零件图绘制	Y	
专业知识B（65%）	A	操作采气设备（10：2：1）	20%	001	平衡罐加注装置操作	X	
				002	泵注装置加注操作	X	
				003	气井固体投注装置加注操作	X	
				004	柱塞排水采气操作	Y	
				005	气举排水采气操作	X	
				006	抽油机排水采气操作	Y	
				007	电潜泵排水采气操作	Z	
				008	清管球筒发送清管器操作	X	
				009	清管球筒接收清管器操作	X	
				010	清管阀发送清管器操作	X	
				011	清管阀接收清管器操作	X	
				012	脱水器启停操作	X	
				013	井口安全截断系统启停操作	X	
	B	操作井站干法脱硫装置（5：1：0）	5%	001	脱硫方法分类	Y	
				002	干法脱硫装置原理	X	
				003	干法脱硫工作原理	X	
				004	干法脱硫装置工艺流程	X	
				005	干法脱硫装置倒气操作方法	X	
				006	硫化氢含量检测操作方法	X	
	C	操作脱水装置（5：1：0）	5%	001	重沸器点火操作	X	
				002	灼烧炉点火操作	Y	

续表

行为领域	代码	鉴定范围（重要程度比例）	鉴定比重	代码	鉴定点	重要程度	备注
专业知识B（65%）	C	操作脱水装置（5：1：0）	5%	003	甘醇循环泵（能量回收）启停操作	X	
				004	甘醇循环泵（电泵）启停操作	X	
				005	天然气含水量测定	X	
				006	甘醇浓度的测定	X	
	D	操作仪器仪表（5：1：0）	10%	001	天然气计量误差	X	
				002	天然气计量误差来源	X	
				003	常用压力仪表	X	
				004	仪器仪表的检验	Y	
				005	天然气流量测量标准	X	
				006	磁浮子液位计清洗检查	X	
	E	整理分析资料（4：1：0）	10%	001	用采气曲线划分气井类型	X	
				002	采气曲线分析气井生产动态	X	
				003	常见地层层序符号的识别	X	
				004	常见地层单位的知识	Y	
				005	气水比的计算和作用	X	
	F	维护保养设备（4：2：0）	10%	001	钳工基础	Y	
				002	管工基础	Y	
				003	阀门维护保养	X	
				004	过滤器检查、清洗	X	
				005	阀门更换操作方法	X	
				006	密封脂、润滑剂的加注操作方法	X	
	G	安全与环境保护（14：3：0）	5%	001	燃烧的基本条件	X	
				002	影响物质自燃的因素	X	
				003	预防硫化铁自燃的措施	X	
				004	爆炸极限的定义	X	
				005	影响爆炸极限的因素	Y	
				006	燃烧爆炸的预防措施	X	
				007	生产过程中常见的有毒物质	X	
				008	常用防毒措施	X	
				009	中毒的急救方法	X	
				010	噪声防控	Y	
				011	气体检测仪的报警限值设定	Y	
				012	可燃气体检测仪使用	X	
				013	硫化氢气体检测仪使用	X	
				014	正压式空气呼吸器使用	X	

续表

行为领域	代码	鉴定范围（重要程度比例）	鉴定比重	代码	鉴定点	重要程度	备注
专业知识B(65%)	G	安全与环境保护（14：3：0）	5%	015	常用灭火方法	X	
				016	岗位危害因素辨识	X	
				017	应急处置措施	X	

注：X—核心要素；Y——一般要素；Z—辅助要素。

附录3 中级工操作技能鉴定要素细目表

行业:石油天然气　　工种:采气工　　等级:中级工　　鉴定方式:操作技能

行为领域	代码	鉴定范围	鉴定比重	代码	鉴定点	重要程度	备注
操作技能A 95%	A	基本技能	30%	001	阀门识别	X	
				002	管件组装	X	
				003	三甘醇质量分数测定	Z	
				004	间隙生产井气举操作	Y	
				005	启停水套加热炉	X	
				006	用着色长度检测管法测定硫化氢含量	Y	
	B	资料整理及分析	15%	001	绘制零件平面图	Y	
				002	绘制气井井身结构示意图	X	
				003	绘制单井站采气工艺流程图	X	
	C	设备维护及保养	30%	001	清洗及保养磁浮子液位计	Y	
				002	清洗检查高级阀式孔板节流装置	X	
				003	拆装维护和保养阀套式排污阀(KTP41Y—10DN50)	X	
				004	拆装维护和保养差压油密封弹性闸阀(以DN50阀门为例)	X	
				005	维护保养费希尔627R调压器	Y	
	D	故障判断及处理	15%	001	启用井口安全截断系统	X	
				002	孔板计量装置偏差过大的原因分析及处理	X	
				003	防止天然气水化物生成与解堵	X	
				004	天然气集输场站的故障分析判断及流程切换	X	
	E	动态分析及生产维护、调控	5%	001	用采气曲线分析气井生产异常	X	
综合能力B5%	A	操作计算机	5%	001	计算机文档和资料处理	Y	

注:X—核心要素;Y——般要素;Z—辅助要素。

附录4　高级工理论知识鉴定要素细目表

行业:石油天然气　　工种:采气工　　等级:高级工　　鉴定方式:理论知识

行为领域	代码	鉴定范围（重要程度比例）	鉴定比重	代码	鉴定点	重要程度	备注
基础知识 A（35%）	A	采气地质（19：4：1）	10%	001	渗流概念	Z	
				002	渗流分类	Y	JD
				003	无阻流量概念	Y	
				004	绝对无阻流量概念	X	
				005	地质构造概念	X	
				006	地层水水型	X	
				007	非地层水分类	X	
				008	凝析水的特点	X	
				009	残酸水的特点	X	JD
				010	钻井液的特点	X	
				011	外来水的特点	X	JD
				012	地面水的特点	X	
				013	探明储量概念	X	
				014	控制储量概念	Y	
				015	预测储量概念	X	
				016	碳酸岩盐储集层概念	X	
				017	稳定试井测试原理	X	
				018	稳定试井测试产量的确定	Y	JD
				019	不稳定试井原理	X	
				020	氯离子分析方法	X	
				021	用采气曲线分析判断井下生产情况	X	
				022	用采气曲线分析判断地面异常情况	X	
				023	用采气曲线划分生产阶段	X	JD
				024	气水同产井治水措施	X	
	B	采气工程（23：4：1）	10%	001	气井开采工作制度	X	JD
				002	井下节流工艺	X	JD
				003	气井垂直管流概念	X	
				004	气井垂直管流中的流态	X	JD
				005	泡沫排水采气工艺	X	JD
				006	柱塞排水采气工艺	X	JD
				007	气举排水采气工艺	X	JD

续表

行为领域	代码	鉴定范围（重要程度比例）	鉴定比重	代码	鉴定点	重要程度	备注
基础知识A（35%）	B	采气工程（23：4：1）	10%	008	抽油机排水采气工艺	X	
				009	电潜泵排水采气工艺	X	
				010	螺杆泵排水采气工艺	Y	
				011	涡流排水采气工艺	Y	
				012	酸化及原理	X	JD
				013	压裂及原理	X	JD
				014	集气站工艺流程	X	JD
				015	清管工艺流程	X	JD
				016	清管器种类	X	
				017	清管器选择	X	JD
				018	腐蚀机理	X	JD
				019	腐蚀分类	X	
				020	防腐措施	X	
				021	阴极保护工作原理	Y	JD
				022	阴极保护参数	X	
				023	腐蚀监测及分类	Z	
				024	油气田信息数字化系统概述	Y	
				025	油气田信息数字化系统基本组成	X	
				026	油气田信息数字化系统基本功能	X	
				027	生产过程自动化系统分类	X	
				028	气田自动化控制系统	X	
	C	天然气压缩机增压开采（4：1：0）	4%	001	天然气压缩机增压开采原理	Y	
				002	天然气压缩机单井增压开采流程	X	
				003	天然气压缩机多井增压开采流程	X	
				004	整体式天然气压缩机	X	JD
				005	分体式天然气压缩机	X	JD
	D	天然气计量知识（9：2：0）	4%	001	流量计算各参数对流量的影响	X	
				002	流量计算公式各参数的确定	Y	
				003	误差知识	X	JS
				004	温度及温度测量仪表	X	
				005	压力及压力测量仪表	X	JS
				006	流量及流量测量仪表	X	
				007	容积式流量计	X	
				008	差压式流量计	X	
				009	速度式流量计	X	

续表

行为领域	代码	鉴定范围（重要程度比例）	鉴定比重	代码	鉴定点	重要程度	备注
基础知识A（35%）	D	天然气计量知识（9：2：0）	4%	010	旋进旋涡流量计	X	JD JS
				011	UPS 系统	Y	
	E	安全用电知识（4：1：0）	4%	001	电工学基础知识	Y	
				002	电路基本定律	X	
				003	用电安全与救护	X	
				004	静电安全防护措施	X	
				005	防雷措施	X	
	F	识图与绘图（6：1：0）	3%	001	绘制简单零件三视图	Y	
				002	机件表达方法	X	
				003	零件图视图选择	X	
				004	零件图尺寸标注	X	
				005	识读零件图	X	
				006	识读工艺安装图	X	
				007	绘制采集气站场工艺流程图	X	
专业知识B（65%）	A	操作管理气井（13：2：1）	15%	001	气井动态分析	X	JS
				002	天然气取样	X	
				003	井口安全截断系统故障判断	X	JD
				004	井下安全截断系统故障判断	X	
				005	井下节流异常情况判断	Y	JD
				006	空管发送清管器操作	X	
				007	空管接收清管器操作	X	
				008	清管异常情况判断	X	JD
				009	清管异常情况处理方法	X	JD
				010	集气站场流程切换	X	
				011	集气站场置换放空	X	
				012	阴保机启停操作	X	
				013	离心泵常见故障判断	X	
				014	往复泵常见故障判断	X	
				015	离心泵常见故障排除方法	Y	
				016	往复泵常见故障排除方法	Z	JD
	B	操作管理低温站（5：1：0）	5%	001	低温分离站工艺流程	X	
				002	低温分离站工艺参数	X	
				003	低温分离站操作程序	X	
				004	低温分离回收凝析油操作	X	
				005	乙二醇回收工艺流程	X	
				006	乙二醇回收操作	Y	

续表

行为领域	代码	鉴定范围（重要程度比例）	鉴定比重	代码	鉴定点	重要程度	备注
专业知识B（65%）	C	操作脱水装置（19：3：1）	5%	001	三甘醇脱水工艺流程	X	
				002	三甘醇脱水装置甘醇流程	X	
				003	脱水装置燃料气流程	Y	
				004	仪表风系统流程	Z	
				005	脱水装置开车操作	X	
				006	脱水装置停车操作	X	
				007	吸收塔结构与原理	X	
				008	闪蒸罐结构与原理	X	
				009	重沸器结构与原理	X	
				010	甘醇过滤器结构与原理	X	
				011	灼烧炉结构与原理	Y	
				012	甘醇泵结构与原理	X	
				013	脱水装置典型控制回路原理	X	
				014	火焰检测连锁保护系统	X	
				015	含水分析仪	Y	
				016	气动阀门	X	
				017	气动阀门附件	X	
				018	气动阀门常见故障及处理	X	
				019	电动阀门	X	
				020	电动阀门常见故障及处理	X	
				021	气液联动执行机构操作	X	
				022	典型简单控制回路	X	
				023	脱水装置典型联锁控制回路	X	
	D	操作仪器仪表（6：2：0）	5%	001	自动化基本术语	X	
				002	温度变送器	X	
				003	压力变送器	X	
				004	差压变送器	X	
				005	液位变送器	X	
				006	超声流量计故障原因	Y	
				007	超声波流量计故障判断	Y	
				008	UPS 电源故障判断	X	
	E	整理分析资料（10：2：0）	15%	001	气井管理指标计算	X	JS
				002	天然气流量计量参数计算	X	JS
				003	输差概念	X	
				004	输差计算	X	JS

续表

行为领域	代码	鉴定范围（重要程度比例）	鉴定比重	代码	鉴定点	重要程度	备注
专业知识B（65%）	E	整理分析资料（10∶2∶0）	15%	005	清管器过盈量计算	X	JS
				006	清管器运行时间计算	X	JS
				007	清管器运行距离计算	X	JS
				008	清管器运行速度计算	X	JS
				009	三甘醇脱水仪表风系统常见故障处理	X	
				010	Word（文档）软件基础知识	X	
				011	Excel（表格）软件基础知识	Y	
				012	PowerPoint（多媒体）软件基础知识	Y	
	F	维护保养设备（5∶2∶0）	15%	001	调压阀维护保养	X	
				002	设备维护保养相关规定	X	
				003	设备维护保养方法	X	
				004	过滤分离器滤芯维护保养	X	
				005	快开盲板维护保养	X	
				006	阴极保护系统常见故障判断	Y	
				007	阴极保护系统常见故障处理	Y	
	G	安全与环境保护（13∶2∶1）	5%	001	影响物质自燃的因素	Y	
				002	预防硫化铁自燃的措施	X	
				003	影响爆炸极限的因素	X	
				004	设备防爆标识的识别	X	
				005	燃烧爆炸的预防措施	X	
				006	常用防毒措施	X	
				007	员工个人防护措施	X	
				008	中毒的急救方法	X	
				009	噪声防控	Z	
				010	可燃气体检测仪使用	X	
				011	硫化氢气体检测仪使用	X	
				012	正压式空气呼吸器使用	X	
				013	常用灭火方法	X	
				014	岗位危害因素辨识	X	
				015	应急预案	Y	
				016	应急处置措施	X	

注：X—核心要素；Y—一般要素；Z—辅助要素。

附录 5 高级工操作技能鉴定要素细目表

行业:石油天然气　　工种:采气工　　等级:高级工　　鉴定方式:操作技能

行为领域	代码	鉴定范围	鉴定比重	代码	鉴定点	重要程度	备注
操作技能A 90%	A	资料整理及分析	20%	001	绘制三视图	X	
				002	绘制集气站工艺流程图	X	
				003	求气井二项式产气方程及无阻流量	Y	
				004	求气井指数式产气方程及无阻流量	Y	
	B	设备维护及保养	35%	001	管件组装	Y	
				002	清管阀发送清管器	X	
				003	清管阀接收清管器	X	
				004	清管装置发送清管器操作	X	
				005	清管装置接收清管器操作	X	
				006	离心泵转水操作	Z	
				007	气液联动球阀操作	Y	
				008	井口安全截断系统常见故障处理	Y	
				009	快开盲板维护保养	X	
	C	故障判断及处理	25%	001	发球筒发送清管球异常情况分析	Y	
				002	清管阀发送清管球异常情况分析	Y	
				003	标准孔板计量系统常见故障分析	Y	
				004	天然气集输场站的故障分析判断及流程切换	X	
	D	动态分析及生产维护、调控	10%	001	利用采气曲线划分气井生产阶段	X	
综合能力B 10%	A	操作计算机	10%	001	计算机绘制采气曲线	Y	
				002	常用办公软件应用	X	

注:X—核心要素;Y—一般要素;Z—辅助要素

附录6 技师及高级技师理论知识鉴定要素细目表

行业:石油天然气　　工种:采气工　　等级:技师及高级技师　　鉴定方式:理论知识

行为领域	代码	鉴定范围（重要程度比例）	鉴定比重	代码	鉴定点	重要程度	备注
基础知识 A（35%）	A	采气地质（30：5：2）	10%	001	线性渗流	X	
				002	非线性渗流	X	
				003	稳定渗流	X	
				004	不稳定渗流	X	
				005	影响气井出水时间的因素	X	
				006	边水、底水在气藏中活动的分类	X	
				007	水锥型出水渗滤特征表现	X	
				008	断裂型出水渗滤特征表现	X	
				009	水窜型出水渗滤特征表现	X	
				010	阵发性出水渗滤特征表现	X	
				011	气井出水阶段特征	X	JD
				012	气井出水对产能的影响	X	
				013	用采气曲线分析气井生产规律	X	
				014	用生产资料判断边(底)水侵入气井的方法	X	JD
				015	根据生产特征判断外来水进入气井的方法	X	JD
				016	气藏采气曲线绘制方法	X	
				017	控水采气的原理和适用范围	X	
				018	堵水采气的原理和适用范围	X	
				019	排水采气的原理和适用范围	X	
				020	现代试井概念	Y	
				021	现代试井解释方法	Y	
				022	工程测井的概念	Y	
				023	工程测井的原理	Z	
				024	工程测井技术的种类	Z	
				025	稳定试井资料的整理	Y	JS
				026	不稳定试井资料的整理	Y	
				027	产气方程的求取	X	
				028	压降法计算气井动态储量	X	

续表

行为领域	代码	鉴定范围（重要程度比例）	鉴定比重	代码	鉴定点	重要程度	备注
基础知识A（35%）	A	采气地质（30：5：2）	10%	029	利用产能方程计算气井绝对无阻流量	X	
				030	气田气藏开发参数的计算	X	
				031	生产管理常用经济技术指标的计算	X	
				032	提高采收率的途径	X	
				033	气藏连通性分析	X	JD
				034	气藏类型判别	X	
				035	由生产资料判断气井产水的类别	X	
				036	用试井资料分析气井动态	X	
				037	气水同产井的管理	X	JD
	B	采气工程（14：2：1）	10%	001	气井垂直管流中的流态	X	
				002	泡沫排水采气工艺	X	JD
				003	柱塞排水采气工艺	X	JD
				004	气举排水采气工艺	X	
				005	抽油机排水采气工艺	X	
				006	电潜泵排水采气工艺	X	
				007	螺杆泵排水采气工艺	X	
				008	涡流排水采气工艺	Z	
				009	复合排水采气工艺	Y	
				010	气田水处理方法	X	
				011	酸化工艺措施	X	
				012	压裂工艺措施	X	
				013	酸化压裂效果分析	X	JD
				014	腐蚀机理	Y	
				015	腐蚀分类	X	
				016	腐蚀监测及分类	X	JD
				017	防腐措施	X	
	C	天然气压缩机增压开采（3：1：0）	4%	001	活塞式压缩机工作原理	Y	
				002	天然气压缩机组系统组成	X	
				003	天然气压缩机组基本运行参数	X	JS
				004	增压开采系统分析	X	
	D	天然气计量知识（8：1：0）	4%	001	天然气流量实用计算公式	X	
				002	天然气流量计算中各参数的确定及取值	Y	
				003	天然气流量计算中主要物理参数的确定	X	JS
				004	压力变送器故障	X	JS

续表

行为领域	代码	鉴定范围（重要程度比例）	鉴定比重	代码	鉴定点	重要程度	备注
基础知识A（35%）	D	天然气计量知识（8：1：0）	4%	005	差压变送器故障	X	JS
				006	温度变送器故障	X	
				007	常用仪器仪表的类型	X	
				008	常用仪器仪表的特点	X	
				009	旋进旋涡流量计的选型	X	JS
	E	安全用电知识（4：1：0）	4%	001	电工学知识	Y	
				002	防静电原理	X	
				003	防静电措施	X	
				004	防雷电原理	X	
				005	防雷电措施	X	
	F	识图与绘图（6：1：0）	3%	001	螺纹的形成和基本要素	X	
				002	螺纹的画法和标注	X	
				003	工艺流程安装图基本规定	X	
				004	工艺流程安装图基本画法	X	
				005	工艺流程安装图尺寸标注	X	
				006	绘制工艺流程安装图	X	
				007	工艺流程控制图识别	Y	
专业知识B（65%）	A	管理气井（13：2：1）	12%	001	站场工艺管道系统吹扫	X	JD
				002	站场工艺管道、设备置换要求	X	JD
				003	站场单体设备试压、验漏	X	
				004	阀门试压、验漏	X	JD
				005	站内工艺管道系统试压、验漏	X	JD
				006	集输工艺管道系统试压、验漏	X	JD JS
				007	气井试采	Y	JD
				008	气井工作制度分类	Y	
				009	气井入井液管理	X	
				010	气井生产分析	X	JD
				011	集输管道管理	X	
				012	清管作业	X	
				013	作业计划书编制	X	
				014	石油天然气站内工艺管道施工及验收规范	X	
				015	气田集输管道施工及验收规范	X	
				016	高含硫化氢气田场站、集输管线施工规范	Z	

续表

行为领域	代码	鉴定范围（重要程度比例）	鉴定比重	代码	鉴定点	重要程度	备注
专业知识B（65%）	B	管理生产设备（14：3：1）	10%	001	单体设备检查	X	
				002	单体设备验收	X	
				003	单体设备试运行	X	
				004	单体设备动态分析	X	
				005	单体设备评价	X	
				006	合理调整井站设备工况	X	
				007	设备维护保养	X	
				008	设备运行故障判断	X	
				009	设备运行故障处理	X	
				010	恒电位仪结构组成	X	
				011	恒电位仪工作原理	X	JD
				012	恒电位仪自检操作	X	
				013	恒电位仪常见故障判断	Y	JD
				014	恒电位仪常见故障处理	Y	
				015	外加电流阴极保护	X	
				016	牺牲阳极阴极保护	X	
				017	电位测试	Y	
				018	绝缘性能测试	Z	
	C	管理控制设备（12：2：0）	10%	001	自动控制原理	X	
				002	自动控制系统结构	X	
				003	自动控制仪表基础知识	X	
				004	自控控制中的比例控制	X	
				005	自控控制中的积分控制	X	
				006	PID（比例、积分、微分）控制基本知识	X	
				007	SCADA（远程控制和数据采集）系统控制过程	X	JD
				008	井口安全截断系统的故障处理	X	
				009	简单控制回路常见故障	X	
				010	连锁控制回路常见故障	X	
				011	仪表风系统常见故障处理	Y	JD
				012	脱水装置露点不达标处理	X	
				013	脱水装置甘醇浓度偏低处理	X	
				014	脱水装置甘醇耗量超标处理	Y	
	D	计算天然气生产参数（10：2：1）	5%	001	气井无阻流量计算	X	
				002	气田开发技术指标计算	X	
				003	采气速度计算	X	JS

续表

行为领域	代码	鉴定范围（重要程度比例）	鉴定比重	代码	鉴定点	重要程度	备注
专业知识B（65%）	D	计算天然气生产参数（10：2：1）	5%	004	采出程度计算	Y	JS
				005	天然气采气生产参数计算	X	JS
				006	用井口压力计算气层井底压力	X	JS
				007	用压力梯度计算气层井底压力	X	JS
				008	利用测试资料确定井筒液面深度	X	JS
				009	管线通过能力计算	X	JS
				010	管线强度计算	Y	JS
				011	管线强度设计系数	Z	
				012	管输效率计算	X	JS
				013	管线储气量计算	X	JS
	E	生产分析（9：2：0）	10%	001	采气综合分析方法	X	
				002	采气综合分析程序	X	
				003	气井出水情况分析	X	JD
				004	气藏压降储量法预测	X	
				005	气藏累计产量法预测	X	
				006	管道运行动态分析	Y	
				007	用试井资料分析气井动态	X	
				008	用生产资料分析气井动态	X	
				009	气井动态储量分析	X	
				010	脱水装置常见故障	X	
				011	甘醇冷却循环水系统流程	Y	
	F	操作计算机（4：1：0）	5%	001	Word（文档）软件应用	X	
				002	Excel（表格）软件应用	X	
				003	PowerPoint（多媒体）软件应用	X	
				004	AUTOCAD 绘图软件应用	X	
				005	电子邮件收发	Y	
	G	员工培训（5：0：0）	5%	001	培训教案设计及编写	X	
				002	合理化建议、创新技术（成果）书的编制	X	
				003	技术工作总结编写要求及方法	X	
				004	技术论文编写要求及方法	X	
				005	编制站场优化改造实施方案	X	
	H	安全环保（10：2：1）	8%	001	防火知识	X	
				002	防爆知识	X	
				003	防中毒知识	X	
				004	风险评价知识	X	
				005	风险评价方法	Y	

续表

行为领域	代码	鉴定范围（重要程度比例）	鉴定比重	代码	鉴定点	重要程度	备注
专业知识B（65%）	H	安全环保（10∶2∶1）	8%	006	天然气生产安全管理基础知识	X	
				007	安全生产技术基础知识	Y	
				008	天然气生产环保管理基础知识	X	
				009	天然气生产过程中的污染防治措施	Z	
				010	应急预案的编制	X	
				011	应急预案的修订	X	
				012	应急预案的演练	X	
				013	岗位危害因素识别	X	

注：X—核心要素；Y——一般要素；Z—辅助要素。

附录 7　技师操作技能鉴定要素细目表

行业：石油天然气　　工种：采气工　　等级：技师　　鉴定方式：操作技能

行为领域	代码	鉴定范围	鉴定比重	代码	鉴定点	重要程度	备注
操作技能 A 50%	A	设备维护及保养	15%	001	维护多管干式除尘器	Y	
				002	更换过滤分离器滤芯	Y	
				003	设备及管道的试压、吹扫、干燥及置换	X	
	B	故障判断及处理	25%	001	清管作业及故障判断处理	X	
				002	天然气集输场站故障分析与处理	X	
	C	动态分析及生产维护、调控	10%	001	气井动态分析	X	
				002	岗位危害因素识别及处置	X	
综合能力 B 50%	A	操作计算机	10%	001	制作 Word（文档）、Excel（表格）、PowerPoint（多媒体）	Y	
	B	培训指导	5%	001	编制员工培训方案	Y	
	C	施工工艺编制、绘图	25%	001	绘制零件加工图	Y	
				002	鉴别、绘制工艺流程图	X	
				003	绘制多井站工艺流程图	X	
				004	根据安装图绘制工艺流程图	X	
				005	编制清管作业方案	X	
				006	编制井站维修改造实施方案	X	
				007	编制管线换管施工作业方案	Y	
	D	技术论文及答辩	10%	001	编写技术总结、答辩	X	

注：X—核心要素；Y—一般要素；Z—辅助要素

附录8　高级技师操作技能鉴定要素细目表

行业:石油天然气　　工种:采气工　　等级:高级技师　　鉴定方式:操作技能

行为领域	代码	鉴定范围	鉴定比重	代码	鉴定点	重要程度	备注
操作技能 A 40%	A	设备维护及保养	10%	001	水套加热炉维护生产管理	Y	
				002	设备及管道的试压、吹扫、干燥及置换	X	
	B	故障判断及处理	20%	001	天然气集输站、联合站场站故障分析处理	X	
	C	动态分析及生产维护、调控	10%	001	根据气井生产数据,评价气井生产制度	X	
综合能力 B 60%	A	操作计算机	10%	001	计算机办公及绘图软件的综合应用	Y	
				002	计算机绘制零件加工图	Y	
				003	计算机绘制多井站、集气站工艺流程图	Y	
	B	培训指导	10%	001	培训教案设计及编写	Y	
	C	施工工艺编制、绘图	25%	001	测绘工艺流程安装图	Y	
				002	编制场站优化改造实施方案	X	
				003	编制新井站试运行投产方案	Y	
				004	根据设计资料编制投运方案	Y	
	D	技术论文及答辩	15%	001	自定题目编写技术论文、答辩	X	
				002	合理化建议、创新技术(成果)书的编制	X	

注:X—核心要素;Y—一般要素;Z—辅助要素

附录 9 操作技能考核内容层次结构表

级别 \ 项目 \ 内容	技能操作					综合能力				合计
	基本技能	资料整理与分析	设备维护及保养	故障判断及处理	动态分析及生产维护、调控	操作计算机	培训指导	施工工艺编制、绘图	技术论文及答辩	
初级工	55 分 5～60min	10 分 10～120min	20 分 5～25min	10 分 30～60min		5 分 30～60min				100 分 80～325min
中级工	30 分 10～150min	15 60～150min	30 分 10～30min	15 30～150min	5 分 60～120min	5 分 30～90min				100 分 200～690min
高级工		20 分 60～180min	35 分 12～60min	25 分 60～150min	10 分 60～120min	10 分 30～90min				100 分 222～600min
技师			15 分 25～60min	25 分 60～180min	10 分 60～150min	10 分 60～120min	5 分 45～90min	25 分 60～180min	10 分 10～30min	100 分 320～810min
高级技师			10 分 25～60min	20 分 60～180min	10 分 60～150min	10 分 60～150min	10 分 45～180min	25 分 60～240min	15 分 10～30min	100 分 320～990min
否定项目	否定项	否定项	否定项	否定项	否定项		否定项	否定项	否定项	

参考文献

[1] 周太露,等. 采气工(职业技能培训教程与鉴定试题集)[M]. 北京:石油工业出版社,2005. 9.
[2] 罗大明,陈晓梅,等. 采气工(石油石化职业技能鉴定试题集)[M]. 北京:石油工业出版社,2009.
[3] 刘宝和,等. 中国石油勘探开发百科全书[M]. 北京:石油工业出版社,2008.
[4] 柳广弟. 石油地质学(5 版)[M]. 北京:高等教育出版分社,2017.
[5] 杨继盛. 采气工艺基础[M]. 北京:石油工业出版社,1989. 10.
[6] 李颖川. 采油工程[M]. 北京:石油工业出版社,2002.
[7] 李士伦. 天然气工程(2 版)[M]. 北京:石油工业出版社,2008.